高等院校应用型人才培养“互联网+”新形态信息化教材

电气控制与PLC应用技术

主　编　曾新红　白　明　王立涛
副主编　蒋先平　徐　虎　李聚保

西南交通大学出版社
·成　都·

内容简介

本书从实际工程应用和教学需求出发，介绍和讲解了继电接触器控制系统和PLC（可编程控制器）控制系统的工作原理、设计方法和实际应用。第1章介绍了常用低压电器和基本电气控制线路；第2章介绍了S7-1200 PLC及其编程软件；第3～7章详细讲解了可编程控制器的各种逻辑指令、编程方法及其应用；第8章对PLC控制系统的网络通信技术进行了较详细的讲解；第9章主要对通用触摸屏的组态与应用进行了讲解，并给出了应用实例；第10章讲解了MM420变频器与PLC的工程应用。

本书可作为高等院校电气工程及其自动化专业、机器人工程专业、机械工程专业、船舶电子电气专业、机电一体化以及其他相关专业的"电气控制与PLC应用技术"或类似课程的教材，也可以供专业工程技术人员参考使用。

图书在版编目（CIP）数据

电气控制与PLC应用技术 / 曾新红，白明，王立涛主编. —成都：西南交通大学出版社，2022.1
ISBN 978-7-5643-8410-4

Ⅰ. ①电… Ⅱ. ①曾… ②白… ③王… Ⅲ. ①电气控制－高等学校－教材②PLC技术－高等学校－教材 Ⅳ. ①TM571.2②TM571.6

中国版本图书馆CIP数据核字（2021）第239275号

Dianqi Kongzhi yu PLC Yingyong Jishu
电气控制与PLC应用技术

主编　曾新红　白　明　王立涛

责任编辑　梁志敏
封面设计　何东琳设计工作室

出版发行　西南交通大学出版社
（四川省成都市金牛区二环路北一段111号
西南交通大学创新大厦21楼）
邮政编码　610031
发行部电话　028-87600564　028-87600533
网址　http://www.xnjdcbs.com
印刷　成都中永印务有限责任公司

成品尺寸　185 mm×260 mm
印张　19.25
字数　504千
版次　2022年1月第1版
印次　2022年1月第1次
定价　48.00元
书号　ISBN 978-7-5643-8410-4

课件咨询电话：028-81435775
图书如有印装质量问题　本社负责退换

·前　言·

“电气控制与 PLC 应用技术”是各高等院校电气工程及其自动化、机器人工程、机械工程、机电一体化、计算机应用等专业的一门重要专业课。它包含了“电气控制技术”和“可编程控制器原理及其应用”两部分内容，是集计算机技术、自动控制技术和网络通信技术于一体的综合性课程。通过本课程的学习，使学生熟悉常用控制电器的结构原理、用途、型号及选用方法，了解和掌握基本电气控制系统的分析设计方法；在此基础上，进一步掌握 PLC 的基本原理、阅读 PLC 的程序、分析 PLC 控制系统，并能够根据生产实际的需要，设计相应的 PLC 控制系统，编写相应的控制程序，初步具备用可编程控制器设计工业控制系统解决工程实际问题的能力。

本书共有 10 章，主要内容包括电器及继电接触器电路基础、认识 S7-1200 PLC、PLC 的基本逻辑指令、S7-1200 PLC 用户程序结构、功能指令、顺序控制指令、模拟量模块与 PID 控制、S7-1200 PLC 的以太网通信、通用触摸屏的应用及 WINCC 的使用，以及 PLC 在实际工程上的应用。每章最后附有课后习题供学生思考练习。

本教材具有如下特点：

1. 结合工程应用实际，侧重于基本原理和基本概念的阐述，并强调基础理论的实际应用，体现实用性。

2. 教材中编入了一些新技术内容，体现先进性。

3. 书中配有例题、思考题和习题，便于学生巩固应掌握的基础知识和引导应用，体现实用性。

4. 力争做到概念准确，内容精炼，重点突出。在讲解上力求通俗易懂、便于自学，体现实用性。

本书配有相应的课件资源和网络学习资源。适合教师教学使用，也适合学生自学使用。全书由广州航海学院曾新红副教授、白明教授、王立涛教授担任主编，蒋先平老师、徐虎老师和李聚保老师担任副主编，全书由曾新红统稿。

由于编写时间紧迫，编者水平有限，书中不足和疏漏之处在所难免，欢迎读者批评指正。

编　者

2021 年 8 月

目　录

第 1 章　电器及继电接触器电路基础

教学目标

通过本章的学习，认识并学会选用常用的低压电器；学会使用低压电器实现电动机的基本控制；了解典型机电控制系统。

1.1　认识及选用低压电器

在自动控制系统中，我们是如何利用低压电器对电机进行控制、调节、检测和保护的？本章将给大家介绍多种常用的低压电器以及继电接触器控制电路。让我们首先来了解一下常用的低压电器。

1.1.1　低压电器的相关知识

1.1.1.1　低压电器的定义及分类

凡是自动和手动接通和断开电路，以及能实现对电或非电对象进行切换、控制、保护、检测、变换和调节目的的电气元件统称为电器。低压电器是指用于交流额定电压 1200 V 及以下、直流额定电压 1500 V 及以下的电路中起通断、保护、控制或调节作用的电器产品。

低压电器的用途广泛、种类多样，其规格、工作原理也各不相同。按用途可以分为以下五类。

（1）低压配电电器：用于供电系统中进行电能的输送和分配的电器。要求这类电器的分断能力强、限流性能好。主要有低压断路器、隔离开关、自动开关、刀开关等。

（2）低压控制电器：用于各种控制电路和控制系统的电器。要求这类电器具有一定的通断能力，可操作的频率高、机械寿命长等。主要有接触器、继电器、启动器等。

（3）低压保护电器：用于对电路和电气设备进行保护的电器。要求这类电器具有一定的通断能力，可靠性高、灵敏度高。主要有熔断器、热继电器、电压继电器等。

（4）低压主令电器：用于发送控制指令的电器。要求这类电器可高频操作、机械寿命长、抗冲击能力强等。主要有按钮、行程开关、万能开关、主令开关等。

（5）低压执行电器：用于完成某种动作和传动功能的电器。主要有电磁铁、电磁离合器等。

图 1.1 所示为一个典型的电动机控制实物图。

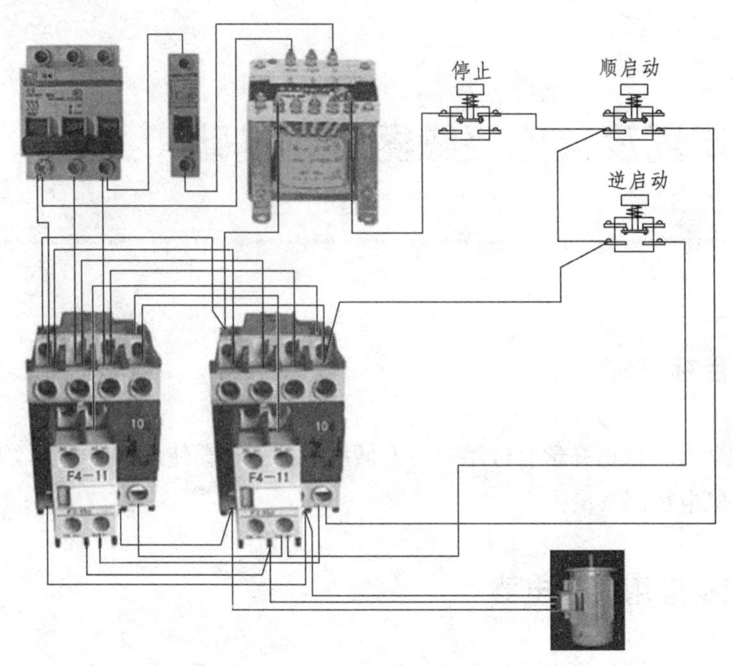

图 1.1　电机控制实物图

1.1.1.2　**电磁式低压电器的基本结构和工作原理**

电磁式低压电器在控制线路中使用量最大。其种类繁多，我们常用的接触器、中间继电器、断路器等都属于电磁式低压电器。各类电磁式低压电器在工作原理和构造上基本相同。

1．基本结构

电磁式低压电器从结构上一般可分为三个主要部分，即触点、灭弧装置和电磁机构。

1）触点

触点是一切触点电器的执行部件。这些电器通过触头的动作来接通或者断开被控制的电路。触头通常由动、静触点组合而成。触点结构形式多种多样，按照控制的电路可分为主触点和辅助触点。主触点用于接通或断开主电路，允许通过大电流；辅助触点主要用于控制电路的通断，只能通过小电流。按照触点的原始状态可分为常开触点和常闭触点；线圈不带电时，动、静触点断开的触点为常开触点，原始状态闭合的触点为常闭触点。

2）灭弧装置

灭弧装置指用于熄灭电弧的装置。当触点断开大电流的瞬间，触头将会产生弧光放电的现象，损伤触头系统，甚至导致电路不能正常分断，从而引发安全事故。采用灭弧机构能保护电路以及电气元件。

3）电磁机构

电磁机构是电磁式低压电器的感测部件，它的作用是将电磁能量转换成机械能量，带动触头动作使之闭合或者断开，从而实现电路接通和分断。

2．工作原理

电磁机构的工作原理常用吸力特性和反力特性来表征。电磁机构使衔铁吸合的力与气隙长度的关系称为吸力特性；电磁机构使衔铁释放的力与气隙长度的关系曲线称为反力特性。

1）吸力特性与反力特性的配合

电磁机构欲使衔铁吸合，则在整个吸合的过程中，吸力都必须要大于反力，但是也不能过大，否则会造成过大的冲击力，导致衔铁与铁心柱端面产生严重的机械磨损，而且有可能由于触点弹跳而导致触点损坏。对于直流电磁机构，当切断激磁电流释放衔铁时，其反力特性必须大于剩磁吸力，才能保证衔铁可靠释放。

2）单相交流电磁机构短路环的作用

电磁吸力由电磁机构产生，当线圈中通过直流电时，F 为恒定值；当线圈中通过交流电时，磁感应强度将会变化。电磁吸力按正弦规律的平方变化。一个周期内电磁铁吸合两次、释放两次，如此循环，电磁机构将会产生剧烈的振动和噪声，不能正常工作。

解决上述问题的方法是增加短路环，如图 1.2 所示，在铁心的端部开一个槽，将铜环嵌入槽内。短路环把铁心的磁通分为两个部分，穿过短路环的 $\boldsymbol{\Phi}_2$ 和不穿过短路环的 $\boldsymbol{\Phi}_1$，相位上 $\boldsymbol{\Phi}_2$ 滞后于 $\boldsymbol{\Phi}_1$。加短路环后电磁吸力如图 1.3 所示，电磁机构的吸力 F 为产生的 F_1 与 F_2 的合力，此时合力始终大于反力，故衔铁机构振动噪声消除。

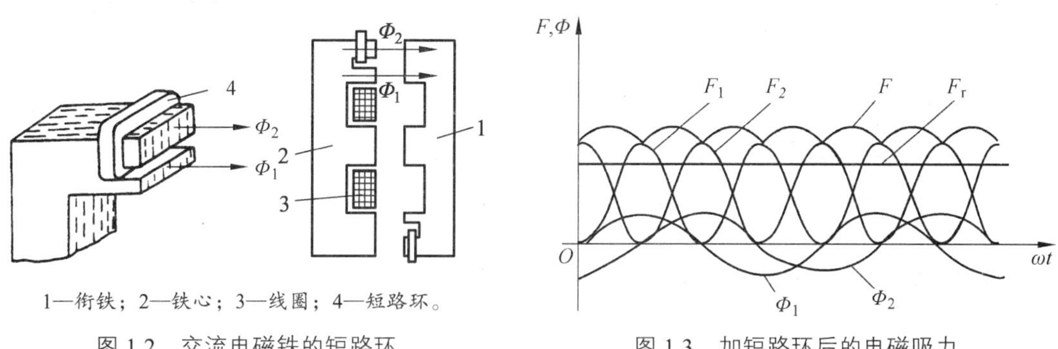

1—衔铁；2—铁心；3—线圈；4—短路环。

图 1.2 交流电磁铁的短路环

图 1.3 加短路环后的电磁吸力

3）电磁机构输入/输出特性

电磁机构激磁线圈的电压或者电流为其的输入量。衔铁的位置为其输出量，衔铁的位置与激磁线圈的电压或者电流的关系成为输入输出特性，如图 1.4 所示。其中，Y 表示衔铁的位置，Y_1 表示衔铁吸合位置，$Y=0$ 表示衔铁释放的位置，X 表示电磁机构的输入量，X_1 一般称作电磁机构的返回值，X_2 一般称作电磁机构的动作值。当输入量 X 由零增到 X_2 处时，衔铁吸合，输出 Y_1，此时如果 x 再增大，Y 值保持不变；当 X 减少到 X_1 时，衔铁释放，输出 Y 变为零，再减小 X，Y 值均为零。

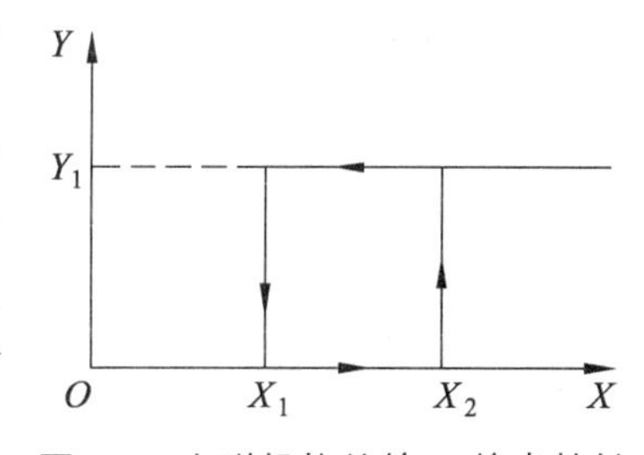

图 1.4 电磁机构的输入/输出特性

电磁机构的输入/输出特性为一矩形曲线，此类矩形特性曲线也称为继电器特性。

1.1.2 常用低压电器

1.1.2.1 电磁式接触器

电磁式接触器是一种适用于远距离频繁通断交直流主电路和控制电路的自动控制电器，常用于控制电动机、电焊机等设备。一般可分为交流接触器和直流接触器。

1．交流接触器的结构

交流接触器的结构如图 1.5 所示。它主要由四大部分组成，即电磁机构、触头系统、灭弧装置和其他辅助部件。

1）电磁系统

电磁机构由线圈、铁心和衔铁组成，用作产生电磁吸力，带动触头动作。

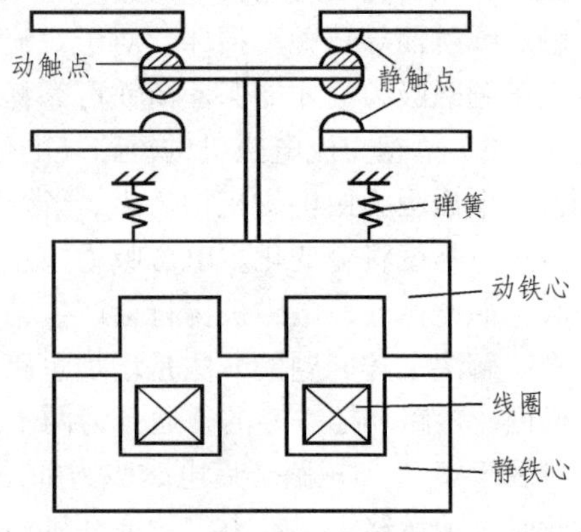

图 1.5　CJ20 系列交流接触器结构

2）触头系统

触头分为主触头及辅助触头。主触头用于接通或断开主电路或大电流电路，辅助触头用于控制电路，起控制其他元件接通或分断及电气联锁作用。辅助触头结构上常开和常闭通常是成对的，当线圈得电后，衔铁在电磁吸力的作用下吸向铁心，同时带动动触头移动，使其与常闭触点的定触头分开，与常开动触点的定触头接触，实现常闭触头断开，常开触头闭合。辅助触头一般不能用来分断主电路。

3）灭弧装置

容量较大的接触器都有灭弧装置。对于小容量的接触器，常采用电动力吹弧、灭弧罩等；对于大容量的接触器，采用窄缝灭弧及栅片灭弧。

4）其他辅助部件

包括反力弹簧、缓冲弹簧、触头压力弹簧、传动机构、支架及底座等。

2．交流接触器的工作原理

如图 1.6 所示，当线圈通电后，线圈电流产生磁场，使铁心产生电磁吸力将衔铁吸合。与衔铁固连在一起的动触头动作，使常开触头闭合，常闭触头断开，进而完成电路的分断。当电压较低或线圈断电时，电磁吸力减弱或消失，衔铁受到的反力大于吸力，触头复位，从而实现低压释放的保护功能。

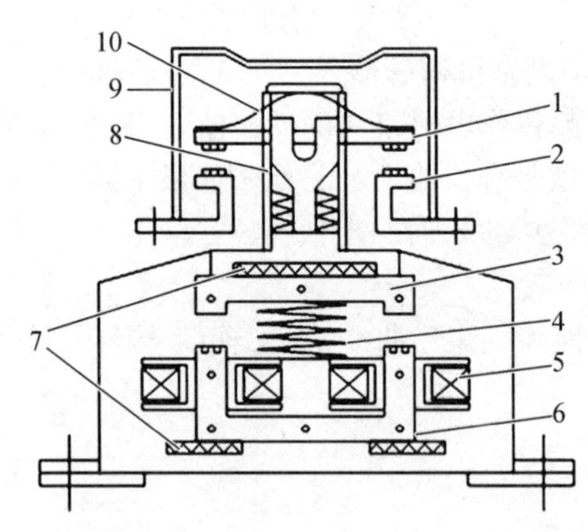

1—动触点；2—静触点；3—衔铁；4—弹簧；5—线圈；6—铁心；
7—垫毡；8—触点弹簧；9—灭弧罩；10—触点压力弹簧。

图 1.6　交流接触器的工作原理

直流接触器的结构和工作原理基本上与交流接触器相同。

3．接触器的图形和文字符号

接触器在电路图中的图形符号和文字符号如图 1.7 所示。

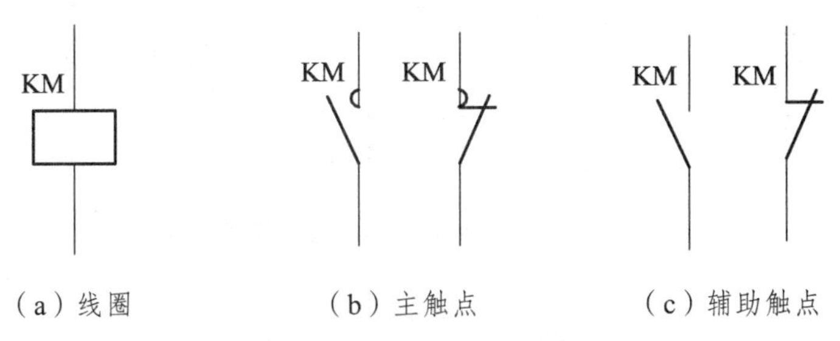

图 1.7　接触器的图形和文字符号

4．交流接触器的选用

（1）接触器主触点的额定电压应该大于或等于主电路的额定电压。

（2）接触器主触点的额定电流大于或者等于设备的额定电流。

（3）线圈的额定电压与设备控制电路的电压等级相同。

（4）直流接触器的选用方法与交流接触器选用方法相同。

1.1.2.2　继电器

继电器是一种根据某种输入信号变化而接通或者断开控制回路，实现自动控制和保护功能的自动电器。常用的有电流继电器、中间继电器、时间继电器、热继电器等。

1．中间继电器

中间继电器属于控制电器，在电路中起着信号传递、分配的作用，其结构图如图 1.8 所示。交流中间继电器的结构和工作原理与交流接触器工作原理相似，不同点是中间继电器只有辅助触点，触点的额定电流一般为 5 A，额定电压为 380 V。常用的中间继电器有 4 对常开触点和 4 对常闭触点。选用时应注意线圈的电流种类和电压等级与控制电路一致。当一个中间继电器的触点数不够时，可以将两个中间继电器并联使用。

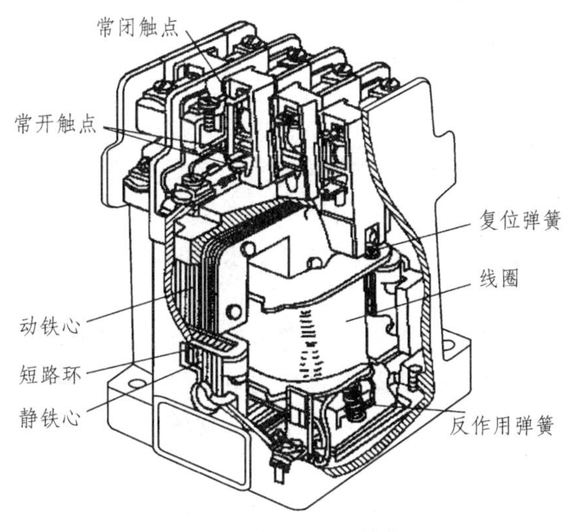

图 1.8　中间继电器结构图

中间继电器在电路图中的图形符号和文字符号如图 1.9 所示。

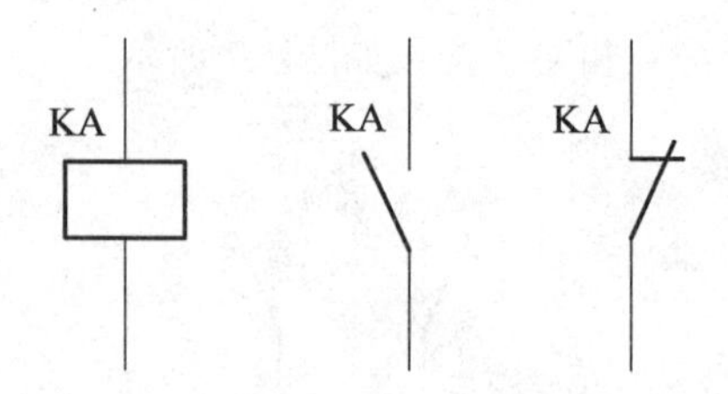

图 1.9　中间继电器的图形和文字符号

2．时间继电器

继电器输入信号输入后，经一定的延时，才有输出信号的继电器称为时间继电器。时间继电器种类很多，常用的有电磁阻尼式、空气阻尼式、电动机式和电子式等，目前使用最多的是电子式时间继电器。

1）时间继电器的动作特点

时间继电器可分为通电延时型和断电延时型。对于电磁阻尼式时间继电器，当电磁线圈通电或断电后，经一段时间延时，触头状态才发生变化，即延时触头才动作。触点的具体动作特点如表 1.1 所示。

表 1.1　时间继电器触头动作特点

触点类型	动作特点	
	线圈通电时	线圈断电时
通电延时型常开触点	延时闭合	立即断开
通电延时型常闭触点	延时断开	立即闭合
断电延时型常开触点	立即闭合	延时断开
断电延时型常闭触点	立即断开	延时闭合
瞬动型常开触点	立即闭合	立即断开

2）时间继电器的图形和文字符号

中间继电器在电路图中的图形符号和文字符号如图 1.10 所示。

3）时间继电器的选用

（1）根据控制电路的控制要求选择通电延时型还是断电延时型。

（2）根据对延时精度要求不同选择时间继电器类型。对延时精度要求不高的场合，一般选用电磁式或空气阻尼式时间继电器；对延时精度要求高的场合，应选用晶体管电子式或电动机式时间继电器。

（3）应注意电源参数变化的影响。对于电源电压波动大的场合，选用空气阻尼式比采用晶体管式好；而在电源频率波动大的场合，不宜采用电动机式时间继电器。

（4）应注意环境温度变化的影响。在环境温度变化较大场合，不宜采用晶体管电子式时间继电器。

（5）时间继电器的电磁线圈的电压等级应该与控制电路的电压等级相同。

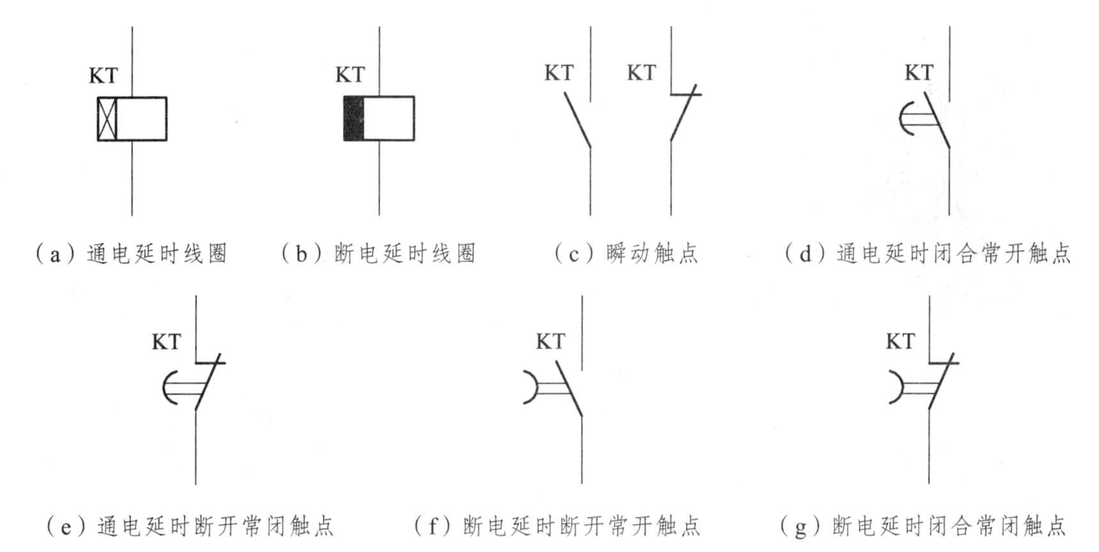

（a）通电延时线圈　（b）断电延时线圈　（c）瞬动触点　（d）通电延时闭合常开触点

（e）通电延时断开常闭触点　（f）断电延时断开常开触点　（g）断电延时闭合常闭触点

图 1.10　时间继电器的图形和文字符号

3．热继电器

热继电器是利用电流热效应工作的保护电路，主要与接触器配合使用，用于对连续运行的电动机作过载及断相保护，可防止因过热而损坏电动机的绝缘材料。由于热继电器中发热元件有热惯性，在电路中不能作瞬时过载保护，更不能作短路保护，因此，它不同于过电流继电器和熔断器。目前使用的热继电器主要有两相和三相两种类型，每种类型按发热元件的额定电流又有不同的规格和型号。三相式热继电器常用于三相交流电动机做过载保护。按功能来分，三相式热继电器又有不带断相保护和带断相保护两种类型。

1）热继电器的结构

图 1.11 中（a）图为热继电器的结构图。热继电器主要由热元件、双金属片和触点三部分组成。热继电器中产生热效应的发热元件应串接于电动机绕组电路中，这样，热继电器便能直接反映电动机的过载电流；触点应接在控制电路中，其触点一般有常开和常闭两种，作过载保护用时，使用其常闭触点串联在控制电路中；双金属片是热继电器的感测元件。所谓双金属片，就是将两种线膨胀系数不同的金属片以机械碾压方式使之成为一体。膨胀系数大的为主动片，膨胀系数小的为被动片。双金属片受热后产生线膨胀，由于两层金属的膨胀系数不同，且两层金属又紧紧地黏合在一起，受热后将会单方向弯曲形变。

2）热继电器的动作原理

热继电器的动作原理图如图 1.11 中（b）图所示。热元件串联在主电路中，当主电路中电流超过容许值而使双金属片受热时，双金属片的自由端便向左弯曲，超出一定范围时将会带动传动推杆将常闭触点断开。常闭触点串联接在控制电路中，当热继电器的常闭触点动作时，控制回路断电，则接触器的线圈断电，从而断开电机主电路，保护电气设备。

3）热继电器的图形和文字符号

热继电器在电路图中的图形符号和文字符号如图 1.12 所示。

4）热继电器的选用

选合适的类型（可选两相或普通三相结构的热继电器，但对于△接法的电动机，应选择三相结构并带断相保护功能的热继电器），选额定电流、合理整定热元件的动作电流。

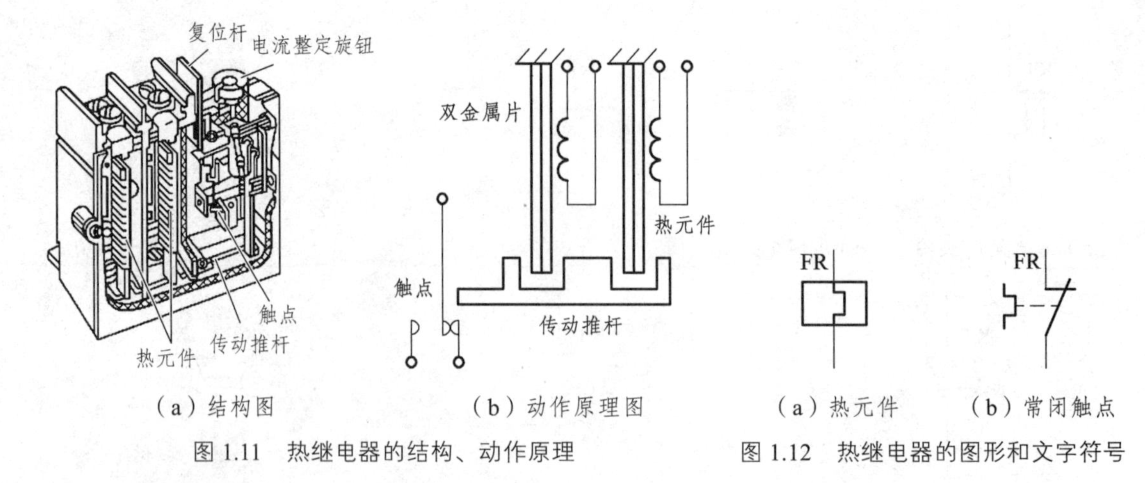

（a）结构图　　（b）动作原理图

图 1.11　热继电器的结构、动作原理

（a）热元件　　（b）常闭触点

图 1.12　热继电器的图形和文字符号

4．熔断器

熔断器属于保护电器，是基于电流热效应原理和发热元件热熔断原理设计，具有一定的瞬动特性，用于电路的短路保护和严重过载保护。使用时，熔断器串接于被保护的电路中，熔体在过流时迅速融化切断电路，起到保护设备和电路安全的作用。熔体安秒特性如表 1.2 所示。

表 1.2　熔体安秒特性

熔体通过电流/A	$1.25I_N$	$1.6I_N$	$1.8I_N$	$2I_N$	$2.5I_N$	$3I_N$	$4I_N$	$8I_N$
熔断时间/s	∞	3600	1200	40	8	4.5	2.5	1

1）熔断器的结构及类型

熔断器主要由熔体、熔断管和熔座三部分组成。

（1）熔体做成丝状或者片状，制作的材质一般有铅锡合金和铜。

（2）熔断管用来安装熔体，作为熔体的保护外壳并在熔体断时兼有灭弧作用。

（3）熔座起固定熔断管以及连接引线的作用。

熔断器的种类很多，常用的熔断器如图 1.13 所示。按结构来分有半封闭瓷插式、螺旋式、无填料密封管式和有填料密封管式。按用途来分一般有工业用熔断器、半导体器件保护用快速熔断器和特殊熔断器（具有两段保护特性的快慢动作熔断器、自复式熔断器）。

（a）NT 系列刀形触点熔断器

（b）RT 系列圆筒帽形熔断器

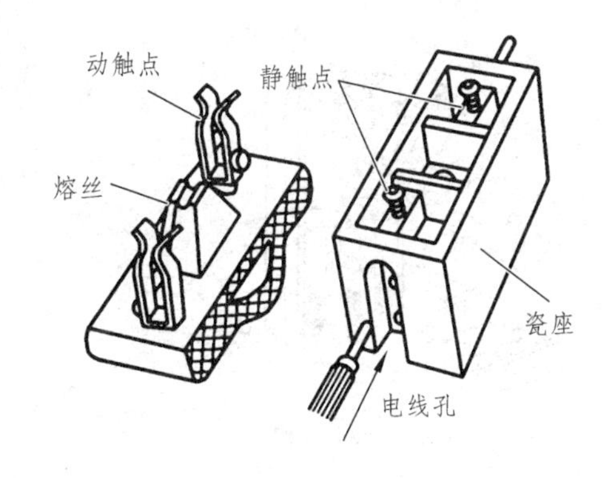

（c）插瓷式熔断器

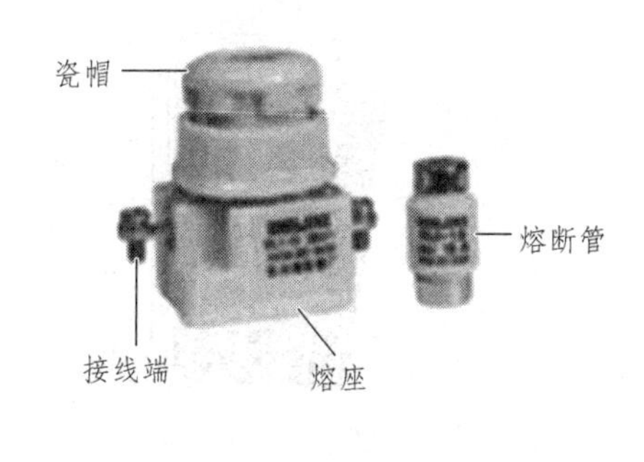

（d）螺旋式熔断器

图 1.13 常用熔断器外形、结构

2）熔断器的主要参数

（1）额定电压。

额定电压指熔断器长期工作和分断后能够承受的电压，其值一般等于或大于电气设备的额定电压。

（2）额定电流。

额定电流指熔断器长期工作时，设备部件温升不超过规定值时所能承受的电流。厂家为了减少熔断器额定电流的规格，熔断器的额定电流等级比较少，而熔体的额定电流等级比较多，即一个额定电流等级的熔断器适合安装几个额定电流等级的熔体，但熔体的额定电流最大不能超过熔断器的额定电流。

（3）极限分断能力。

极限分断能力是指熔断器在规定的额定电压和功率因素（或时间常数）的条件下，能分断的最大电流值，在电路中出现的最大电流值一般是指短路电流值。所以，极限分断能力也反映了熔断器分断短路电流的能力。

3）熔断器的图形和文字符号

熔断器在电路图中的图形符号和文字符号如图 1.14 所示。

图 1.14 熔断器的图形和文字符号

5．开关电器

开关电器广泛用于配电系统和电力拖动系统中，用于电源的隔离、电气设备的保护及控制。

1）开启式负荷开关

开启式负荷开关就是通常所说的胶木闸刀开关，俗称刀开关，其底座为瓷板或绝缘底板，盒盖为绝缘胶木，它主要由闸刀、开关盒、熔丝组成。刀开关是一种结构最简单、应用最广泛的手动电器，主要用于接通和分断电源电压，也可用于照明电路和不频繁启动的小容量（5.5 kW 以下）电动机的控制开关。

瓷底胶盖刀开关的结构如图 1.15 所示。根据通路的数量刀开关可分单极、双极和三极。三极结构的刀开关如图 1.15 中（b）图所示，其结构主要由操作手柄（瓷柄）、触刀（动触头）、触点座（静触头）、熔断丝接头和底座组成。刀开关依靠手动来控制触刀插入或脱离触点座以实现电源的通断。如图 1.16 所示为刀开关的图形符号。

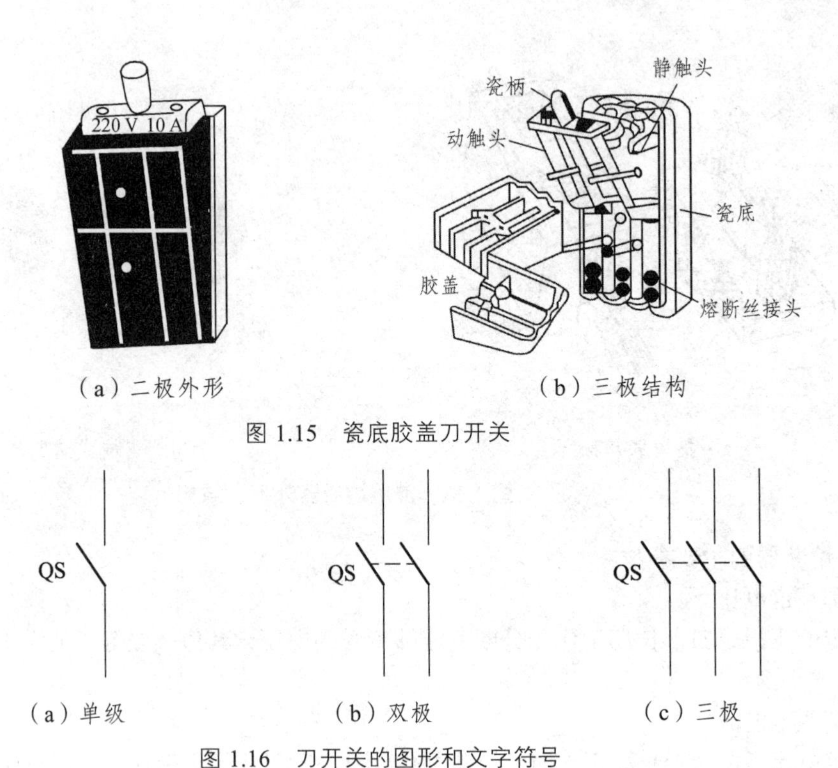

（a）二极外形　　（b）三极结构

图 1.15　瓷底胶盖刀开关

（a）单级　　（b）双极　　（c）三极

图 1.16　刀开关的图形和文字符号

刀开关在选择时应该注意额定电压等于或者大于电路的额定电压。电流也应大于或等于电路的额定电流。

2）低压断路器

低压断路器又称自动开关或空气开关，它相当于刀开关、熔断器、热继电器和欠电压继电器的组合，是一种既有手动开关作用又能自动进行欠压、失压、过载和短路保护的电器。

低压断路器一般由主触头、灭弧装置、各种脱扣器、自由脱扣机构和操作机构等部分组成。低压断路器工作原理示意图如图 1.17 所示。低压断路器的图形符号和文字符号如图 1.18 所示。

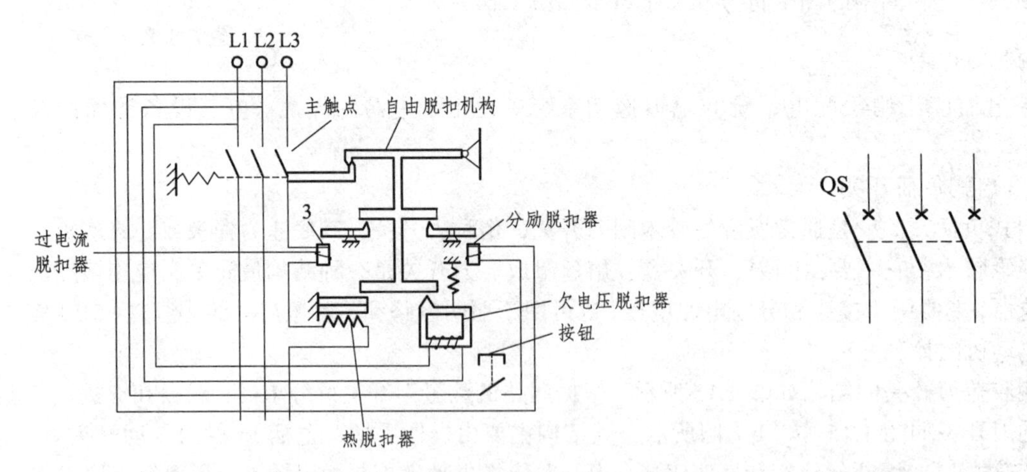

图 1.17　低压断路器工作原理示意图　　图 1.18　低压断路器的图形和文字符号

（1）主触头及灭弧装置。

主触头是断路器的执行元件，用来接通和分断主电路，为提高其分断能力，主触头上装有灭弧装置。

（2）脱扣器。

脱扣器是断路器的感测元件，当电路出现故障时，脱扣器感测到故障信号后，经自由脱扣器使断路器主触头分断，从而起到保护作用。按功能来分，主要有分励脱扣器、欠电压（含失电压）脱扣器、过电流（含短路和严重过载）脱扣器、热脱扣器。

（3）自由脱扣机构和操作机构。

自由脱扣机构和操作机构用于联系操作机构和主触点，从而实现断路器的闭合、断开。

低压断路器的工作原理：手动合闸使主触点闭合后，自由脱扣器机构将触点锁在合闸位置。当电路发生故障时，通过各自的脱扣器使自由脱扣机构动作，自动跳闸以实现保护。

6．主令电器

主令电器在控制电路中是一种专门用来发布命令、改变控制系统工作状态的电器，可用来接通或断开控制电路，控制电动机的启动、停止、制动以及调速等。主令电器应用十分广泛，种类繁多，常用的有控制按钮、行程开关、万能转换开关、主令控制器和脚踏开关等。

1）控制按钮

控制按钮是一种结构简单、使用广泛的手动主令电器。其可以在控制电路中发出手动指令远距离控制其他电器，再由其他电器去控制主电路或转移各种信号，也可以直接用来转换信号电路和电器联锁电路。注意按钮不能直接控制主电路的通断。

按钮的组成及类型如图 1.19 所示。按钮由按钮、弹簧、铜片、常闭触头、常开触头组成。常见有常开按钮、常闭按钮、复合按钮。如图 1.20 所示为控制按钮的图形和文字表示符号。

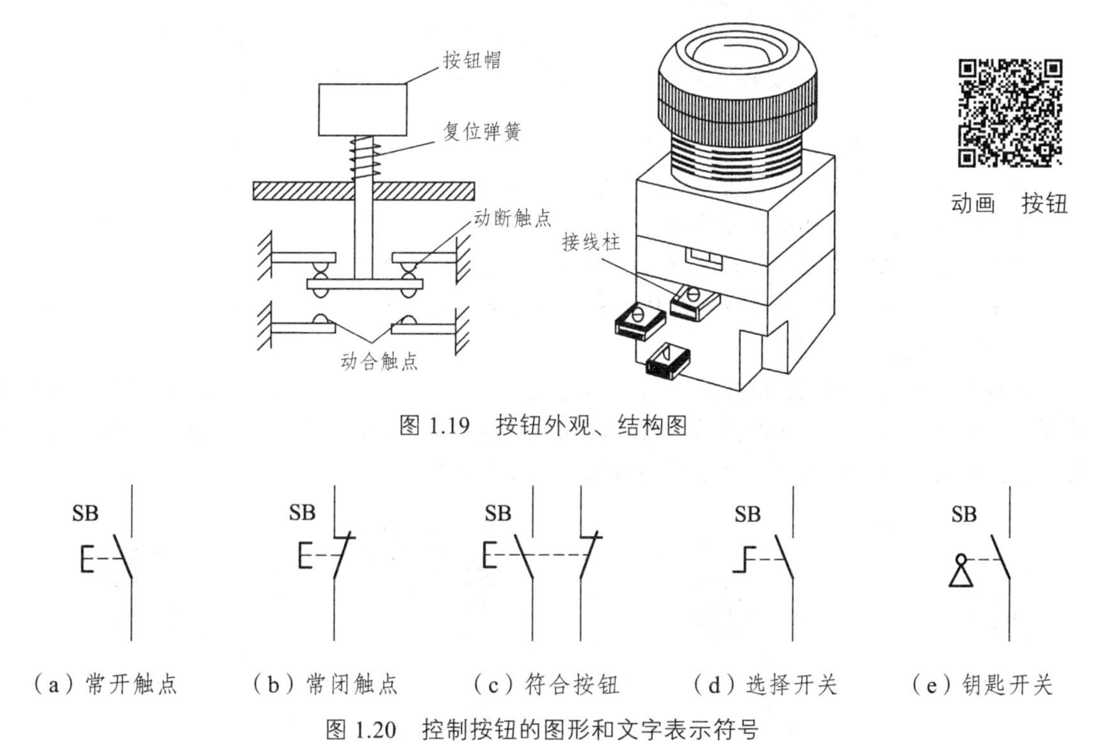

图 1.19　按钮外观、结构图

图 1.20　控制按钮的图形和文字表示符号

控制按钮选用原则：

（1）根据使用场合选择控制按钮的种类，如开启式、防水式、防腐式等。

（2）根据用途选择控制按钮的结构类型，如钥匙式、紧急式、带灯式等。

（3）根据控制回路的需求确定按钮数，如单钮、双钮、三钮、多钮等。

（4）根据工作状态指示和工作情况的要求选择按钮及指示灯的颜色。

2）行程开关

动画　微动行程开关原理图

行程开关也称作限位开关，最常使用的几种如图 1.21 所示。行程开关是依据生产机械的行程发出命令，以控制其运动方向和行程长短的主令电器。若将行程开关安装于生产机械行程的终点处，用以限制其行程，则称为限位开关或终端开关。

行程开关的组成及分类：行程开关按结构分为机械结构的接触式有触点行程开关和电气结构的非接触式接近开关。机械结构的接触式行程开关是依靠移动机械上的撞块碰撞其可动部件使常开触头闭合，常闭触头断开来实现对电路控制的。当工作机械上的撞块离开可动部件时，行程开关复位，触头恢复其原始状态。行程开关按其结构可分为直动式、滚动式和微动式三种。

行程开关的图形和文字表示符号如图 1.22 所示。

图 1.21　常见行程开关

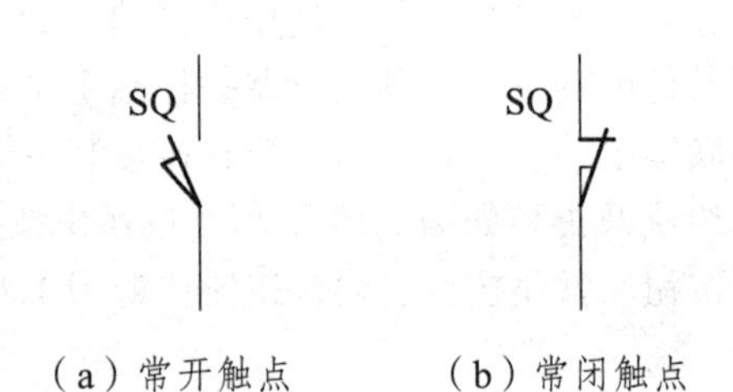

（a）常开触点　　（b）常闭触点

图 1.22　行程开关的图形和文字表示符号

行程开关的选用原则：

（1）根据应用场合及控制对象选择种类。

（2）根据安装使用环境选择防护形式。

（3）根据控制回路的电压和电流选择行程开关系列。

（4）根据运动机械与行程开关的传力和位移关系选择行程开关的头部形式。

3）接近开关（传感器）

常见接近开关实物图如图 1.23 所示。接近式位置开关是一种非接触式的行程开关，简称接近开关。它由感应头、高频振荡器、放大器和外壳组成。当运动部件与接近开关的感应头接近时，就使其输出一个电信号。接近开关的图形与文字符号如图 1.24 所示。

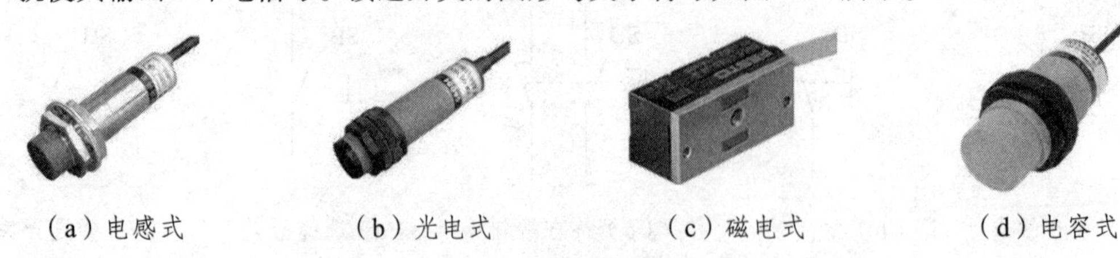

（a）电感式　　（b）光电式　　（c）磁电式　　（d）电容式

图 1.23　常见接近开关实物图

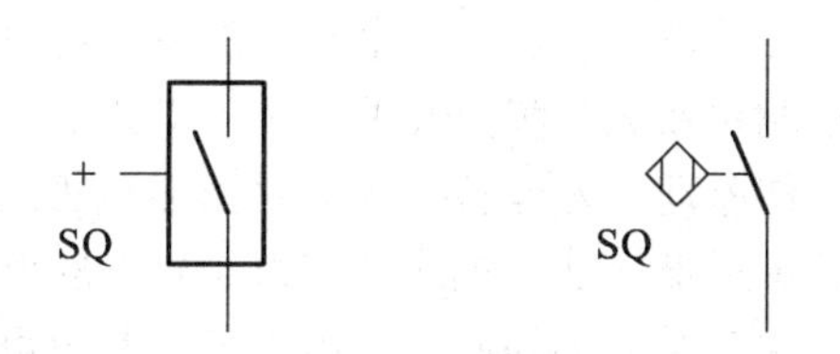

（a）电源接近开关　　　（b）无源接近开关

图 1.24　接近开关的图形和文字符号

接近开关具有定位精度高、操作频率高、功率损耗小、寿命长、使用面广、能适应恶劣工作环境等优点。常用的有电感式、光电式、磁电式、电容式。

（1）电感式接近开关的感应头是一个具有铁氧体磁芯的电感线圈，只能用于检测金属体。振荡器在感应头表面产生一个交变磁场，当金属块接近感应头时，金属中产生的涡流吸收了振荡的能量，使振荡减弱以至停振，因而产生振荡和停振两种信号，经整形放大器转换成二进制的开关信号，从而起到“开”“关”的控制作用。

（2）光电式接近开关把发射端和接收端之间光的强弱变化转化为电流的变化以达到探测的目的。由于光电开关输出回路和输入回路是电隔离的（即电缘绝），它可以在许多场合得到应用。

（3）磁性接近开关一般用于检测磁性物体的运动，但也可以检测贴有磁铁块的运动物体的位置，经常用于汽缸和活塞的位置检测，有时也作为限位开关使用。当磁性目标接近时，磁性接近开关输出开关信号，其检测距离随检测物体磁场强弱变化而变化。

（4）电容式接近开关的感应头是一个圆形平板电极，与振荡电路的地线形成一个分布电容，当有导体或其他介质接近感应头时，电容量增大而使振荡器停振，经整形放大器输出电信号。电容式接近开关既能检测金属，又能检测非金属及液体。

4）万能转换开关

典型的万能转换开关结构与符号如图 1.25 所示。

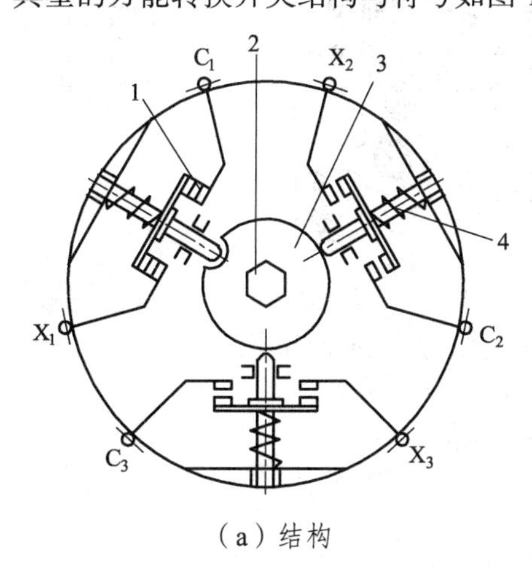

（a）结构

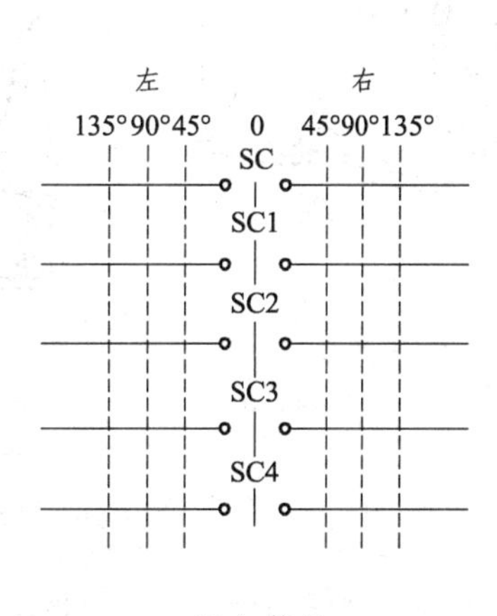

（b）符号

1—触头；2—转轴；3—凸轮；4—触头弹簧。

图 1.25　万能转换开关的结构与符号

万能转换开关简称转换开关，它是由多组相同结构的触头组件叠装而成的多档位多回路的主令电器。万能转换开关主要用于各种控制电路的转换，电气测量仪表的转换也可用于控制小容量电动机的起动、制动、正反转换向以及双速电动机的调速控制。由于它触头档位多、换接的电路多、且用途广泛，故称为“万能”转换开关。

万能转换开关的结构和工作原理：万能转换开关是由多组相同结构的触头组件叠装而成。它由操作机构、定位装置和触头系统三部分组成。在每层触头底座上均可装三对触头，并由触头底座中的凸轮经转轴来控制这三对触头的通断。由于各层凸轮可做成不同的形状，这样用手柄开关转至不同位置时，经凸轮的作用，可实现各层中的各触头所规定的规律接通或断开，以适应不同的控制要求。

5）主令控制器

主令控制器是一种用于频繁切换复杂的多路控制电路的主令电路。它在控制系统中发出命令，再通过接触器来实现电动机的启动、调速、制动和反转等控制目的，主要用作起重机、轧钢机的主令控制。

（1）主令控制器的结构和工作原理。

主令控制器的外形、结构与符号图如图 1.26 所示。在方形转轴（1）上装有不同形状的凸轮块（7），转动方轴时，凸轮块随之转动，当凸轮块的凸起部分转到与小轮（8）接触时，则推动支架（6）向外张开，使动触头（2）与静触头（3）断开。当凸轮的凹陷部分与小轮（8）接触时，支架（6）在复位弹簧（10）作用下复位，使动、静触头闭合。这样在方形转轴上安装一串不同形状的凸轮块，便可使触头按一定顺序闭合与断开，即获得按一定顺序动作的触头，也就获得按一定顺序动作的电路了。

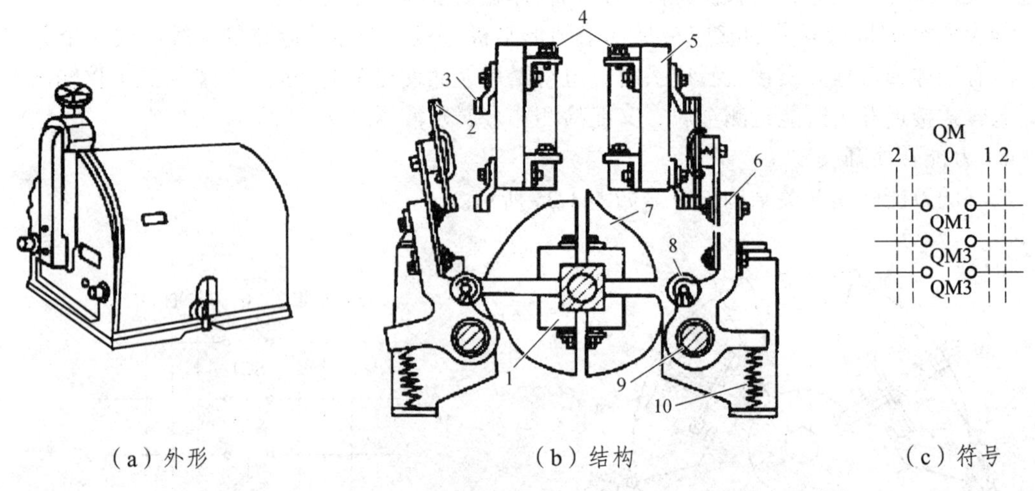

（a）外形　　（b）结构　　（c）符号

1—方形转轴；2—动触头；3—静触头；4—接线柱；5—绝缘板；6—支架；
7—凸轮块；8—小轮；9—转动轴；10—复位弹簧。

图 1.26　主令控制器的外形、结构、符号

（2）主令控制器的型号和主要技术数据。

常用的主令控制器有 LK5、LK6、LK14、LK15、LK16、LK17、LK18 系列，它们都属于有触头的主令控制器，对电路输出的是开关量主令信号。

1.1.2.3　国产常用低压电器的全型号组成形式

国产常用低压电器的全型号组成形式如图 1.27 所示。

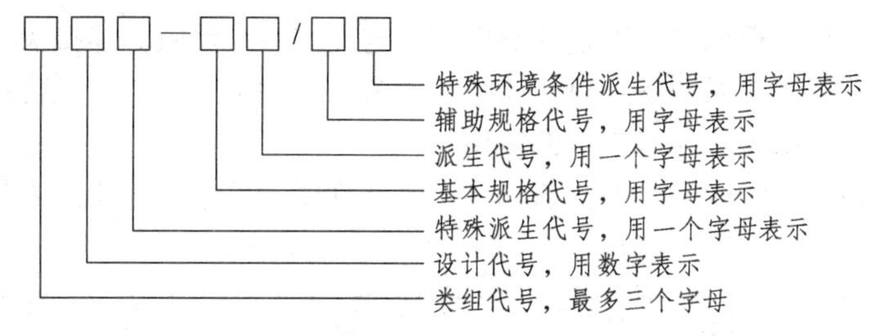

图 1.27　国产常用低压电器的全型号组成形式

1.2　继电接触器控制系统

1.2.1　概　述

在国民经济各行业的生产机械上广泛使用着电力拖动自动控制设备。它们主要是以各类电动机或其他执行电器为控制对象，采用电气控制的方法来实现对电动机或其他执行电器的启动、停止、正反转、调速、制动等运行方式的控制，并以此来实现生产过程自动化，满足生产加工工艺的要求。电气控制线路可由第 1 章的任务 1.1 中所述的开关电器等按一定逻辑规律组合而成。

不同生产机械或自动控制装置的控制要求是不同的，其相应的控制电路也是千变万化各不相同的，但是，他们都是有基本规律的基本环节、基本单元，按一定的控制原则和逻辑规律组合而成。所以，深入地掌握这些基本控制单元电路以及逻辑关系和特点，再结合生产机械具体的生产工艺要求，就能掌握电气控制电路的基本分析方法和设计方法。

电气控制电路的实现，可以是继电接触器逻辑控制方法、可编程逻辑控制方法及计算机控制（单片机、可编程序控制器等）方法等，但继电接触器逻辑控制方法仍是最基本的、应用十分广泛的方法，而且是其他控制方法的基础。

1.2.1.1　电气控制系统图

电气控制系统是由电气控制元件按一定要求连接而成。为了清晰地表达生产机械电气控制系统的工作原理，便于系统的安装、调整、使用和维修，将电气控制系统中的各电气元件用一定的图形符号和文字符号来表示，再将其连接情况用一定的图形表达出来，这种图形就是电气控制系统图。常用的电气控制系统图有三种：电气原理图、平面布置图与安装接线图。

1．电气图常用的符号

电气控制系统图中，电器元件的图形符号、文字符号必须采用国家最新标准，即 GB/T4728—1996 ~ 2000《电气简图用图形符号》和 GB7159—1987《电气技术中的文字符号制定通则》。接线端子标记采用 GB4026—1992《电气设备接线端子和特定导线线端的识别及应用字母数字系统的通则》，并按照 GB6988—1993 ~ 2002《电气制图》的要求来绘制电气控制系统图。常用的图形符号和文字符号见本书附录。

2．电气控制原理图

电气原理图是用来表示电路各电气元件中导电部件的连接关系和工作原理图。该图应根据简单、清晰的原则，采用电气元件的展开形式来绘制，它不按电气元件的实际位置来画，也不反映电气元件的大小、安装位置、只用电气元件的导电部分及其接线端钮按国家标准规定的图形符号来表示电气元件，再用导线将这些导电部件连接起来以反映其连接关系。所以电气原理图结构简单、层次分明，关系明确，可用于分析研究电路的工作原理，且可作为其他电气图的依据，在设计部门和生产现场获得广泛的应用。

现以图 1.28 所示的 CW6132 型普通车床电气原理图为例来阐述绘制电气原理图的原则和注意事项。

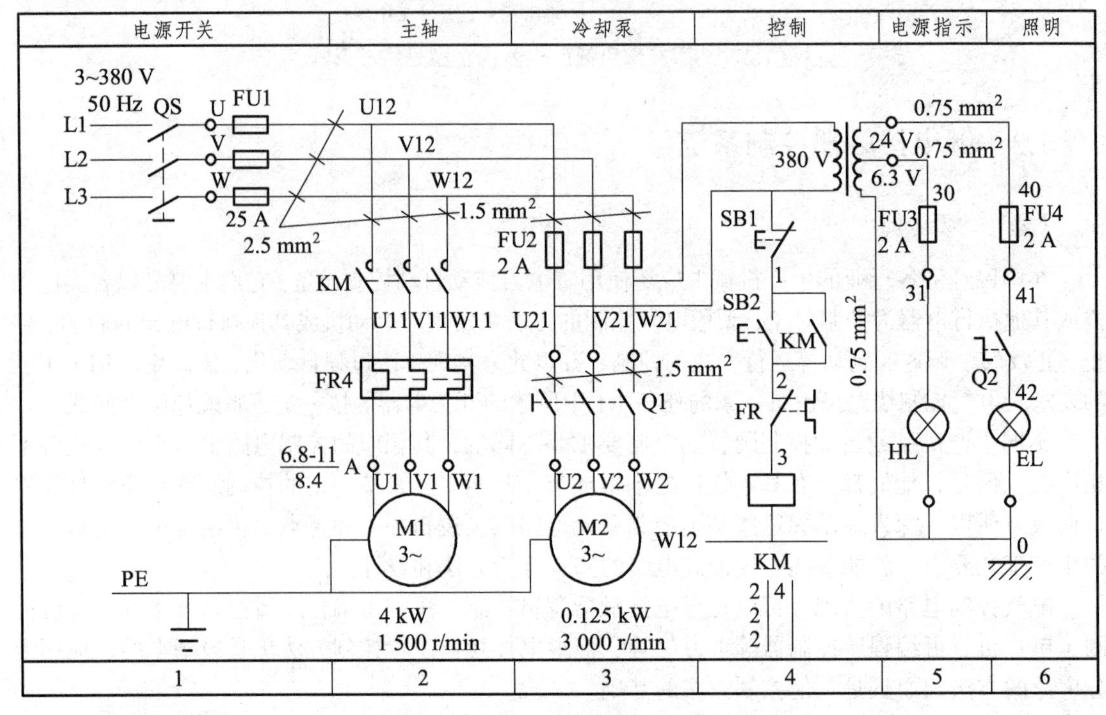

图 1.28　CW6132 型车床电气原理

1）绘制电气原理图应遵循的原则

（1）电气原理图的绘制标准图中所有的元器件都应采用国家统一规定的图形符号和文字符号。

（2）电气原理图由主电路和辅助电路组成。主电路是从电源到电动机的电路，其中有刀开关、熔断器、接触器主触头、热继电器发热元件与电动机等。主电路用粗线绘制在图面的左侧或上方。辅助电路包括控制电路、照明电路、信号电路及保护电路等，它们由继电器、熔断器、照明灯、信号灯及控制开关等组成，用细实线绘制在图面的右侧或下方。

（3）电源线的画法。原理图中直流电源用水平线画出，一般直流电源的正极画在图面上方，负极画在图面的下方。三相交流电源线集中水平画在图面上方，相序自上而下按 L1、L2、L3 排列，中性线（N 线）和保护接地线（PE 线）排在相线之下。主电源垂直于电源线画出，控制电路与信号垂直在两条水平电源线之间。耗电器件（如接触器、继电器的线圈、电磁铁线圈、照明灯、信号灯等）直接与下方水平电源线相接，控制触头接在上方电源水平线与耗电元器件之间。

（4）原理图中电气元件的画法。原理图中的各电气元件均不画实际的外形图，原理图中只画出其带电部分，同一电气元件上的不同带电部件是按电路中的连接关系画出，但必须按国家标准规定的图形符号画出，并用同一文字符号标明。对于几个同类电器，在表示名称之后加上数字序号，以示区别。

（5）电气原理图中电气触头的画法。原理图中各元器件触头状态均按没有外力作用时或未通电时触头的自然状态画出。对于接触器、电磁式继电器是按电磁线圈未通电时触头状态画出；对于控制按钮、行程开关的触头是按不受外力作用时的状态画出；对于断路器和开关电器触头按断开状态画出。当电器触头的图形符号垂直放置时，以“左开右闭”原则绘制，即垂线左侧的触头为常开触头，垂线右侧的触头为常闭触头；当符号为水平放置时，以“上闭下开”原则绘制，即在水平线上方的触头为常闭触头，水平线下方的触头为常开触头。

（6）原理图的布局。原理图按功能布置，即同一功能的电气元件集中在一起，尽可能按动作顺序以从上到下或从左到右的原则绘制。

（7）线路连接点、交叉点的绘制。在电路中，对于需要测试和拆接的外部引线的端子，采用“空心圆”表示；有直接电联系的导线连接点，用“实心圆”表示；无直接电联系的导线交叉点不画黑圆点，但在电气图中尽量避免线条的交叉。

（8）原理图绘制要求。原理图的绘制要层次分明，各电气元件及触头的安排要合理，既要做到所用元件触头最小、耗能最小，又要保证电路运行可靠，节省连接导线，以及安装、维修方便。

2）电气原理图图面区域的划分

为便于确定原理图的内容和组成部分在图中的位置，有利于读者检索电气线路，常在各种幅面的图纸上分区。每个分区内竖边用大写的拉丁字母编号，横边用阿拉伯数字编号。编号的顺序应从与标题栏相对应的图幅的左上角开始。分区代号用该区的拉丁字母或阿拉伯数字表示，但是为分析方便，也把数字区放在图的下面。为方便读图，利于理解电路工作原理，还常在图面区域对应的原理图上方标明该区域的元件或电路的功能。

电气原理图中，在继电器、接触器线圈的下方注有该继电器、接触器相应触头所在图中位置的索引代号，索引代号用图面区域号表示。其中左栏为常开触头所在图区号，右栏为常闭触头所在图区号。

3）电气原理图中的技术数据

电气原理图中各电气元件的相关数据和型号常在电气原理图中电气元件文字符号下方标注出来。如图 1.28 所示，热继电器文字符号 FR 下方标有 6.8 ~ 11 A，此数据为该热继电器的动作电流值范围，8.4 A 为该继电器的整定电流值。

3．电气元件布置图

电器元件布置图用来表明电气原理图中各元器件的实际安装位置，可根据电气控制系统复杂程度采取集中绘制或单独绘制的方式。常用的有电气控制箱中的电气元件布置图、控制面板图等。电气元件布置图是控制设备生产及维护的技术文件，电气元件的布置应注意以下几方面：

（1）体积大和较重的电器元件应安装在电气安装版的下方，而发热元件应安装在电气安装板的上面。

（2）强电、弱电应分开，弱电应屏蔽，防止外界干扰。

（3）需要经常维护、检修、调整的电气元件安装位置不宜过高或过低。

（4）电气元件的布置应考虑整齐、美观、对称。外形尺寸与结构类似的电器安装在一起，以利安装和配线。

（5）电气元件布置不宜过密，应留有一定间距。如有走线槽，应加大各排电器间距，以利布线和维护。

1.2.2　电气控制线路

1.2.2.1　基本控制线路

1．点动控制与连续运转控制

1）点动控制线路

点动控制线路是一种调整工作状态，要求一点一动，按住按钮不释放则连续运动，不按则不动，这种运动控制方式称为“点动”或“点车”。三相异步电动机的点动控制线路如图 1.29 所示。

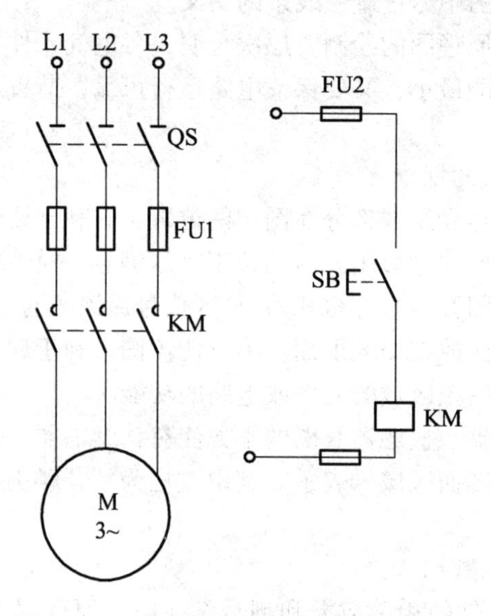

图 1.29　三相异步电动机的点动控制线路

点动控制工作原理：闭合隔离开关 QS，则有

启动：按下SB → KM线圈得电 → KM主触点闭合 → 电动机运行

停止：松开SB → KM线圈失电 → KM主触点断开 → 电动机停转

对于点动控制，由于运行时间短，一般都不需要加装热继电器进行保护。熔断器 FU 用作短路保护。

2）连续运转（自锁）控制线路

多数情况下，要求电动机启动后能连续运转，此时如果采用点动控制，就会加重操作人员的劳动强度，也容易因手抖而停车。

为了实现电机连续运转，一般通过交流接触器 KM 线圈自锁实现。该电路可以实现电机启动后自保持，被称为“启-保-停”控制电路。像这种松开启动按钮后，接触器线圈可通过自身辅助常开触点保持通电的状态称为自锁，起到自锁作用的辅助触点称为自锁触点。

在实际运用中，由熔断器 FU 作为短路保护，交流接触器作失压和欠压保护，而对电动机的过载保护则采用在线路中加装热继电器 FR 的方法实现。热继电器的常闭触点串接于控制电路中，当发生过载时或者其他故障时，热继电器执行元件动作，使控制回路（内含接触器线圈）断电，交流接触器主触点复位以保护电动机。

3）电气原理图

三相异步电动机的自锁控制线路如图 1.30 所示。

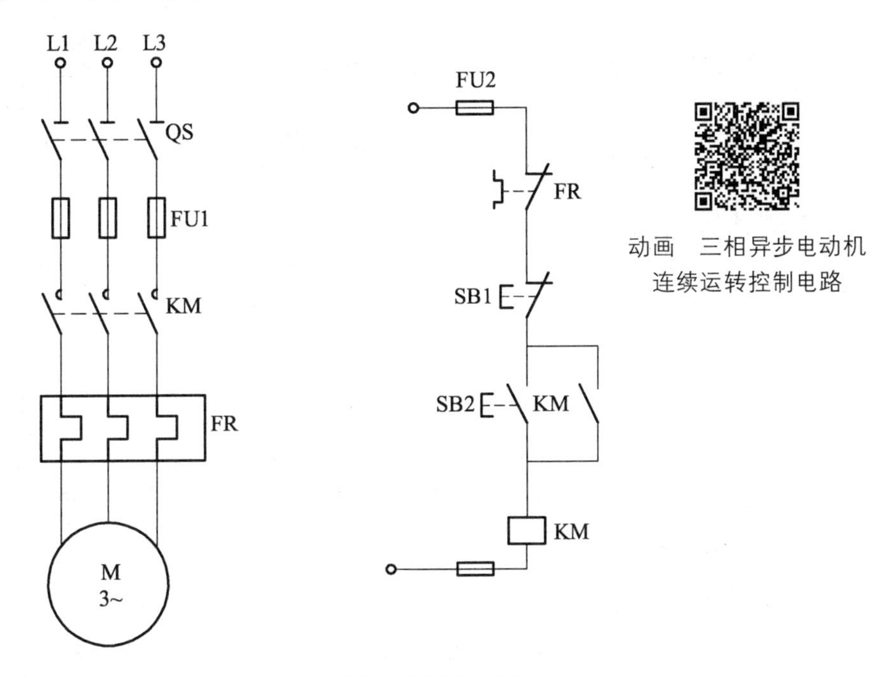

图 1.30　三相异步电动机自锁控制线路

4）工作原理

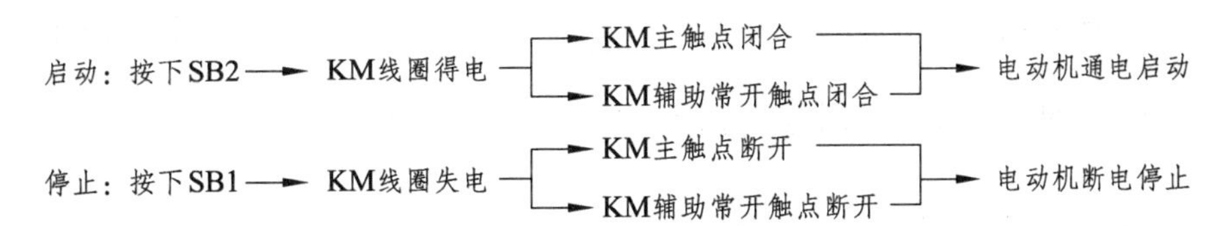

2．连续与点动混合控制电路

机床设备在正常工作时，一般需要电动机处于连续运行的状态，但是在试车或者调整刀具与工件的相对位置阶段，又需要点动控制电机运行。实现这种工艺要求的电路称为连续与点动混合控制线路。

1）电气原理图

三相异步电动机的连续与点动混合控制线路如图 1.31 所示。图（a）为开关选择型，该电路是在自锁正转运行线路，将开关 SA 串联于自锁回路上。图（b）是在三相异步电动机自锁正转运行线路基础上增加了一个复合按钮 SB3，其常开触头与启动按钮并联，常闭触点与自锁触点串联。

2）工作原理

对于开关选择型，点动与连续混合控制是随开关状态切换的，当 SA 闭合时，自锁回路通路，故电动机连续运行；当 SA 断开时，自锁回路断路，故点动控制电动机运行。

（1）开关选择型“连续”控制运行原理如下。

连续控制（已按下 SA 按钮）：

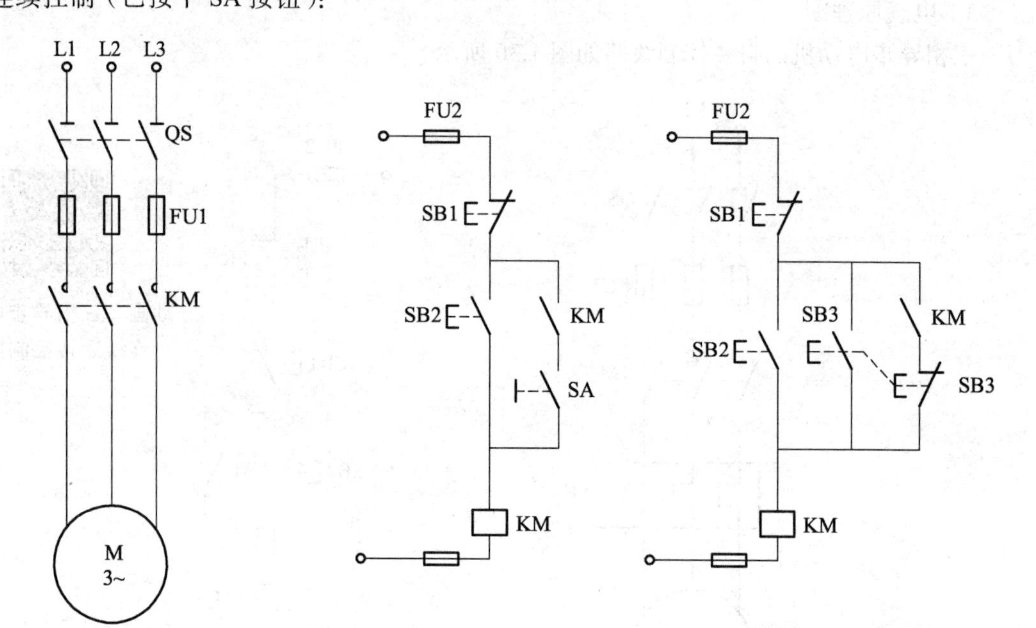

图 1.31　异步电动机的连续与点动混合控制线路

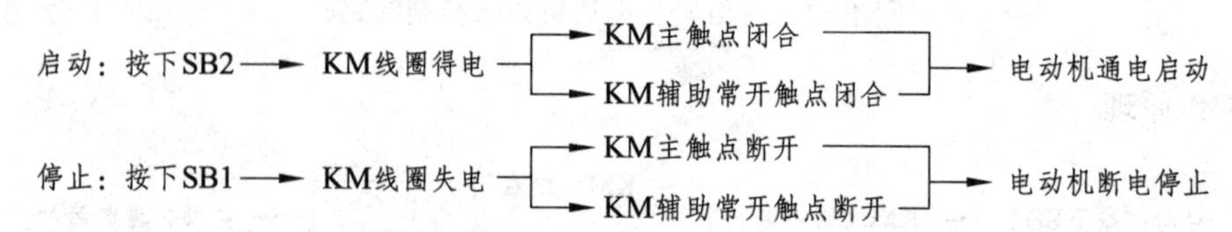

（2）复合按钮型“点动”控制运行原理如下。

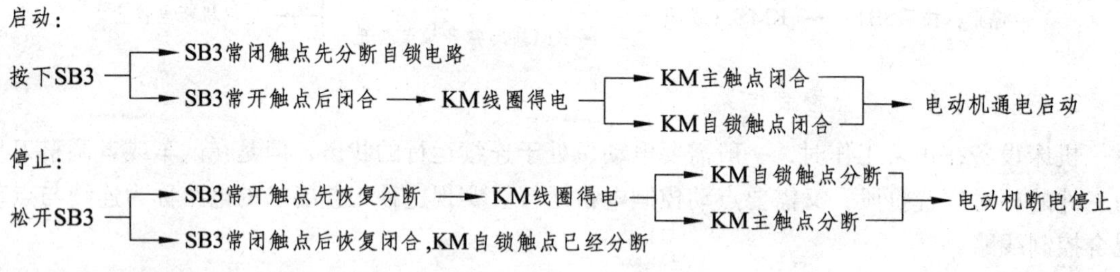

3．互锁控制

在生产实践中，有很多情况需要电动机的正、反向运行，如工作台的往复移动，起重机的上升和下降等。要使电动机运行方向改变，只需改变电动机绕组的通电顺序，即使电动机绕组中任意两相换相，但是出于保护电路的需要，控制电路设计一定要合理。我们常采用自锁与互锁共同控制，这种电气控制统称为电气的连锁控制。

1）无互锁控制电路

三相异步电动机无互锁正反转控制电路如图 1.32（a）所示。

合上电源开关 QS，按下正转按钮 SB2 时，控制正向运转接触器 KM1 线圈得电并自锁，电动机正转；按下停止按钮后，再按下反转按钮 SB3 时，控制反向运转接触器 KM2 线圈得电并自锁，电动机反转。

2）接触器连锁正反转控制线路

对于无互锁正反转控制线路，若误操作时同时按下两个启动按钮，将会使电动机绕组短路。因此，任何时候只能允许一个接触器通电工作。使用互锁（连锁）控制可实现这种工艺要求。如图 1.32（b）所示，电路在图 1.32（a）的基础上将正反转控制的交流接触器的常闭辅助触点串联在对方的接触器线圈里。工作原理分析如下：

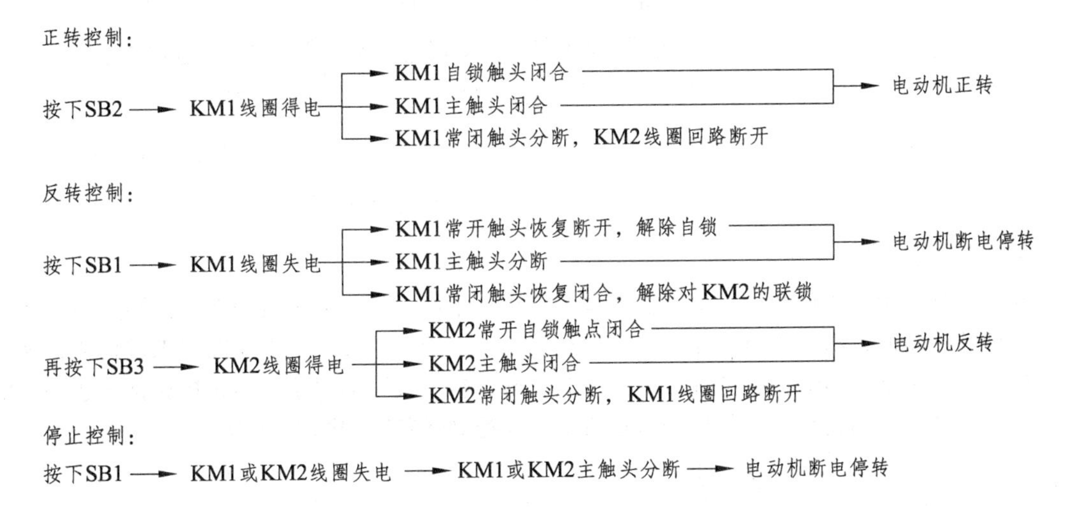

分析工作原理可知，当一个接触器得电动作时，通过其常闭触头使得另外一个接触器不能动作，正向接触器与反向接触器构成相互制约关系，称作互锁。实现互锁作用的常闭触点称为互锁触点。

3）接触器、按钮双重联锁正反转控制线路

接触器联锁正反转控制电路可保证电机的可靠运行，但是由于接触器自锁作用，必须按下停止按钮，然后才能反转启动，因此称这种电路为“正-停-反”电路。为了操作方便，在图 1.32（c）电路中将正转按钮与反转按钮都换成了复合按钮的，并将两个复合按钮的常闭触头串接于对方的接触器线圈控制电路中，可以实现不按停止按钮，由正转直接到反转，称为“正-反-停”控制。解决问题关键在于增加了按钮互锁，互锁的按钮可以实现先断开正在运行的电路，再接通反向运转的电路。这种接触器、按钮都互锁的控制方式称作双重互锁控制。图 1.32（c）的运行原理请自行分析。

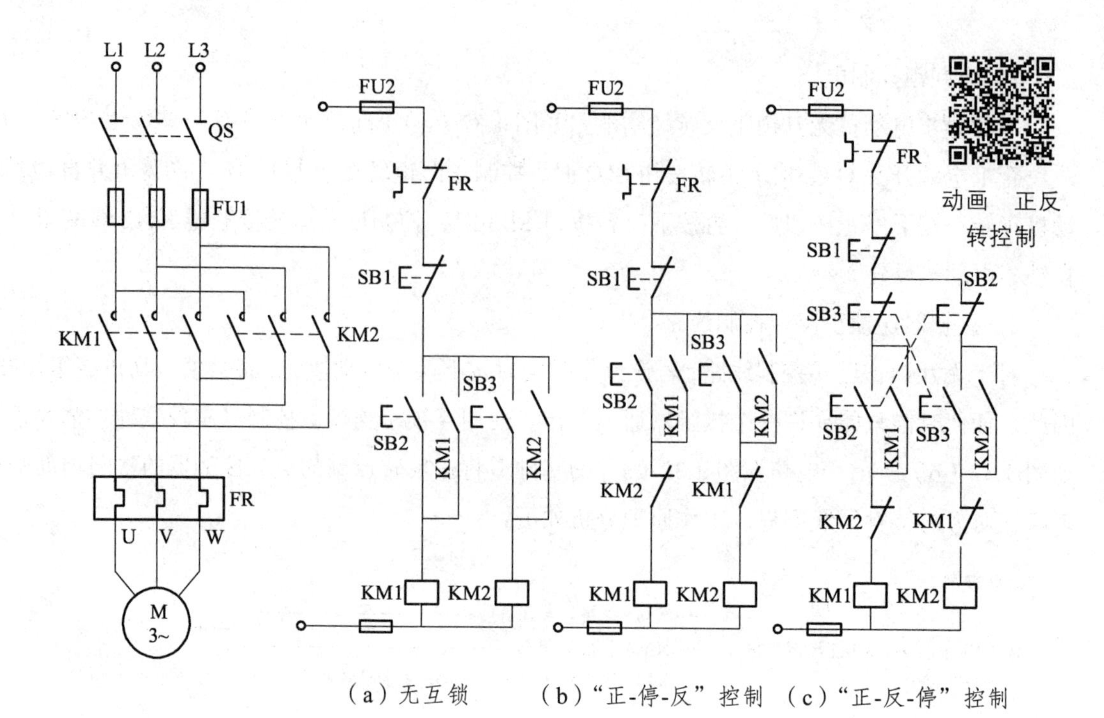

（a）无互锁　（b）“正-停-反”控制　（c）“正-反-停”控制

图 1.32　三相异步电动机的正反转控制线路

4．甲乙地控制

在一些大型生产机械和设备上，要求操作人员在不同方位都能进行操作与控制，即实现多地（典型的是两地，即甲乙地）控制。多地控制是用多组启动按钮、停止按钮来进行的，这些按钮连续的原则是：启动按钮常开触头要并联，即逻辑“或”的关系；停止按钮常闭触头要串联，即逻辑“与”的关系。三相异步电动机甲乙地控制线路图如图 1.33 所示。

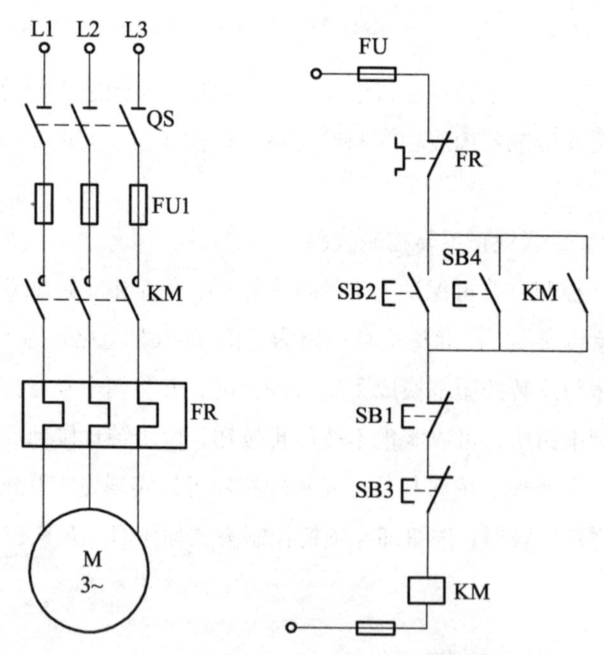

图 1.33　三相异步电动机甲乙地控制线路图

工作原理：

若甲地安装停止按钮 SB1 及启动按钮 SB2，乙地安装停止按钮 SB3 及启动按钮 SB4。当两地之中任意一操作人员按下启动按钮，KM 都得电并自锁；停止时只需要两地中的其中一地的停止按钮被按下即可实现。

5．顺序（联锁）控制

在装有多台电动机的生产设备上，各电动机所起的作用不尽相同，有时候需要按一定的顺序启动或停止才能满足生产工艺的要求。顺序控制线路可实现这一要求。

1）顺序启动控制线路

图 1.34（a）所示为两台电机顺序启动控制线路。

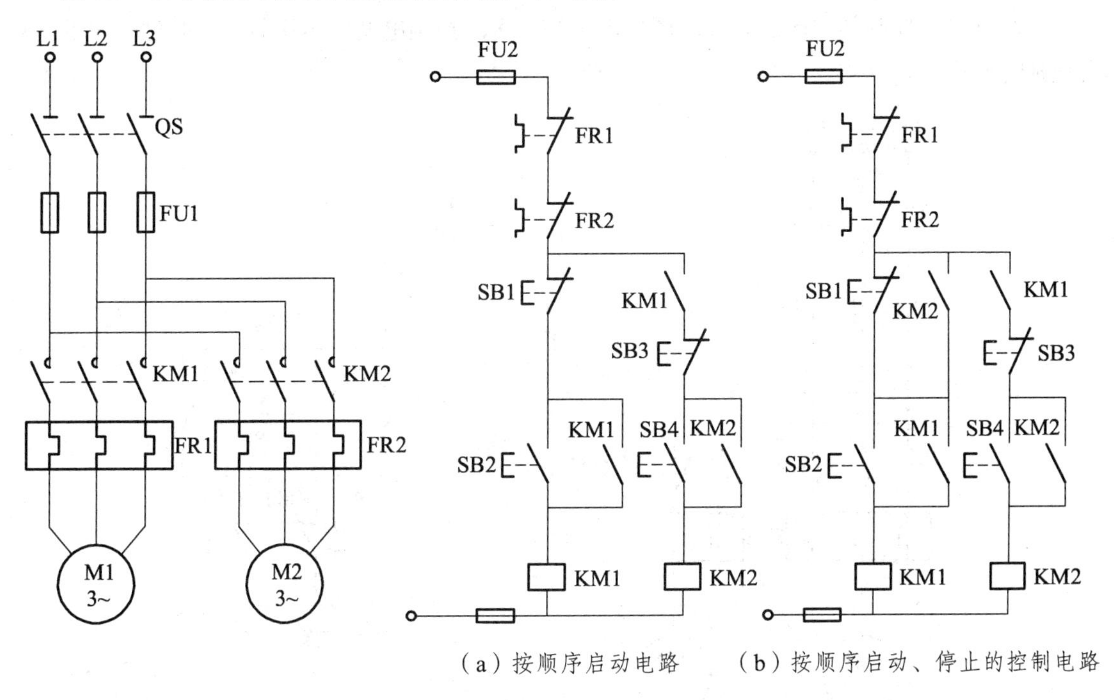

（a）按顺序启动电路　　（b）按顺序启动、停止的控制电路

图 1.34　两台电动机顺序控制线路原理图

工作原理：

合上电源开关 QS，则有

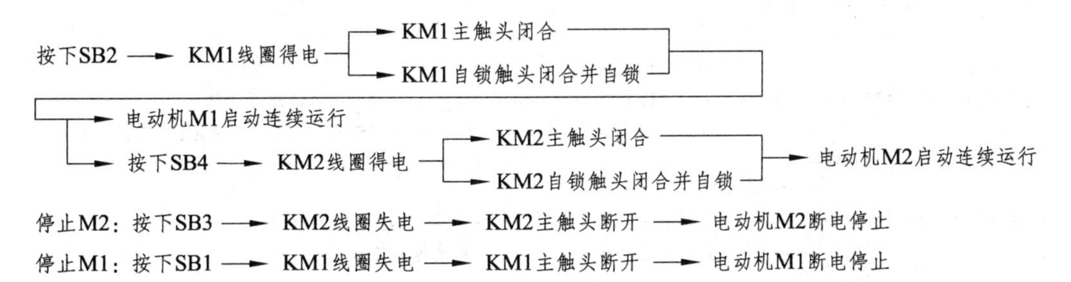

2）电机顺序启动、逆序停止控制线路

生产机械除要求按顺序启动外，有时还要求按一定顺序停止，如带式输送机、前面的第一台运输机先启动，再启动后面第二台；停车时应先停第二台，再停第一台；这样才不会造成物料在传送带上的堆积和滞留。图 1.34（b）中控制电路在（a）图基础上，将接触器 KM2 的常开辅助触头并接在停止按钮 SB1 的两端。当电动机 M1、M2 都启动后，由于 KM2 常开触点将 SB1 短路，即使按下 SB1 停止按钮，电机 M1 也无法停止运转。只有先按下停止按钮 SB3 后，按下 SB1 才有效。

3）电机的时间控制

在许多顺序控制中，要求有一定的时间间隔，此时通常用时间继电器来实现。

（1）电气原理图。

时间继电器控制的顺序启动线路图如图 1.35 所示。控制电路中运用通电延时型时间继电器实现延时动作。

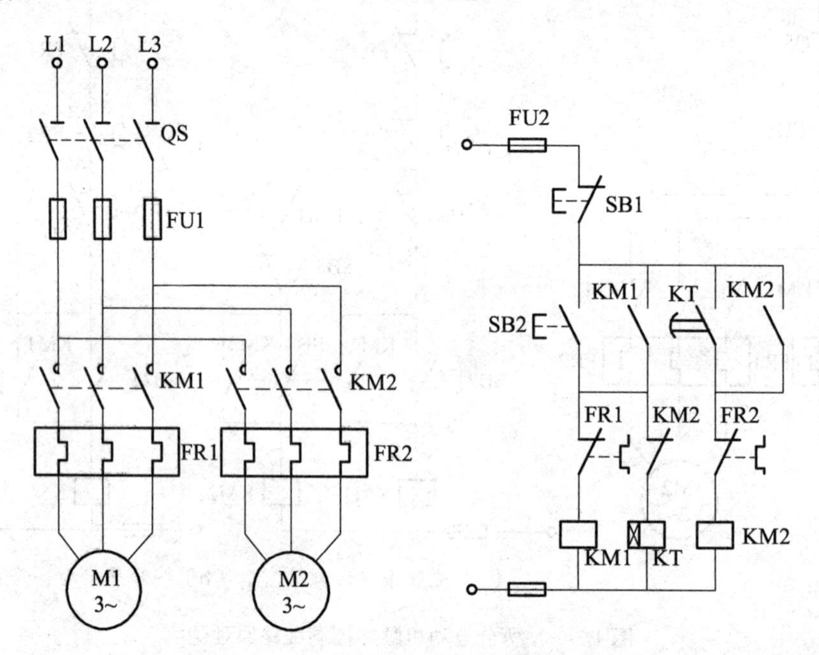

图 1.35　时间继电器控制的顺序启动线路

（2）工作原理。

合上电源开关 QS，则有

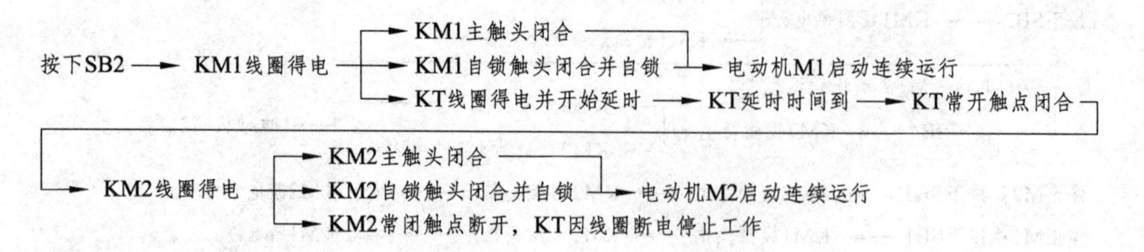

停止：

按下 SB1 ⟶ KM1、KM2 线圈失电 ⟶ KM1、KM2 主触头断开 ⟶ 电动机 M1、M2 断电停止

6．自动往复循环控制

有些生产机械，要求在一定的距离内能自动往返运动，以便实现对工件的连续加工，提高生产效率。这时通常利用行程开关来控制自动往复运动的行程，并由此来控制电动机的正、反转或电磁阀的通、断电，从而实现生产机械的自动往复。

1）电气原理图

自动往复循环控制如图 1.36 所示。其中（a）图为机床工作台自动往复运动示意图，（b）图为自动往复循环控制线路图。

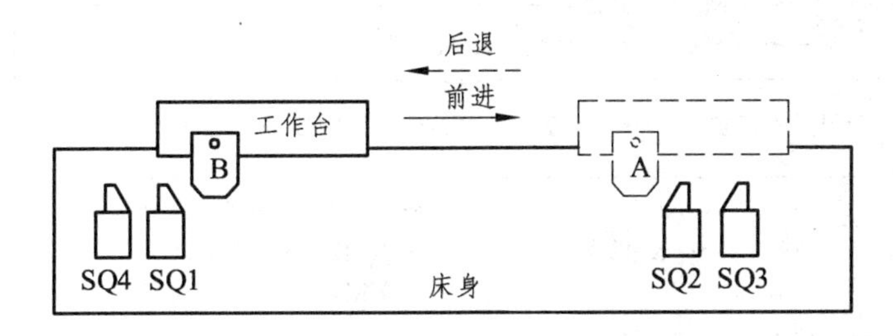

（a）机床工作台自动往复运动示意图

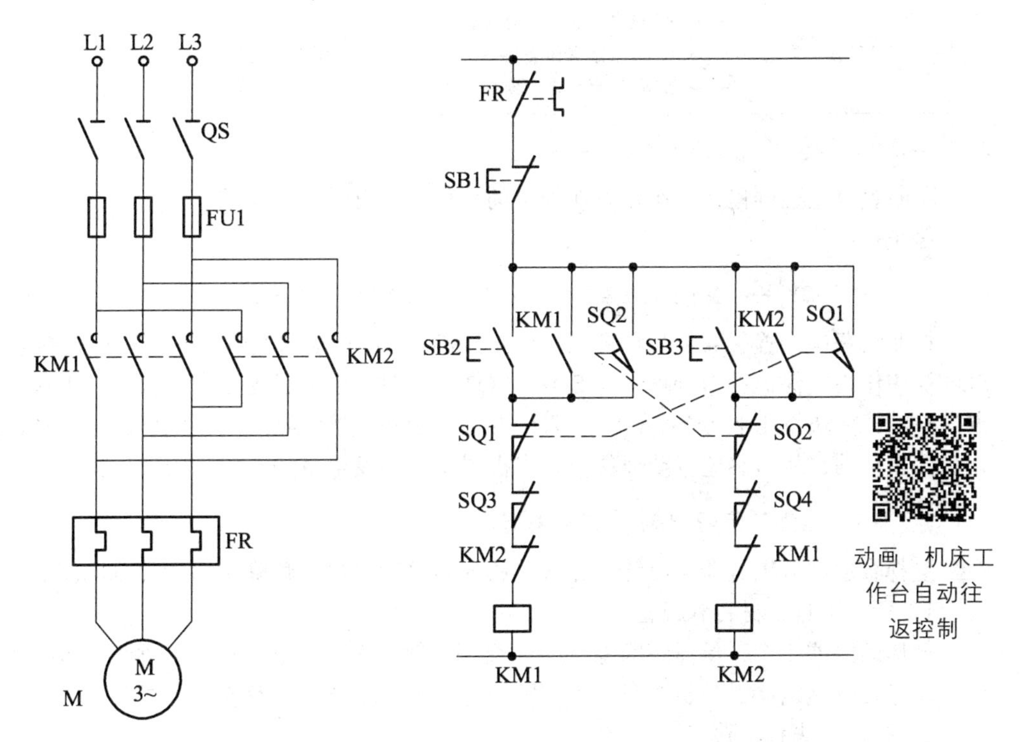

（b）自动往复循环控制线路

图 1.36　自动往复循环控制

2）运行原理

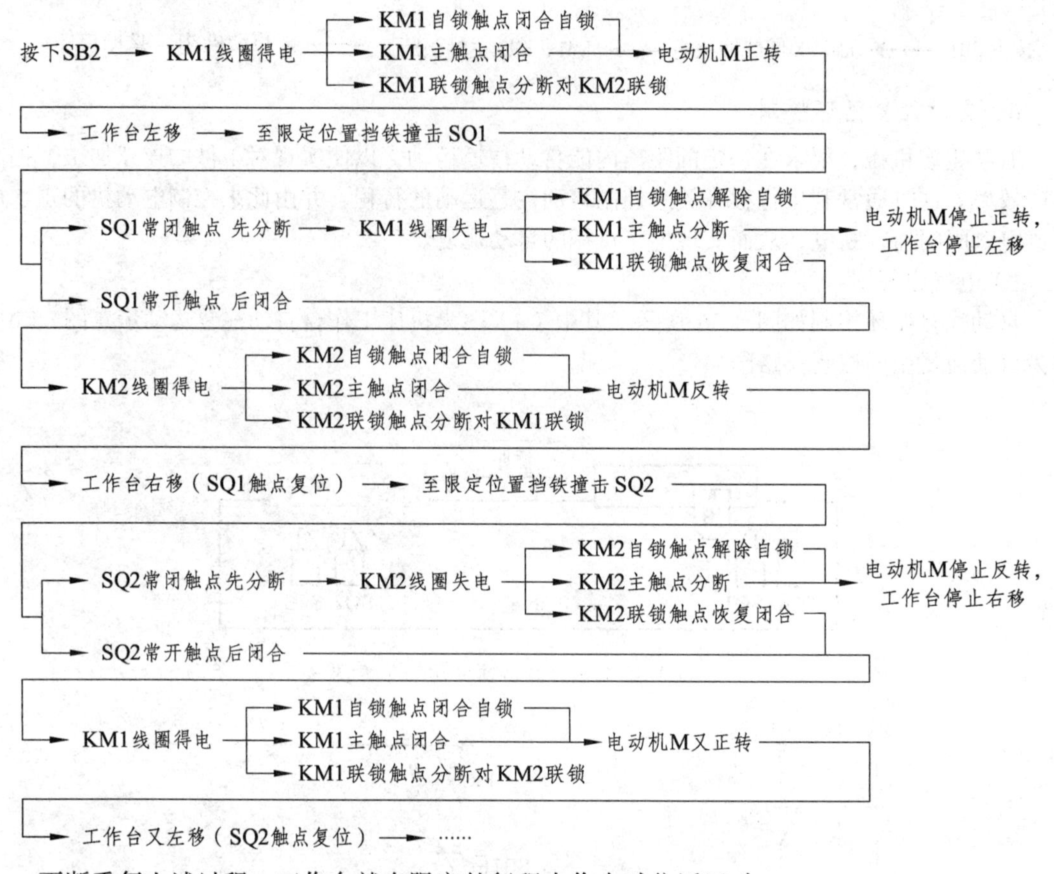

不断重复上述过程，工作台就在限定的行程内作自动往返运动。

停止：

按下SB1 → 整个控制电路失电 → KM1(或KM2)主触点分断 → 电动机M断电停转

控制线路中设置了4个行程开关：SQ1、SQ2用作自动切换电动机正反转控制电路；SQ3、SQ4被用作终端保护。当行程开关SQ1、SQ2失灵时，电动机无法实现换向，工作台继续沿原方向移动，撞块将压下SQ3或SQ4限位开关，使相应接触器线圈断电释放，电动机停止，工作台停止移动，从而避免运动部位因超出极限位置而发生事故，实现限位保护。

7．星形-三角形降压启动控制线路

选择合适的低压电器，设计并完成三相异步电动机星三角降压启动控制电路。

1）所需工具、材料和设备

低压断路器1个，低压熔断器5个、交流接触器3个、热继电器1个、三相异步电动机1台、通电延时继电器1个、按钮2个、常用电工工具1套，以及连接导线若干等。

2）操作方法和步骤

（1）按照控制三相电机启动的要求，绘制好电气原理图，并设计好元器件的布置图。

（2）按图1.37接线，接线时注意主电路与控制电路的电压等级以及电流等级，选择相适应的电器和导线。

（3）接线完毕后，用万用表检查完毕后才可以通电试运行。

（4）合上低压断路器，按下启动按钮 SB1。观察电机运行情况，是否与工作原理所示相同。

3）工作原理

合上电源开关 QF，则有

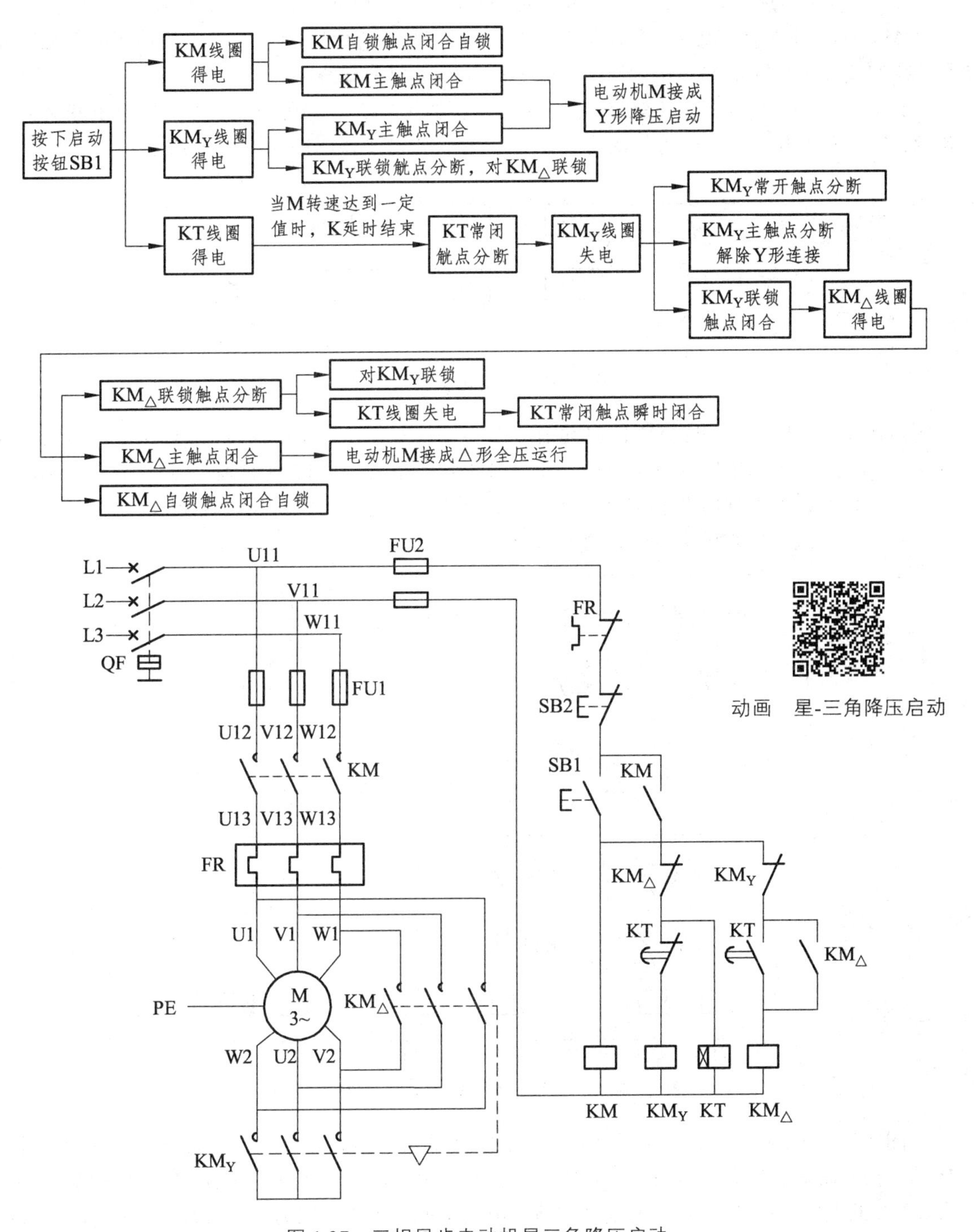

图 1.37　三相异步电动机星三角降压启动

1.3 典型机电控制系统

1.3.1 三台电机顺序启停控制

现有三台电动机 M1、M2、M3，要求启动顺序为：先启动 M1，经 T_1 后启动 M2，再经 T_2 后启动 M3；停车时要求：先停 M3，经 T_3 后再停 M2，再经 T_4 后停 M1。3 台电机使用的接触器分别为 KM1、KM2 和 KM3。试设计该 3 台电动机的启/停控制线路。

该系统有一个启动按钮（SB1）和一个停止按钮（SB2），另外要用 4 个时间继电器 KT1、KT2、KT3 和 KT4。其定时值依次为 T_1、T_2、T_3、T_4。工作顺序如图 1.38 所示。

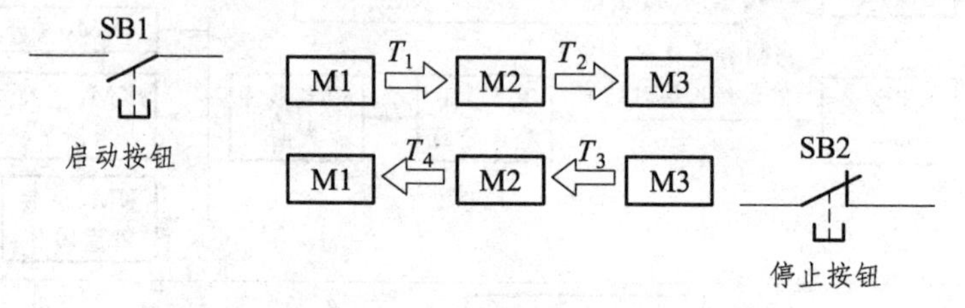

图 1.38 三台电机工作顺序

从图 1.38 中可以看出：M1 的启动信号为 SB1，停止信号为 KT4 计时到；M2 的启动信号为 KT1 计时到，停止信号为 KT3 计时到；M3 的启动信号为 KT2 计时到，停止信号为 SB2。

在设计时，考虑到启/停信号要用短信号，所以要注意对定时器及时复位。

该系统的电气控制线路原理如图 1.39 所示。

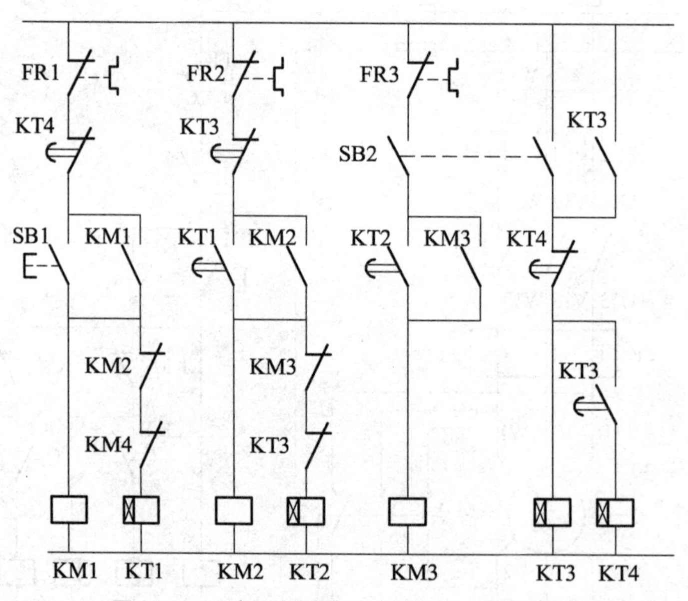

图 1.39 三台电机顺序启/停控制电路原理图

图 1.39 中的 KT1、KT2 线圈上方串联了接触器 KM2 和 KM3 的常闭触点，这是为了得到启动短信号而采取的措施；而 KT2、KT1 线圈上的常闭触点 KT3 和 KT4 的作用是为了防止 KM3 和 KM2 断电后，KT2 和 KT1 的线圈重新得电而采取的措施。因为若 $T_2 < T_3$ 或 $T_1 < T_4$ 时，有可能造成 KM3 和 KM2 重新启动。设计中的难点是找出 KT3、KT4 开始工作的条件，以及 KT1、

KT2 的逻辑。本例中没有考虑时间继电器的数量是否够用的问题，实际选型时必须考虑这一点。

FR1 ~ FR3 分别为 3 台电机的热继电器常闭触点，它是为了防止过载而采取的措施。若对过载没有太多要求，则可把它们去掉。

1.3.2 船舶辅机控制

1.3.2.1 船舶机舱电动辅机的双位控制

机舱的很多设备，如冷藏、空调的温度，空气柜的空气压力，水柜、油柜的液位等，并不需要严格地维持在某恒定值上，而是往往要求维持在某一低限到高限的可调范围内。这就是属于闭环控制方式的双位控制原理。其原理框图如图 1.40 所示。

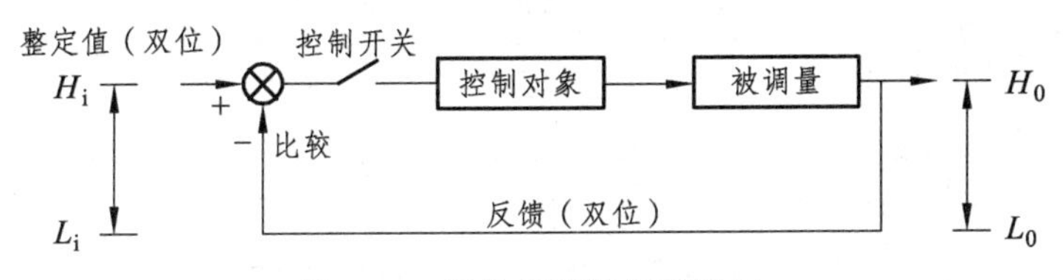

图 1.40 双位闭环控制系统图

当系统输出的高限 H_o 达到设定的高限 H_i 时，通过比较使控制开关断开，系统停止工作，被调量下降；当输出量降到低限 L_o 并达到给定或输入的低限 L_i 时，控制开关闭合，系统又投入运行。

实现双位闭环控制的元件通常有双位压力继电器、液位（高度）继电器等。它们在双位闭环控制系统中，既是比较元件，也是开关执行元件。现以双位压力继电器作为控制元件的海（淡）水柜自动给水控制为例进行讨论。

1．海（淡）水柜压力自动控制

海（淡）水柜示意图如图 1.41 所示，它一般是放在机舱的。要将水送到上层甲板用于人员生活或清洁卫生，必须采用压力水柜。随着用水量的变化，水和空气间容积的变化，即水位高度和气压都在变化。气压大小与水位高低成正比。可见，密闭容器式的双位液位高度控制可以采用双位压力继电器作为控制元件。

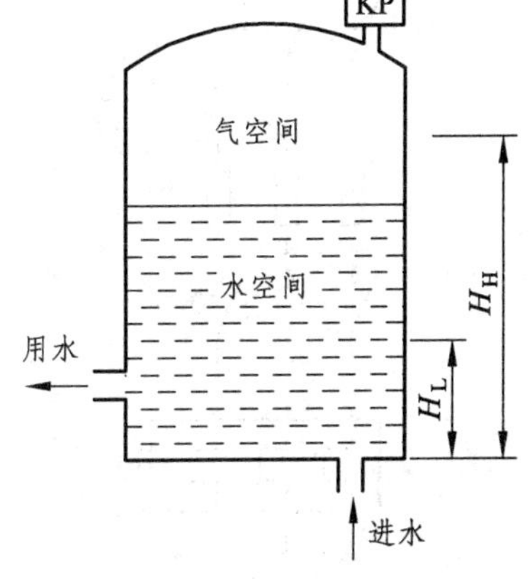

图 1.41 压力水柜示意图

如图 1.42 所示为组合式高低压压力继电器原理，把下部管子与待测液压、气压等空间部位相连接，当待测压力升高达到低限时，波纹管（4）向上的顶力克服弹簧（1）向下的压力，左边的摆动板（5）逆时针摆动，使微动开关动作，改变其开关状态，即常闭触点断开，常开触点闭合；随着压力的继续升高，开关状态暂时不变；但当压力升高到高限 PH 时，微动开关（7）动作，改变开关状态；当压力从高限降低时，开关（7）的状态又立即复位，但开关（6）的状态暂时不变，直至压力降低到 PL 以下，开关（6）的状态才复原。如果将待测压力 P 大于 P_L，但小于 P_H 状态下的高压闭合触点 KP（H）与低压开启触点 KP（L）串联起来，连接成如图 1.43 所示控制线路，就可以对被调量进行双位调节。

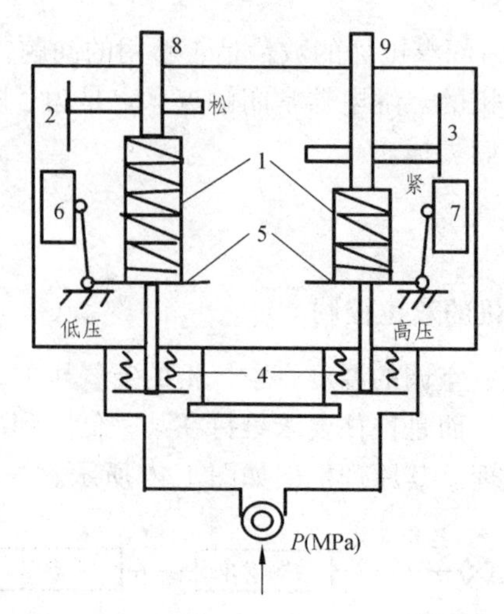

1—弹簧；2—低压压力调节盘；3—高压压力调节盘；4—波纹管；
5—摆动板；6、7—微动开关；8、9—传动杆。

图 1.42　组合式高低压压力继电器原理图

如图 1.43 所示为海（淡）水压力自动控制线路，其动作过程是：转换开关打到“自动”位置，当实际水位高于低限水位而低于高限水位时，KP（H）闭合，KP（L）开启，接触器 KM 线圈断电，水泵电机停转。随着用水量增加，水位高度和气压逐渐下降。当气压（水位）低到低限 PL（HL）以下时，低压继电器 KP（L）的触头转换为闭合状态，使 KM 线圈通电，主触头闭合水泵启动，向水柜补充水。当气压（水位）高于低限 PL（HL）时，KP（L）触头打开，但水泵继续补水，直至升高到高限 PH（HH）时，KP（H）触头打开，KM 线圈断电，水泵停转。当水位再次降到高位以下时，KP（H）闭合，但水泵仍然停转，直到水位继续下降到低位时，KP（L）闭合，水泵方能重新启动补水。

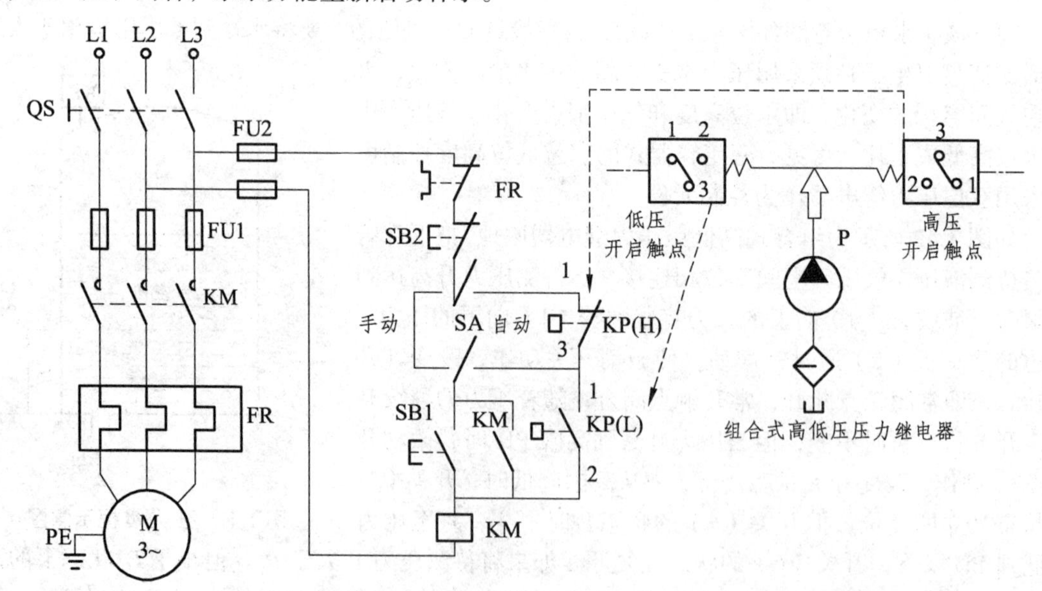

图 1.43　海（淡）水柜自动控制线路

2．船舶辅锅炉电极式双位水位自动控制

图 1.44 所示是一种电极式水位调节系统，它利用水的导电特性而工作。在锅炉工作水位附近接出一个上下与锅筒相通的筒（为了防止由于船舶倾斜而出现的误动作，有的船采用双水柱筒），筒中水位与锅炉内水位相同，筒中插入三根长度不同于筒壳绝缘的铜棒，铜棒末端的安装高度恰好与锅炉的最高、最低工作水位和极限低水位相对应。水位调节可以采用手动和自动调节两种方式，通过转换开关 K 实现。

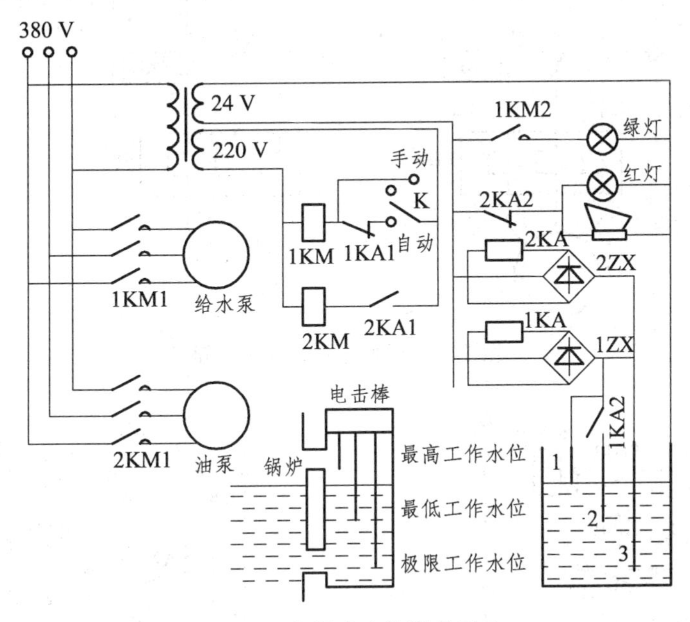

图 1.44　电极式水位调节系统

自动补水时，水位上升到最高水位使水面与铜棒 1 接触，继电器 1KA 有电动作，其常闭触点 $1KA_1$ 断开，使接触器 1KM 失电，使水泵停止工作；当水位下降至最低水位时，水面与铜棒 2 脱离接触，常闭触点 1KA1 复位使水泵开始工作补水，如果由于某种原因锅炉水位未能上升，则水位到达极限低水位时，铜棒 3 也与水面脱离接触，发出声、光警报，2KA1 触点断开，接触器 2KM 失电，此时燃油泵停止工作，炉膛自动灭火。此外，可通过将转换开关 K 置于手动位置实现手动补水。这种系统应定期维护，防止电极棒表面有污垢而影响其导电性能。

1.3.2.2　备用泵的自动切换控制

为主机服务的燃油泵、滑油泵、冷却泵等主要电动辅机，为了使其方便控制和可靠工作，均设有两套机组，不仅能在机组旁控制，也能在集中控制室进行遥控；而且在运行中泵系统出现故障时能实现机组的自动切换，使备用机组立即启动投入工作，以保证主机处于正常工作状态。如图 1.45 所示为某船泵的自动控制线路原理图，图 1.46 所示为泵的切换控制电路图。

1．自动启动

将遥控-自动选择开关 SA1、SA2 置于自动位置。如选择 1 号泵工作，2 号泵备用，则将组合开关 SA11 置于运行位置，SA22 置于备用位置。

当电源开关 QS1、QS2 合闸后，1 号泵、2 号泵控制回路分别从变压器副边 1、2、3、4 端得电。

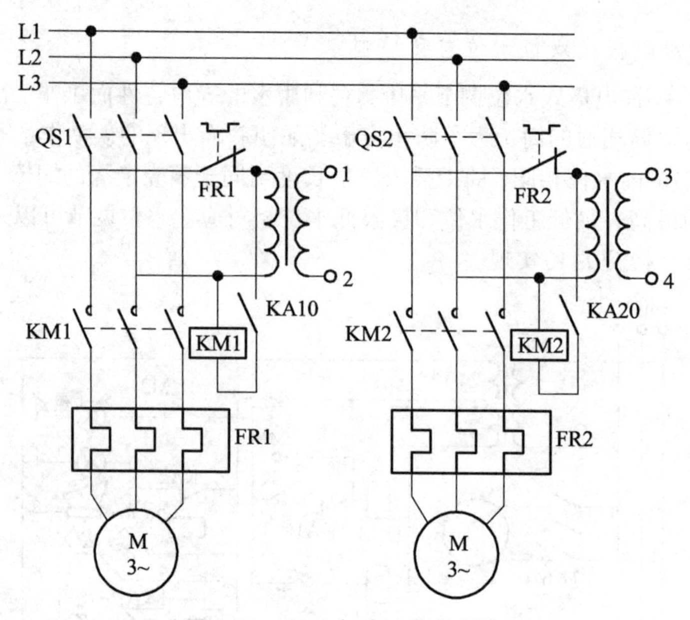

图 1.45　泵的自动切换主电路

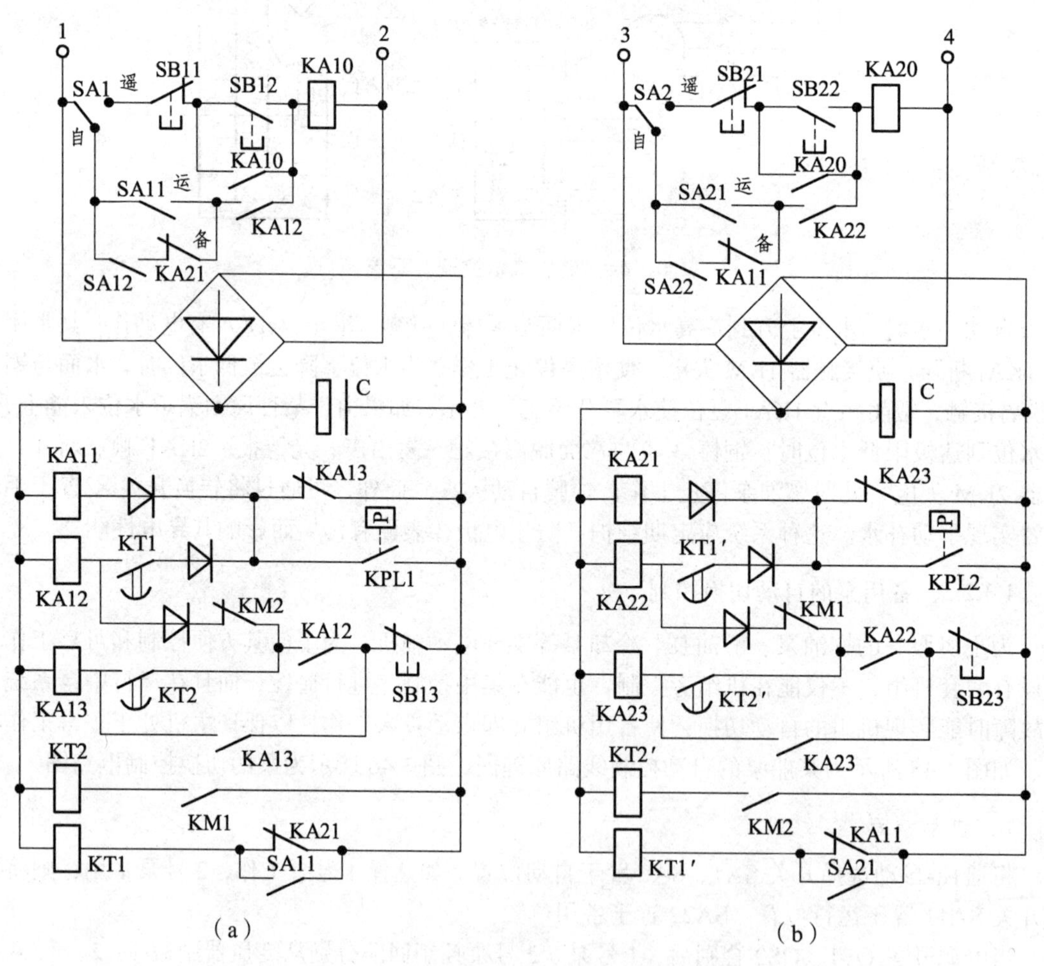

图 1.46　泵的切换控制电路

对 1 号泵来说有：

（1）继电器 KA11 通电，其在 2 号泵控制回路中的常闭触头 KA11 断开，起互锁作用。同时与 KT1′ 串联的 KA11 常闭触点断开，使 KT1′ 不能通电。

（2）时间继电器 KT1 通电，经延时后使 KA12 通电，此时其两常开触头分别闭合。

① 使 KA10 通电，其常开触头闭合，使接触器 KM1 通电，1 号泵启动。

② 为 KA13 通电作准备，并且起到自锁作用。

（3）KM1 的副触头 KM1 闭合使 KT2 通电，延时开始。待管路起压后，压力继电器 KPL1 动作，同时 KT2 延时结束，使 KA13 通电动作，其常闭触点断开，此时 KA11 完全由 KPL1 控制。

2. 自动切换

1 号泵运行时，由压力继电器 KPL1 执行监视。2 号泵在 1 号泵运行期间，其控制线路从变压器 3、4 端获电，运行选择开关处于备用位置，即 SA22 闭合。继电器 KA21 直接从变压器 3、4 端得电，其在 1 号泵控制线路中与 SA12 串联的常闭触点断开，起自动切换互锁的作用。由于 1 号泵运行期间，与 KT1′ 线圈串联的 KA11 常闭触头是断开的，联动开关 SA21 也是断开的，故 KT1′ 不得电，与 KT1′ 延时闭合触头串联的继电器 KA22 也不会得电。

若因某种原因失压时，触头 KPL1 打开，KA11 失电，1 号泵因 KA11 失电而停止运行，KA11 常闭触头闭合，KT2′ 通电，经延时后，KA22 通电，KA20 通电动作，使接触器 KM2 通电，2 号泵自动启动。而同时常闭触头 KM2 断开，使 KA12 失电。2 号泵按 1 号泵的过程继续工作。

本章小结

本章主要讲述低压电器的基础知识，介绍了低压电器实现电动机的基本控制、典型机电控制系统，以及船舶机舱电动辅机的双位控制和备用泵的自动切换控制等控制线路。

（1）低压电器是指用于交流额定电压 1200 V 及以下、直流额定电压 1500 V 及以下的电路中启-通-断、保护、控制或调节作用的电器产品。

（2）常用的低压电器有电磁式接触器、继电器、热继电器、熔断器和开关电器和主令开关。

（3）常用的电气控制系统图有电气原理图、电气元件布置图与安装接线图三种。

（4）电气控制系统图中，电器元件的图形符号、文字符号必须采用国家最新标准，即 GB/T4728—1996 ~ 2000《电气简图用图形符号》和 GB7159—1987《电气技术中的文字符号制定通则》。接线端子标记采用 GB4026—1992《电气设备接线端子和特定导线线端的识别及应用字母数字系统的通则》，并按照 GB6988—1993 ~ 2002《电气制图》的要求来绘制电气控制系统图。

（5）船舶机舱电动辅机采用双位闭环控制的方式，实现双位闭环控制的元件通常有双位压力继电器、液位（高度）继电器等。它们在双位闭环控制系统中，既是比较元件，也是开关执行元件。

习　题

1. 选择题

（1）以下哪些属于低压断路器的主要组成部分？（　　）

A. 触点　　B. 各种脱扣器　　C. 灭弧系统　　D. 簧片

（2）下哪些属于接触器的主要组成部分？（　　）

A. 电磁机构　　B. 簧片　　C. 灭弧系统　　D. 触点系统

（3）以下哪一项不属于熔断器的重要组成部分？（　　）

A. 外壳　　B. 熔体　　C. 支座　　D. 弹簧

（4）以下哪一项属于接触器的文字符号？（　　）

A. FU　　B. KM　　C. KT　　D. KA

（5）三相异步电动机要想实现正反转控制，主电路中需要（　　）。

A. 调整任意两相相序　　B. 三相相序都调整

C. 接成三角形　　D. 接成星形

（6）欲使接触器 KM1 和接触器 KM2 实现电气互锁控制，需要（　　）。

A. 在 KM1 的线圈回路中串入 KM2 的常闭触点

B. 在两接触器的线圈回路中互相串入对方的常开触点

C. 在两接触器的线圈回路中互相串入对方的常闭触点

D. 在 KM1 的线圈回路中串入 KM2 的常开触点

2. 判断题

（1）接触器是一种适用于远距离频繁接通和分断交、直流主电路和控制电路的自动控制电器，主要用于控制电动机、电焊机等。（　　）

（2）容量较大的接触器带有灭弧装置，灭弧装置用于迅速切断主触点断开时产生的电弧。（　　）

（3）由于热继电器中发热元件有热惯性，在电路中不能做瞬时过载保护，更不能做短路保护。（　　）

（4）接触器与中间继电器的触头都有主辅之分，其中主触头可以通过大电流。（　　）

（5）安装自动断路器时，手柄向下为断路，手柄向上为接通。（　　）

3. 问答题

（1）简述电磁式低压电器的一般工作原理。

（2）交流接触器中的短路环有何作用？

（3）行程开关在电路中的作用是什么？

（4）何为自锁？何为互锁？它们在电路中的作用是什么？

（5）接近开关有何作用？其检测物品有什么限制？

（6）既然电动机主线路已安装熔断器，为何还要安装热继电器？

（7）时间继电器在电路中用作什么？应如何进行选型？

（8）如果中间继电器的触点对数不够，有什么方法可以解决这个问题？

第 2 章　认识 S7-1200PLC

教学目标

通过本章的学习，了解 PLC 的基本概念；了解西门子 S7-1200 系列 PLC 的硬件和基本结构，以及 PLC 的功能特点和 PLC 的工作过程；了解 PLC 的工作原理和认识软原件及寻址方式；掌握 TIA Portal V13 编程软件的使用。

2.1　S7-1200 PLC 的概述

2.1.1　PLC 的基本概念

随着微处理器、计算机和数字通信技术的飞速发展，计算机控制已经广泛地应用在几乎所有的工业领域。现代社会要求制造业对市场需求作出迅速的反应，生产出大批量、多品种、多规格、低成本和高质量的产品。为了满足这一要求，生产设备和自动生产线的控制系统必须具有极高的可靠性和灵活性，可编程逻辑控制器（Programmable Logic Controller，PLC）正是顺应这一要求出现的，它是以微处理器为基础的通用工业控制装置。

PLC 的应用面广、功能强大、使用方便，已经成为当代工业自动化的主要支柱之一，在工业生产的几乎所有领域都得到了广泛的使用。随着科学技术的发展及市场需求量的增加，PLC 的结构和功能在不断地改进，生产厂家不停地将功能更强的 PLC 推入市场，平均 3 ~ 5 年就更新一次。PLC 在其他领域，如民用和家庭自动化领域中的应用，也得到了迅速发展。

本书以西门子公司新一代的模块化小型 PLC S7-1200 为主要讲授对象。西门子的 PLC 因其极高的性能价格比，占有很大的市场份额，在各行各业得到了广泛的应用。

2.1.1.1　PLC 的特点

1．编程方法简单易学

梯形图是使用得最多的 PLC 的编程语言，其电路符号和表达方式与继电器电路原理图相似，梯形图语言形象直观、易学易懂，熟悉继电器电路图的电气技术人员只需花几天时间就可以熟悉梯形图语言，并能用其编制数字量控制系统的用户程序。

2．功能强，性能价格比高

一台小型 PLC 内有成百上千个可供用户使用的编程元件，可以实现非常复杂的控制功能。与相同功能的继电器系统相比，具有很高的性能价格比。PLC 可以通过通信联网实现分散控制、集中管理。

3．硬件配套齐全，用户使用方便，适应性强

PLC 产品已经标准化、系列化、模块化，配备有品种齐全的各种硬件装置供用户选用，用户能灵活方便地进行系统配置，组成不同功能、不同规模的系统。PLC 的安装接线也很方便，一般用接线端子连接外部接线。PLC 有较强的带负载能力，可以直接驱动大多数电磁阀和中小型交流接触器。

硬件配置确定后，通过修改用户程序，就可以方便快速地适应工艺条件的变化。

4．可靠性高，抗干扰能力强

传统的继电器控制系统使用了大量的中间继电器、时间继电器。由于触点接触不良，容易出现故障。PLC 用软件代替中间继电器和时间继电器，仅剩下与输入和输出有关的少量硬件元件。与继电器控制系统相比，可以大大减少硬件触点和接线，减少因触点接触不良造成的故障。

PLC 使用了一系列硬件和软件抗干扰措施，具有很强的抗干扰能力，平均无故障时间达到数万小时以上，可以直接用于有强烈干扰的工业生产现场，PLC 被广大用户公认为最可靠的工业控制设备之一。

5．系统的设计、安装、调试工作量少

PLC 用软件功能取代了继电器控制系统中大量的中间继电器、时间继电器、计数器等器件，使控制器的设计、安装和接线工作量大大减少。

PLC 的梯形图程序可以用顺序控制设计法来设计。对于复杂的控制系统，用这种方法设计程序的时间比设计继电器系统电路图的时间要少得多。

6．维修工作量小，维修方便

PLC 的故障率很低，并且有完善的故障诊断功能。PLC 或外部的输入装置和执行机构发生故障时，可以根据信号模块上的发光二极管或编程软件提供的信息，方便快速地查明故障的原因，用更换模块的方法可以迅速地排除故障。

7．体积小，能耗低

复杂的控制系统使用 PLC 后，可以减少大量的中间继电器和时间继电器，小型 PLC 的体积仅相当于几个继电器的大小，因此可以将开关柜的体积缩小到原来的 1/10 ~ 1/2。

PLC 控制系统与继电器控制系统相比，减少了大量的接线，节省了控制柜内安装接线工作量；加上开关柜体积的缩小，可以节省大量的费用。

2.1.1.2　PLC 的使用

PLC 已经广泛应用于很多工业部门，随着其性价比的不断提高，应用范围不断扩大。PLC 的应用领域主要有以下几个方面。

1．开关量逻辑控制

PLC 具有“与”“或”“非”等逻辑指令，可以实现梯形图的触点和电路的串、并联，代替继电器进行组合逻辑控制、定时控制与顺序逻辑控制。开关量逻辑控制可以用于单台设备，也可以用于自动生产线，其应用领域已经遍及各行各业。

2．运动控制

PLC 使用专用的指令或运动控制模块，对直线运动或圆周运动的位置、速度和加速度进行

控制，可以实现单轴、双轴、3 轴和多轴联动的位置控制，使运动控制与顺序控制功能有机地结合在一起。PLC 的运动控制功能广泛地用于各种机械，如金属切削机床、金属成形机械、装配机械、机器人、电梯等。

3．闭环过程控制

闭环过程控制是指对温度、压力、流量等连续变化的模拟量的闭环控制。PLC 通过模拟量 I/O 模块，实现模拟量（Analog）和数字量（Digital）之间的 A/D 转换与 D/A 转换，并对模拟量实行闭环 PID（比例积分微分）控制。其闭环控制功能广泛地应用于塑料挤压成形机、加热炉、热处理炉、锅炉等设备。

4．数据处理

现代的 PLC 具有整数四则运算、矩阵运算、函数运算、字逻辑运算、求反、循环、移位、浮点数运算等运算功能，以及数据传送、转换、排序、查表、位操作等功能，可以完成数据的采集、分析和处理。这些数据可以与存储在存储器中的参考值比较，也可以用通信功能传送到别的智能装置，或者打印制表。

5．通信联网

PLC 的通信包括 PLC 与远程 I/O 之间的通信、多台 PLC 之间的通信、PLC 与其他智能控制设备（如计算机、变频器、数控装置）之间的通信。PLC 与其他智能控制设备一起，可以组成“集中管理、分散控制”的分布式控制系统。

2.1.2　PLC 的基本结构

SIMATIC S7-1200 PLC 是一款紧凑型、模块化的 PLC，可完成简单逻辑控制、高级逻辑控制、HMI 和网络通信等任务。单机小型自动化系统的完美解决方案。对于需要网络通信功能和单屏或多屏 HMI 的自动化系统，易于设计和实施。具有支持小型运动控制系统、过程控制系统的高级应用功能。

S7-1200 PLC 主要由 CPU 模块（简称 CPU）、信号板、信号模块、通信模块和编程软件组成，各种模块安装在标准轨道上。通过 CPU 模块或通信模块上的通信接口，PLC 被连接到通信网络上，可以与计算机、其他 PLC 或其他设备通信。

2.1.2.1　CPU 模块

SIMATIC S7-1200 PLC 有 5 种不同 CPU 模块，分别为 CPU 1211C、CPU 1212C、CPU 1214C、CPU 1215C 和 CPU 1217C。

CPU 模块主要由微处理器（CPU 芯片）和存储器组成。在 PLC 控制系统中，CPU 模块相当于人的大脑和心脏，它不断地采集输入信号，执行用户程序，刷新系统的输出；而存储器则用来存储程序和数据。

集成的 PROFINET 以太网接口用于与编程计算机、HMI（人机界面）以及其他 PLC 进行通信。此外，还可通过开放的以太网协议实现与第三方设备的通信。

S7-1200CPU 集成有 6 个高速计数器。其中 3 个的最高输入频率为 100 kHz，另外 3 个为 30 kHz，还集成了两个 100 kHz 的高速脉冲输出，可以输出脉冲宽度调制（PWM）信号。

S7-1200 集成了 50 kB 的工作存储器、最多 2 MB 的装载存储器和 2 kB 的掉电保持存储器。

使用 SIMATIC 存储卡最多可以扩展为 24 MB 装载存储器。

本教材所用实验设备是广州因明智能科技有限公司制造的，S7-1200 PLC 实验箱如图 2.1 所示。该设备主要由 PLC、触摸屏、交换机、控制操作面板等构成，所构成的控制系统具有简单、经济、节能、安全的特点，满足教学应用要求。该设备具有以下几个特点：

（1）可靠性高。

（2）配套齐全，功能完善，适用性强。

（3）易学易用，深受工程技术人员欢迎。

（4）系统的设计、建造工作量小，维护方便，容易改造。

（5）体积小，重量轻，能耗低。

（6）硬件配套齐全，拥护使用方便，适应性强。

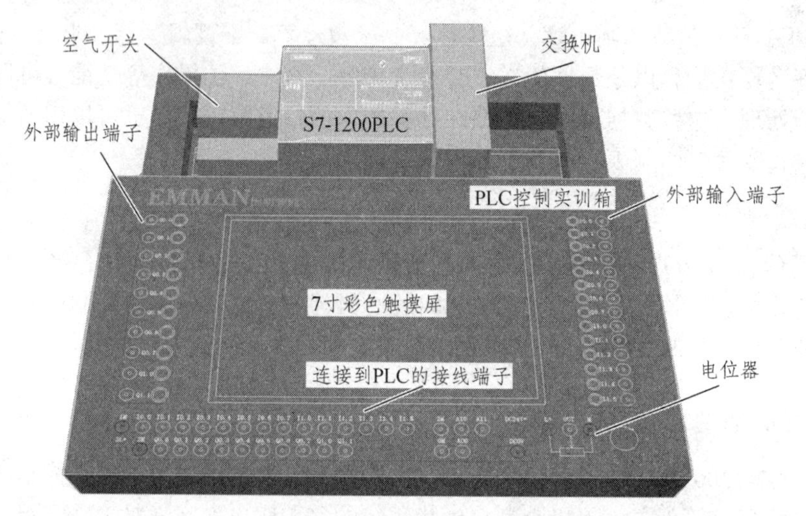

图 2.1　S7-1200 PLC 实验箱

2.1.2.2　**信号板**

每块 CPU 内可以安装一块信号板，安装后不会改变 CPU 的外形和体积。

信号板有 8 种型号，1 种为一个模拟量输出，1 种为两个数字量输入和两个数字量输出，其余 6 种为 200 kHz 的数字量输入和数字量输出。

2.1.2.3　**信号模块**

信号模块安装在 CPU 模块的右边，扩展能力最强的 CPU 可以扩展 8 个信号模块，以增加数字量和模拟量输入/输出点。

输入（lnput）模块和输出（Output）模块简称为 I/O 模块，数字量（又称为开关量）输入模块和数字量输出模块简称为 DI 模块和 DO 模块，模拟量输入模块和模拟量输出模块简称为 AI 模块和 AO 模块，它们统称为信号模块，简称为 SM。

信号模块是系统的眼、耳、手、脚，是联系外部现场设备和 CPU 的桥梁。输入模块用来接收和采集输入信号，数字量输入模块用来接收从按钮、选择开关、数字拨码开关、限位开关，接近开关、光电开关、压力继电器等传来的数字量输入信号。模拟量输入模块用来接收电位器、测速发电机和各种变送器提供的连续变化的模拟量电流、电压信号，或者直接接收热电阻、热电偶提供的温度信号。

数字量输出模块用来控制接触器、电磁阀、电磁铁、指示灯、数字显示装置和报警装置等输出设备，模拟量输出模块用来控制电动调节阀、变频器等执行器。

CPU 模块内部的工作电压一般为 DC 5 V，而 PLC 的外部输入/输出信号电压一般较高，如 DC 24 V 或 AC 220 V。从外部引入的尖峰电压和干扰噪声可能损坏 CPU 中的元器件，或使 PLC 不能正常工作。在信号模块中，用光耦台器、光敏晶闸管、小型继电器替器件来隔离 PLC 的内部电路和外部的输入、输出电路。信号模块除了传递信号外，还有电平转换与隔离的作用。

2.1.2.4 通信模块

S7-1200 CPU 最多可以添加 3 个 RS-485 或 RS-232 串行通信模块，可以使用 ASCII 通信协议、USS 驱动协议、Modbus RTU 主站和 Modbus RTU 从站协议。

2.1.2.5 编程软件

STEP7 V13 是西门子公司新一代的 PLC 编程软件，它具有操作直观、上手容易、使用简单的特点。其智能功能可以提高工程组态的效率。

由于 STEP 7 V13 具有通用的项目视图、用于图形化工程组态的最新用户接口技术、智能的拖放功能以及共享的数据处理等特点，有效地保证了项目的质量。

2.1.3 PLC 的工作原理

2.1.3.1 PLC 的工作方式

PLC 采用循环扫描方式工作，其工作过程如图 2.2 所示，它对用户程序的执行主要分三个阶段，即输入采样阶段、程序执行阶段、输出刷新阶段。

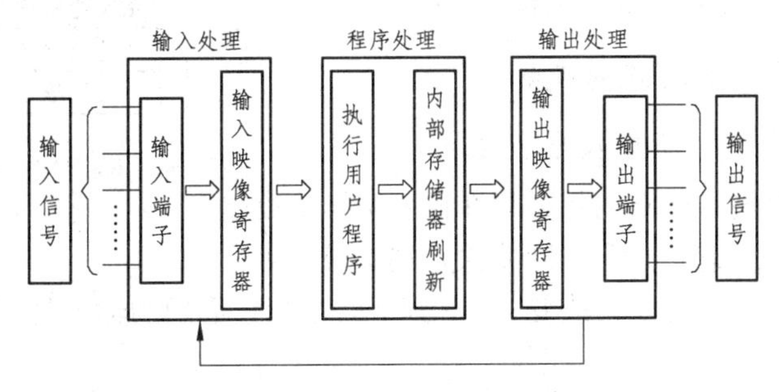

图 2.2 PLC 的工作过程示意图

（1）输入采样阶段。在此阶段，顺序读入所有输入端子通/断状态，并将读入的信息存入内存，接着进入程序执行阶段，在程序执行时，即使输入信号发生变化，内存中输入信息也不变化，只有在下一个扫描周期的输入采样阶段才能读入信息。

（2）程序执行阶段。PLC 对用户程序扫描。

（3）输出刷新阶段。当所有指令执行完毕，通过隔离电路驱动功率放大器，电路输出端子向外界输出控制信号驱动外部负载。

2.1.3.2 PLC 的扫描工作方式：周期循环扫描

1．原因

（1）PLC 在运行时需要处理许多操作。

（2）PLC 的 CPU 却不能同时执行多个操作，每一刻只能执行一个操作。

2．解决方法

采用分时操作即扫描的工作方式。由于 CPU 的运算速度很高，从宏观上看，似乎所有操作都能及时、迅速地完成。

3．PLC 的一个扫描过程包含 5 个阶段

（1）内部处理。检查 CPU 等内部硬件是否正常，对监视定时器复位，完成其他内部处理。

（2）通信服务。与其他智能装置（编程器、计算机）通信，如响应编程器键入的命令，更新编程器的显示内容。

（3）输入采样。以扫描方式按顺序采样所有输入端的状态，并存入输入映象寄存器中。（输入寄存器被刷新。）

（4）程序执行。PLC 梯形图程序扫描原则为先左后右、先上后下，逐句扫描，并将结果存入相应的寄存器。

（5）输出刷新。输出状态寄存器中的内容转存到输出锁存器输出，驱动外部负载。

扫描周期：整个过程扫描一次所需的时间。

扫描周期：与 CPU 时钟频率、指令类型（扫描速度）、程序长短有关。

扫描周期是 PLC 一个很重要的指标，一般小型 PLC 的扫描周期为十几毫秒到几十毫秒。

扫描周期：T = 自检时间 + 读入一点的时间 × 输入点数 + 程序步数 × 运算速度 + 输出一点的时间 × 输出点数。

注：当 PLC 处于 STOP 状态时，只完成内部处理和通信服务工作。当 PLC 处于 RUN 状态时，应完成全部 5 个阶段的工作。PLC 扫描过程如图 2.3 所示。

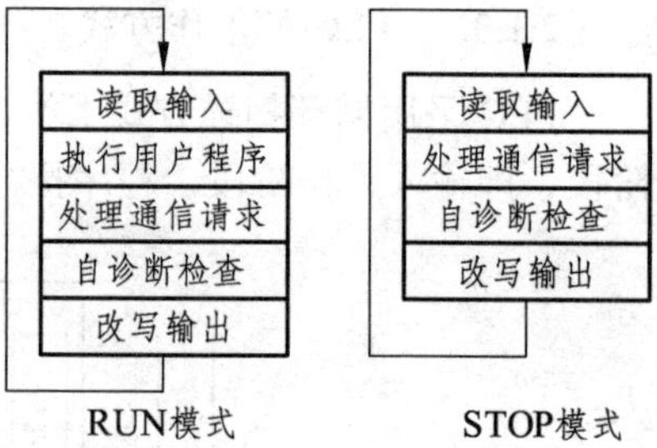

图 2.3　PLC 扫描过程

2.1.3.3　**PLC 扫描工作方式的特点**

1．特点：集中采样、集中输出、循环扫描

（1）集中采样。对输入状态的扫描只在输入采样阶段进行。即在程序执行阶段或输出阶段，即使输入端状态发生变化，输入映象寄存器的内容也不会改变，只有到下一个扫描周期的输入处理阶段才能被读入（响应滞后）。

（2）集中输出。在一个扫描周期内，只有在输出处理阶段才将元件映象寄存器中的状态输出，在其他阶段，输出值一直保存在元件映象寄存器中。

注：在用户程序中，如果对输出多次赋值，则仅最后一次是有效的，即应避免双线圈输出。

2．优点：提高系统的抗干扰能力

集中采样、集中输出的扫描工作方式使 PLC 在工作的大部分时间与外设隔离，从根本上提高了系统的抗干扰能力，增强了系统的可靠性。

3．缺点：响应滞后，降低系统的响应速度

输入/输出滞后时间又称为系统响应时间。

（1）输入模块滞后时间。输入模块 RC 滤波电路的时间常数，典型值为 10 ms 左右。

（2）输出模块滞后时间。

继电器型输出：10 ms 左右；

晶闸管型输出：通电滞后时间约 1 ms，断电滞时的最大滞后时间 10 ms；

晶体管型输出：1 ms 以下。

（3）扫描工作方式引起的滞后时间最长可达两个扫描周期。

PLC 总的响应延迟时间一般为几十毫秒。但由于 PLC 的扫描速度极快，故对一般工业控制而言，此响应上的滞后完全允许。

注：在中、大型 PLC 中所需处理的 I/O 点数较多，用户程序较长，可以采用分时分批的扫描方式或中断等的工作方式，以缩短循环扫描的周期和提高实时控制。

2.2　S7-1200 系列 PLC 的硬件

S7-1200 是西门子公司的新一代小型 PLC，它具有集成的 PROFINET 接口、强大的集成工艺功能和灵活的扩展性，为各种工艺任务提供了简单通信接口和有效的解决方案，能满足不同的自动化控制需求。用户可以根据自身需求确定 PLC 的结构，系统扩展也十分方便。

S7-1200 的硬件如图 2.4 所示，S7-1200 CPU 模块技术规范如表 2.1 所示。

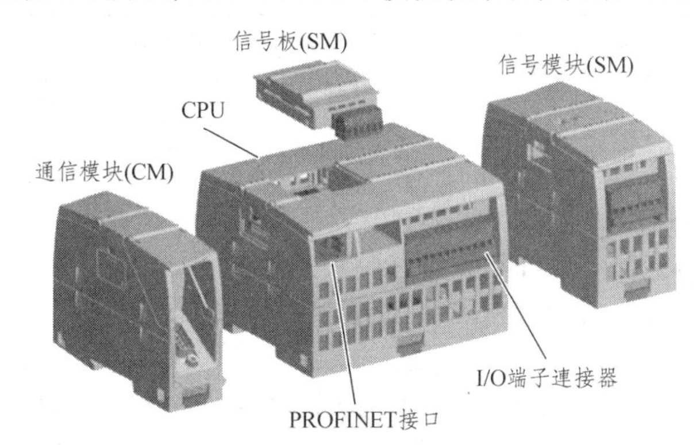

图 2.4　S7-1200 的硬件

表 2.1　S7-1200 CPU 模块技术规范

特性	CPU1211C	CPU1212C	CPU1214C	CPU1215C	CPU1217C
本机数字量 I/O 本机模拟量 I/O	6 入/4 出 2I	8 入/6 出 2I	14 入/10 出 2I	14 入/10 出 2I/2O	14 入/10 出 2I/2O
脉冲捕获输入点数	6	8	14	14	14
扩展模块个数	—	2	8	8	8
上升沿/下降沿中断点数	6/6	8/8	12/12	12/12	12/12
集成/可扩展的工作存储器 集成/可扩展的装载存储器	50 kB/ 不可扩展 1 MB/24 MB	75 kB/ 不可扩展 1 MB/24 MB	100 kB/ 不可扩展 4 MB/24 MB	125 kB/ 不可扩展 4 MB/24 MB	150 kB/ 不可扩展 4 MB/24 MB
高速计数器点数/最高频率	3 点/100 kHz	3 点/100 kHz 1 点/30 kHz	3 点/100 kHz 3 点/30 kHz	3 点/100 kHz 3 点/30 kHz	4 点/1 MHz 2 点/100 kHz
高速脉冲输出点数/最高频率	2 点/100 kHz（DC/DC/DC 型）				
操作员监控功能	无	有	有	有	有
传感器电源输出电流/mA	300	300	400	400	400
外形尺寸/mm	90××100×75	90×100×75	110×100×75	130×100×75	150×100×75

CPU 的共性如下：

（1）集成 24 V 传感器/负载电源，可供传感器和编码器使用，也可以用作输入回路的源。

（2）集成 2 点模拟量输入（0 ~ 10 V），输入电阻为 100 kΩ，10 位分辨率。

（3）2 点脉冲列输出（PTO）或脉宽调制（PWM）输出，最高频率为 100 kHz。

（4）有 16 个参数自整定的 PID 控制器。

（5）4 个时间延迟与循环中断，分辨率为 1 ms。

（6）可以扩展 3 块通信模块和 1 块信号板，CPU 可以用信号板扩展一路模拟量输出或高速数字量输入/输出。S7-1200 CPU 的 3 种版本如表 2.2 所示。

表 2.2　S7-1200 CPU 的 3 种版本

版本	电源电压	DI 输入电压	DO 输出电压	DO 输出电流
DC/DC/DC	DC 24 V	DC 24 V	DC 24 V	0.5 A，MOSFET
DC/DC/RLY	DC 24 V	DC 24 V	DC 5 ~ 30 V，AC 5 ~ 250 V	2 A，DC 30 W/ AC 200 W
AC/DC/RLY	AC 85 ~ 264 V	DC 24 V	DC 5 ~ 30 V，AC 5 ~ 250 V	2 A，DC 30 W/ AC 200 W

注：*/*/*的第一个“*”代表 PLC 供电电源类型（DC 直流电源，AC 交流电源）；第二个“*”代表输入电路类型（DC 直流输入）；第三个“*”代表输出电路类型（DC 晶体管输出，RLY 继电器输出）。

2.2.1　S7-1200PLC 简介

S7-1200 小型可编程控制器充分满足中小型自动化的系统需求，在研发过程中充分考虑了系统、控制器、人机界面和软件的无缝整合和高效协调的需求。S7-1200 系列的问世，标志着西门子在原有产品系列基础上拓展了产品版图，代表了未来小型可编程控制器的发展方向。

S7-1200 控制器使用灵活、功能强大，可用于控制各种各样的设备以满足自动化控制需求。S7-1200 设计紧凑、组态灵活且具有功能强大的指令集，这些特点的组合使它成为控制各种应用的完美解决方案。

2.2.1.1　S7-1200 系列 PLC 硬件

S7-1200 的外观图如图 2.5 所示。

CPU 将微处理器、集成电源、输入和输出电路、内置 PROFINET、高速运动控制 I/O 以及板载模拟量输入组合到一个设计紧凑的外壳中来，形成功能强大的控制器。当系统需要扩展时，选用需要的扩展模块与基本单元连接即可。

1．集成 PROFINET 接口

集成的 PROFINET 接口用于编程、HMI 通信和 PLC 间的通信。此外，它还通过开放的以太网协议支持与第三方设备的通信。该接口带一个具有自动交叉网线（auto-cross-over）功能的 RJ-45 连接器，提供 10/100 Mbit/s 的数据传输速率，支持以下协议：TCP/IP native、ISO-on-TCP 和 S7 通信。

最大的连接数为 23 个连接，其中：

（1）3 个连接用于 HMI 与 CPU 的通信。

（2）1 个连接用于编程设备（PG）与 CPU 的通信。

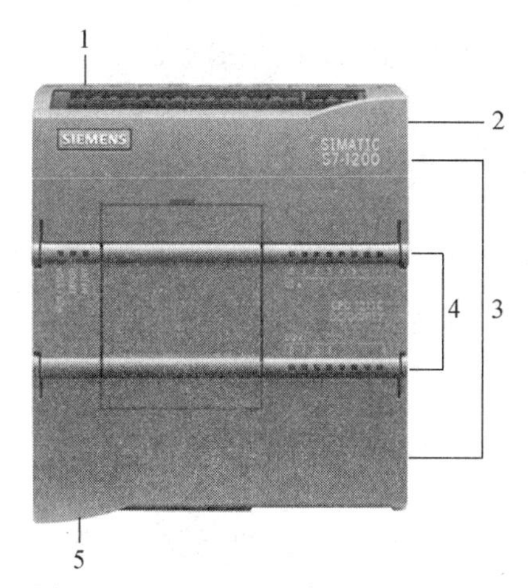

1—电源接口；2—存储卡插槽（上部保护盖下面）；3—可拆卸用户接线连接器（保护盖下面）；
4—板载 I/O 的状态 LED；5—PROFINET 连接器（CPU 的底部）。

图 2.5　S7-1200 的外观图

（3）8 个连接用于 Open IE（TCP，ISO-on-TCP）的编程通信，通过 T-block 指令来实现，可用于 S7-1200 之间的通信，S7-1200 与 S7-300/400 的通信。

（4）3 个连接用于 S7 通信的服务器端连接，可以实现与 S7-200，S7-300/400 的以太网 S7 通信。

（5）8 个连接用于 S7 通信的客户端连接，可以实现与 S7-200，S7-300/400 的以太网 S7 通信。

2．集成工艺

1）高速输入

SIMATIC S7-1200 控制器带有多达 6 个高速计数器。其中 3 个输入为 100 kHz，3 个输入为 30 kHz，用于计数和测量。

2）高速输出

SIMATIC S7-1200 控制器集成了 4 个 100 kHz 的高速脉冲输出，用于步进电机或伺服驱动器的速度和位置控制（使用 PLCopen 运动控制指令）。这 4 个输出都可以输出脉宽调制信号来控制电机速度、阀位置或加热元件的占空比。SIMATIC S7-1217C 支持 6 路高速计数，其中 4 路最快支持 1 MHz 时钟，PWM/PTO 最快支持 1 MHz 输出。

3）存储器

存储器为用户指令和数据提供 100 kB 的共用工作内存，同时还提供了高达 4 MB 的集成装载内存和 10 kB 的掉电保持内存。SIMATIC 存储卡可选，最多可以扩展 24 MB 装载存储器。通过不同的设置可用作编程卡、传送卡和固件更新卡三种功能，通过它可以方便地将程序传输至多个 CPU。该卡还可以用来存储各种文件或更新控制器系统的固件（对 V3.0 及之后的版本不适用。）

4）智能设备

S7-1200 控制器通过对 I/O 映射区的读写操作可实现主从架构的分布式 I/O 应用。CPU 可以连接在不同的网络系统中。进行速度和位置控制的 PLCopen 运动控制指令功能如下：

（1）PLCopen 是一个国际性的运动控制标准。

（2）支持绝对、相对运动和在线改变速度的运动。

（3）支持找原点和爬坡控制。

（4）用于步进或伺服电机的简单启动和试运行。

（5）提供在线检测。

5）PID 控制

SIMATIC S7-1200 控制器中提供了多达 16 个带自动调节功能的 PID 控制回路，用于简单的闭环过程控制。

3．可扩展的灵活设计

1）信号板

一块信号板可以连接至所有的 CPU,由此可以通过向控制器添加数字量或模拟量输入/输出通道来量身订制 CPU，不必改变其体积。SIMATIC S7-1200 控制器的模块化设计允许按照实际的应用需求准确地设计控制器系统。

2）信号模块

多达 8 个信号模块可连接到扩展能力最高的 CPU,以支持更多的数字量和模拟量输入/输出信号连接。

4．通信模块

SIMATIC S7-1200 CPU 最多可以添加 3 个通信模块，支持 PROFIBUS 主从站通信，RS485 和 RS232 通信模块为点对点的串行通信提供连接及 I/O 连接主站。对该通信的组态和编程采用了扩展指令或库功能、USS 驱动协议、Modbus RTU 主站和从站协议，它们都包含在 SIMATICSTEP 7 Basic 工程组态系统中。

5．简单远程控制应用

新的通信处理器 CP 1242-7 可以通过简单的 HUB（集线器）或移动电话网络或 Internet（互联网）同时监视和控制分布式的 S7-1200 单元。

2.2.1.2　S7-1200 安装

所有的 S7-1200 硬件都具有内置安装夹，能够方便地安装在一个标准的 35 mm DIN 导轨上。这些内置的安装夹可以咬合到某个伸出位置，以便在需要进行背板悬挂安装时提供安装孔。S7-1200 硬件可进行竖直安装或水平安装。这些特性为用户安装 PLC 提供了最大的灵活性，同时也使得 S7-1200 成为众多应用场合的理想选择。

1．将 S7-1200 设备与热辐射、高压和电噪声隔离开

作为布置系统中各种设备的基本规则，必须将产生高压和高电噪声的设备与 S7-1200 等低压逻辑型设备隔离开。在面板上配置 S7-1200 的布局时，应考虑发热设备并将电子式设备布置在控制柜中较凉爽区域。尽量避免其暴露在高温环境中，可以延长所有电子设备的使用寿命。另外，还要考虑面板中设备的布线。避免将低压信号线和通信电缆铺设在具有交流动力线和高能量快速开关直流线的槽中。

2．留出足够的空隙以便冷却和接线

S7-1200 被设计成通过自然对流冷却。为保证适当冷却，在设备上方和下方必须留出至少

25 mm 的空隙。此外，模块前端与机柜内壁间至少应留出 25 mm 的深度。S7-1200 安装如图 2.6 所示。

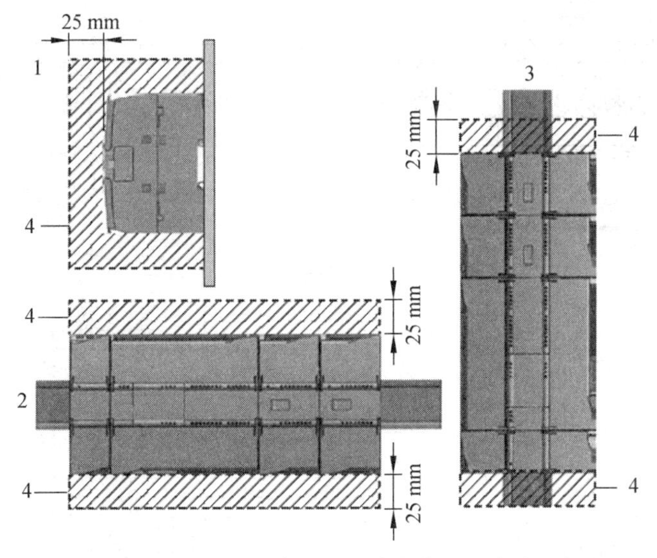

1—侧视图；2—水平安装；3—垂直安装；4—空隙区域。

图 2.6　S7-1200 安装图

CPU1214C DC/DC/DC 的外部接线图如图 2.7 所示，CPU1214C DC/DC/RLY 的外部接线如图 2.8 所示。

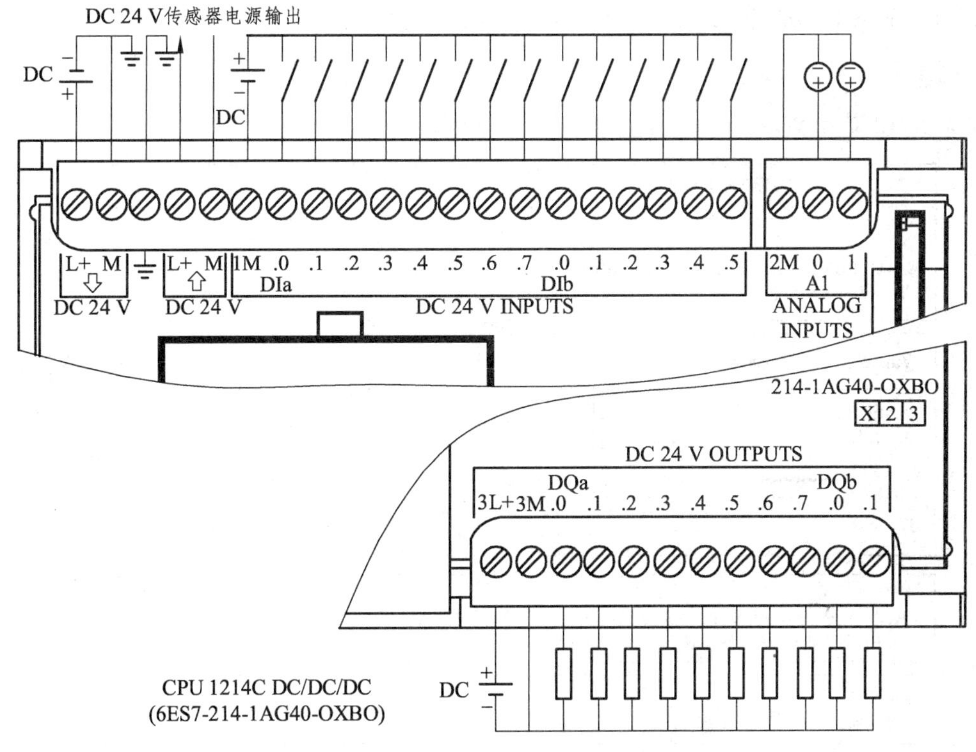

图 2.7　CPU1214C DC/DC/DC 的外部接线图

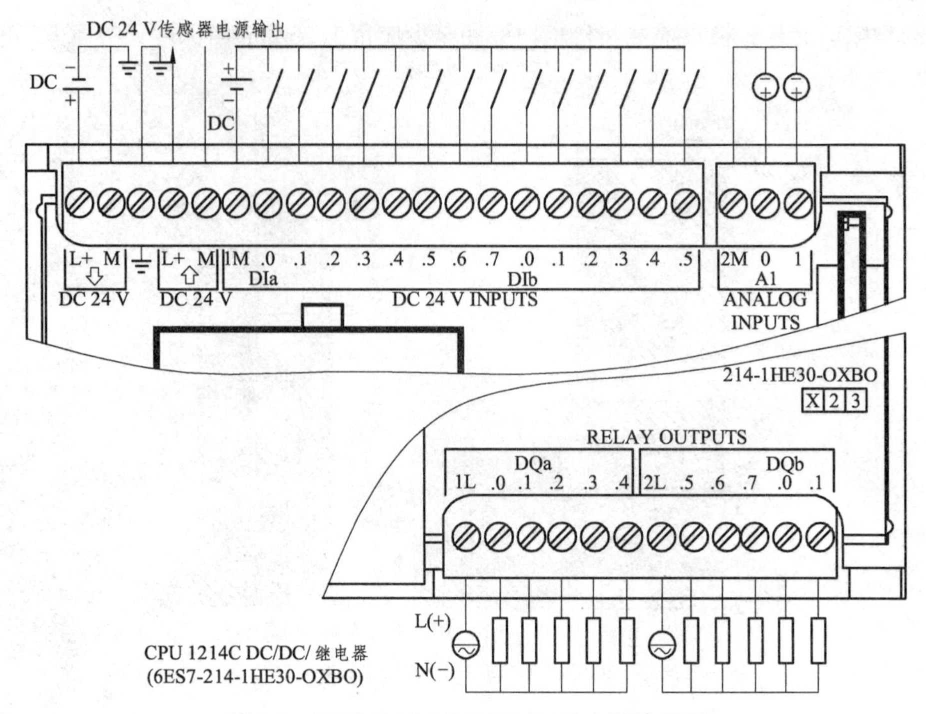

图 2.8　CPU1214C DC/DC/RLY 的外部接线图

2.3　TIA Portal V13 编程软件

2.3.1　TIA Portal 中 STEP 7 和 WinCC 的性能扩展

2.3.1.1　产品性能

各个 STEP 7 和 WinCC 的产品性能如图 2.9 所示。

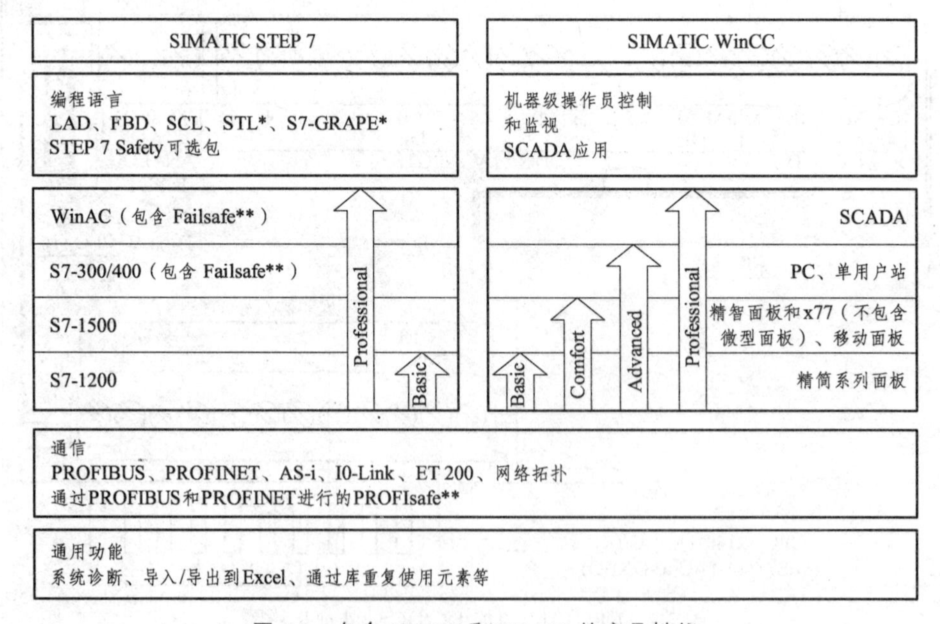

图 2.9　各个 STEP 7 和 WinCC 的产品性能

该软件仅用于 S7-300/400/WinAC 和 S7-1500 的 STEP 7 Professional

安装了选件包“STEP 7 Safety Advanced”时：

（1）STEP 7（TIA Portal）是用于组态 SIMATIC S7-1200、S7-1500、S7-300/400 和 WinAC 控制器系列的工程组态软件。

（2）STEP 7（TIA Portal）有 2 种版本，具体使用取决于可组态的控制器系列。

① STEP 7 Basic，用于组态 S7-1200。

② STEP 7 Professional，用于组态 S7-1200、S7-1500、S7-300/400 和 WinAC。

2.3.1.2 WinCC

WinCC（TIA Portal）是由 SIEMENS（西门子）公司开发的一款复杂的 SCADA（数据采集与监控）系统，一套功能强大的可视化工程组态软件。

WINCC 有 4 种版本，包括 WinCC Basic、WinCC Comfort、WinCC Advanced 和 WinCC Professional。此外还有两个运行系统：WinCC Runtime Advanced 和 WinCC Runtime Professional。

（1）WinCC Basic：可以组态所有的 Basic 面板。

（2）WinCC Comfort：可以组态由 WinCC（TIA Portal）组态的所有面板（Basic Panels、Comfort Panels、Mobile Panels、x77 Panels 和 Multi Panels）。

（3）WinCC Advanced ：除了组态面板外，还可以组态基于个人计算机的运行系统“WinCC Runtime Advanced”。

（4）WinCC Professional ：除了“WinCC Advanced”可组态的设备外，还可以组态基于个人计算机 的运行系统“WinCC Runtime Professional”。

各版本之间可以使用 power packs 升级。例如，可以先使用 WinCC Comfort，如果有需要的话，再升级到 WinCC Advanced 或 WinCC Professional 版本。系统软硬件组成结构如图 2.10 所示。

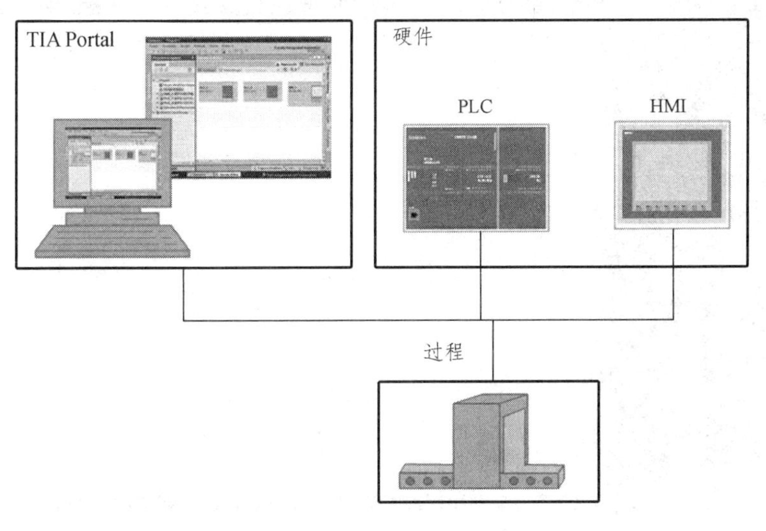

图 2.10

2.3.2 硬件组态

TIA Portal 可用来创建自动化系统，关键的组态步骤如下。

2.3.2.1 创建项目

打开 TIA Portal V13 软件，弹出 Portal 视图窗口（见图 2.11）。点击创建新项目并修改新项目的信息，然后单击创建。Portal 视图如图 2.12 所示。

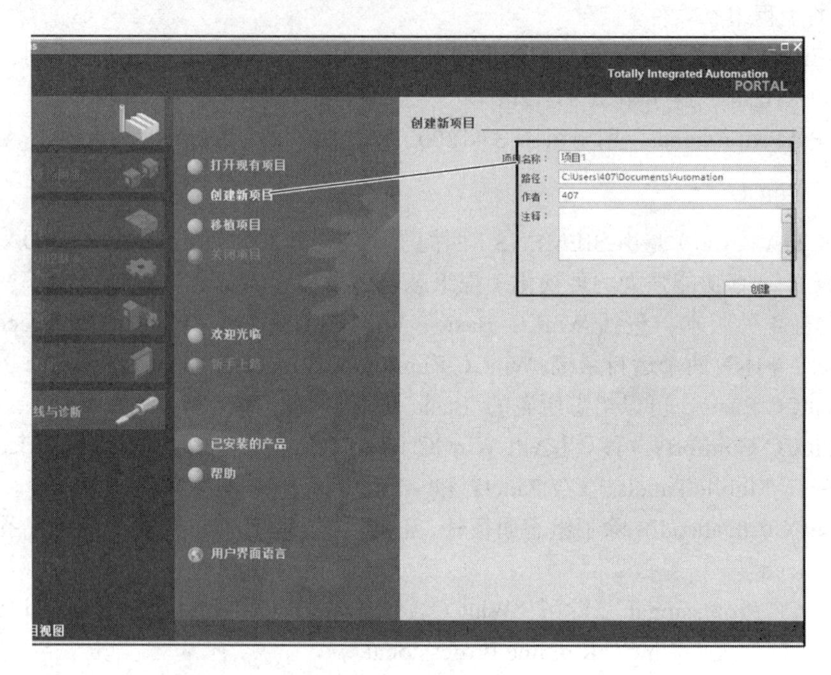

图 2.11 创建项目

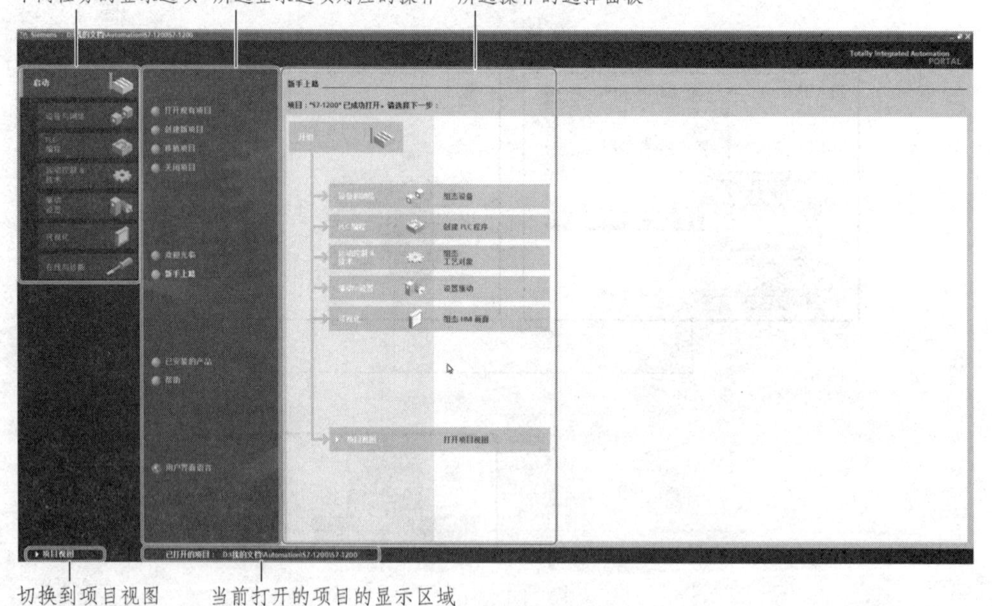

图 2.12 Portal 视图

从选择面板上点击“组态设备”，点击组态设备，如图 2.13 所示。

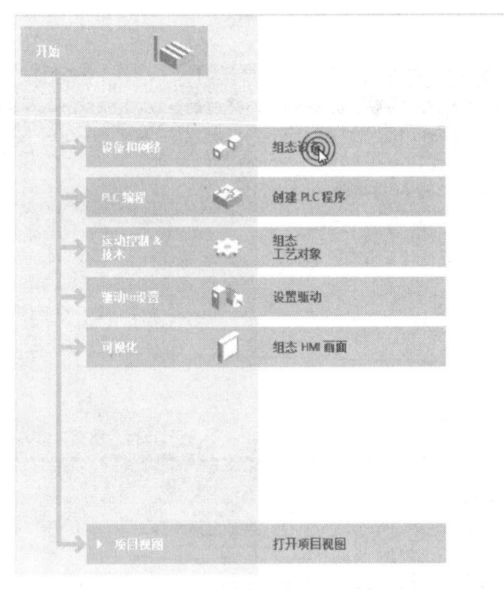

图 2.13　组态设备

2.3.2.2　配置硬件

点击添加新设备，根据实际设备型号，从控制器中选择 SIMATIC S7-1200，在 CPU 下拉列表中选择 CPU 1214C DC/DC/DC，再选择订货号为 6ES7 214-1AG40-0XB0 的 S7- 1200PLC，单击添加。添加新设备如图 2.14 所示。项目视图如图 2.15 所示。

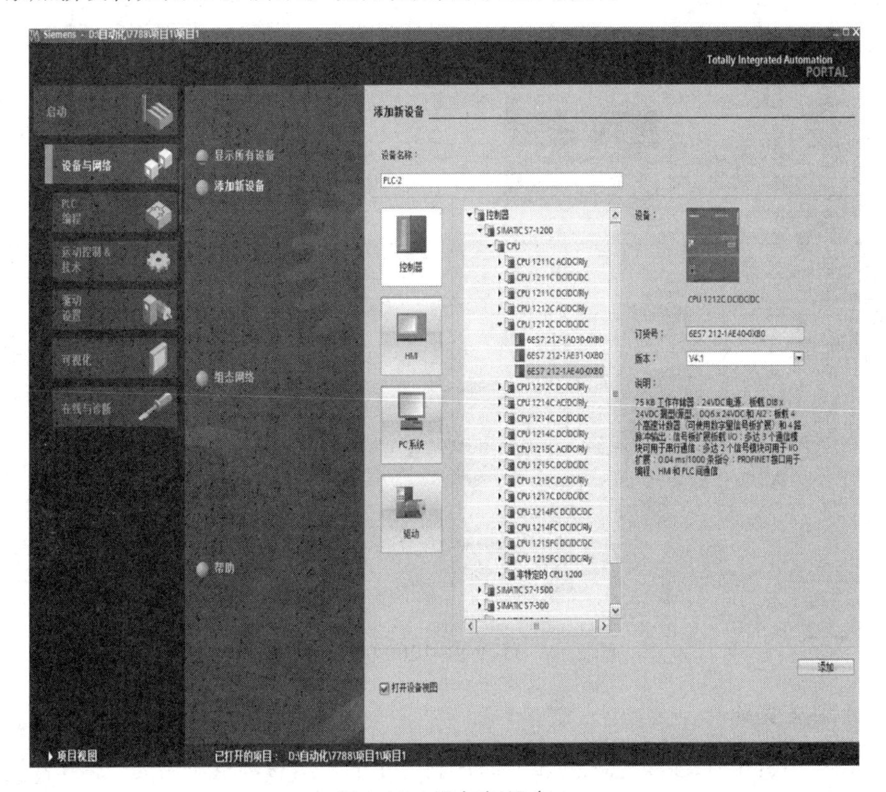

图 2.14　添加新设备

图 2.15　项目视图

修改 S7-1200 的 IP 地址：点击 S7-1200PLC 的 PROFINET 的接口，在属性窗口下修改 IP 地址，本项目以 192.168.0.1 为例，如图 2.16 所示。

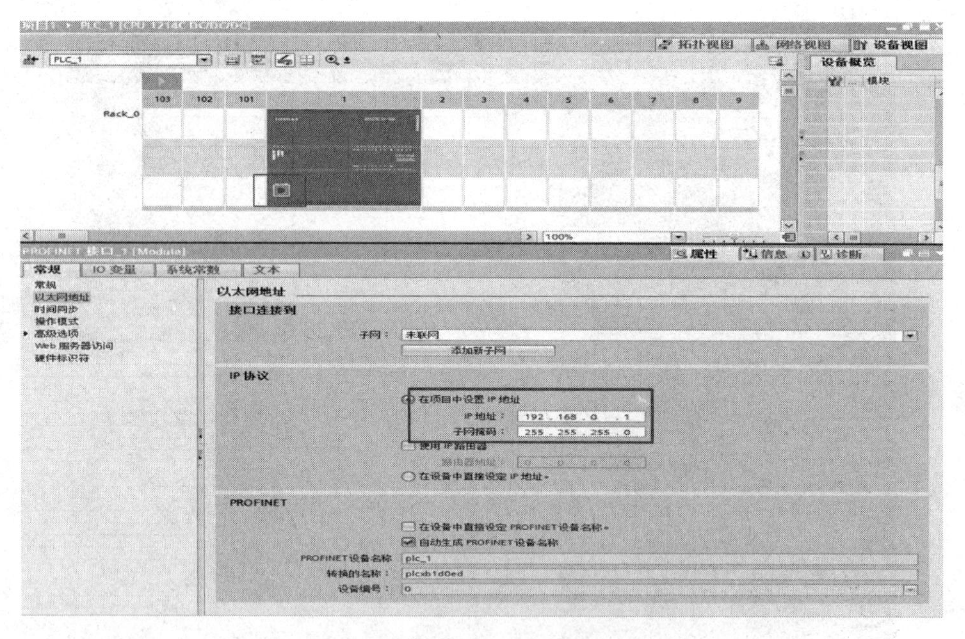

图 2.16　修改 S7-1200 的 IP 地址

2.3.2.3　**定义变量**

在项目树中打开 PLC 变量隐藏列表→添加新变量表，用右键重命名为“启保停”并添加关联变量。添加新变量表，如图 2.17 所示。

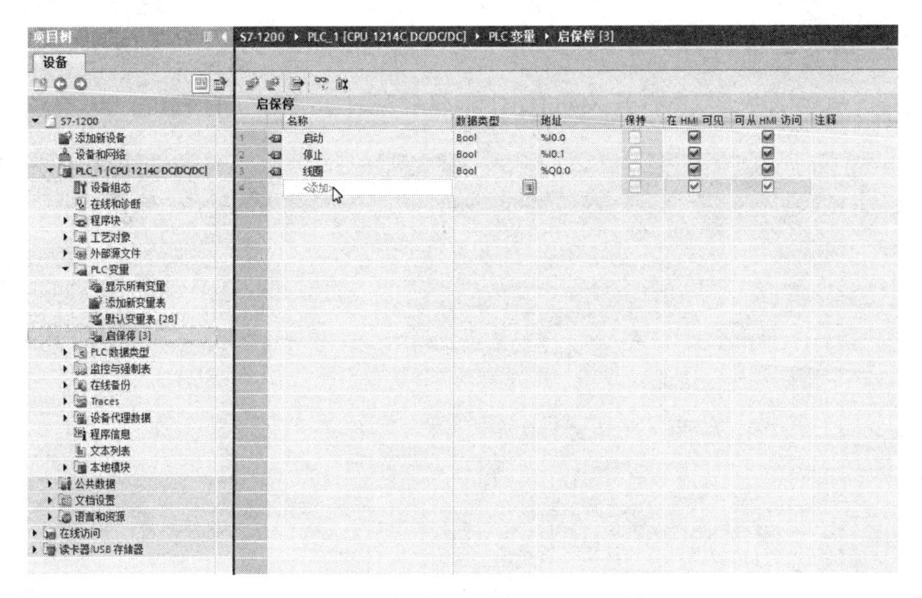

图 2.17　添加新变量表

导出变量表：点击导出按钮→待弹出对话框然后，选择变量表导出的路径与变量表文件名称→单击确定。变量表导出如图 2.18 所示。

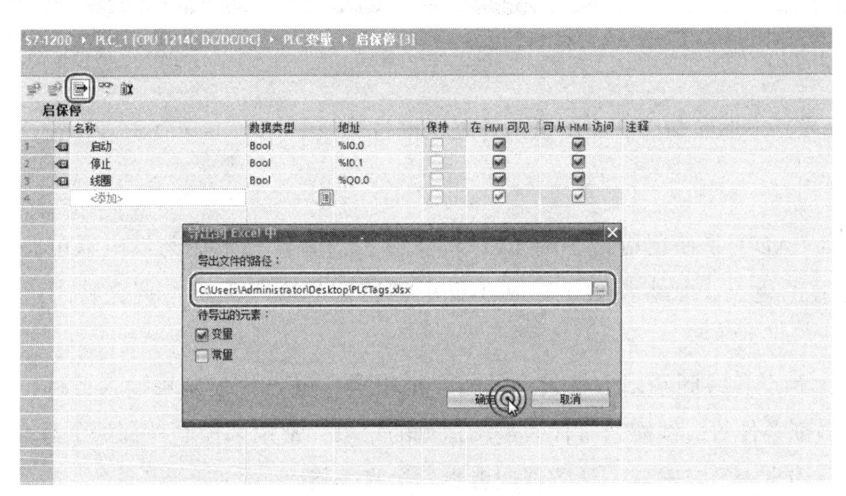

图 2.18　变量表导出

变量导出完成提示如图 2.19 所示。

图 2.19　变量导出完成提示

2.3.2.4 编写程序

点项目树→程序块，双击打开 Main[OB1]编辑程序，如图 2.20 所示。

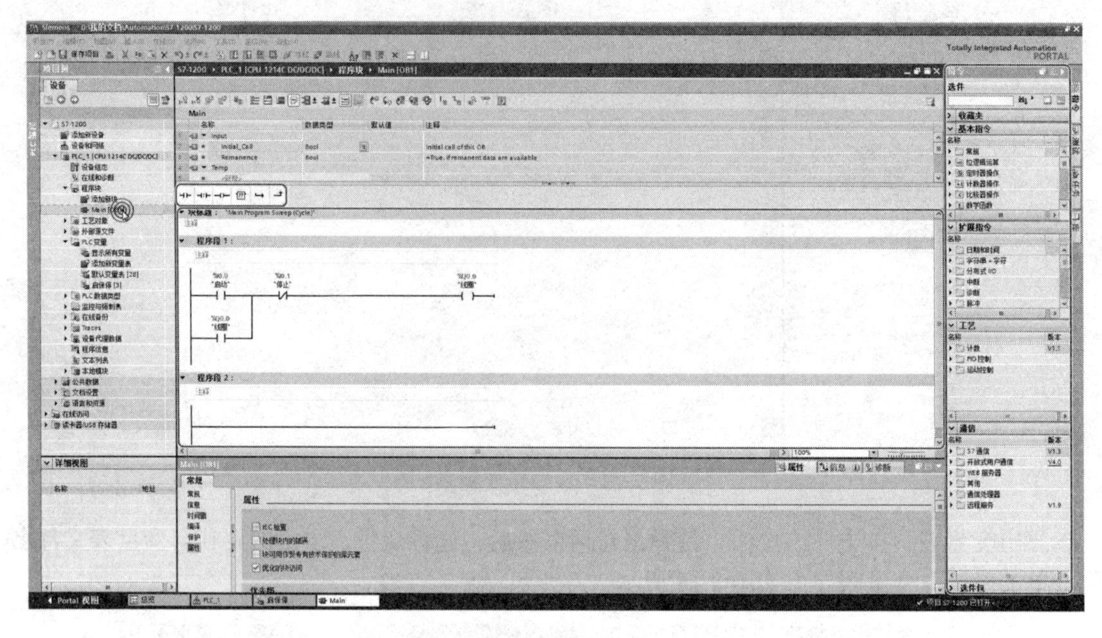

图 2.20　编程

S7-1200 只有梯形图和功能块图这两种编程语言。

1．梯形图

梯形图（LAD）是使用得最多的 PLC 图形编程语言。梯形图与继电器电路图形相似，具有直观易懂的优点，很容易被工厂熟悉继电器控制的电气人员掌握，特别适合数字量逻辑控制。

梯形图由触点、线圈和用方框表示的指令框组成，触点代表逻辑输入条件，如外部的开关、按钮和内部条件等。线圈通常代表逻辑运算的结果，常用来控制外部的负载和内部的标志位等。指令框用来表示定时器、计数器或者数学运算等指令。

使用编程软件可以直接生成和编辑梯形图，并可将它下载到 PLC。

触点和线圈组成的电路称为程序段，英文名称为 Network（网络），编程软件自动为程序段编号。可以在程序段编号的右边加上程序段的标题，在程序段编号的下面为程序段加上注释。点击编辑器工具栏上的启用、禁用程序段注释按钮，可以显示或关闭程序段的注释。

在分析梯形图的逻辑关系时，为了借用继电器电路图的分析方法，可以想象在梯形图的左右两侧垂直的“电源线”之间有一个左正右负的直流电源电压，当图 2.21 中的 I0.0 与 I0.1 的触点同时接通，或 Q0.0 与 I0.1 的触点同时接通时，有一个假想的“能流”（Power Flow）流过 Q0.0 的线圈。利用能流这一概念，可以借用继电器电路的术语和分析方法，帮助我们更好地理解和分析梯形图。注意，能流只能从左往右流动。

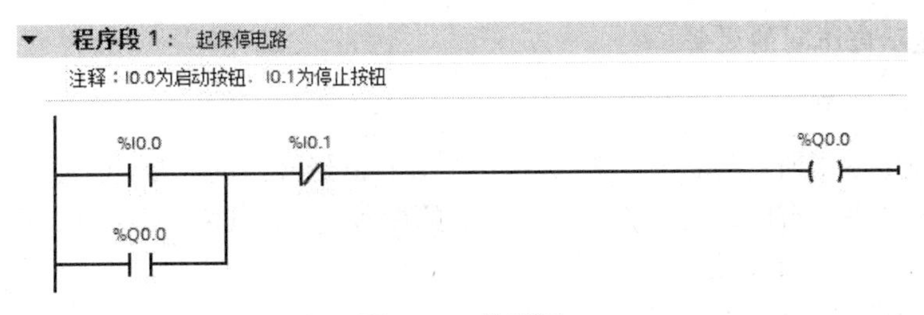

图 2.21　梯形图

程序段内的逻辑运算按从左往右的方向执行，与能流的方向一致。如果没有跳转指令，程序段之间将按从上到下的顺序执行，执行完所有的程序段后，下一次扫描循环返回上面的程序段 1，重新开始执行。

2．功能块图

功能块图（FBD）使用类似于数字电路的图形逻辑符号来表示控制逻辑，有数字电路基础的人很容易掌握。国内很少有人使用功能块图语言。

在功能块图中，用类似于与门（符号“&”）或门（符号“> = 1”）的方框来表示逻辑运算关系，方框的左边为输入变量，右边为逻辑运算的输出变量，输入、输出端的小圆圈表示“非”运算，方框被“导线”连接在一起，信号自左向右流动。指令框用来表示一些复杂的功能，如数学运算等。如图 2.22 所示是图 2.21 中的梯形图对应的功能块图，图 2.22 同时显示了绝对地址和符号地址。

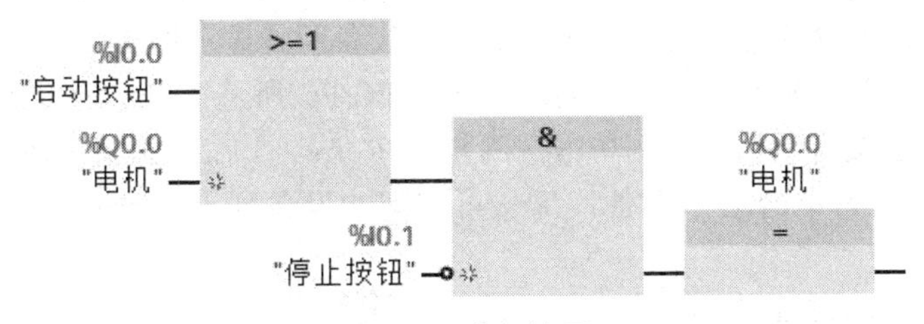

图 2.22　功能块图

3．编程语言的切换

打开项目树中 PLC 的“程序块”文件夹，双击其中的某个代码块，打开程序编辑器，在工作区下面的巡视窗口的“属性”选项卡中（见图 2.23），可以用“语言”下拉式列表改变打开的块使用的编程语言。

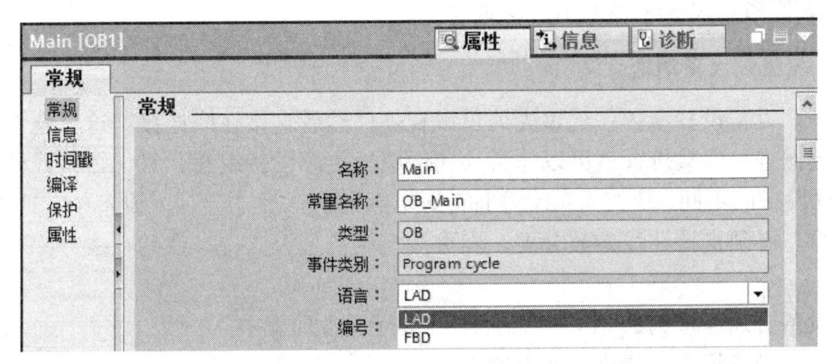

图 2.23　设置块的编程语言

2.3.2.5 显示可访问的设备

1．可访问的设备

可访问的设备是指所有连接到 PG/PC 接口上并且已经开启的设备。也可显示那些使用当前安装的产品仅允许进行有限组态或根本无法组态的设备。在项目树中显示 PG/PC 某个接口上的可访问的设备，执行下列步骤：

（1）在项目树中打开“在线访问”（Online access）文件夹。

（2）单击接口左侧的箭头，在接口下方排列显示所有对象。

（3）双击接口下方的“更新可访问的设备”（Update accessible devices）命令。

所有可通过该接口访问的设备都将显示在项目树中。在具有大量的连接设备时，更新过程可能需要一段时间。可以在状态栏中查看该更新的进度。如果在完成更新前已找到所需的设备，可以取消对这些可访问设备的更新。若要执行此操作，请单击进度栏右侧的十字符号。

2．在列表中显示可访问的设备

要在总览列表中显示所有可用接口上的可访问设备，请执行下列步骤：

（1）在“在线”（Online）菜单中，选择“可访问的设备”（Accessible devices）命令。将显示“可访问的设备”（Accessible devices）对话框。

（2）从“PG/PC 接口类型”（Type of the PG/PC interface）下拉列表中选择接口类型。“PG/PC 接口”（PG/PC interface）下拉列表随后仅显示与所选接口类型匹配的 PG/PC 的接口。

（3）从“PG/PC 接口”（PG/PC interface）下拉列表中选择 PG/PC 的所需接口，如工业以太网适配器。如果接口上没有可用设备，则 PG/PC 和设备间将显示连接线未断开。如果可以访问设备，连接线将显示为未断开，并且在列表中显示 PG/PC 所选接口上的可访问设备。

（4）如果同时连接有新设备，则单击“刷新”（Refresh）按钮刷新可访问设备的列表。

（5）要转到项目树中的某个设备，请从可访问的设备列表中选择该设备并单击“显示”（Show）按钮。

与所选设备连接的接口将在项目树中显示为选中状态。

2.3.2.6 在项目树中显示有关可访问设备的附加信息

要在项目树中显示可访问设备的附加信息，请执行下列步骤：

在项目树中单击某个可访问设备左侧的箭头，将显示已知设备的所有在线可用数据，如块和系统数据，此时无法直接编辑的对象将灰显表示。如果一个设备有其他编辑选项（如使用快捷菜单下载），则将以黑色文本显示该设备。

2.3.2.7 线更改设备组态

可以为一些设备设置参数：建议先简单设置硬件然后直接在线连接。这样就无需创建项目或使用脱机数据进行参数设置，可以非常快速便捷地更改设备组态，且无需编译硬件配置或执行下载。根据设备的不同，更改可能会立即生效，或经确认后才会写入设备中。具体要求如下：

（1）该设备必须支持在线参数分配。有关指定设备是否支持参数的在线分配功能，请参见设备手册。

（2）该设备必须连接到 PG/PC 并且位于可访问设备列表中。

要在线更改设备组态，请执行如下操作：

（1）在连接设备的接口上显示可访问设备。要了解如何显示可访问设备，请参见前一节“显示可访问设备”。

（2）扩展设备，显示低层级元素。

（3）双击“设置设备参数”（Parametrize device）项。这样将在工作区中打开设备的组态页面。

（4）进行所有所需设置。对于某些设备，这些新设置将立即生效。

（5）（根据设备可选）：单击“上传到设备”（Upload to device）按钮。将这些设置传送到设备。

2.3.2.8　为设备建立网络连接

1．有关在线模式的常规信息

在线模式：在线模式下，PG/PC 和一个或多个设备之间会建立在线连接。要执行下列任务，PG/PC 和设备之间需要建立在线连接。

（1）测试用户程序。

（2）显示和切换 CPU 的工作模式。

（3）显示和设置 CPU 的日期和日时钟。

（4）显示模块信息。

（5）比较块。

（6）硬件诊断。

在建立在线连接之前，必须物理或远程连接 PG/PC 和设备。作为备选方案，某些设备支持仿真模式。在这种情况下，可以通过 PLCSIM 虚拟接口仿真与设备的连接。建立连接之后，即可使用“在线和诊断”（Online and Diagnostics）视图或“在线工具”（Online tools）任务卡访问设备上的数据。在项目树中设备右边的图标将指示该设备当前的在线状态。在相关的工具提示中可找到各个状态图标的含义。

2．PG/PC 待机或休眠

在线连接时，如果将 PG/PC 转为待机或休眠模式，那么将终止所有的在线连接。将 PG/PC 从休眠状态唤醒之后，不会自动重新建立在线连接。

注意：突然终止在线连接可能会导致数据丢失，所连接的设备也可能会中断程序执行。

3．执行 LED 闪烁测试

在很多在线对话框中，可以执行 LED 闪烁测试（如果在线连接的设备支持此功能）。如果选中“闪烁 LED”（Flash LED）复选框，则当前所选设备上的 LED 灯将闪烁。例如，在不确定硬件组态中对应软件中当前所选站的设备时，此功能很有用。在相应设备文档中，读取所有附加信息并了解 LED 闪烁测试可能存在的限制条件。

2.3.2.9　在线模式下的视图

1．在线显示

在成功建立在线连接之后，用户界面将随之更改。如果设备不可用，则可以使用一个符号进行标识。图 2.24 所示为设备在线显示，它显示了在线连接的设备及其对应的用户界面：

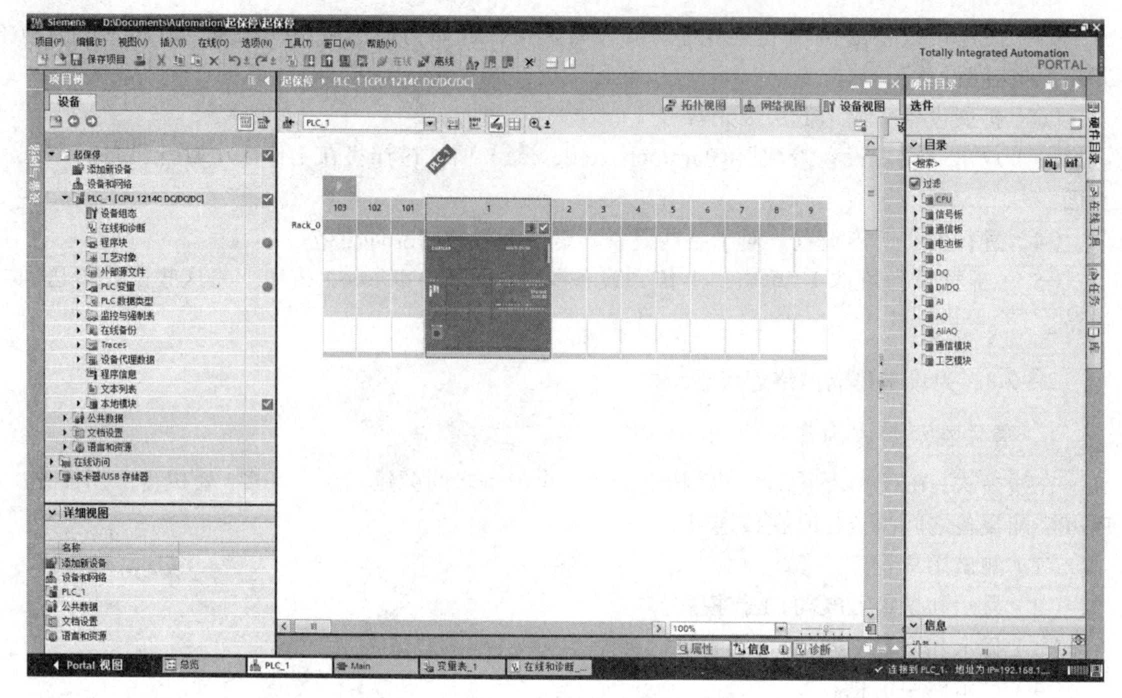

图 2.24　设备在线显示

（1）在编辑器中，如果至少一个当前所选设备在线连接成功后，活动窗口的标题栏的背景色将立即变为橘色。如果一个或多个设备不可用，则编辑器的标题栏中将显示连接断开的符号。

（2）相关站点的非激活窗口的标题栏下方现在有一条橙色线。

（3）状态栏的右侧会显示一个橙色脉冲条。如果连接已建立，但是无法正常工作，则会显示断开的连接图标，而不是橙色脉冲条。有关错误的更多信息，可参见巡视窗口的“诊断”（Diagnostics）。

（4）在项目树中，将显示已在线连接各站的操作模式符号或诊断符号及其下属对象，系统将自动比较在线和离线状态，并以符号形式区别在线和离线对象。

（5）“诊断 > 设备信息”（Diagnostics > Device information）区域置于巡视窗口的前景。

2．中止在线连接

只要有一台设备在线连接，就会保留在线模式及其显示。即便中止与一台或多台设备的在线连接，TIA Portal 仍会保持在线模式。只有在没有与任何设备进行在线连接时，TIA Portal 的显示才会更改为离线模式。

3．建立和取消在线连接

要求至少安装一个 PG/PC 接口，且该接口与某个设备间存在物理连接，例如，通过以太网电缆建立的连接。作为备选方法，还可以使用 PLCSIM 建立虚拟连接。

2.3.2.10　转至在线

要建立在线连接，请执行下列步骤：

（1）在项目树中，选择要建立在线连接的一台或多台设备。

（2）从“在线”（Online）菜单中，选择“转至在线”（Go online）命令。如果该设备曾经连接到某个特定 PG/PC 接口，则会自动与之前的 PG/PC 接口建立在线连接。在这种情况下，可以忽略下列步骤。如果之前没有连接，则打开“转至在线”（Go online） 对话框。

（3）从“PG/PC 接口类型”（Type of the PG/PC interface）下拉列表中选择接口类型。“PG/PC 接口”（PG/PC interface）下拉列表随后仅显示与所选接口类型匹配的 PG/PC 的接口。

（4）从“PG/PC 接口”（PG/PC interface）下拉列表中选择 PG/PC 的所需接口，如工业以太网适配器。

（5）在“与子网连接”（Connection to subnet）下拉列表中，选择设备连接到 PG/PC 时所使用的接口。此时，将直接与该设备建立连接，而无需网络节点（如插入的交换机）。如果通过一个网络节点访问设备时，则可选择连接 PG/PC 的适当子网。如果无法确定如何将设备连接到 PG/PC，则需选择条目“尝试所有接口”（Try all interfaces）。如果选择 MPI 或 PROFIBUS 子网，此时将应用在 PG/PC 接口中组态的总线参数。

（6）如果可以通过网关访问设备，则选择连接“第一网关”（1st gateway）下拉列表中的两个子网网关。如果接口上没有可用设备，则 PG/PC 和设备间将显示为断开的连接线。如果设备可访问，则接线将显示为未断开，并且在“目标子网中的兼容设备”（Compatible devices in target subnet）列表中显示 PG/PC 所选接口上的可访问设备。

（7）可选：单击“更新”（Update）按钮，更新“目标子网中的兼容设备”（Compatible devices intarget subnet）列表。

（8）可选：选中图形左侧的“闪烁 LED”（Flash LED）复选框，执行 LED 闪烁测试。使用该功能，可以检查是否选择了正确的设备。并非所有设备都支持 LED 闪烁测试。

（9）在“目标子网中的兼容设备”（Compatible devices in the target subnet）表格中，选择设备并使用“转至在线”（Go online）确认选择。将建立与所选目标设备的在线连接。

建立在线连接后，编辑器的标题栏将变为橙色。编辑器的标题栏和状态栏中也将显示一个橙色活动栏。在项目树中，通过状态符号区分在线和离线对象。将存储该连接路径，以便将来进行连接尝试。除非要选择新的连接路径，否则无需再打开“转至在线”（Go online）对话框。

2.3.2.11 取消在线连接

要断开现有在线连接，请执行下列步骤：

（1）在项目树中选择要断开连接的设备。

（2）从“在线”（Online）菜单中，选择“转至离线”（Go offline）命令。

可以同时断开到多台设备的在线连接，无需事先在网络视图中选择各个设备。要求如下：

（1）未选择任何设备。

（2）至少安装有一个 PG/PC 接口而且该接口与某个设备间存在物理连接，例如通过以太网电缆建立的连接。另外，还可以使用 PLCSIM 或远程连接建立虚拟在线连接。

要同时断开与多台设备的在线连接，请按以下步骤操作：

（1）从“在线”（Online）菜单中，选择“转至离线”（Go offline）命令。“选择设备”（Select devices）对话框将打开，将显示所有可用设备的表格。

（2）在“转至在线”（Go online）列中，选择要终止在线连接的设备。

（3）单击“转至离线”（Go offline）按钮。

结果：将终止与所有选定设备的在线连接。

2.3.3 编程工具 STEP 7 V13——工程组态系统

工程组态系统如图 2.25 所示。

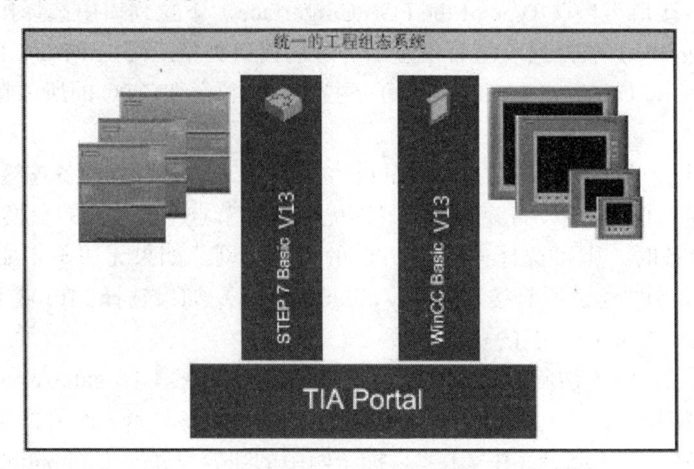

图 2.25 工程组态系统

可以使用 TIA Portal 在同一个工程组态系统中组态 PLC 和可视化。

所有数据均存储在一个项目中，STEP 7 和 WinCC 不是单独的程序，而是可以访问公共数据库，所有数据均存储在一个公共的项目文件中。

在 TIA Portal 中，所有数据都存储在一个项目中。修改后的应用程序数据（如变量）会在整个项目内（甚至跨越多台设备）自动更新，如图 2.26 所示。

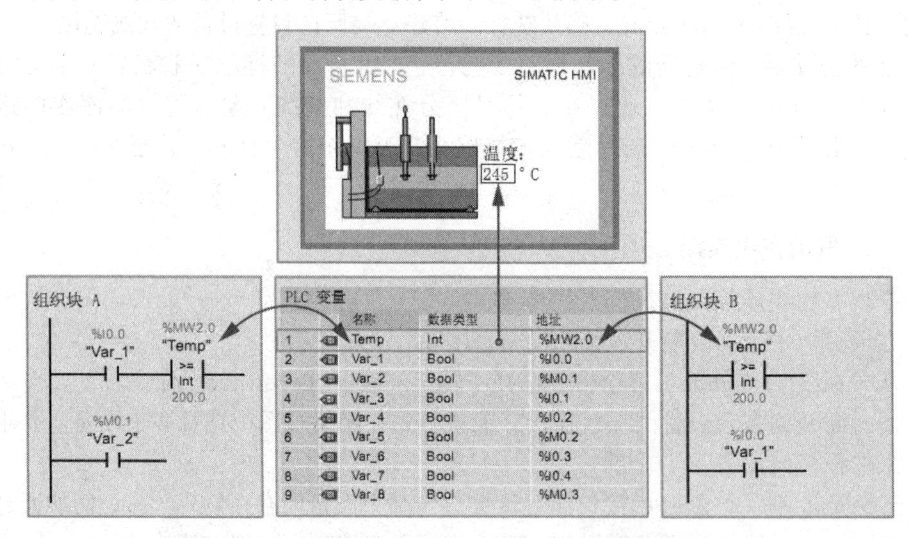

图 2.26 编程工具 STEP 7 Basic——数据管理

2.4 硬件组态

设备组态（configuring）的任务就是在设备和网络编辑器中生成一个与实际的硬件系统对应的模拟系统，包括系统中的设备（PLC 和 HMI），以及 PLC 各模块的型号、订货号和版本。

模块的安装位置和设备之间的通信连接，都应与实际的硬件系统完全相同。此外还应设置模块的参数，即给参数赋值，或称为参数化。

自动化系统启动时，CPU 比较组态时生成的虚拟系统和实际的硬件系统，如果两个系统不一致，将采取相应的措施。设备组态如图 2.27 所示。

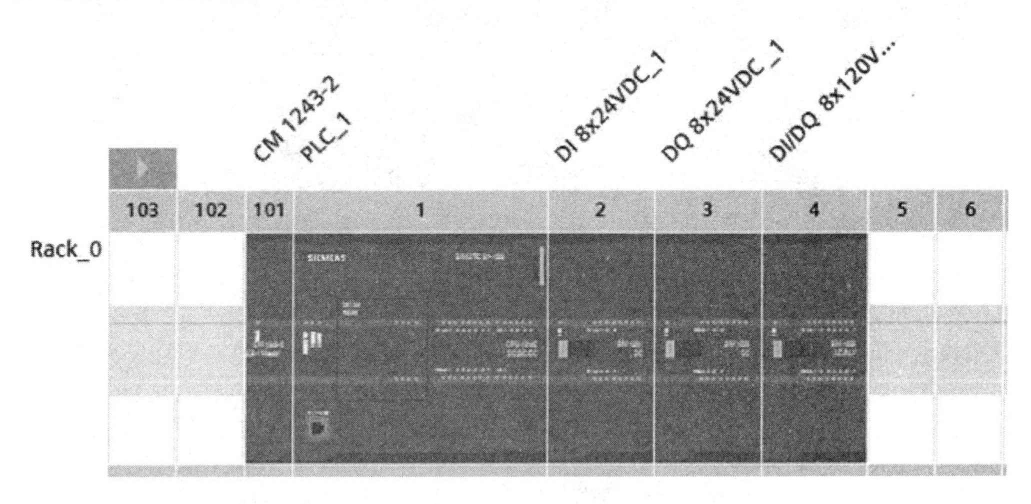

图 2.27　设备组态

在硬件组态时，需要将 I/O 模块或通信模块放置到工作区的机架的插槽内：用“拖放”的方法放置硬件对象；或用“双击”的方法放置硬件对象。

2.4.1　硬件组态——过滤器

如果激活了硬件目录的过滤器功能，则硬件目录只显示与工作区有关的硬件。

例如，用设备视图打开 PLC 的组态画面时，则硬件目录不显示 HMI，只显示 PLC 的模块。

硬件组态——过滤，如图 2.28 所示。

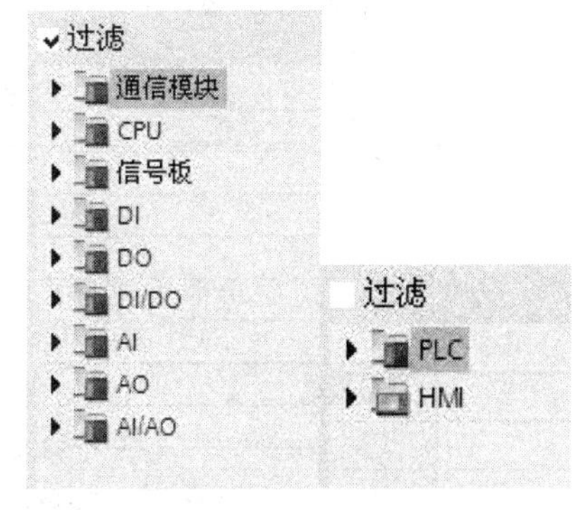

图 2.28　过滤器

2.4.2　硬件组态——删除硬件组件

可以删除设备视图或网络视图中的硬件组态组件，被删除的组件的地址可供其他组件使用。不能单独删除 CPU 和机架，只能在网络视图或项目树中删除整个 PLC 站。

删除硬件组件后，可以对硬件组态进行编译。编译时将进行一致性检查，如果有错误将会显示错误信息，应改正错误后重新进行编译。

2.4.3　信号模块和信号板的地址分配

添加了 CPU、信号板或信号模块后，他们的 I/O 地址是自动分配的。选中“设备概览”，可以看到 CPU 集成的 I/O 模板、信号板、信号模块的地址，如图 2.29 所示。

设备概览

模块	插槽	I 地址	Q 地址	类型	订货号	固件	注释
▾ PLC_1	1			CPU 1214C AC/DC/Rly	6ES7 214-1BE30-0XB0	V1.0	
DI14/DO10	1.1	0...1	0...1	DI14/DO10			
AI2	1.2	64...67		AI2			
DI2/DO2 x 2...	1.3	4	4	DI2/DO2 信号板	6ES7 223-0BD30-0XB0	V1.0	
AI4 x 13 位_1	2	96...103		SM 1231 AI4	6ES7 231-4HD30-0XB0	V1.0	
AO2 x 14 位_1	3		112...115	SM 1232 AO2	6ES7 232-4HB30-0XB0	V1.0	
DI16 x 24VDC ...	4	16...17	16...17	SM 1223 DI16/DO1...	6ES7 223-1PL30-0XB0	V1.0	

图 2.29 设备概览

选中模块，通过巡视窗口的“I/O 地址/硬件标识符”，可以修改模块的地址（见图 2.30）。

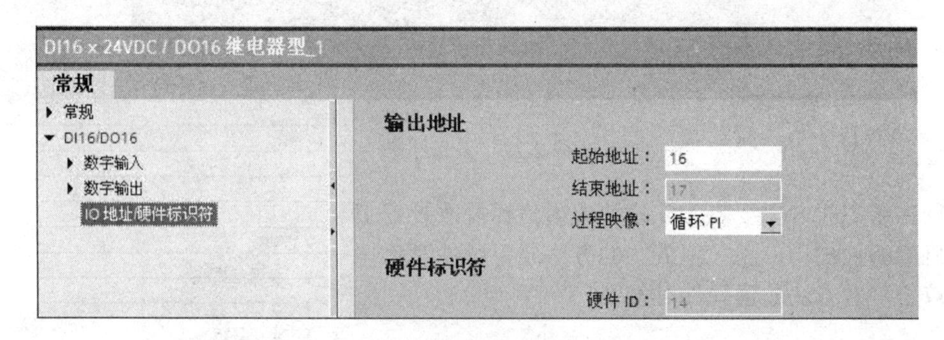

图 2.30 I/O 地址/硬件标识符

也可以直接在设备概览中修改，如图 2.31 所示。

设备概览

模块	插槽	I 地址	Q 地址	类型	订货号	固件	注释
DI16 x 24VDC ...	4	16...17	16...17	SM 1223 DI16/DO1...	6ES7 223-1PL30-0XB0	V1.0	
	5	值范围：0...1023					

图 2.31 设备概览中修改

DI/DO 的地址以字节为单位分配，没有用完一个字节，剩余的位也不能作它用。

AI/AO 的地址以组为单位分配，每一组有两个输入/输出点，每个点（通道）占一个字或两个字节。

建议不要修改自动分配的地址。

2.4.4 硬件组态——输入/输出点的参数设置

1．数字量输入点的参数设置

选中设备视图中的 CPU、信号模块或信号板，然后选中巡视窗口，设置输入端的滤波器时间常数，数字量输入点的参数设置如图 2.32 所示。

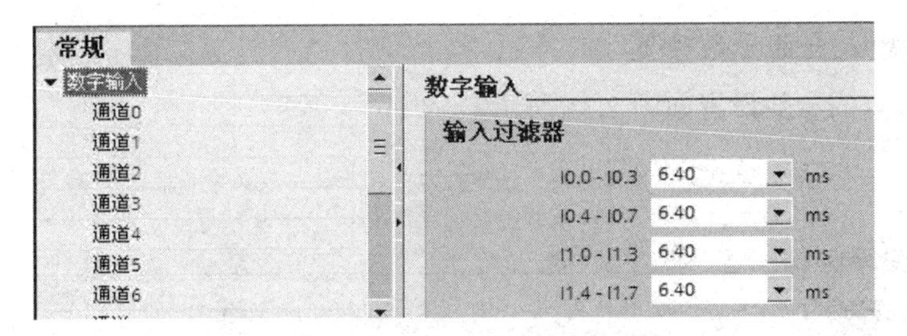

图 2.32　数字量输入点的参数设置

可以激活输入点的上升沿和下降沿中断功能，以及设置产生中断时调用的硬件中断 OB，如图 2.33 所示。

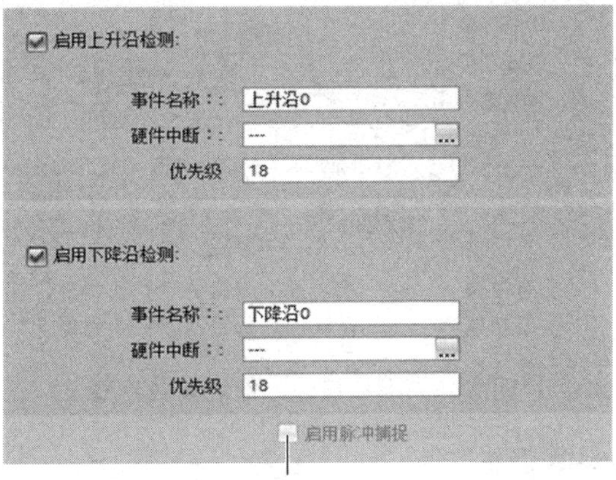

注：激活输入端的脉冲捕捉（Pulse Catch）功能，即暂停保持窄脉冲的 ON 状态，直到下一次刷新输入过程映像。

图 2.33　激活输入端脉冲捕捉

说明：激活输入端的脉冲捕捉（Pulse Catch）功能，即暂时保持窄脉冲的 ON 状态，直到下一次刷新输入过程映像。

2．硬件组态——数字量输出点的参数设置

数字量输出点的参数设置如图 2.34 所示。

选择在CPU进入STOP时，数字量输出保持最后的值，或使用替换值。

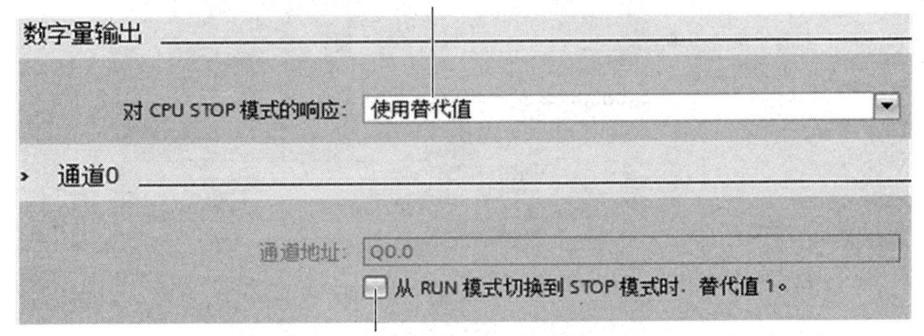

选择“使用替换值”，可以设置替换值：选中复选框表示替换值为1，反之为0

图 2.34　数字量输出点的参数设置

3．模拟量输入点的参数设置

模拟量输入点的参数设置如图 2.35 所示。

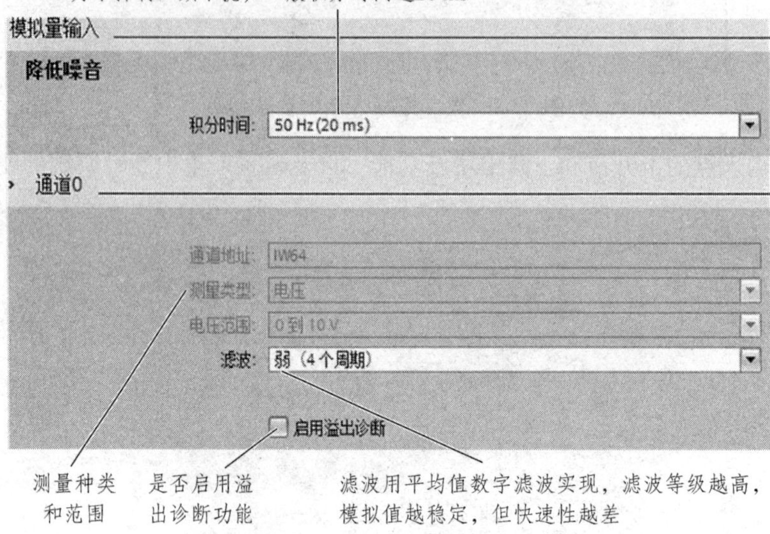

图 2.35　模拟量输入点的参数设置

4．模拟量输出点的参数设置

模拟量输出点的参数设置如图 2.36 所示。

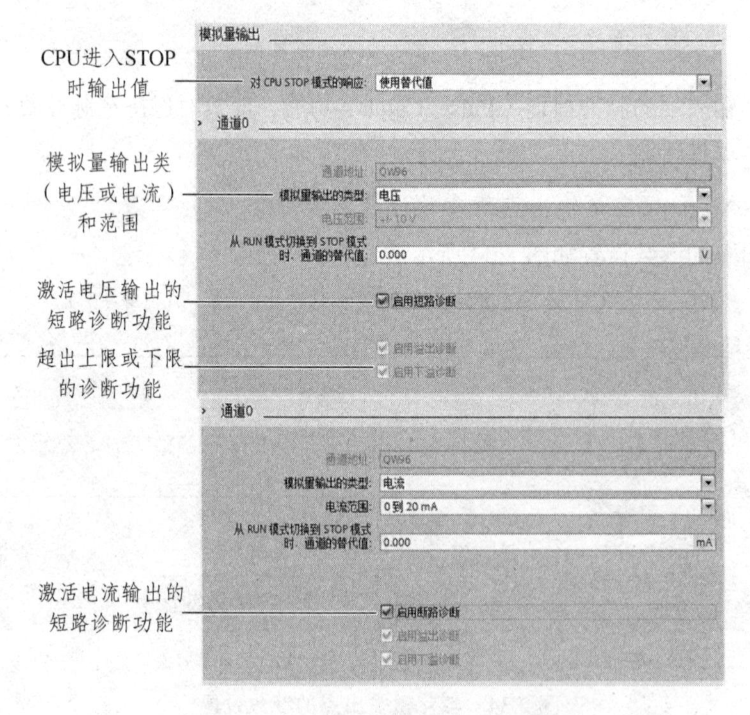

图 2.36　模拟量输出点的参数设置

2.4.5 模拟量转换后的模拟值表示

模拟量输入/输出模块中，模拟量对应的数字称为模拟值（见表 2.3），模拟值用 16 位二进制补码（整数）表示。最高位（第 16 位）为符号位，正数的符号位为 0，负数的符号位为 1。

模拟量经 A/D 转换后得到的数值的位数如果小于 16，则自动左移，使其符号位在 16 位字的最高位，未使用的低位则填入 0，称为“左对齐”。设模拟量的精度为 12 位加符号位，左移 3 位后，相对于实际的模拟值被乘以 8。

这种处理方法的优点在于：模拟量的量程与移位处理后的数字的关系是固定的，与左对齐之前的转换值无关，便于后续的处理。

表 2.3 模拟量输入模块的模拟值

范围	双极性				单极性			
	十进制	十六进制	百分比	±10，5，2.5V	十进制	十六进制	百分比	0 ~ 20 mA
上溢出，断电	32 767	7FFFH	118.515%	11.851 V	32767	7FFFH	118.515%	23.70 mA
超出范围	32 511	7EFFH	117.589%	11.759 V	32511	7EFFH	117.589%	23.52 mA
正常范围	27 648	6C00H	100.000%	10 V	27648	6C00H	100.000%	20 mA
	0	0H	0%	0 V	0	0H	0%	0 mA
	− 27 648	9400H	− 100.00%	− 10 V				
低于范围	− 32 512	8100H	− 117.593%	− 11.759 V				
下范围，断电	− 32 768	8000H	− 118.519	− 11.851 V				

2.4.6 设置系统存储器字节与时钟存储器字节

设置系统存储器字节与时钟存储器字节如图 2.37 所示。

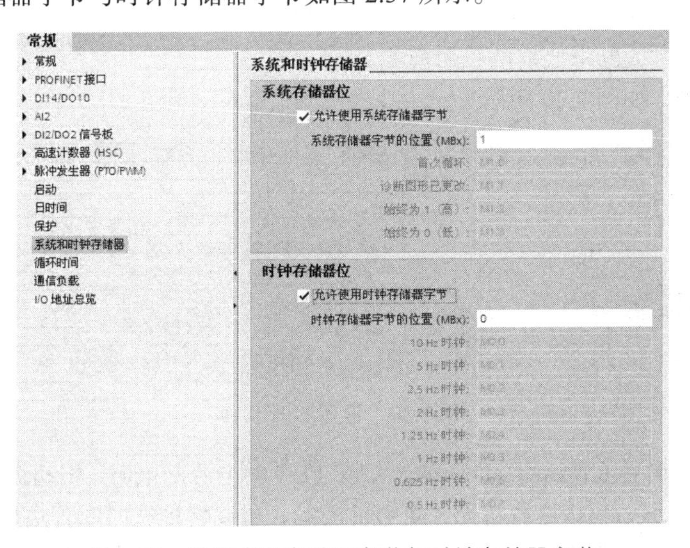

图 2.37 设置系统存储器字节与时钟存储器字节

将 MB1 设置为系统存储器字节后，该字节的 M1.0 ~ M1.3 的含义：

（1）M1.0（首次循环）：仅在进入 RUN 模式的首次扫描时为 1，以后为 0。

（2）M1.1（诊断图形已更改）：CPU 登录了诊断事件时，在一个扫描周期内为 1。

（3）M1.2（始终为 1）：总是为 1 状态，其常开触点总是闭合。

（4）M1.3（始终为 0）：总是为 0 状态，其常闭触点总是闭合。

（5）时钟脉冲是一个周期内 0 和 1 所占的时间各为 50% 的方波信号，时钟存储器字节每一位对应的时钟脉冲的周期或频率如表 2.4 所示。CPU 在扫描循环开始时对这些位进行初始化。

表 2.4　时钟脉冲的周期或频率

位	7	6	5	4	3	2	1	0
周期/s	2	1.6	1	0.8	0.5	0.4	0.2	0.1
频率/Hz	0.5	0.625	1	1.25	2	2.5	5	10

以 M0.5 为例，其时钟脉冲的周期为 1 s，如果用它的触点来控制某输出点对应的指示灯，指示灯将以 1 Hz 的频率闪动，亮 0.5 s，暗 0.5 s。

设置 PLC 上电后的启动方式，如图 2.38 所示。

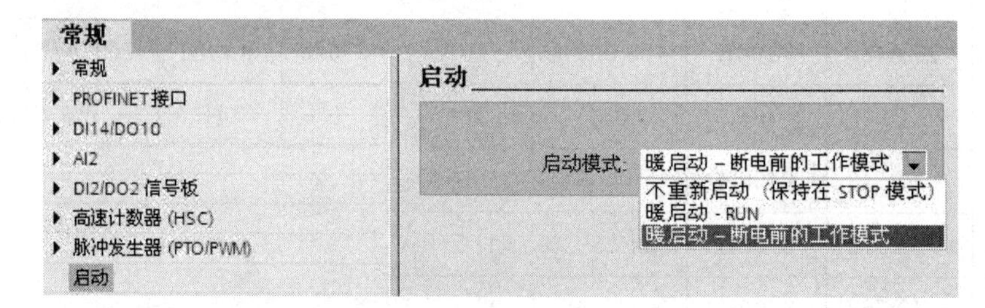

图 2.38　PLC 上电后的启动方式

组态上电后 CPU 的 3 种启动方式：

（1）不重新启动，保持在 STOP 模式。

（2）暖启动，进入 RUN 模式。

（3）暖启动，进入断电之前的工作模式。

设置实时时钟，如图 2.39 所示。

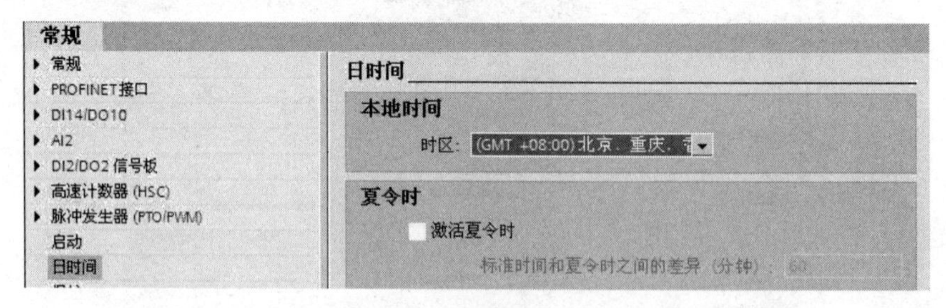

图 2.39　设置实时时钟

CPU 带有实时时钟（Time-of-day clock），在 PLC 的电源断电时，用超级电容给实时时钟供电。PLC 通电 24 h 后，超级电容被充了足够的能量，可以保证实时时钟运行 10 天。

在线模式下可以设置 CPU 的实时时钟的时间，设置循环时间和通信负载，如图 2.40 所示。

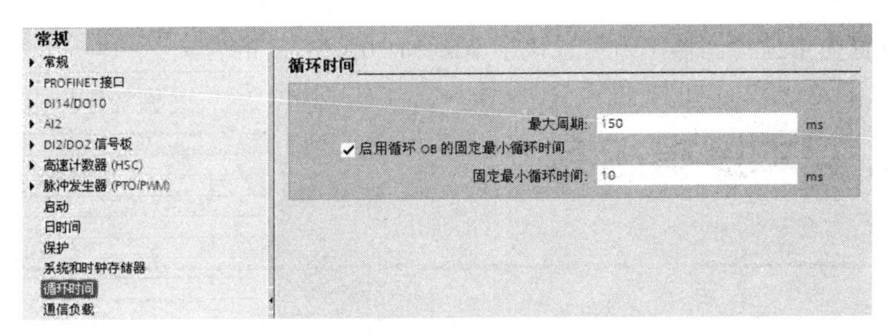

图 2.40　设置循环时间和通信负载

循环时间是操作系统刷新过程映像和执行程序循环 OB 的时间，包括所有中断此循环的程序的执行时间，每次循环的时间并不相等。

本章小结

本章主要讲述 PLC 的基本概念，介绍了 PLC 的基本结构和基本组成，说明了西门子 S7-1200 系列 PLC 的组成是模块化的。还讲述了西门子 S7-1200 系列 PLC 进行编程的编程软件 TIA Portal V13 的具体使用方法。

（1）PLC 的出现是为了满足现代社会制造业对市场的需求，生产设备和自动生产线的控制系统必须具有极高的可靠性和灵活性，可编程逻辑控制器（Programmable Logic Controller，PLC）正是顺应这一要求出现的，它是以微处理器为基础的通用工业控制装置。

（2）PLC 采用周期循环扫描的方式工作，对用户程序执行主要分为输入采样阶段、程序执行阶段、输出刷新阶段。PLC 扫描工作方式的特点：集中采样、集中输出、循环扫描。

（3）S7-1200 系列 PLC 充分满足中小型自动化的系统需求；不同的 CPU 型号有不一样的 CPU 模块技术规范，但是它们存在共性。

（4）用于对西门子 S7-1200 系列 PLC 进行编程的软件是 TIA Portal V13 编程软件。TIA Portal 中含有 STEP 7 和 WinCC 的性能扩展，可对 PLC 进行实时的模拟和监控。

习　题

1. 如何给西门子 S7-1200 CPU 供电？
2. 接输出电路有哪几种方式？各有什么特点？
3. 在 PLC 中，字母“I”和“Q”分别表示什么继电器？
4. S7-1200 系列 PLC 的硬件系统主要由哪些部分组成？
5. 简述 S7-1200 系列 PLC 的工作原理。
6. 在编程软件中，如何实现数字量和模拟量的转换？

第 3 章　基本逻辑指令

教学目标

通过本章的学习，要认识并学会使用 PLC 的基本逻辑指令；熟练使用 S7-PLCSIM V13 仿真软件进行调试；熟练掌握 PLC 编程的“经验设计”编程方法以及梯形图编程的基本规则。本章内容是分析和设计 PLC 程序在实际应用中的基础。

3.1　概　述

基本逻辑指令在功能块图中是指对位存储单元的简单逻辑运算，在梯形图中是指对触点的简单连接和对标准线圈的输出。在 S7-200、S7-300 等系列 PLC 中还有语句表编程语言。

语句表编程语言用指令助记符创建控制程序，它是一种面向具体机器的语言，可被 PLC 直接执行。一般来说，语句表语言更适合于熟悉可编程序控制器和在逻辑编程方面有经验的编程人员。用这种语言可以编写出用梯形图或功能框图无法实现的程序，但利用语句表进行位运算时，需要考虑主机的内部存储结构。S7-1200 PLC 不带此功能，只有梯形图和功能快图这两种编程语言。

S7-1200 PLC 基本逻辑指令主要包括位逻辑指令、定时器指令、计数器指令、比较指令、数学指令、移动指令、转换指令、程序控制指令、逻辑运算指令以及移位和循环移位指令等。

3.2　PLC 的基本逻辑指令

3.2.1　位逻辑指令

3.2.1.1　触点指令及线圈指令

1．常开触点与常闭触点

常开触点（见表 3.1）在指定的位为 1 状态（ON）时闭合，在指定的值为 0 状态（OFF）时断开。常闭触点在指定的值为 1 状态时断开，在指定的位为 0 状态时闭合。

表 3.1　位逻辑指令

指　令	描　述	指　令	描　述
—┤ ├—	常开触点	RS 锁存器	置位优先锁存器
—┤/├—	常闭触点	SR 锁存器	复位优先锁存器

续表

指 令	描 述	指 令	描 述
—| NOT |—	取反触点	—|P|—	上升沿检测触点
—( )—	输出线圈	—|N|—	下降沿检测触点
—(/)—	取反输出线圈	—(P)—	上升沿检测线圈
—(S)—	置位	—(N)—	下降沿检测线圈
—(R)—	复位	P_TRIG	上升沿触发器
—(SET_BF)—	区域置位	N_TRIG	下降沿触发器
—(RESET_BF)—	区域复位		

2．NOT 取反触点

NOT 触点用来转换能流输入的逻辑状态。如果没有能流流入 NOT 触点，则有能流流出如图 3.1（a）所示；如果有能流流入 NOT 触点，则没有能流流出，如图 3.1（b）所示。

%I0.0 %I0.1 NOT %Q0.0

（a）

%I0.0 %I0.1 NOT %Q0.0

（b）

图 3.1　NOT 触点

3．输出线圈

线圈输出指令系统将线圈的状态写入指定的地址，当线圈通电时写入 1，当断电时写入 0（如果是 Q 区的地址），CPU 将输出的值传送给对应的过程映像输出。在 RUN 模式，CPU 不停地扫描输入信号，根据用户程序的逻辑处理输入状态，通过向过程映像输出寄存器写入新的输出状态值来做出响应。在写输出阶段，CPU 将存储在过程映像寄存器中的新的输出状态传送给对应的输出电路。

可以用 Q0.0:P 的线圈将位数据值立即写入过程映像输出 Q0.0，同时直接写给对应的物理输出点。

反相输出线圈中间有“/”符号，如果有能流流过 M10.0 的反相输出线圈，如图 3.2（a）所示，则 M10.0 的输出位为 0 状态，其常开触点断开如图 3.2（b）所示，反之 M10.0 的输出位为 1 状态，其常开触点闭合。

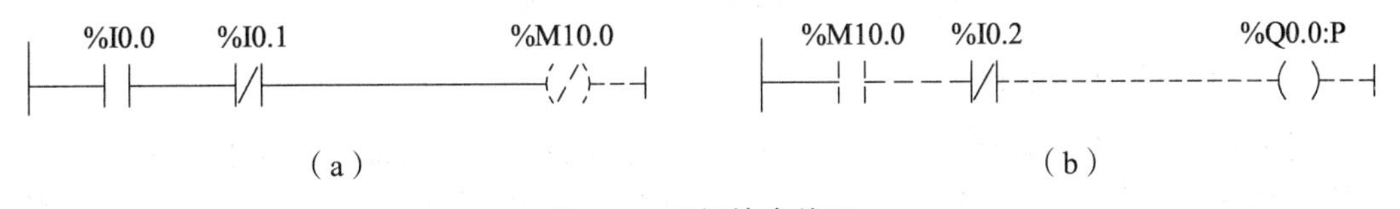

（a）　　　　（b）

图 3.2　反相输出线圈

3.2.2　其他位逻辑指令

3.2.2.1　置位复位指令

S（Set，置位或置 1）指令将指定的地址位置位（变为 1 状态并保持）。

R（Reset，复位或置 0）指令将指定的地址位复位（变为 0 状态并保持）。

置位指令与复位指令最主要的特点是有记忆和保持功能。如果图 3.3 中 I0.0 的常开触点闭合，Q0.0 变为 1 状态并保持该状态。即使 I0.0 的常开触点断开，Q0.0 也仍然保持 1 状态，如图 3.4 中波形图所示。在程序状态中，用 Q0.0 的 S 和 R 线圈连续的绿色圆弧和绿色的字母表示 1 状态，用间断的蓝色圆弧和蓝色的字母表示 0 状态。

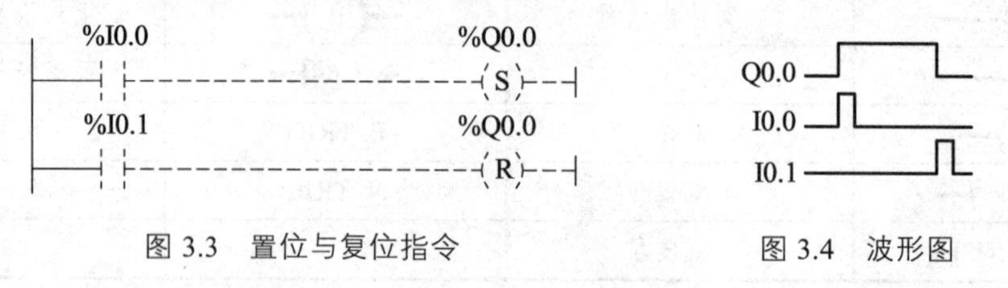

图 3.3　置位与复位指令　　　　图 3.4　波形图

I0.1 的常开触点闭合时，Q0.0 变为 0 状态并保持该状态，即使 I0.1 的常开触点断开，Q0.0 也仍然保持 0 状态。

3.2.2.2　多点置位复位指令

SET_BF（Set bit field，多点置位）指令将指定的地址开始的连续的若干个位地址置位（变为 1 状态并保持）。图 3.5 中的 I0.0 的上升沿（从 0 状态变为 1 状态），从 Q0.0 开始的 4 个连续的位被置位为 1 并保持 1 状态。

RESET_BF（Reset bit field，多点复位）指令将指定的地址开始的连续的若干个位地址复位（变为 0 状态并保持）。在图 3.7 的 I0.1 的下降沿（从 1 状态变为 0 状态），从 Q0.0 开始的 4 个连续的位被复位为 0 并保持 0 状态。

与 S7-200 和 S7-300/400 不同，S7-1200 的梯形圈允许在一个程序段网络内输入多个独立电路，如图 3.5 所示。

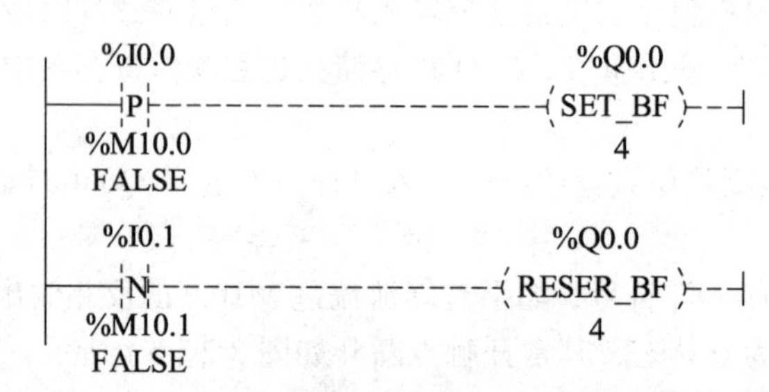

图 3.5　边沿检测触点与多位置置位复位

3.2.2.3　边沿检测触点指令

在图 3.5 中，有 P 的触点是上升沿检测触点，如果输入信号 I0.0 由 0 状态变为 1 状态（即输入信号 I0.0 的上升沿），则该触点接通一个扫描周期。边沿检测触点不能放在电路结束处。

P 触点下面的 M10.0 为边沿存储位，用来存储上一次扫描循环时 I0.0 的状态。通过比较输入信号的当前状态和上一次循环的状态，来检测信号的边沿。边沿存储位的地址只能在程序中使用一次，它的状态不能在其他地方被改写。只能使用 M、全局 DB 和静态局部变量来作边沿存储位，不能使用临时局部变量或 I/O 变量来作边沿存储位。

图 3.5 中，有 N 的触点是下降沿检测触点，如果输入信号 I0.1 由 1 状态变为 0 状态（即输

入信号 I0.1 的下降沿），RESET_BF 的线圈“通电”一个扫描循环周期。N 触点下面的 M10.1 为边沿存储位。

3.2.2.4　边沿检测线圈指令

中间有 P 的线圈是上升沿检测线圈（见图 3.6），仅在流进该线圈的能流的上升沿（线圈由断电变为通电），输出位 M10.0 为 1 状态。M11.0 为边沿存储位。

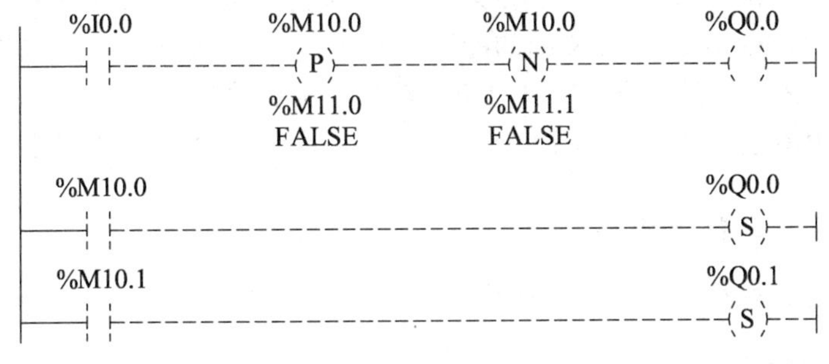

图 3.6　边沿检测线圈指令

中间有 N 的线圈是下降沿检测线圈（见图 3.6），仅出现在流进该线圈的能流的下降沿（线圈由通电变为断电），其输出位 M10.1 为 1 状态。M11.1 为边沿存储位。

边沿检测线圈不会影响逻辑运算结果 RLO，它对能流是畅通无阻的，其输入端的逻辑运算结果被立即送给线圈的输出端。边沿检测线圈可以放置在程序段的中间或程序段的最右边。

在运行时用外接的小开关使 I0.0 变为 1 状态，I0.0 的常开触点闭合，能流经 P 线圈和 N 线圈流过 Q0.0 的线圈。在 I0.0 的上升沿，M10.0 的常开触点闭合一个扫描周期，使 Q0.1 置位。在 I0.0 的下降沿，M10.1 的常开触点闭合一个扫描周期，使 Q0.1 复位。

3.2.2.5　P_TRIG 指令与 N_TRIG 指令

在流进 P_TRIG 指令的 CLK 输入端（见图 3.7）的能流的上升沿（能流刚出现），Q 端输出脉冲宽度为一个扫描周期的能流，使 Q0.0 置位。P_TRIG 指令框下面的 M10.0 是脉冲存储器位。

在流进 N_TRIG 指令的 CLK 输入端的能流的下降沿（能流刚消失），Q 端输出脉冲宽度为一个扫描周期的能流，使 Q0.0 复位。N_TRIG 指令框下面的 M10.1 是脉冲存储器位。

P_TRIG 指令与 N_TRIG 指令不能放在电路的开始处和结束处。

在设计程序时应考虑输入和存储位的初始状态，是允许还是应避免首次扫描的边沿检测。

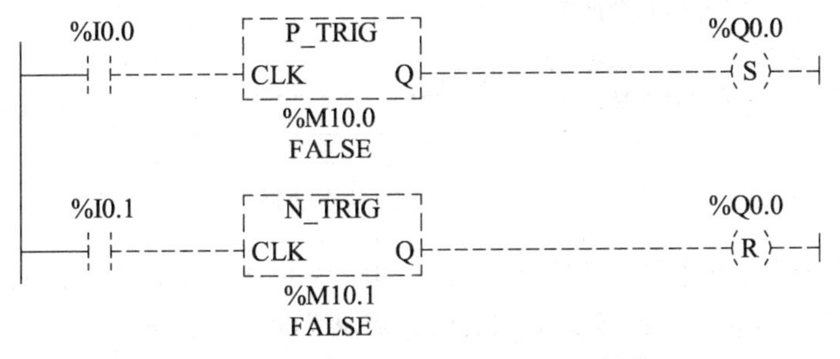

图 3.7　P_TRIG 指令与 N_TRIG 指令

3.2.2.6 边沿检测指令的比较

下面比较 3 种边沿检测指令的功能（以上升沿检测为例）:

（1）在—|P|—触点上面的地址的上升沿，该触点接通一个扫描周期。因此 P 触点用于检测触点上面的地址的上升沿，并且直接输出上升沿脉冲。

（2）在流过—（ P ）—线圈的能流的上升沿，线圈上面的地址在一个扫描周期为 1 状态。因此 P 线圈用于检测能流的上升沿，并用线圈上面的地址来输出上升沿脉冲。

（3）在流入 P_TRIG 指令的 CLK 端的能流的上升沿，Q 端输出一个扫描周期的能流。因此 P_TRIG 指令用于检测能流的上升沿，并且直接输出上升沿脉冲。

（4）如果 P_TRIG 指令左边只有 I0.0 的常开触点，可以用 I0.0 的 P 触点来代替。

3.2.3 定时器与计数器指令

S7-1200 采用 IEC 标准的定时器和计数器指令。

3.2.3.1 定时器指令

1. 定时器指令的基本功能

S7-1200 有 4 种定时器，如图 3.8 所示为其基本功能。

（1）脉冲定时器（TP）：在输入信号 IN 的上升沿产生一个预置宽度的脉冲，闭合中的 t 为定时器的预置值。

（2）接通延时定时器（TON）：输入 IN 变为 1 状态后，经过预置的延迟时间，定时器的输出 Q 变为 1 状态。输入 IN 变为 0 状态时，输出 Q 变为 0 状态。

（3）断开延时定时器（TOF）：输入 IN 为 1 状态时，输出 Q 为 1 状态。输入 IN 变为 0 状态后，经过预置的延迟时间，输出 Q 变为 0 状态。

（4）保持型接通延时定时器（TONR）：输入 IN 变为 1 状态后，经过预置的延迟时间，定时器的输出 Q 变为 1 状态。输入 IN 的脉冲宽度可以小于时间预置值。

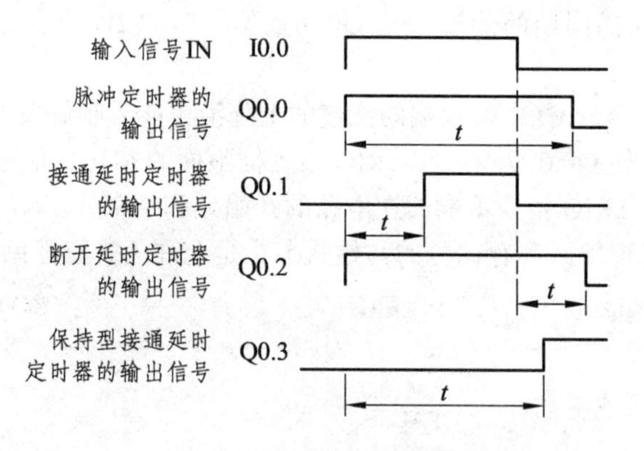

图 3.8 定时器的基本功能

定时器的输入 IN 为启动定时的使能输入端，IN 从 0 状态变为 1 状态时，启动 TP、TON 和 TONR 开始定时。IN 从 1 状态变为 0 状态时，启动 TOF 开始定时。

PT（Preset Time）为时间预置值，ET（Elapsed Time）为定时开始后经过的时间，或称为已耗时间值，它们的数据类型为 32 位的 Time，单位为 ms，最大定时时间长选 T#24D_20H_

31M_23S_647MS（D、H、M、S、MS 分别是日、小时、分、秒和毫秒）。可以不给输出 ET 指定地址。

Q 为定时器的位输出，各变量均可以使用 I（仅用于输入变量）、Q、M、D、L 存储区。

2. 脉冲定时器

IEC 定时器和 IEC 计数器属于功能块，调用时需要指定配套的背景数据块，定时器和计数器指令的数据保存在背景数据块中。在梯形图中输入定时器指令时，打开右边的指令窗口，将“定时器操作”文件夹中的定时器指令拖放到梯形图适当的位置。在出现的“调用选项”对话框中（见图 3.9），可以修改将要生成的背景数据块的名称，或采用默认的名称。点击“确认”按钮，自动生成数据块。

图 3.9 调用选项对话框

脉冲定时器类似于数字电路中上升沿触发的单稳态电路。在 IN 输入信号的上升沿，Q 输出变为 1 状态，开始输出脉冲。达到 PT 预置的时间时，Q 输出变为 0 状态（见图 3.10 的波形 A、B、E）。IN 输入的脉冲宽度可以小于 Q 端输出的脉冲宽度。在脉冲输出期间，即使 IN 输入又出现上升沿（见波形 B），也不会影响脉冲的输出。

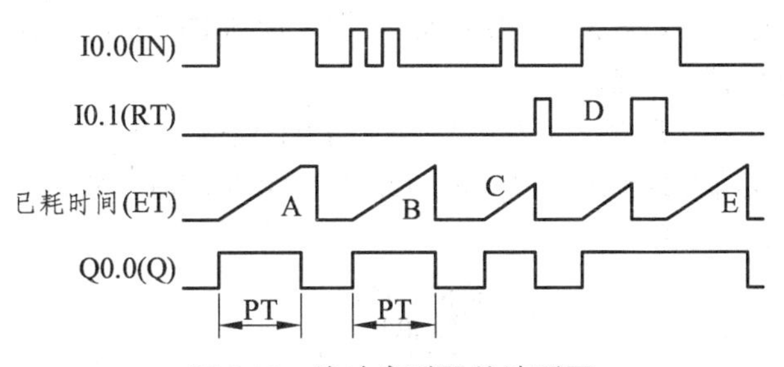

图 3.10 脉冲定时器的波形图

用程序状态功能可以观察已耗时间的变化情况（见图 3.11）。定时开始后，已耗时间从 0 ms 开始不断增大，达到 PT 预置的时间时，如果 IN 为 1 状态，则已耗时间值保持不变（见图 3.10 波形 A）。如果 IN 为 0 状态，则定时时间变为 0 s（见图 3.10 波形 B）。

定时器指令可以放在程序段的中间或结束处。IEC 定时器没有编号，在使用对定时器复位的 RT 指令时，可以用背景数据块的编号或符号名来指定需要复位的定时器。如果没有必要，不用对定时器使用 RT 指令。

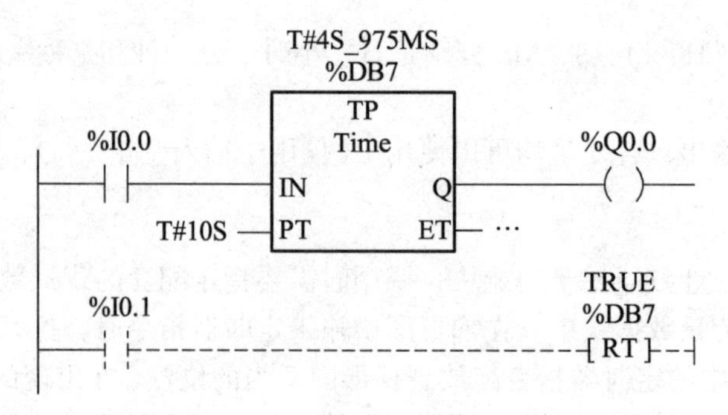

图 3.11　脉冲定时器的程序状态

在图 3.11 中，当 I0.1 为 1 时，定时器复位线圈（RT）通电，定时器被复位。如果此时正在定时，且 IN 输入为 0 状态，将使已耗时间清零，Q 输出也变为 0 状态（见波形 C）。如果此时正在定时，且 IN 输入为 1 状态，将使已耗时间清零，但是 Q 输出保持1状态（见波形 D）。复位信号 I0.1 变为 0 状态时，如果 IN 输入为1状态，将重新开始定时（见波形 E）。

3．接通延时定时器

接通延时定时器（TON）的使能输入端的输入电路由断开变为接通时开始定时。定时时间大于等于预置时间（PT）指定的设定值时，输出 Q 变为1状态，已耗时间值（ET）保持不变（见图 3.12 波形 A）。

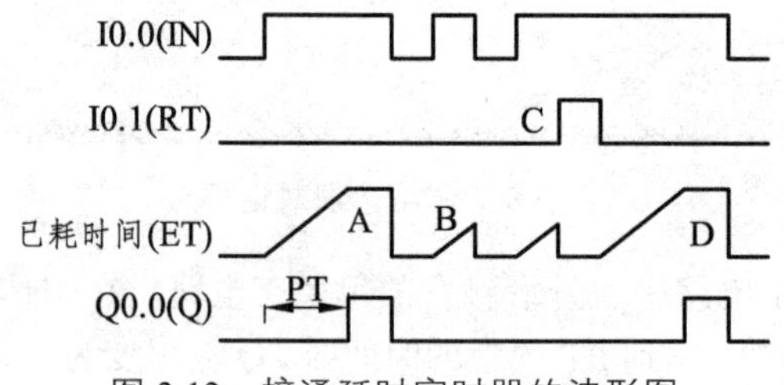

图 3.12　接通延时定时器的波形图

IN 输入端的电路断开时，定时器被复位，已耗时间被清零，输出 Q 变为 0 状态。CPU 第一次扫描时，定时器输出 Q 被清零。如果输入 IN 在未达到 PT 设定的时间时变为 0 状态（见图 3.12 波形 B），输出 Q 保持 0 状态不变。

图 3.13 中的 I0.1 为 1 状态时，定时器复位线圈 RT 通电（见图 3.12 波形 C），定时器被复位，已耗时间被清零，Q 输出端变为 0 状态。I0.1 变为 0 状态时，如果 IN 输入为1状态，将开始重新定时（见图 3.12 波形 D）。

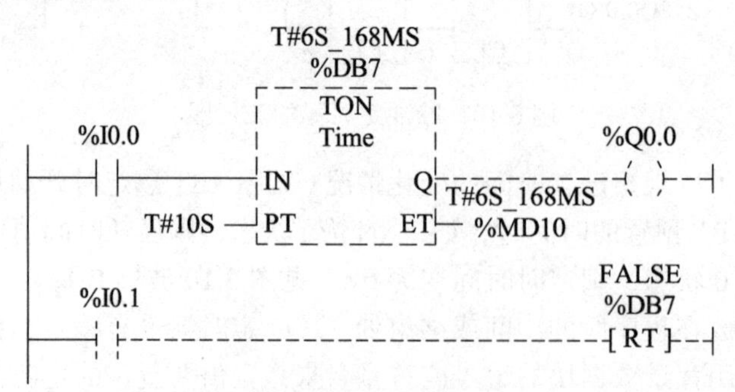

图 3.13　接通延时定时器

4．断开延时定时器指令

断开延时定时器（TOF）的 IN 输入电路接通时，输出 Q 为 1 状态，当前值被清零。输入电路由接通变为断开时（IN 输入的下降沿）开始定时，当前值从 0 逐渐增大。当前值大于等于设定值时，输出 Q 变为 0 状态，当前值保持不变（见图 3.14 波形 A），直到 IN 输入电路接通。断开延时定时器可以用于设备停机后的延时，如大型变频电动机的冷却风扇的延时。

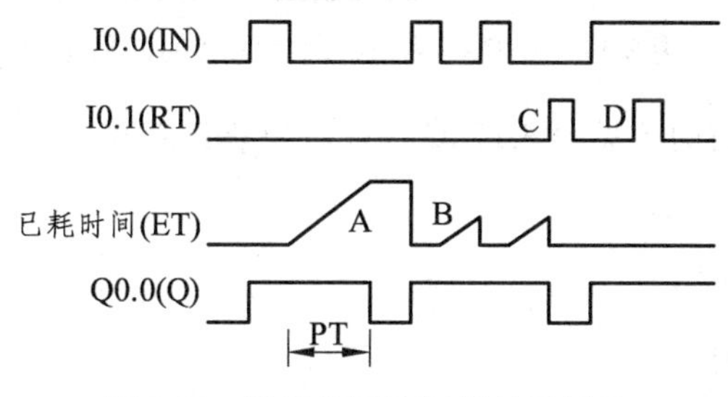

图 3.14　断开延时定时器的波形图

如果定时时间未达到 PT 设定的值，IN 输入就变为 1 状态，输出 Q 将保持 1 状态不变（见图 3.14 波形 B）。

图 3.15 的 I0.1 为 1 时，定时器复位线圈 RT 通电。如果 IN 输入为 0 状态，则定时器被复位，定时时间被清零，输出 Q 变为 0 状态（见图 3.14 波形 C）。如果复位时 IN 输入为 1 状态，则复位信号不起作用（见图 3.14 波形 D）。

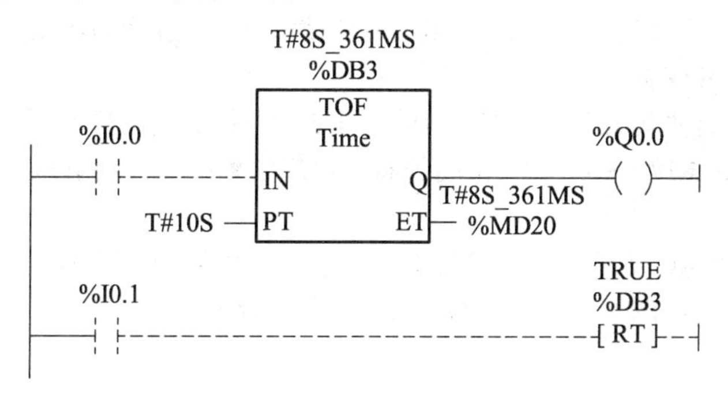

图 3.15　断开延时定时器

5．保持型接通延时定时器

保持型接通延时定时器（TONR，见图 3.16）的 IN 输入电路接通时开始定时（见图 3.17 波形 A 和 B）。输入电路断开时，当前值保持不变。可以用 TONR 来累计输入电路接通的若干个时间间隔。时间间隔 $t_1 + t_2 = 10$ s 时，定时器的输出 Q 变为 1 状态（见图 3.17 波形 D）。

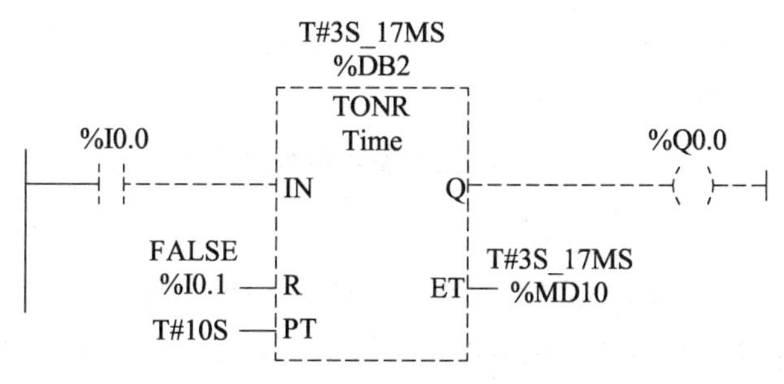

图 3.16　保持型接通延时定时器

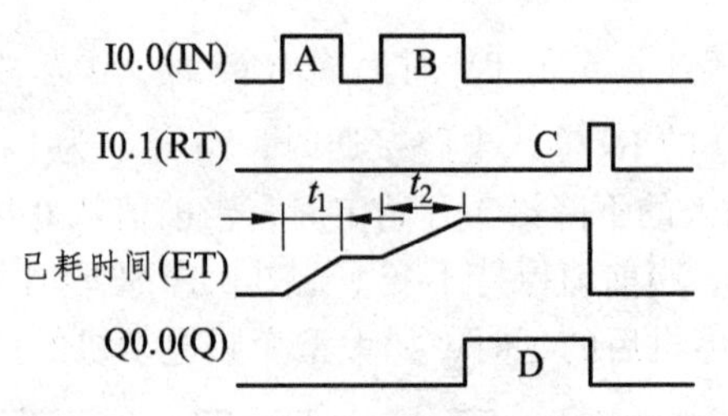

图 3.17　保持型接通延时定时器的波形图

复位输入 I0.1 为 1 状态时（见图 3.17 波形 C），TONR 被复位，它的当前值变为 0，同时输出 Q 变为 0 状态。

3.2.3.2　计数器指令

1．计数器的数据类型

S7-1200 有 3 种计数器：加计数器（CTU）、减计数器（CTD）和加减计数器（CTUD）。它们属于软件计数器，其最大计数速率受到它所在的 OB 的执行速率的限制。如果需要速度更高的计数器，可以使 CPU 内置的高速计数器。

调用计数器指令时，需要生成保存计数器数据的背景数据块。

CU 和 CD 分别是加计数输入和减计数输入，在 CU 或 CD 由 0 状态变为 1 状态（信号的上升沿），实际计数当前值 CV 被加 1 或减 1。

复位输入 R 为 1 状态时，计数器被复位。CV 被清 0，计数器的输出 Q 变为 0 状态。CU、CD、R 和 Q 均为 Bool 变量。

将指令列表的“计算器操作”文件夹中的 CTU 指令拖放到工作区后，点击方框中 CTU 下面的 3 个问号［见图 3.18（a）］再点击问号右边出现的▼按钮，用下拉式列表设置 PV 和 CV 的数据类型。

PV 为预置的计数值. CV 为实际的计数值，它们可以使用的数据类型［见图 3.19（b）］。各变量均可使用 I（使用于输入变量）、Q、M、D 和 L 存储区。

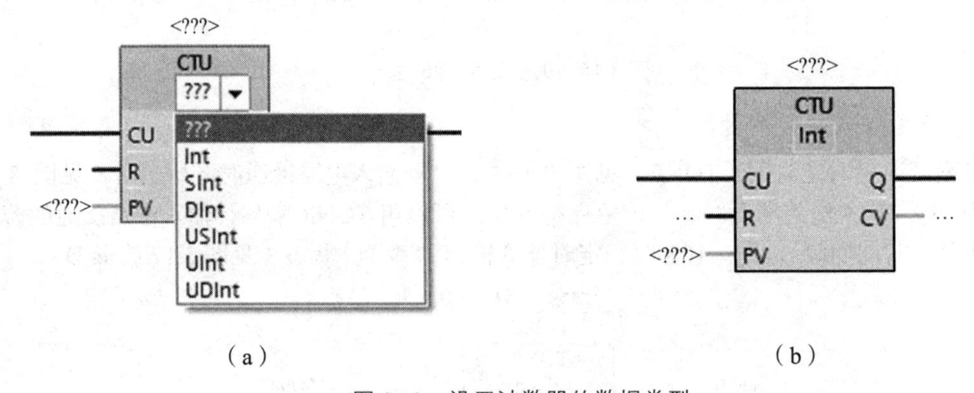

（a）　　　　　　　　　　（b）

图 3.18　设置计数器的数据类型

2．加计数器

当接在 R 输入端的复位输入 I0.1 为 0 状态（见图 3.19），接在 CU 输入端的加计数脉冲输入电路由断开变为接通时（即在 CU 信号的上升沿），实际计数值 CV 加 1，直到 CV 达到指定的数据类型的上限值。达到上限值后，CU 输入的状态变化不再起作用，CV 的值不再增加。

当实际计数值 CV 大于等于设定值 PV 时，输出 Q 为 1 状态，反之为 0 状态。第一次执行指令时，CV 被清零。

各类计数器的复位输入 R 为 1 状态时，计数器被复位，输出 Q 变为 0 状态，CV 被清零。如图 3.20 所示为加计数器的波形图。

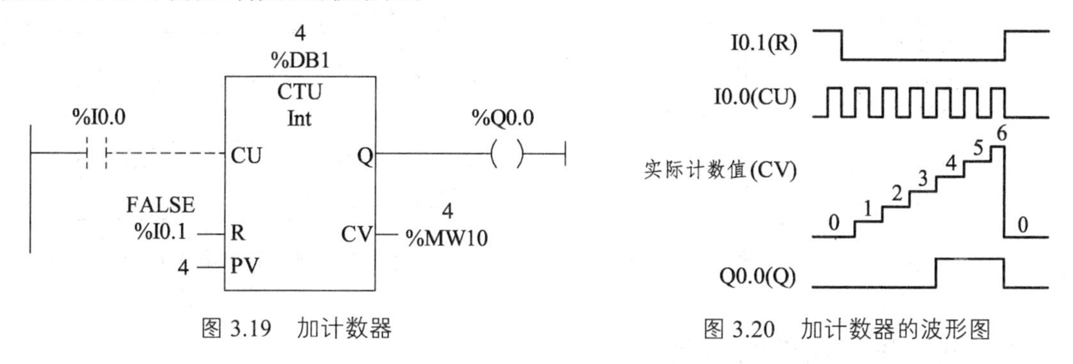

图 3.19 加计数器

图 3.20 加计数器的波形图

3．减计数器

当减计数器的装载输入 LD 为 1 状态时，输出 Q 被复位为 0，并把预置计数值 PV 的值装入 CV。在减计数脉冲 CD 的上升沿（从 OFF 到 ON），实际计数前值 CV 减 1，直到 CV 达到指定的数据类型的下限值。当达到下限值时，CD 输入的状态变化不再起作用，CV 的值不再减少。

当实际计数值 CV 小于等于 0 时，输出 Q 为 1 状态（见图 3.21），反之 Q 为 0 状态。第一次执行指令时，CV 被清零。如图 3.22 所示为减计数器的波形图。

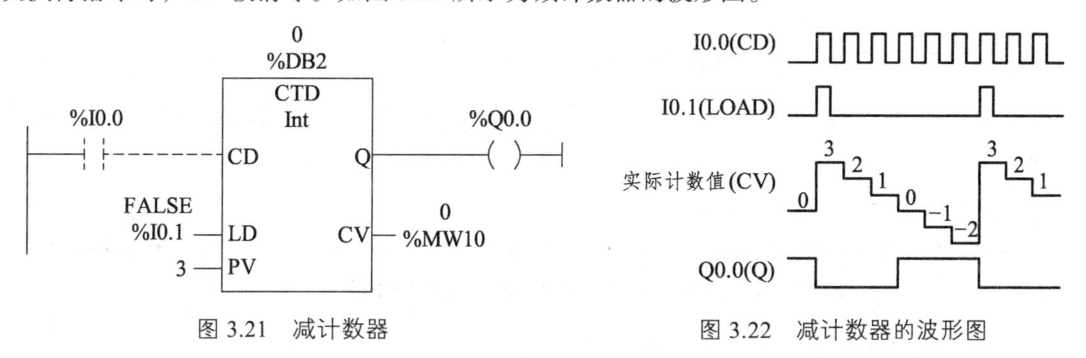

图 3.21 减计数器

图 3.22 减计数器的波形图

4．**加减计数器**

在加计数输入 CV 的上升沿，实际计数值 CV 加 1，直到 CV 达到指定的数据类型的上限值。达到上限值时，CV 的值不再增加。

在减计数脉冲 CD 的上升沿，实际计数值 CV 减 1，直到 CV 达到指定的数据类型的下限值。达到下限值时，CV 的值不再减小。

如果同时出现计数脉冲 CU 和 CD 的上升沿，CV 保持不变。当 CV 大于等于预置计数值 PV 时，输出 QU 为 1（见图 3.23），反之为 0。当 CV 小于等于 0 时，输出 QD 为 1，反之为 0。

当装载输入 LD 为 1 状态时，预置值 PV 被装入实际值 CV，输出 QU 变为 1 状态，QD 被复位为 0 状态。

当复位输入 R 为 1 状态时，计数器被复位。当实际计数值被清零时，输出 QU 变为 0 状态，QD 变为 1 状态。

当 R 为 1 状态时，CU、CD 和 LD 不再起作用。如图 3.24 所示为加减计数器的波形图。

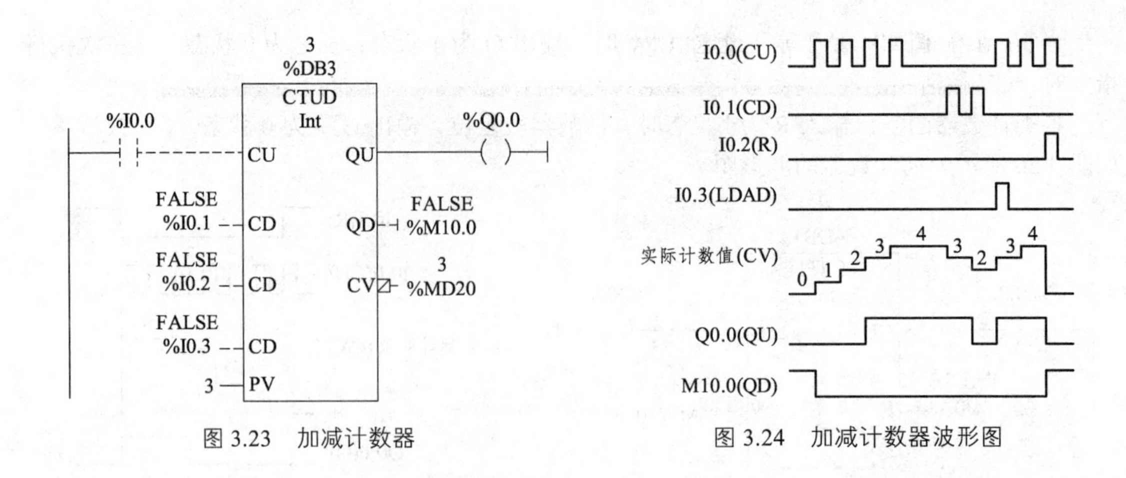

图 3.23　加减计数器　　　　图 3.24　加减计数器波形图

3.3　PLC 仿真软件的使用

PLC 仿真技术伴随着计算机应用技术的发展而发展，是工业生产系统开展分析、诊断和优化的最有力工具之一。在工业控制系统领域中，由于工业生产向着高速、大型化及自动化方向发展，以及大量重大生产设备或过程控制设备的应用，其成本日益增高，对运行操作人员素质要求越来越高，仿真系统可以基本真实地贴近现场控制实际。有效的仿真系统可以起到降低成本、提高效率作用。

3.3.1　S7-PLCSIM V13 仿真基本操作

启动仿真软件步骤：在项目树中选择要仿真的设备；在“在线”菜单中，选择“仿真 > 启动”命令。

1．仿真器切换到项目视图（见图 3.25）

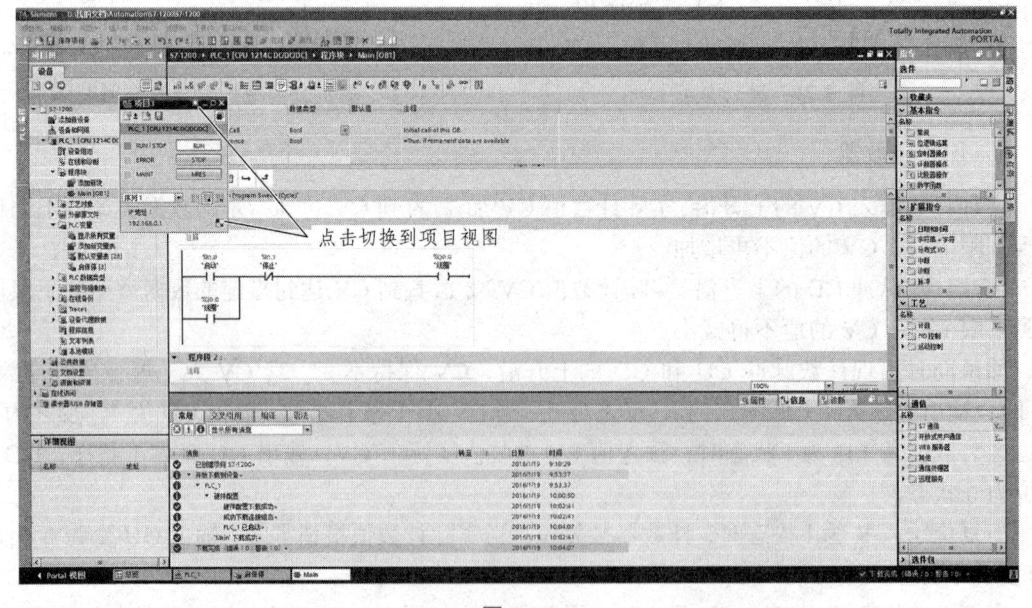

图 3.25

2．仿真软件导入变量表（见图 3.26）

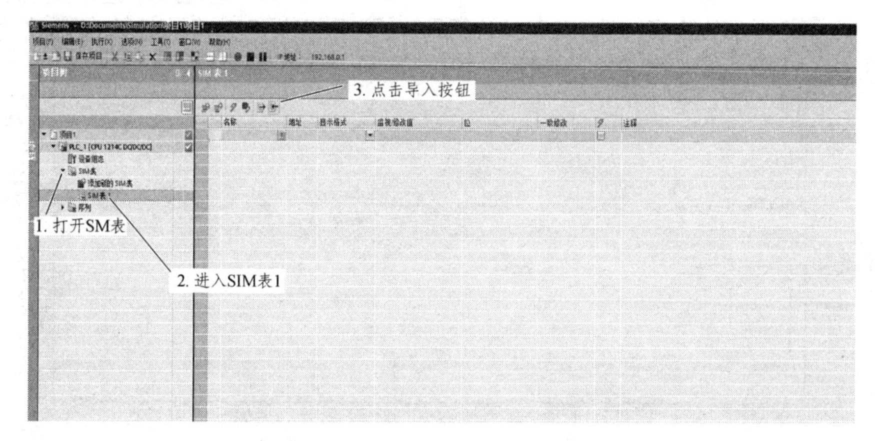

图 3.26

3．选择从 TIA Portal V13 导出的变量表文件（见图 3.27）

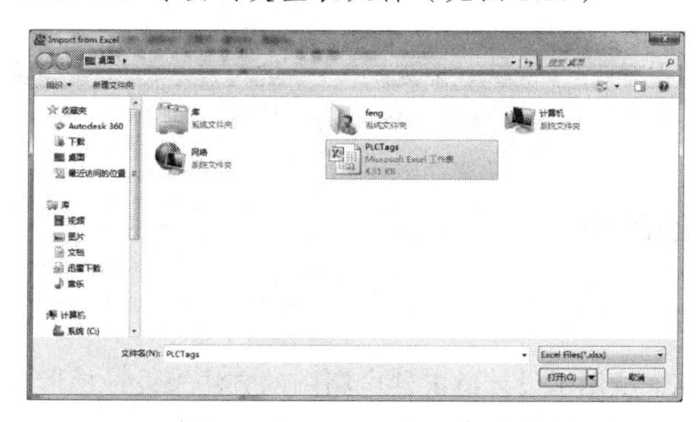

图 3.27

4．弹出导入成功提示框（见图 3.28）

图 3.28

5．监控/修改变量状态（见图 3.29）

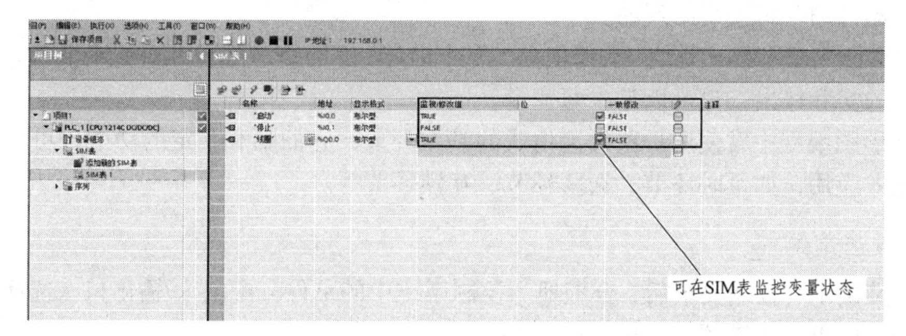

图 3.29

6．也可以从 TIA V13 中直接监视，返回 TIA V13 点击启用监视（见图 3.30）

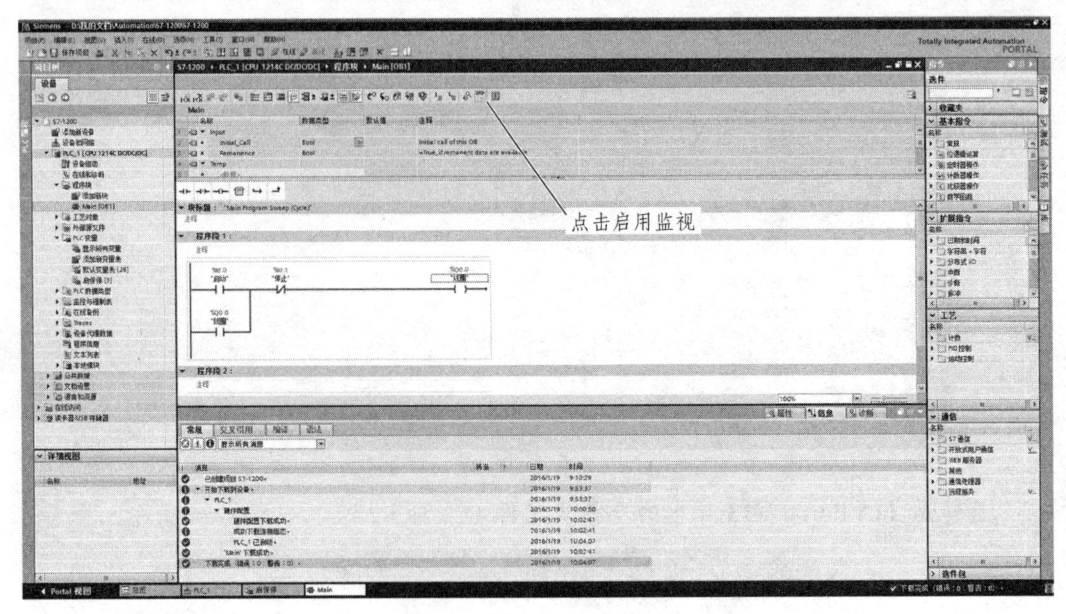

图 3.30

3.4　基本指令的应用

3.4.1　经验设计法

在 PLC 发展的初期，沿用了设计继电器电路图的方法来设计梯形图，即在一些典型电路的基础上，根据被控对象对控制系统的具体要求，不断地修改和完善梯形图。有时需要多次反复调试和修改梯形图，不断地增加中间编程元件和辅助触点，最后才能得到一个较为满意的结果。

这种方法没有普遍的规律可以遵循，具有很大的试探性和随意性，最后的结果不是唯一的。设计所用的时间、设计的质量与设计者的经验有很大的关系，所以有人把这种设计方法叫作经验设计法，它可以用于较简单的梯形图（如手动程序）的设计。

1．经验编程方法总结

（1）PLC 编程的根本点是找出符合控制要求的系统各个输出的工作条件，这些条件又总是以机内各种器件的逻辑关系出现的。

（2）梯形图的基本模式是启-保-停电路，每个启-保-停电路一般只针对一个输出，这个输出可以是系统的实际输出，也可以是中间变量。

（3）梯形图编程中常使用一些约定俗成的基本环节，它们都有一定的功能，可以像积木一样在许多地方应用，如延时环节、振荡环节、互锁环节等。

2．经验法总结

（1）在准确了解控制要求后，合理地为控制系统中的事件分配输入/输出口。选择必要的机内器件，如定时器、计数器、辅助继电器等。

（2）对于一些控制要求较简单的输出，可以直接写出他们的工作条件，按启-保-停电路模式完成相关的梯形图支路。工作条件稍复杂的可借助辅助继电器。

（3）对于较复杂的控制要求，为了能用启-保-停电路模式绘出各输出口的梯形图，要正确分析控制要求，并确定组成总的控制要求的关键点。在空间类逻辑为主的控制中，关键点为影响控制状态的点，在时间类逻辑为主的控制中，关键点为控制状态转换的时间。

（4）用程序将关键点表示出来。关键点总是要用机内器件来代表的，在安排机内器件时，需要考虑并安排好。绘制关键点的梯形图时，可以使用常见的基本环节，如定时器计时环节、振荡环节、分频环节等。

（5）在完成关键点梯形图的基础上，针对系统最终的输出进行梯形图的编绘。使用关键点器件综合出最终输出的控制要求。

（6）审查以上草绘图纸，在此基础上补充遗漏功能、更正错误，进行最后的完善。

3．梯形图编程的基本规则

（1）PLC 内部元件触点的使用次数是无限的，在遇到需要较多的变量时，我们应该合理运用。

（2）梯形图的每一行都是从左边母线开始，然后是各种触点的逻辑连接，最后以线圈或指令盒结束。

（3）线圈和指令盒一般不能直接连接在左边的母线上，如需要的话可通过特殊的中间继电器 SM0.0（常用 ON 特殊中间继电器）。

（4）在同一程序中，同一编号的线圈使用两次以上称做双线圈输出，双线圈输出非常容易引起误动作，所以应避免使用。S7-1200 PLC 中不允许双线圈输出。

（5）应把串联多的电路尽量放在上面，把并联多的电路块放在左边；这样可以节省指令也比较美观。

3.4.2 案例分析

【例 3.1】 根据要求编写一个闪烁电路梯形图。

（1）任务提出：编写一个控制程序，当 I0.0 按下时 Q0.0 闪烁输出。

（2）解决方案：程序时序图如图 3.31（a）所示；梯形图如图 3.31（b）所示。当按下 I0.0 按钮，T1 计时器开始计时，2 s 计时时间到，T1 常开触点闭合，Q0.0 输出，同时 T2 定时器接通开始计时，当 T2 定时器计时 1 s 时间到，T2 常闭触点断开，T1 计时器复位，从而 T1 常开触点断开，T2 定时器常闭触点复位，T2 定时器重新接通，重复上一步动作。

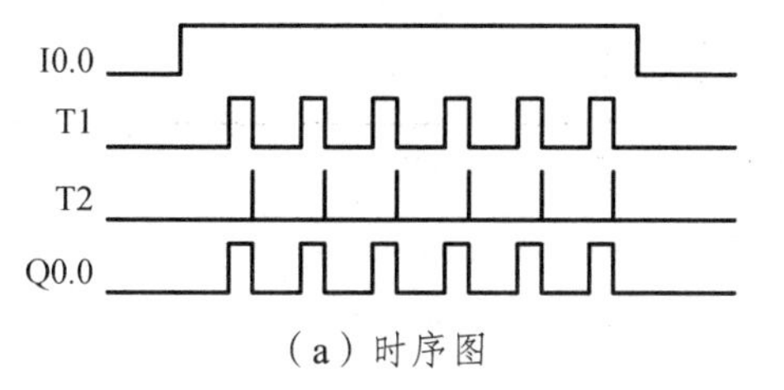

（a）时序图

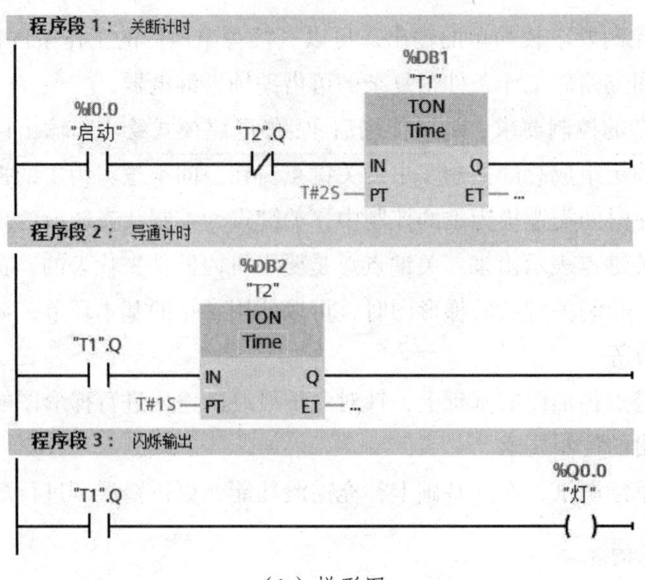

（b）梯形图

图 3.31　闪烁电路

【例 3.2】　根据要求编写一个标准的工业报警电路。

（1）任务提出：当有故障信号出现时报警灯亮，报警电铃铃响。

输入信号：I0.0 为故障信号；I1.0 为消铃按钮；I1.1 为测试按钮。

输出信号：Q0.0 为报警灯；Q0.7 为报警电铃。

（2）解决方案：报警电路时序图如图 3.32 所示。

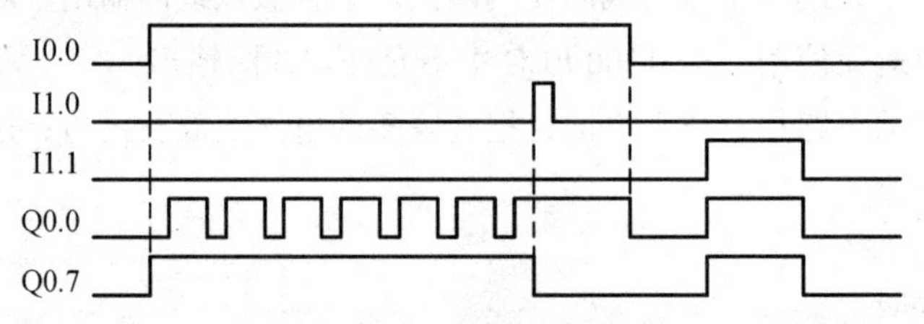

图 3.32　报警电路时序图

标准的报警功能应该是声光报警。当故障发生时，报警指示灯闪烁，报警电铃或蜂鸣器鸣响。操作人员知道故障发生后，按消铃按钮，把电铃关掉，报警指示灯由闪烁变为长亮。故障消失后，报警灯熄灭。另外还应该设置试灯、试铃按钮，用于平时检测报警指示灯和电铃的好坏。梯形图如图 3.33 所示。

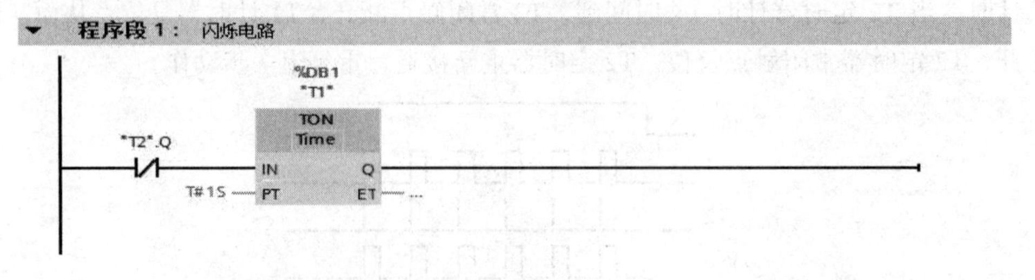

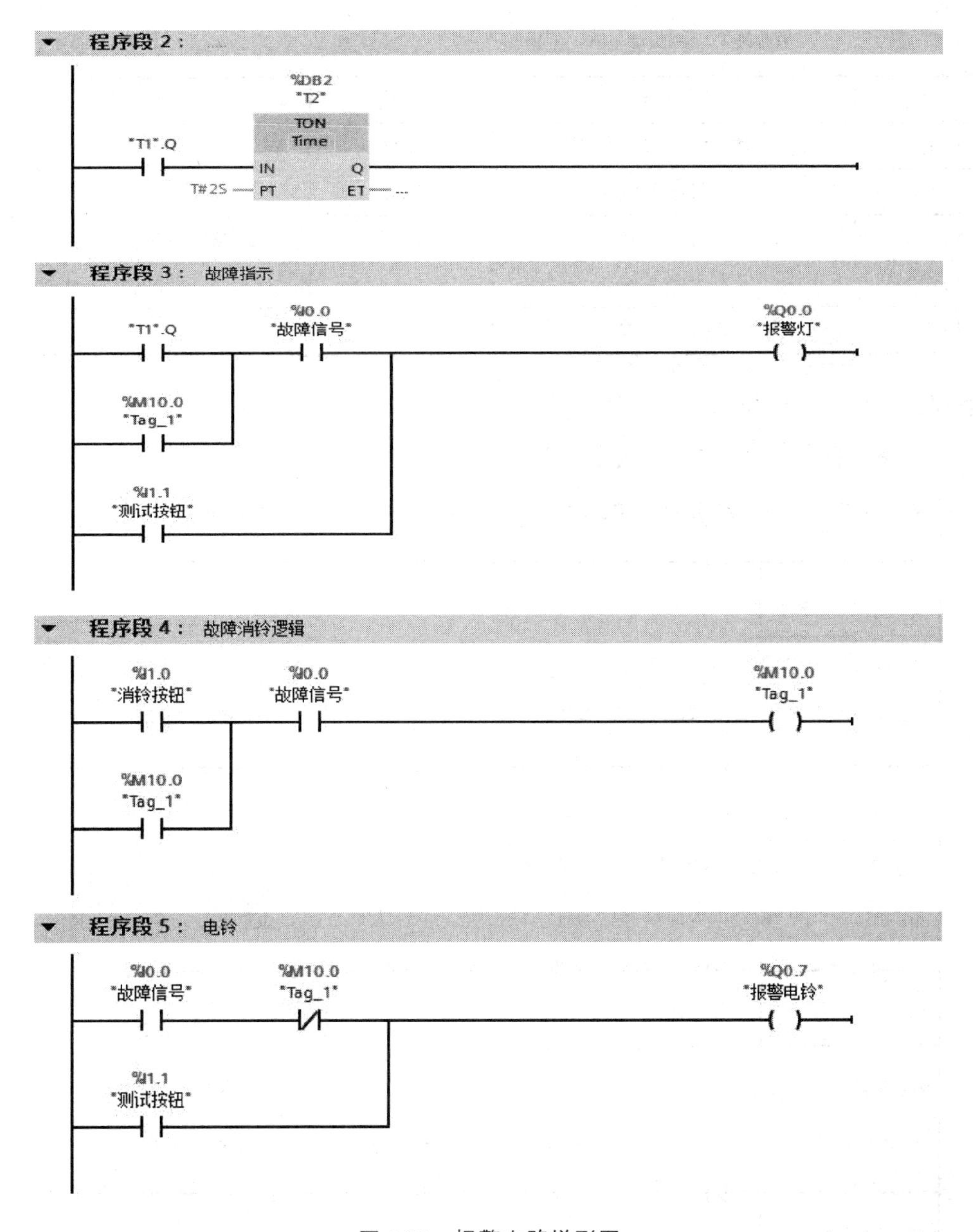

图 3.33　报警电路梯形图

【例 3.3】　根据要求设计一个 4 组抢答器。

（1）任务提出：设计一个 4 组抢答器，任一组抢先按下抢答按钮后，对应指示灯指示抢答结果，同时锁定抢答器，使其他组抢答按钮无效。在主持人按下复位开关后，可重新开始抢答。

要点说明：① 由于抢答按钮一般均为非自锁按钮，为保持抢答输出结果，就需要输出线圈所带触点并联在输入触点上，实现自锁功能。② 要实现一组抢答后，其他组不能再抢答的功能，就需要在其他组控制线路中串联本组输出线圈的常闭触点，从而形成互锁关系。

（2）解决方案：拟制 I/O 分配表（见表 3.2）。

表 3.2　4 组抢答器 I/O 分配表

输入触点	功能说明	输出线圈	功能说明
I0.1	第一组抢答按钮	Q0.1	第一组抢答指示灯
I0.2	第二组抢答按钮	Q0.2	第二组抢答指示灯
I0.3	第三组抢答按钮	Q0.3	第三组抢答指示灯
I0.4	第四组抢答按钮	Q0.4	第四组抢答指示灯
I0.5	主持人复位按钮		

程序流程如图 3.34 所示。

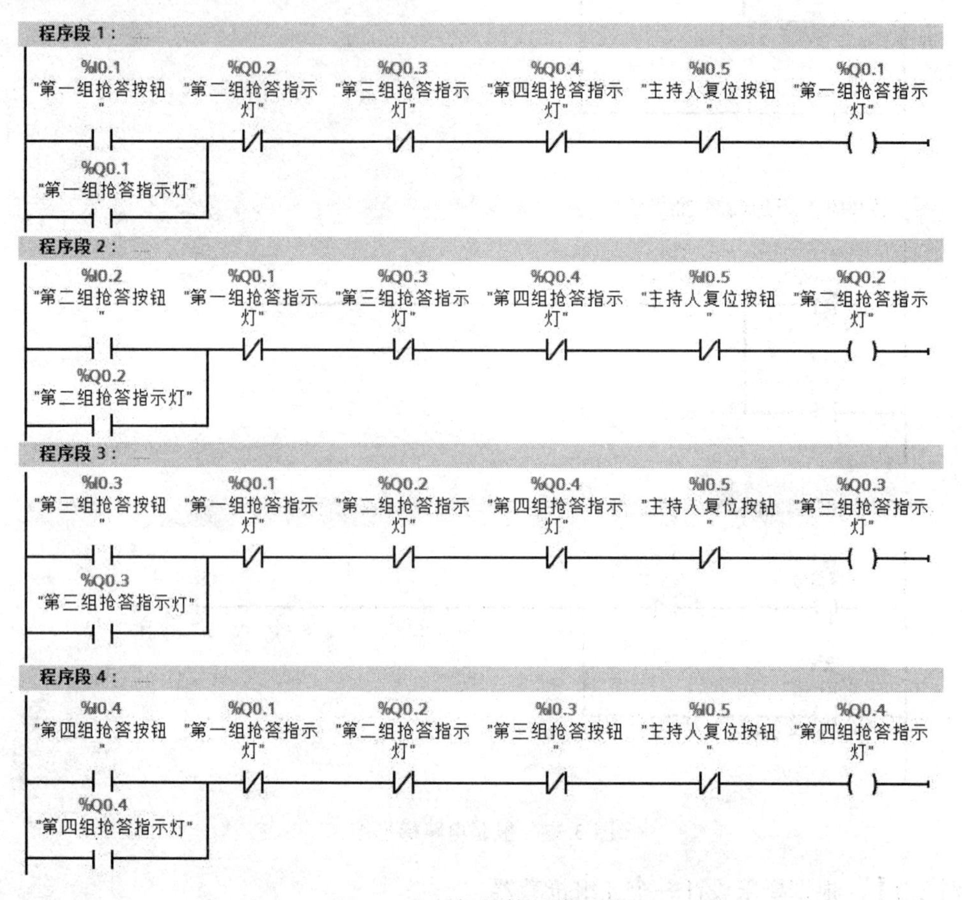

图 3.34　四组抢答器梯形图

【例 3.4】　根据要求设计一个 3 台电机顺序启动、逆序停止的控制程序。

（1）任务提出：三台电动机顺序启动/逆序停止电路如图 3.35 所示，有三台电动机 M1、M2、M3，要求启动顺序为：先启动 M1，经 T1（5 s）后启动 M2，再经 T2（10 s）后启动 M3；停车时要求：先停 M3，经 T3（10 s）后停 M2，再经 T4（5 s）后停 M1。

I/O 点地址分配如下。输入点：启动按钮 I0.0，停止按钮 I0.1；输出点：电机 Motor1 为 Q0.0、电机 Motor2 为 Q0.1、电机 Motor3 为 Q0.2。试用简单设计法完成 S7-1200 PLC 梯形图设计任务。

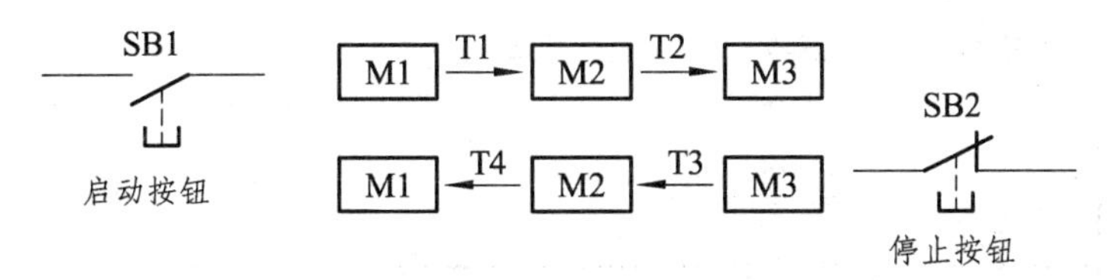

图 3.35　三台电动机顺序启动/逆序停止电路示意图

（2）解决方案：拟定 I/O 分配表（见表 3.3）。

表 3.3　3 台电机顺序启动、逆序停止 I/O 分配表

输入触点	功能说明	输出线圈	功能说明
I0.0	启动按钮	Q0.0	Motor1 线圈接触器
I0.1	停止按钮	Q0.1	Motor2 线圈接触器
		Q0.2	Motor3 线圈接触器

梯形图控制程序如图 3.36 所示。

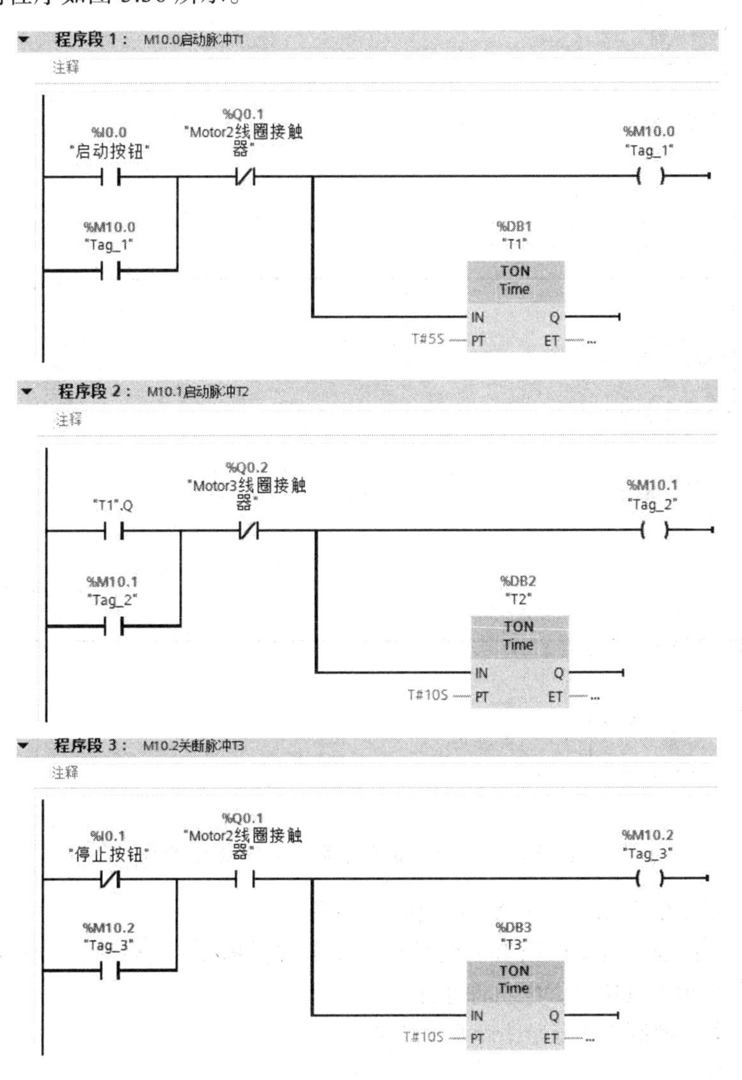

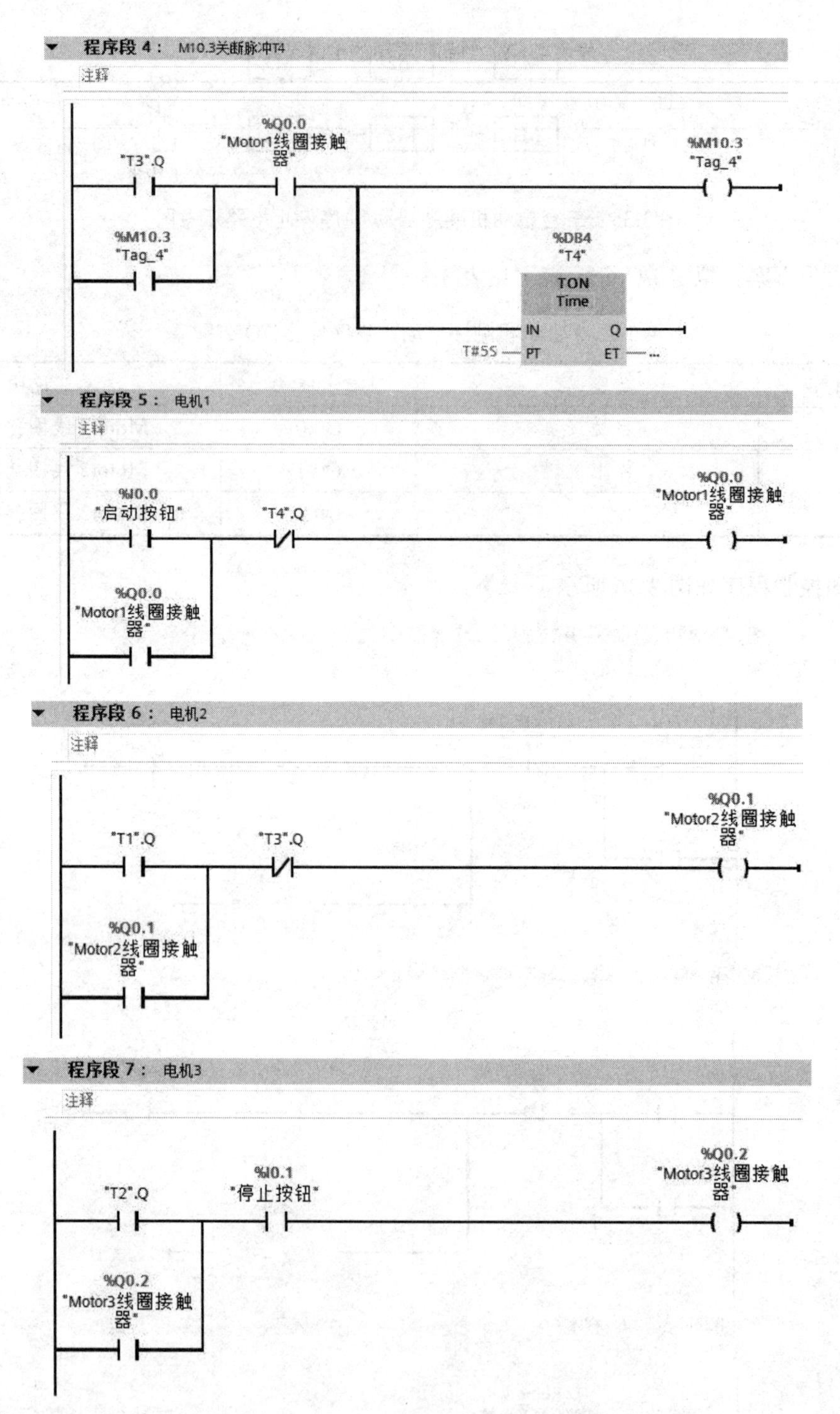

图 3.36 三台电机顺序启停控制梯形图

【例 3.5】 根据要求编写一个 Y/△降压启动程序。

（1）任务提出：按下启动按钮 I0.0 时接通三相电源星形（Y）启动，10 秒后三角形（△）全速运行。当按下 I0.1 按钮时，电机停止运行。

（2）解决方案：拟制 I/O 分配表（见表 3.4）。

表 3.4　Y/△降压启动的 I/O 分配表

输入触点	功能说明	输出线圈	功能说明
I0.0	启动按钮	Q0.0	三相电源接触器
I0.1	停止按钮	Q0.1	星形（Y）运行接触器
I0.2	过载保护	Q0.2	三角形（△）运行接触器

梯形图控制程序如图 3.37 所示。按下启动按钮，三相电源接触器 Q0.0 接通并自锁，星形（Y）运行接触器 Q0.1 接通，同时定时器进行 10 s 计时，当定时时间到，星形（Y）运行接触器断开，三角形（△）运行接触器接通并自锁全速运行。在任何时刻，过载或按下停止按钮，电机都会停止运行。

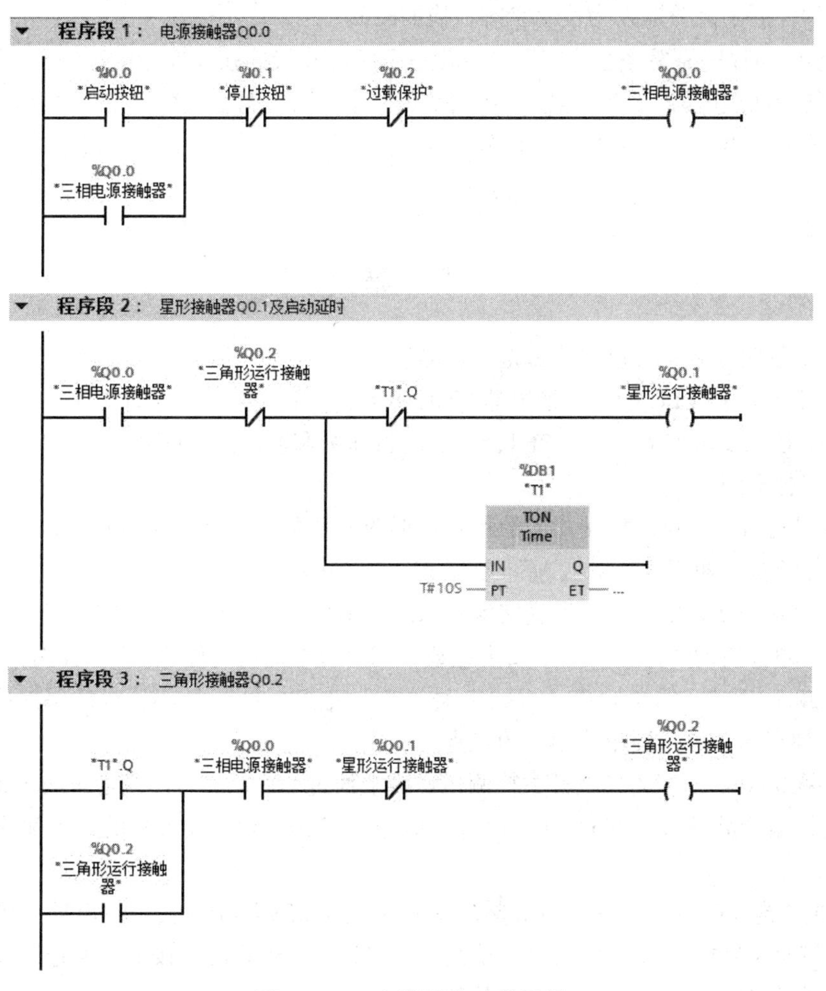

图 3.37　Y/△降压启动梯形图

本章小结

本章主要介绍了基本逻辑指令的基础知识，重点讲述了基本逻辑指令的功能与使用方法，介绍了 S7-PLCSIM V13 仿真软件的使用，还讲述了常用的经验设计法及梯形图编程的基本规则。

（1）基本逻辑指令在功能块图中是指对位存储单元的简单逻辑运算，在梯形图中是指对触点的简单连接和对标准线圈的输出。

（2）PLC 基本逻辑指令主要包括位逻辑指令、定时器指令、计数器指令、比较指令、数学指令、移动指令、转换指令、程序控制指令、逻辑运算指令以及移位和循环移位指令等。

（3）经验设计法没有普遍的规律可以遵循，具有很大的试探性和随意性，最后的结果不是唯一的，设计所用的时间、设计的质量与设计者的经验有很大的关系。其中，对于较复杂的控制要求，为了能用启-保-停电路模式绘出各输出口的梯形图，要正确分析控制要求，并确定组成总的控制要求的关键点。在空间类逻辑为主的控制中，关键点为影响控制状态的点；在时间类逻辑为主的控制中，关键点为控制状态转换的时间。

（4）梯形图编程中需要注意线圈和指令盒一般不能直接连接在左边的母线上，如需要的话，可通过特殊的中间继电器 SM0.0 连接。在同一程序中，同一编号的线圈使用两次以上称做双线圈输出，双线圈输出非常容易引起误动作，所以应避免使用。S7-1200 的 PLC 中不允许双线圈输出。

习　题

1. 请简要说明什么是自锁？什么是自锁触点？

2. 将按钮 SB1 接 PLC 的输入继电器 I0.0，SB2 接 PLC 的输入继电器 I0.1，指示灯接输出继电器 Q0.0，控制要求如下：按下 SB1，当 SB1 按钮弹起时，指示灯亮；按下 SB2，指示灯灭。请设计出程序梯形图。

3. 设计具有自锁和点动控制功能的程序梯形图。要求有启动、停止和点动 3 个按钮，Q0.1 为输出端（停止按钮使用常开触点）。

4. 某台设备的 2 台电动机分别受接触器 KM1、KM2（接 Q0.1、Q0.2）控制。要求如下：2 台电动机均可单独启动和停止；如果发生过载，则 2 台电动机均停止。第一台电动机的启动、停止按钮接 I0.1、I0.2；第 2 台电动机的启动、停止按钮接 I0.3、I0.4；过载保护接 I0.5，试绘出 PLC 程序梯形图（停止按钮使用常闭触点）。

5. 用接在 I0.0 输入端的光电开关检测传送带上通过的产品，有产品通过时 I0.0 为 ON，如果在 10 s 内没有产品通过，由 Q0.0 发出报警信号，用 I0.1 输入端外接的开关解除报警信号。试画出梯形图。

6. 用 PLC 构成四节传送带控制系统，该装置如图 3.38 所示。按下“启动”按钮后，先启动最末的皮带机（M4），1 s 后再依次启动其他的皮带机；停止时，按下“停止”按钮，先停止最初的皮带机（M1），1 s 后再依次停止其他皮带机。

故障情况下，假设当某条（A、B、C 或 D）皮带机发生故障，则按下对应的“故障”按钮，该机及前面的皮带机应立即停止，以后的每隔 1 s 顺序停止，依此类推。（提示：参考三台电机顺序启/停程序）

四节传送带控制的 I/O 分配表如表 3.5 所示。

表 3.5　四节传送带控制的 I/O 分配表

输入触点	功能说明	输出触点	功能说明
I0.0	启动按钮	Q0.1	M1
I0.5	停止按钮	Q0.2	M2
I0.1	故障 A	Q0.3	M3
I0.2	故障 B	Q0.4	M4
I0.3	故障 C		
I0.4	故障 D		

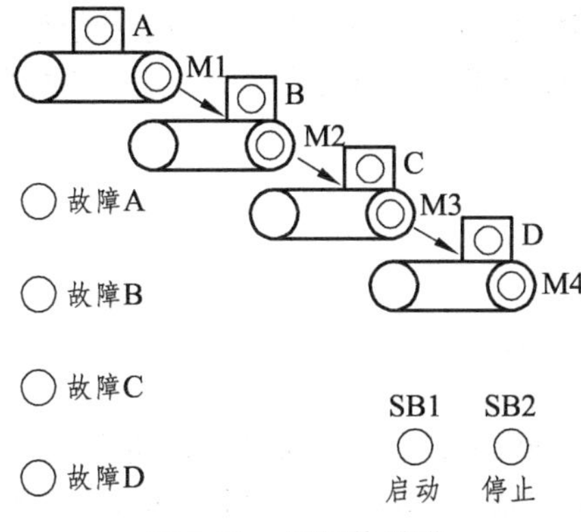

图 3.38　四节传送带

7. 运料小车的 PLC 控制。小车运动系统如图 3.39 所示，小车一个工作周期的动作要求如下：

（1）按下启动按钮 SB（I0.0），小车电机正转（Q0.0），小车第一次前进，碰到限位开关 SQ1（I0.1）后小车电机反转（Q0.1），小车后退。

（2）小车后退碰到限位开关 SQ2（I0.2）后，小车电机 M 停转。停 5 s 后，第二次前进，碰到限位开关 SQ3（I0.3），再次后退。

（3）第二次后退碰到限位开关 SQ2（I0.2）时，小车停止。

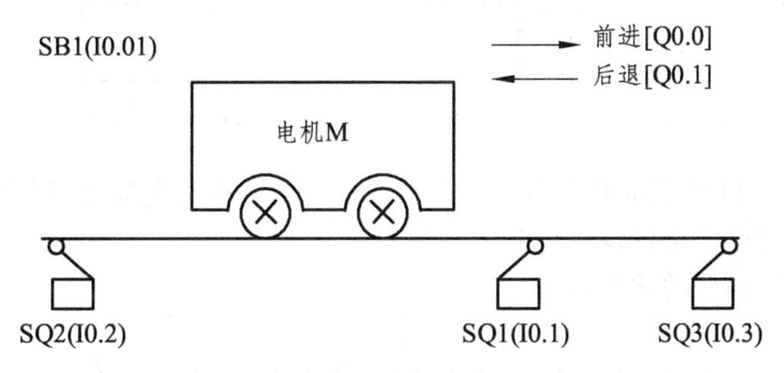

图 3.39　小车运动系统自动往返工况示意图

第 4 章　S7-1200 PLC 基本编程

教学目标

通过本章的学习，主要了解用户程序结构和推荐使用结构化编程的理念，掌握在 TIA Portal V13 编程软件中添加变量表、添加新块和调用功能块，掌握全局数据块和数据类型，学会进行 PLC 的调试与诊断。

4.1　概　述

4.1.1　用户程序结构

在使用 S7-1200 PLC CPU 编程的过程中，推荐用户使用结构化编程的理念。如图 4.1 中，用户将不同的程序划分为 FC1、FB1、FB2 等，然后在 0B1 中单次/多次/嵌套调用这些程序块，从而实现高效、简洁、易读性强的程序编程。典型结构化程序结构如图 4.1 所示。

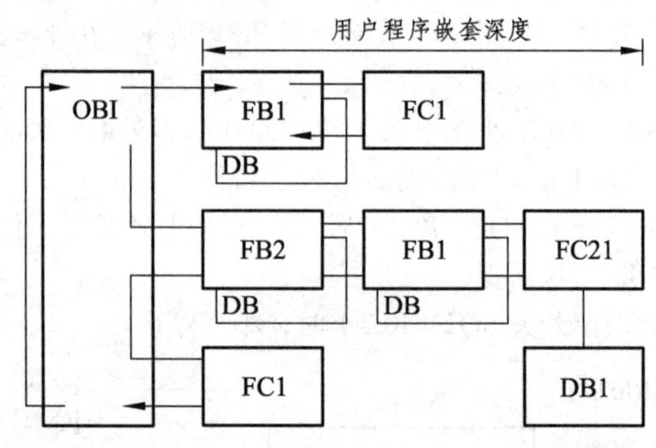

图 4.1　典型结构化程序结构

用户在设计一个 PLC 系统时有多种多样的设计方法，本文中推荐如下操作步骤：

（1）分解控制过程或机械设备至多个子部分。

（2）生成每个子部分的功能描述。

（3）设计安全回路。

（4）基于每个子部分的功能描述设计，为每个子部分设计电气及机械部分，分配开关、显示/指示设备，绘制图纸。

（5）为每个子部分的电气设计分配模块，指定模块输入/输出地址。

（6）生成程序/输入/输出中需要的地址的符号名。

（7）为每个子部分编写相应的程序，单独调试这些子程序。

（8）设计程序结构，联合调试子程序。

（9）项目程序差错/改进。

4.1.2　添加用户变量表

在 S7-1200 PLC CPU 编程理念中，特别强调符号寻址的使用。在开始编写程序之前，用户应当为输入/输出/中间变量定义在程序中使用的标签。用户需要为变量定义标签名称及数据类型。标签名称原则上以易于记忆，不易混淆为准。在默认情况下，用户程序中使用任意 PLC 地址都将被系统分配一个默认标签名称。但这些标签都以“Tag” + “_数字”的形式出现，如“Tag_1”“Tag_2”等，因为此格式不利于记忆与识别，所以不推荐用户使用系统默认标签格式。如图 4.2 所示为添加用户变量表。

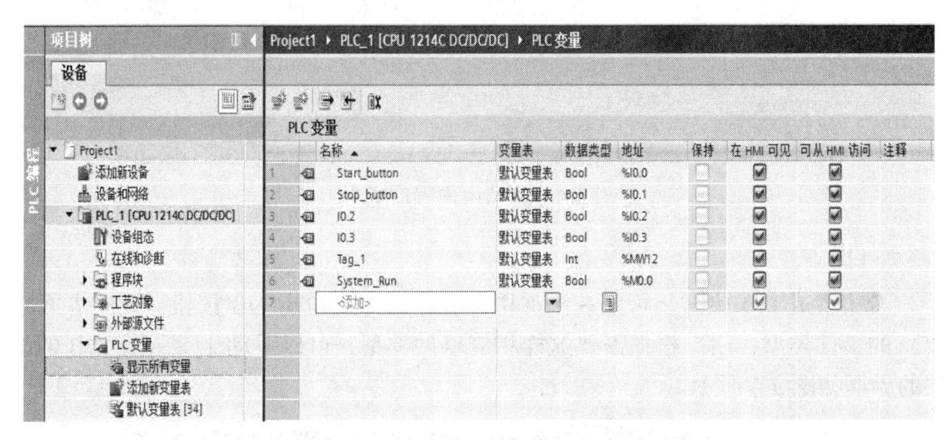

图 4.2　添加用户变量表

4.1.3　添加用户程序

当用户希望生成用户程序时，可以在 Project view 视图中的 Program blocks 目录下单击“添加新块”选项，此时将显示添加程序向导，添加用户程序如图 4.3 所示。

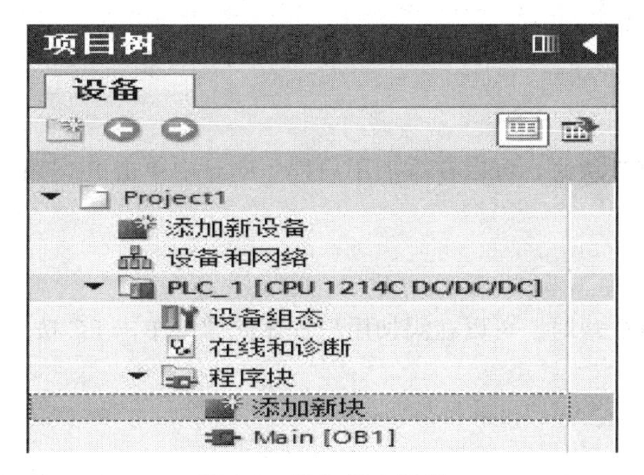

图 4.3　添加用户程序

在添加用户程序向导（见图 4.4）过程中，用户首先要选择需要添加的程序类型，包括 OB、

FB、FC、DB 等。根据用户选择程序类型的不同，下一步的显示将有所不同。

图 4.4　添加用户程序向导

1．添加 OB 块

当用户希望生成 OB 块时，可以在添加用户程序向导中单击 OB 按钮，此时界面将显示系统所有支持的事件类型，用户根据需要这样相应事件类型，可以手动/自动指定 OB 的编号。添加 OB 块的界面如图 4.5 所示。

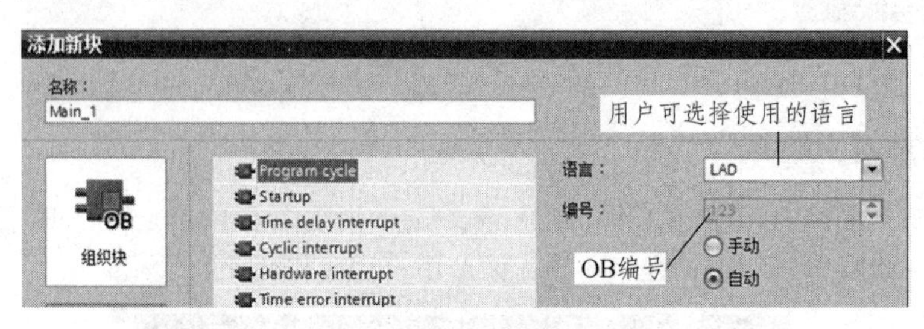

图 4.5　添加 OB 块

2．添加 FB 块

当用户希望生成 FB 块时，可以在添加用户程序向导中单击 FB 按钮，相应操作与添加 OB 块类似。

3．添加 FC 块

当用户希望生成 FC 块时，可以在添加用户程序向导中单击 FC 按钮，相应操作与添加 OB 块类似。

4．添加 DB 块

当用户希望生成 DB 块时，可以在添加用户程序向导中单击 DB 按钮，相应操作与添加 OB 块类似。

S7-1200 PLC CPU 的 DB 块按照变量使用范围可分为全局数据块（Global DB）和背景数据块（Instance DB）。全局数据块一般用于存储在 CPU 中所有 OB/FB/FC 都需要访问的数据，背景数据块一般用于存储只在某个 FB 中需要存储的数据。S7-1200 PLC CPU 中的背景数据块又可分为一般背景数据块、定时器用背景数据块、计数器用数据块。

当用户希望添加全局数据块时，可以在数据块类型中选择 Global DB 选项；如果用户希望为 FB 添加背景数据块，可以在数据块类型中选择具体 FB 编号；如果用户希望为定时器添加背景数据块，可以在数据块类型中选择“IEC 定时器”（IEC_TIMER）选项；如果用户希望为计数器添加背景数据块，可以在数据块类型中选择“IEC 计数器”（IEC_COUNTER）。如图 4.6 所示为添加不同类型的 DB 块。

图 4.6　添加不同类型的 DB 块

4.2　功能与功能块

4.2.1　生成与调用功能

1．功能的特点

功能（Function，FC）和功能块（Function block，FB）是用户编写的程序，它们包含完成特定任务的程序。FC 和 FB 有与调用它的块共享的输入、输出参数，执行完 FC 和 FB 后，将执行结果返回给调用它的代码块。

功能没有固定的存储区，功能执行结束后，其局部变量中的临时数据就丢失了。可以用全局变量来存储那些在功能执行结束后需要保存的数据。

设压力变送器量程的下限为 0 MPa，上限为 High（MPa），经 A/D 转换后得到 0～27 648 的整数。下式是转换后的数字 N 和压力 P 之间的计算公式：

$$P=(High\times N)/27\ 648\ \text{（MPa）} \tag{4-1}$$

用功能 FC1 实现上述运算，在 OB1 中调用 FC1。

2．生成功能

打开 STEP7 V13 的项目视图，生成一个名为“FB_FC”的新项目。双击项目树中的“添加设备”，添加一个新设备。CPU 的型号为 CPU 1214C DC/DC/DC，如图 4.7 CPU 选型。

打开项目视图中的文件夹“\PLC_1\程序块”，双击其中“添加块”（见图 4.3），打开“添加新块”对话框，点击其中的“功能”按钮，FC 默认的编号为 1，语言为 LAD（梯形图）。设置功能的名称为“Pressure”。点击“确定”按钮，自动生成 FC1，可以在项目树的文件夹“\PLC_1\程序块”中看到新生成的 FC1。

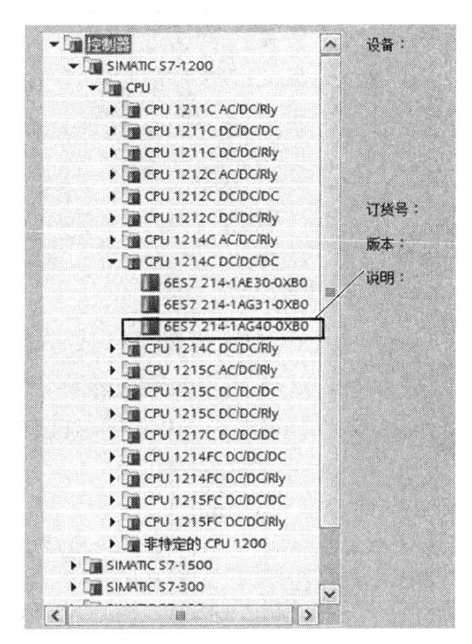

图 4.7　CPU 选型

3．生成功能的局部数据

将鼠标的光标放在 FC1 的程序区最上面的分隔条上，

按住鼠标的左键，往下拉动分隔条，分隔条上面是功能的界面（Interface）区，下面是程序区。将水平分隔条拉至程序编辑器视窗的顶部，这时不再显示接口，但它仍然存在。在界面区中生成局部变量，后者只能在它所在的块中使用。块的局部变量的名称由字符（包括汉字）和数字组成。由图 4.8 可知，功能有以下 5 种局部变量：

（1）Input（输入参数）：由调用它的块提供的输入数据。

（2）Output（输出参数）：返回给调用它的块的程序执行结果。

（3）InOut（输入输出参数）：初值由调用它的块提供，块执行后将它的值返回给调用它的块。

（4）Temp（临时数据）：暂时保存在局部数据堆栈中的数据。只是在执行块时使用临时数据，执行完后，不再保存临时数据的数值，它可能被别的块的临时数据覆盖。

（5）Returm 中的 Pressure（返回值），属于输出参数。

在 Input 下面的“名称”列生成参数“输入数据”，点击“数据类型”列的▼按钮，用下拉式列表设置其数据类型为 Int（16 位整数）。用同样的方法生成输入参数“量程上限”、输出参数“压力值”和临时变量“中间变量”，它们的数据类型均为 Real。

生成局部变量时，不需要指定存储器地址，根据各变量的数据类型，程序编辑器可自动为所有局部变量指定存储器地址。

图 4.8 中的返回值 Pressure 属于输出参数，默认的数据类型为 Void，该数据类型不保存数值，用于功能不需要返回值的情况。在调用 FC1 时，看不到 Pressure。如果将它设置为 Void 之外的数据类型，在 FC1 内部编程时可以使用该变量，在调用 FC1 时可以在方框的右边看到作为输出参数的 Pressure。

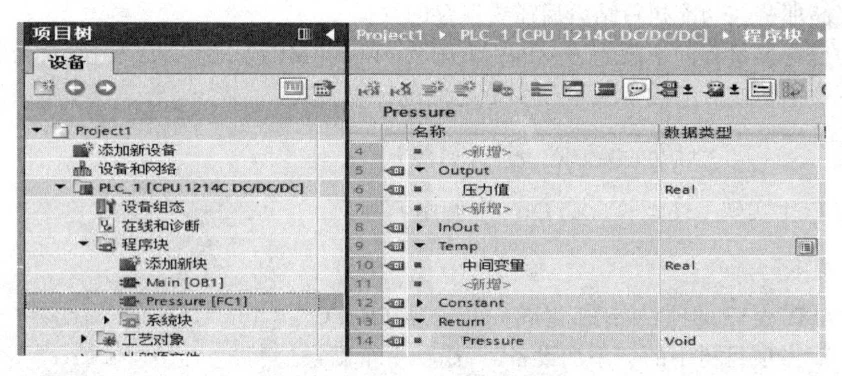

图 4.8　FC1 的局部变量

4．FC1 的程序设计

首先用 CONV 指令将参数“输入数据”接收的 A/D 转换后的整数值（0 ~ 27648）转换为实数（Real），再用实数乘法指令和除法指令完成如图 4.9 所示的运算。运算的中间结果用临时局部变量“中间变量”保存。STEP 7 V13 自动地在局部变量的前面添加#号，例如“#压力值”。

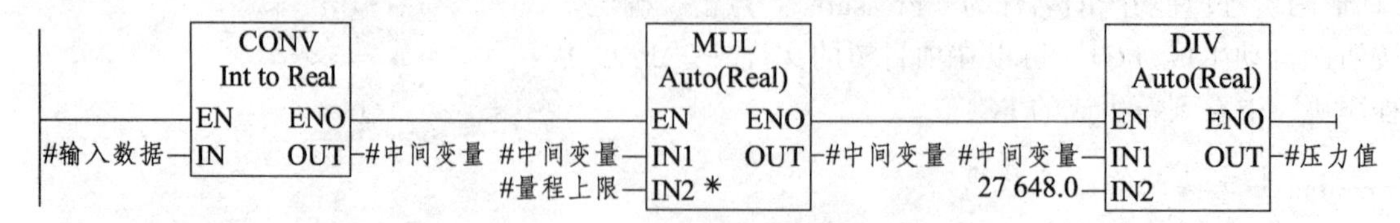

图 4.9　FC1 中的压力测量值计算程序

5．在 OB1 中调用 FC1

在变量表中生成调用 FC1 时需要的 3 个变量如图 4.10 所示，IW64 是 CPU 集成的 AI 点的通道 0 的地址。将项目树中的 FC1 拖放到右边的程序区的水平“导线”上（见图 4.11）。FC1 的方框中左边的“输入数据”等是在 FC1 的界面区定义的输入参数，右边的“压力值”是输出参数。它们被称为 FC 的形式参数，简称为形参。形参在 FC 内部的程序中使用，在别的逻辑块调用 FC 时，需要为每个形参指定实际的参数，简称为实参。实参与它对应的形参应具有相同的数据类型。定实参时，可以使用变量表和全局数据块中定义的符号地址或绝对地址，也可以是调用 FC1 的块（如 OB1）的局部变量。

STEP 7 V13 自动地在全局变量的符号地址两边添加双引号。块的 Output（输出）和 InOut（输入/输出）参数不能用常数来作实参，因为它们用来保存变量值，如计算结果，应设置为地址。只有 Input（输入参数）的实参能设置为常数。

7		压力转换值	Int	%IW64
8		压力计算值	Real	%MD18
9		压力计算	Bool	%I0.6

图 4.10　PLC 变量表

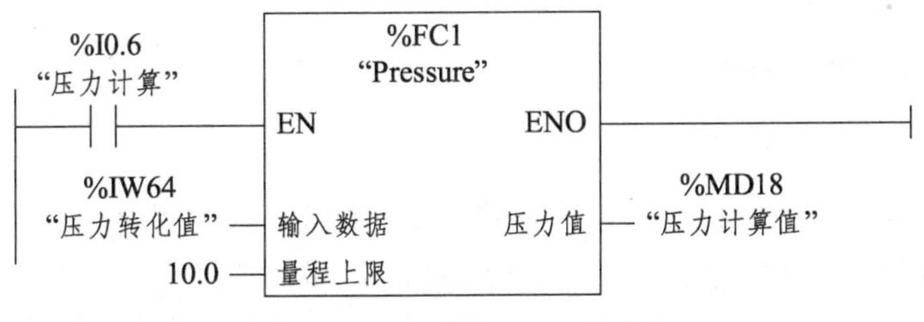

图 4.11　0B1 调用 FC1 的程序

6．调用功能的实验

选中项目树中的 PLC_1，将组态数据和用户程序下载到 CPU，将 CPU 切换到 RUN 模式。在 CPU 集成的模拟量输入的通道 0 的输入端输入一个 DC 0 ~ 10 V 的电压，用程序状态功能监视 FC1 或 OB1 中的程序。调节该通道的输入电压，观察 MD18 中的压力计算值是否与理论计算值相同。

如果输入模拟量电压不太方便，可以将输入参数“输入数据”的实参“压力转换值”（IW64）临时改为一个其他存储区中的字，如 MW14。打开项目树中的“监视表格”文件夹，双击其中的“添加新监视表格”，生成一个新的监视表，并在工作区自动打开它。在监视表中生成需要监视的 FC1 的输入参数 MW14 和输出参数 MDl8（见图 4.12），点击工具栏上的按钮，启动监视功能，“监视值”列显示的是 CPU 中变量的实际值。在 MW14 的“修改值”列输入修改值后，点击工具栏上的按钮，将修改值送入 CPU。接通 I0.6 对应的外接的小开关，使 FC1 的 EN 输入变为 1 状态，开始执行 FC1。分别将 27648 和 0 写入 MW14，MD18 输出的压力计算值应为 10.0 MPa 和 0.0 MPa，将某个中间值写入 MW14，FC1 通过 MD18 输出的压力计算值应与计算器计算出的值相同。

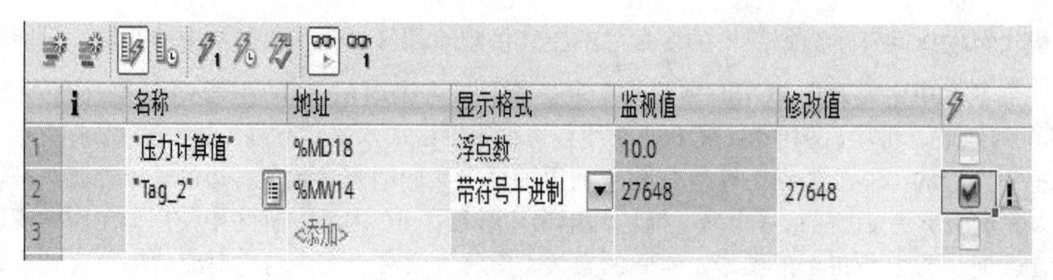

图 4.12　用监视表测试程序

7．为块提供密码保护

在离线状态中，选中生成的 FC1，执行菜单命令“编辑→专有技术保护→启用专有技术保护”，在打开的对话框中输入密码和密码的确认值。点击“确认”按钮后，项目树中 FC1 的图标上出现一把锁的符号，表示 FC1 受到保护。双击打开 FCl，可以看到界面区的变量，但是看不到程序区的程序。

在离线状态中，选中生成的 FC1，执行菜单命令“编辑→专有技术保护→更改密码”，在出现的对话框中输入密码后，可以修改密码。

在离线状态中，选中生成的 FC1，执行菜单命令“编辑”→“专有技术保护”→“禁用专有技术保护”，在出现的对话框中输入正确的密码，点击“确认”按钮后，项目树中 FC1 的图标上的锁消失，FC1 的保护被取消。双击打开 FC1，又可以看到程序区中的程序。

4.2.2　生成与调用功能块

1．功能块

功能块（FB）是用户编写的有自己的存储区（背景数据块）的块。FB 的典型应用是执行不能在一个扫描周期结束的操作。每次调用功能块时，都需要指定一个背景数据块。后者随功能块的调用而打开，在调用结束时自动关闭。功能块的输入、输出参数和静态变量（Static）用指定的背景数据块保存，但是不会保存临时局部变量中的数据。功能块执行完后，背景数据块中的数据不会丢失。

2．生成功能块

打开项目树中的文件夹“\PLC_1\程序块”，双击其中的“添加新块”，点击打开的对话框中的“功能块”按钮，FB 默认的编号为 1，语言为 LAD（梯形图）。设置功能的名称为“Motor”，功能和功能块的名称也可以使用汉字。点击“确认”按钮，自动生成 FBl，可以在项目树的文件夹“\PLC_ 1\程序块”中看到新生成的 FB1（见图 4.8）。

3．生成功能块的局部变量

将鼠标的光标放在 FB1 的程序区最上面的分隔条上，按住鼠标的左键，往下拉动分隔条，分隔条上面是功能块的界面区（见图 4.13）。与生成功能块相同，功能块的局部变量中也有 Input（输入）、Output（输出）、InOut（输入输出）参数和 Temp（临时）数据。功能块执行完后，下一次重新调用它时，其 Static（静态）变量的值保持不变。背景数据块中的变量就是其功能块的局部变量中的 Input、Output、InOut 参数和 Static 变量（见图 4.13 和图 4.14）。功能块的数据永久性地保存在它的背景数据块中，在功能块执行完后也不会丢失，以供下次执行时使用。其他代码块可以访问背景数据块中的变量。不能直接删除和修改背景数据块中的变量，只能在它的功能块的界面区中删除和修改这些变量。

Interface				
		名称	数据类型	默认值
1	◁	▼ Input		
2	◁	■ Start	Bool	false
3	◁	■ Stop	Bool	false
4	◁	■ TimePre	Time	T#0ms
5	◁	▼ Output		
6	◁	■ Motor	Bool	false
7	◁	■ Brake	Bool	false
8	◁	▶ InOut		
9	◁	▼ Static		
10	◁	■ ▶ TimerDB	IEC_TIMER	
11	◁	▼ Temp		

图 4.13　FB1 的界面区

MotorDB1					
		名称	数据类型	偏移量	启动值
1	◁	▼ Input			
2	◁	■ Start	Bool	0.0	false
3	◁	■ Stop	Bool	0.1	false
4	◁	■ TimePre	Time	2.0	T#0ms
5	◁	▼ Output			
6	◁	■ Motor	Bool	6.0	false
7	◁	■ Brake	Bool	6.1	false
8	◁	InOut			
9	◁	▼ Static			
10	◁	■ ▶ TimerDB	IEC_TIMER	8.0	

图 4.14　FB1 的背景数数据块

生成功能块的输入、输出参数和静态变量时，它们被自动指定一个默认值，这些可以修改默认值。变量的默认值被传送给 FB 的背景数据块，作为同一个变量的初始值。可以在背景数据块中修改变量的初始值。调用 FB 时没有指定实参的形参使用背景数据块中的初始值。

4．编写 FB1 的程序

FB1 的控制要求如下：用输入参数“启动按钮”和“停止按钮”控制输出参数“电动机”。按下停止按钮，断电延时定时器（TOF）开始定时，输出参数“制动器”为 1 状态，经过输入参数“定时时间”设置的时间预置值后，停止制动。如图 4.15 所示为 FB1 中的程序。

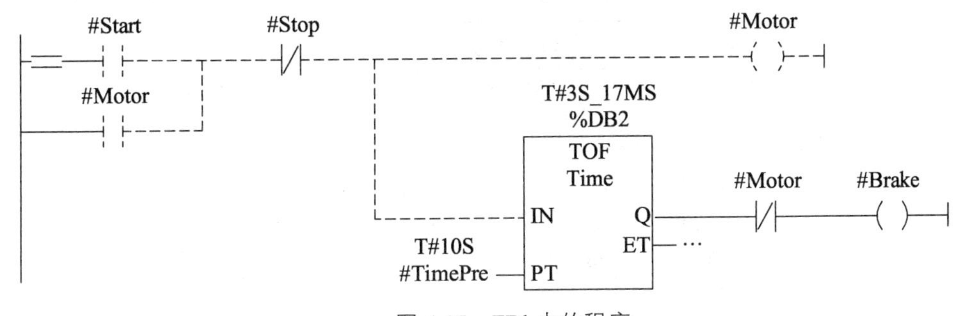

图 4.15　FB1 中的程序

TOF 的参数用静态变量 TimerDB 来保存，其数据类型为 IEC_Timer。图 4.16 是 FB1 的界面区中静态变量 TimerDB 内部的数据。

名称	数据类型	默认值
▼ Static		
▪ ▼ TimerDB	IEC_TIMER	
▪ ST	Time	T#0ms
▪ PT	Time	T#0ms
▪ ET	Time	T#0ms
▪ RU	Bool	false
▪ IN	Bool	false
▪ Q	Bool	false
▼ Temp		

图 4.16　定时器的数据结构

5．在 OB1 中调用 FB1

在 PLC 变量表中生成两次调用 FB1 使用的符号地址（见图 4.17）。将项目树中的 FB1 拖放到程序区的水平“导线”上（见图 4.18）。在出现的“调用选项”对话框中，输入背景数据块的名称。点击“确认”按钮，自动生成 FB1 的背景数据块。为各形参指定实参时，可以使用变量表中定义的符号地址。也可以使用绝对地址，然后在变量表中修改自动生成的符号的名称。

PLC 变量

名称	变量表	数据类型	地址
Start1	默认变量表	Bool	%I0.0
Stop1	默认变量表	Bool	%I0.1
Device1	默认变量表	Bool	%Q0.0
Brake1	默认变量表	Bool	%Q0.1
Start2	默认变量表	Bool	%I0.2
Stop2	默认变量表	Bool	%I0.3
Device2	默认变量表	Bool	%Q0.2
Brake2	默认变量表	Bool	%Q0.3

图 4.17　PLC 变量表

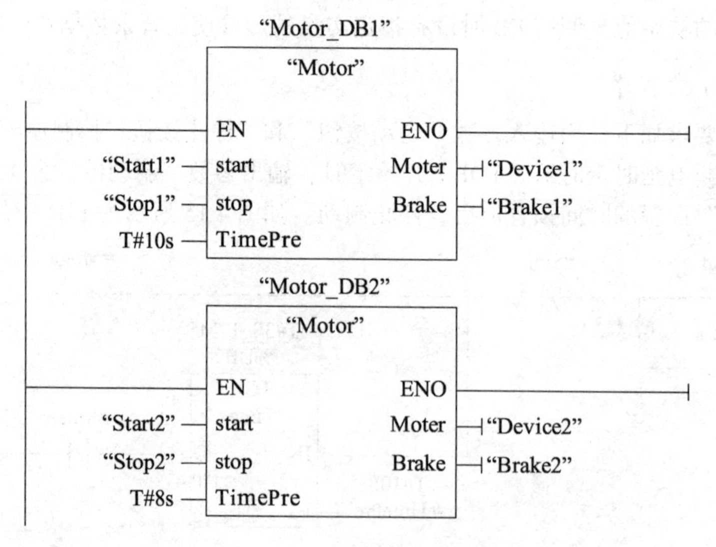

图 4.18　OB1 调用 FB1 的程序

6．处理调用错误

FB1 最初没有输入参数“定时时间”。在 OB1 中调用符号名为“Motor”的 FB1 之后，在 FB1 的界面区增加了输入参数“定时时间”，OB1 中被调用的 FB1 的方框和字符变为红色（见图 4.19 中左图）。点击程序编辑器的工具栏上的按钮，出现图 4.19 所示的“界面更新”对话框，显示出原有的块的界面和新的界面。点击“确认”按钮，OB1 中被调用的 FB1 被修改为新的界面（见图 4.19 中右图），FB1 中的红色错误标记消失。

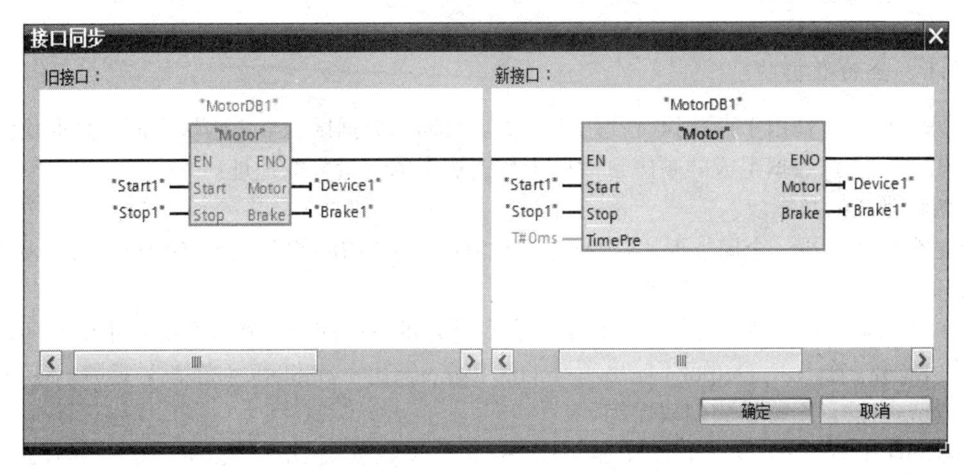

图 4.19　界面更新对话框

7．调用功能块的实验

将程序块下载到 CPU 后，切换到 RUN 模式。拨动外接的小开关，模拟按钮的操作。分别用两台设备的启动按钮启动设备，然后用停止接钮使设备停车，可以看到两台设备的输出参数“电动机”和“制动器”按程序的要求变化，“制动器”为 1 的时间与输入参数“定时时间”设置相同。可以令两台设备分时工作，也可以令它们同时工作。在运行时可以用 OB1 的程序状态功能监视被调用的 FB1 的输入、输出参数的状态，也可以在线监视 FB1 内部的程序的执行情况。

8．功能与功能块的区别

FB 和 FC 均为用户编写的子程序，界面区中均有 Input、Output、InOut 参数和 Temp 数据。FC 的返回值 Ret_Val 实际上属于输出变量。下面是 FC 和 FB 的区别：

（1）功能块有背景数据块，功能没有背景数据块。

（2）只能在功能内部访问它的局部变量。其他代码块或 HMI（人机界面）可以访问功能块的背景数据块中的变量。

（3）功能没有静态变量（Static），功能块有保存在背景数据块中的静态变量。功能如果有执行完后需要保存的数据，只能存放在全局变量（例如全局数据块和 M 区）中，但是这样会影响功能的可移植性。如果功能或功能块的内部不使用全局变量，只使用局部变量，不需要作任何修改，就可以将它们移植到其他项目。如果块的内部使用了全局变量，在移植时需要考虑块使用的全局变量是否会与别的块产生地址冲突。

（4）功能块的局部变量（不包括 Temp）有默认值（初始值），功能的局部变量没有初始值。在调用功能块时如果没有设置某些输入、输出参数的实参，将使用背景数据块中的初始值。调用功能时应给所有的形参指定实参。

9．组织块与 FB 和 FC 的区别

（1）对应的事件发生时，由操作系统调用组织块，FB 和 FC 是用户程序在代码块中调用的。

（2）组织块没有输入、输出变量和静态变量，只有临时局部变量。有的组织块自动生成的临时局部变量包含了与启动组织块的事件有关的信息，它们是由操作系统提供的。

4.3　全局数据块与数据类型

4.3.1　全局数据块

数据块（DB）是用于存放执行代码块时所需数据的数据区。与代码块不同，数据块没有指令，STEP 7 V13 按数据生成的顺序自动地为数据块中的变量分配地址。

有两种类型的数据块：

（1）全局数据块。全局数据块存储供所有的代码块使用的数据，所有的 OB、FB 和 FC 都可以访问它们。

（2）背景数据块。背景数据块存储的数据供特定的 FB 使用。背景数据块中保存的是对应的 FB 的 Input（输入）、Output（输出）、InOut（输入输出）和 Static（静态）变量。FB 的临时数据（Temp）没有用背景数据块保存。

在项目 FB_FC 中生成一个名为 Globa1DB1 的全局数据块 DB5（见图 4.20），在第 2 行生成一个名为 INC100ms 的无符号整数变量。在设置 CPU 的属性时，令 MB0 为时钟存储器字节，在 OB1 中用 M0.0 产生的 10 Hz 的时钟脉冲，使变量 INC100ms 每 100 ms 加 1。

GlobalDB1

	名称	数据类型	偏移量	启动值	保持性
1	▼ Static				☐
2	INC100ms	UInt	0.0	0	☑
3	▼ Generator	Struct	2.0		☑
4	Current	Int	0.0	0	☑
5	Voltage	Int	2.0	0	☑
6	Speed	Int	4.0	0	☑
7	Swich	Bool	6.0	false	☑
8	▶ Power	Array[0..23] of Int	10.0		☑

图 4.20　全局数据块

在 DB5 中还生成了一个名为“发电机”（Generator）的结构，和名为“功率”（Power）的数组（见图 4.20）结构和数组“偏移量”列是它们在数据块中的起始地址，可以看出结构“发电机”占 8B。

点击数据块窗口的工具栏上的按钮，在选中的变量的下面增加一个空白行，点击工具栏上的按钮，在选中的变量的上面增加一个空白行。点击按钮，切换到扩展模式，将显示或隐藏“初始值”列，同时自动显示或隐藏结构和数组的元素。

选中项目树中的 PLC_1，将 PLC 的组态数据和块下载到 CPU，将 CPU 切换到 RUN 模式。打开 DB5 后，点击工具栏上的按钮，启动监视功能，出现“监视值”列，可以看到变量 INC100ms 的值在不断地增大。

用鼠标右键点击项目树中的 DB5，执行出现的快捷菜单中的“属性”命令，选中打开的对话框左边的“属性”组（见图 4.21），再选中右边的复选框“在设备中写保护数据块”，可以使数据块具有写保护（只读）功能。

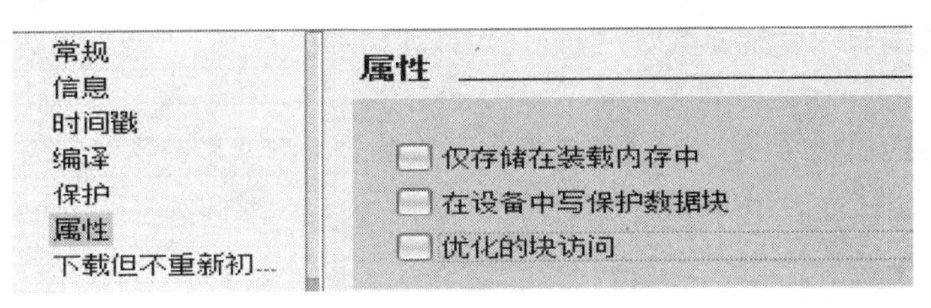

图 4.21　设置数据块的属性

数据块可以按位（如 DBX3.5）、字节（DBB）、字（DBW）和双字（DBD）来访问。在访问数据块中的数据时，应指明数据块的名称，如 DBI.DBW20。

4.3.2　数据类型

1．数据类型的分类

必须为用户程序中使用的所有数据设置数据类型。可以使用下列 5 种数据类型：

（1）基本数据类型：用来描述数据的长度和属性。

（2）复杂数据类型：由基本数据类型组合而成。

（3）参数数据类型：用于定义传送到功能和功能块的参数。

（4）系统数据类型：由系统生成，可供用户使用，具有预定义的不能修改的结构。

（5）硬件数据类型；用于识别硬件元件、事件和中断 OB 等写硬件有关的对象。用户程序使用与模块有关的指令时，用硬件数据类型的常数来作指令的参数。

用户程序中的操作与特定长度的数据对象有关，如位逻辑指令使用位（bit）数据，Move 指令使用字节、字和双字数据。

2．复杂数据类型

复杂数据类型由其他数据类型组合而成，有下列 4 种复杂数据类型：

（1）DTL：用于表示用日期和时间定义的时刻，包括年、月、日、星期、小时、分、秒和纳秒，其长度为 12B。

（2）String：最多由 254 个字符组成的字符串。

（3）Array：由固定个数的相同数据类型的元素组成的数组。

（4）Struct：由固定个数的元素组成的结构，其元素可以具有不同的数据类型。

PLC 变量表只能定义基本数据类型的变量，不能定义复杂数据类型的变量。可以在代码块的界面区或全局数据块中定义复杂数据类型的变量。

3．结构的生成与结构元素的使用

在数据块 DB5 的第 3 行生成一个名为“发电机”（Generator）的结构（见图 4.20），数据类型为 Struct。未生成结构的元素时，Struct 所在的单元的背景色为表示出错的粉红色。生成一个结构的元素后，其背景色变为正常的白色。输入完结构“发电机”的 4 个元素后，点击“发电机”左边的 ▼ 按钮，其变为 ▶，同时结构的元素被隐藏起来。

在结构“发电机”的下面一行生成一个名为“功率”（Power）的数组（见图 4.20）。

4．参数类型

在 FB 和 FC 中定义代码块之间传送数据的形式参数时，可以使用基本数据类型、复杂数据类型、系统数据类型和硬件数据类型，此外还可以使用参数类型。有两个参数数据类型：Variant 和 Void。

Variant 数据类型的参数是指向各种数据类型或参数类型变量的指针。Variant 可以识别结构并指向它们，还可以指向结构变量的单个元件。

5．系统数据类型

系统数据类型由固定个数的元素组成，它们具有不能更改的不同的数据结构。系统数据类型只能用于某些特定的指令，如表 4.1 所示为可以使用的系统数据类型和它们的用途。

表 4.1　系统数据类型

系统数据类型	字节数	描　述
IEC_Timer	16	用于定时器指令的定时器结构
IEC_SCounter	3	用于数据类型为 SInt 的计数器指令的计数器结构
IEC_USCounter	3	用于数据类型为 USInt 的计数器指令的计数器结构
IEC_UCounter	6	用于数据类型为 UInt 的计数器指令的计数器结构
IEC_Counter	6	用于数据类型为 Int 的计数器指令的计数器结构
IEC_DCounter	12	用于数据类型为 DInt 的计数器指令的计数器结构
IEC_UDCounter	12	用于数据类型为 UDInt 的计数器指令的计数器结构
ErrorStruct	28	编程或 I/O 访问错误的错误信息结构，用于 GET_ERROR 指令
CONDITIONS	52	定义启动和结束数据接收的条件，用于 RCV_GFG 指令
TCON_Param	64	用于指定存放 PROFINET 开发通信连接描述的数据块的结构
Void	—	该数据类型没有数值，用于输出不需要返回值的场合。例如，可以用于没有错误信息的 STAYUS 输出

6．硬件数据类型

硬件数据类型的个数与 CPU 的型号有关。指定的硬件数据类型常数与硬件组态时模块的设置有关。在用户程序中插入控制或激活模块的指令时，将使用硬件数据类型常数来作指令的参数。表 4.2 给出了可以使用的硬件数据类型和它们的用途。

表 4.2　硬件数据类型

数据类型	基本数据类型	描　述
HW_ANY	Word	用于识别任意的硬件部件，例如模块
HW_IO	HW_ANY	用于识别 I/O 组件
HW_SUBMODULE	HW_IO	用于识别中央 I/O 组件
HW_INTERFACE	HW_SUBMODULE	用于识别接口组件
HW_HSC	HW_SUBMODULE	用于识别高速计数器，例如用于 CTRL_HSC 指令
HW_PWM	HW_SUBMODULE	用于识别脉冲宽度调制，例如用于 CTRL_PWM 指令

续表

数据类型	基本数据类型	描　述
HW_PTO	HW_SUBMODULE	用于在运动控制中识别脉冲传感器
AOM_IDENT	DWord	用于识别 AS 运行系统中的对象
EVENT_ANY	AOM_IDENT	用于识别任意的事件
EVENT_ATT	EVENT_ANY	用于识别可以动态地指定给一个 OB 的事件，例如用于 ATTACH 和 DETACH 指令
EVENT_HWINT	EVENT_ATT	用于识别硬件中断事件
OB_ANY	Int	用于识别任意的 OB
OB_DELAY	OB_ANY	出现时间延迟中断时，用于识别 OB 调用，例如 SRT_DINT 和 CAN_DINT 指令
OB_CYCLIC	OB_ANY	出现循环中断时，用于识别 OB 调用
OB_ATT	OB_ANY	用于识别可以动态地指定给事件的 OB，例如用于 ATTACH 和 DETACH 指令
OB_PCYCLE	OB_ANY	用于识别可以指定给循环事件级别的事件的 OB
OB_HWINT	OB_ANY	出现硬件中断时，用于识别 OB 调用
OB_DIAG	OB_ANY	出现诊断错误中断时，用于识别 OB 调用
OB_TIMEERROR	OB_ANY	出现时间错误时，用于识别 OB 调用
OB_STARTUP	OB_ANY	出现启动事件时，用于识别 OB 调用
PORT	UInt	点对点通信时用于识别通信接口
CONN_ANY	Word	用于识别任意的连接
CONN_OUC	CONN_ANY	用于识别 PROFINET 开放通信的连接

变量表的“常数”选项卡列出了项目中的硬件数据类型的值，即硬件组件的标识符。其中的变量与项目中组态的硬件结构和组件的型号有关。

4.3.3 数据类型的转换

1．数据类型的转换方式

一个指令有关的操作数的数据类型应是协调一致的，这一要求也适用于块调用时的参数设置。如果操作数具有不同的数据类型，应对它们进行转换。有两种不同的转换方式：

（1）隐式转换：执行指令时自动地进行转换。

（2）显式转换：在执行指令之前使用转换指令进行转换。

2．隐式转换

如果操作数的数据类型兼容，将自动执行隐式转换。兼容性测试可以使用不同的标准：

（1）使用 IEC 检查，采用严格的兼容性规则，指令有关的操作数必须具有相同的数据类型。

（2）不使用 IEC 检查，兼容性测试采用不太严格的标准。不要求指令有关的操作数具有相同的数据类型，但是必须具有相同的数据位数，如 16 位的数据类型 Int、UInt 和 Word。

Real 和 Time 之间的转换是例外，不允许这样的隐式转换。

3．显式转换

操作数不兼容时，不能执行隐式转换，可以使用显式转换指令。转换指令在指令列表的“数学函数”、“字符串＋字符”和“转换操作”文件夹中。

显式转换的优点是可以检查出所有不符合标准的问题，并用 EN0 的状态指示出来。

4．设置 IEC 检查功能

如果激活了“IEC 检查”，在执行指令时，将会采用严格的数据类型兼容性标准。

1）设置对项目中所有新的块进行 IEC 检查

执行“选项”菜单中的“设置”命令，选中出现的“设置”编辑器对话框左边窗口的“PLC 编程”中的“常规”组，用复选框选中右边窗口“新块的默认设置”区中的“IEC 检查”，新生成的块默认的设置将使用 IEC 检查。

2）设置单独的块进行 IEC 检查

如果没有设置对项目中所有新的块进行 IEC 检查，可以设置对单独的块进行 IEC 检查。用鼠标右键点击项目树中的某个代码块，执行快捷菜单中的“属性”命令，选中打开的对话框左边窗口的“属性”组（见图 4.22），用右边窗口中的“LEC 检查”复选框激活这个块的 IEC 检查功能。保存项目时才保存这个设置。

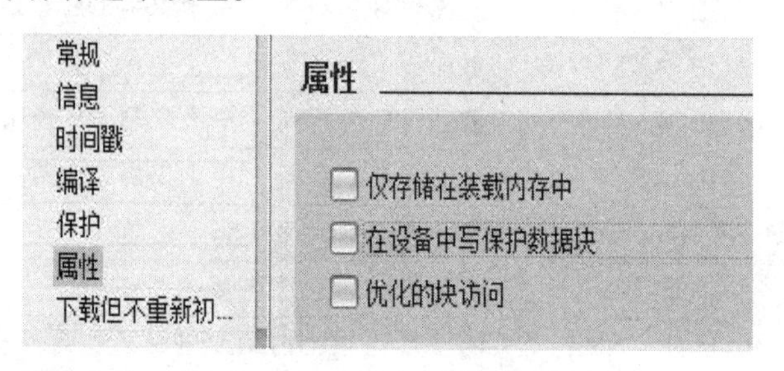

图 4.22　设置块的属性

4.4　PLC 调试和诊断

4.4.1　块的应用及调试

模拟一个饮料灌装线的控制系统。系统中有两条饮料灌装线和一个操作员的控制面板，系统结构如图 4.23 所示。

如图 4.23 所示的系统由灌装线、控制面板、和 PLC 控制系统组成，每一部分的描述如下。

（1）每一条灌装线上，有一个电机驱动传送带；两个瓶子传感器能够检测到瓶子经过，并产生电平信号；传送带中部上方有一个可控制的灌装漏斗，打开时即开始灌装。当传送带中部的传感器检测到瓶子经过时，传送带停止，灌装漏斗打开，开始灌装。1 号线灌装时间为 3 s（小瓶），2 号线灌装时间为 5 s（大瓶），灌装完毕后，传送带继续运行。位于传送带末端的传感器对灌装完毕的瓶子计数。

（2）在控制面板部分，有四个点动式按钮分别控制每条灌装线的启动（START）和停止（STOP）；一个点动式总控制按钮，可以停止所有生产线（STOP ALL）；两个状态指示灯分别表示生产线的运行状态，灌装线在运行状态灯亮，在停止状态时灯灭；两个数码管显示屏分别显示每一条线上灌装完毕的满瓶数目。

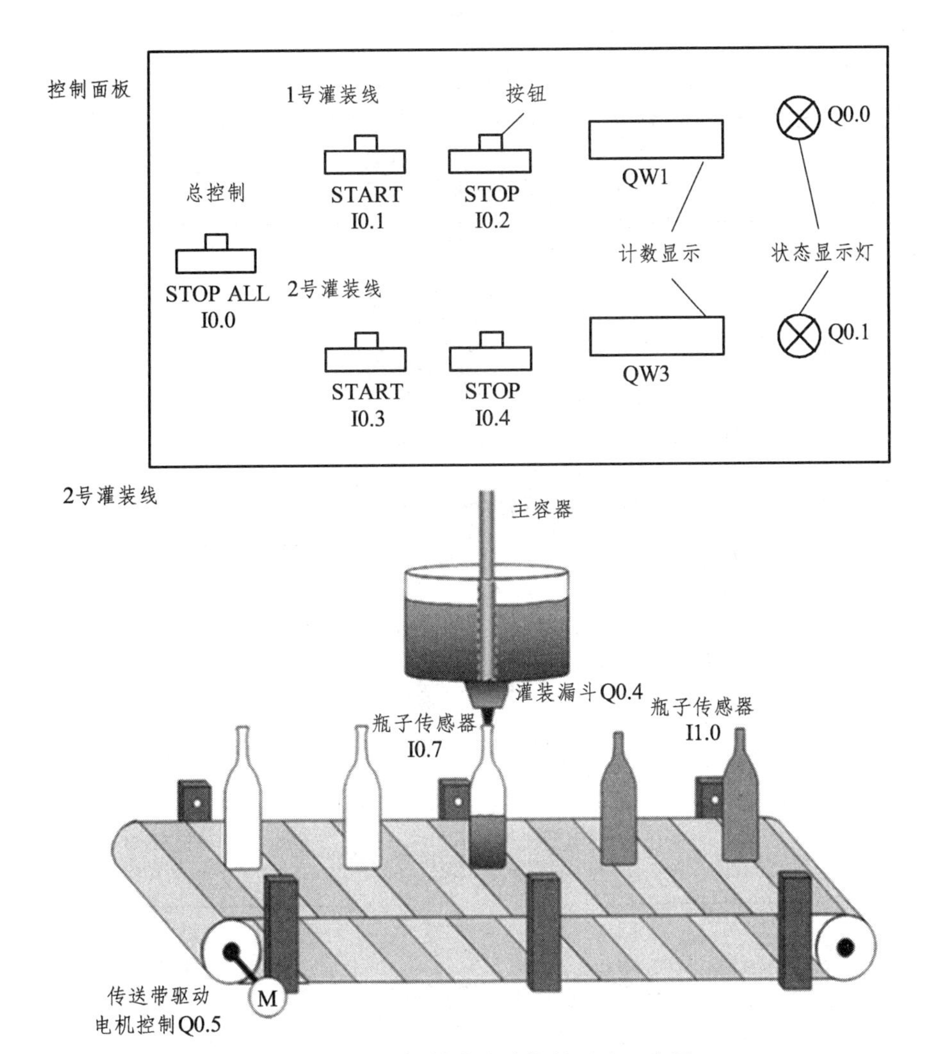

图 4.23　饮料灌装线控制系统示意图

项目结构如图 4.24 所示。

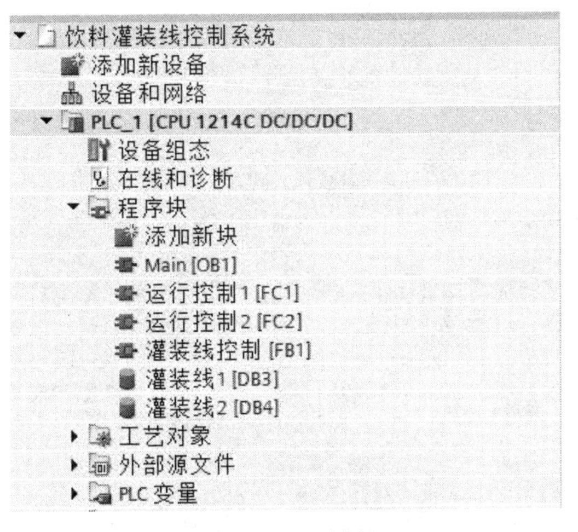

图 4.24　项目结构图

主程序如图 4.25。

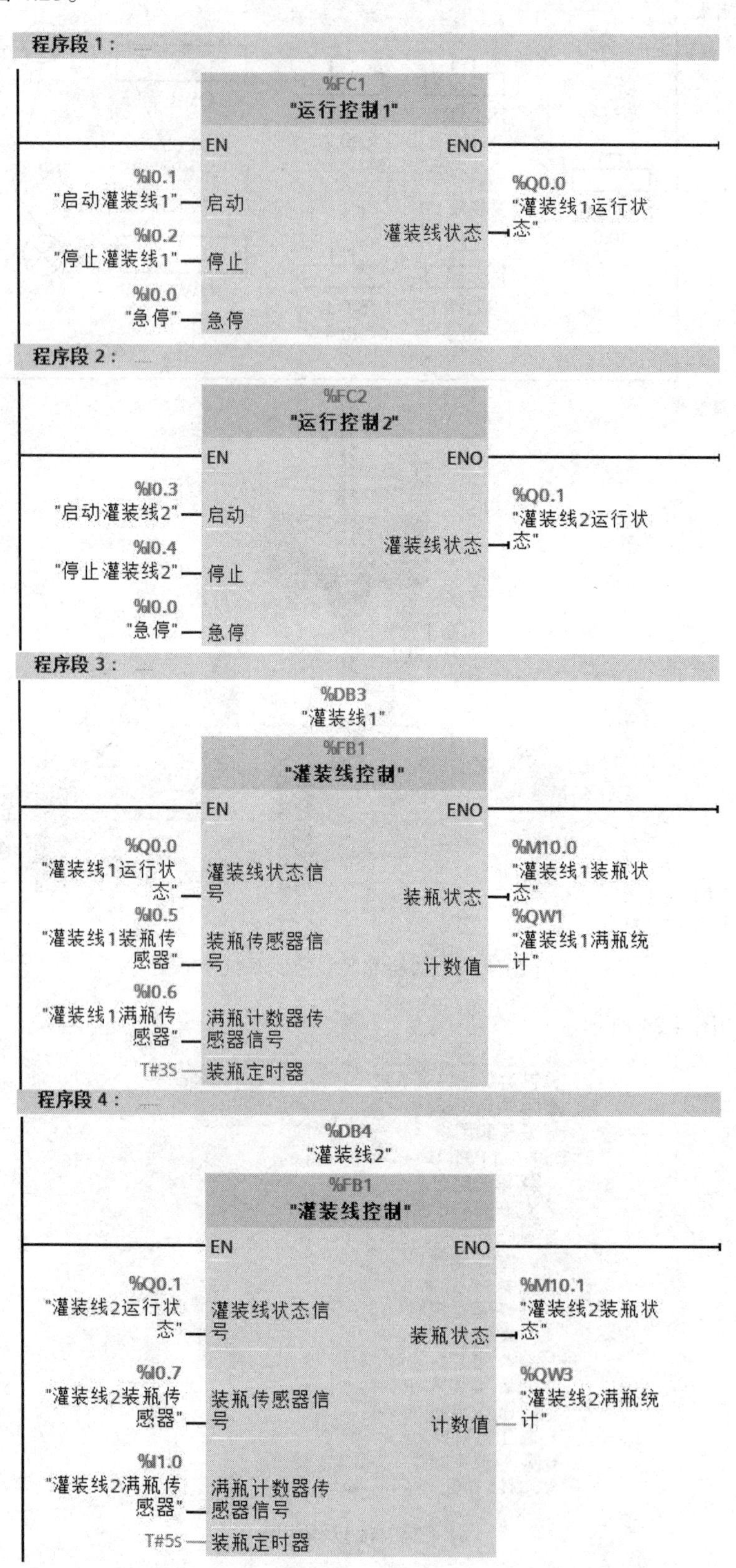

程序段 1：
%FC1
"运行控制1"
EN
ENO
%I0.1
"启动灌装线1"
启动
%I0.2
"停止灌装线1"
停止
%I0.0
"急停"
急停
灌装线状态
%Q0.0
"灌装线1运行状态"
程序段 2：
%FC2
"运行控制2"
EN
ENO
%I0.3
"启动灌装线2"
启动
%I0.4
"停止灌装线2"
停止
%I0.0
"急停"
急停
灌装线状态
%Q0.1
"灌装线2运行状态"
程序段 3：
%DB3
"灌装线1"
%FB1
"灌装线控制"
EN
ENO
%Q0.0
"灌装线1运行状态"
灌装线状态信号
%I0.5
"灌装线1装瓶传感器"
装瓶传感器信号
%I0.6
"灌装线1满瓶传感器"
满瓶计数器传感器信号
T#3S
装瓶定时器
装瓶状态
%M10.0
"灌装线1装瓶状态"
计数值
%QW1
"灌装线1满瓶统计"
程序段 4：
%DB4
"灌装线2"
%FB1
"灌装线控制"
EN
ENO
%Q0.1
"灌装线2运行状态"
灌装线状态信号
%I0.7
"灌装线2装瓶传感器"
装瓶传感器信号
%I1.0
"灌装线2满瓶传感器"
满瓶计数器传感器信号
T#5s
装瓶定时器
装瓶状态
%M10.1
"灌装线2装瓶状态"
计数值
%QW3
"灌装线2满瓶统计"

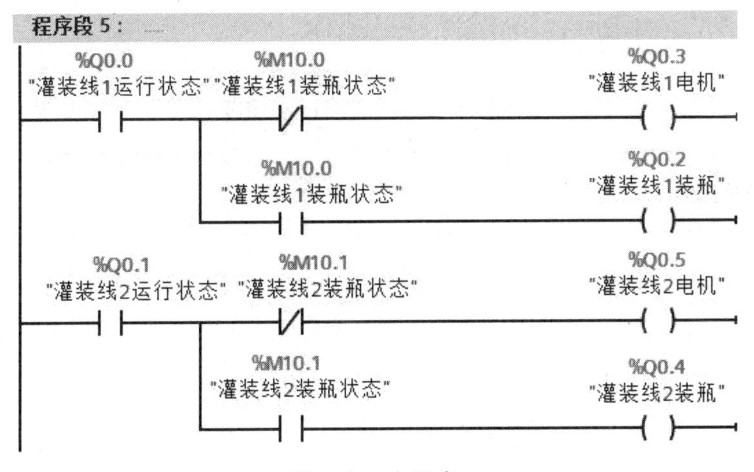

图 4.25　主程序

功能程序：

运行控制（FC1）程序如图 4.26 所示。

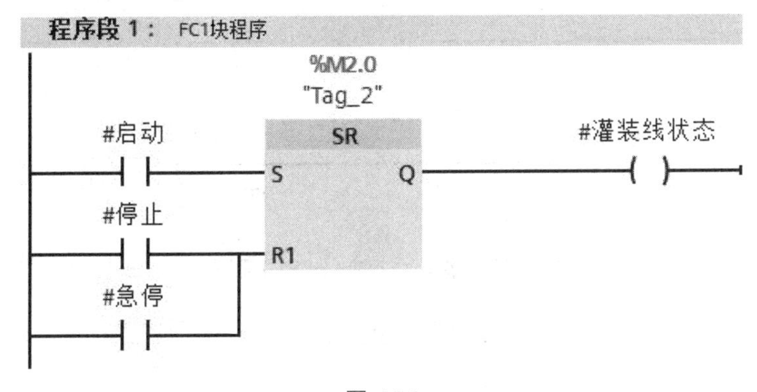

图 4.26

运行控制（FC2）程序如图 4.27 所示。

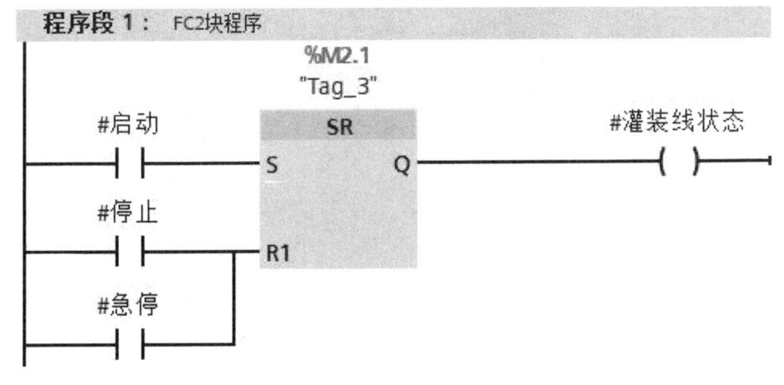

图 4.27　运行控制（FCI）程序

功能块程序：

灌装线控制（FB1）程序如图 4.28 所示。

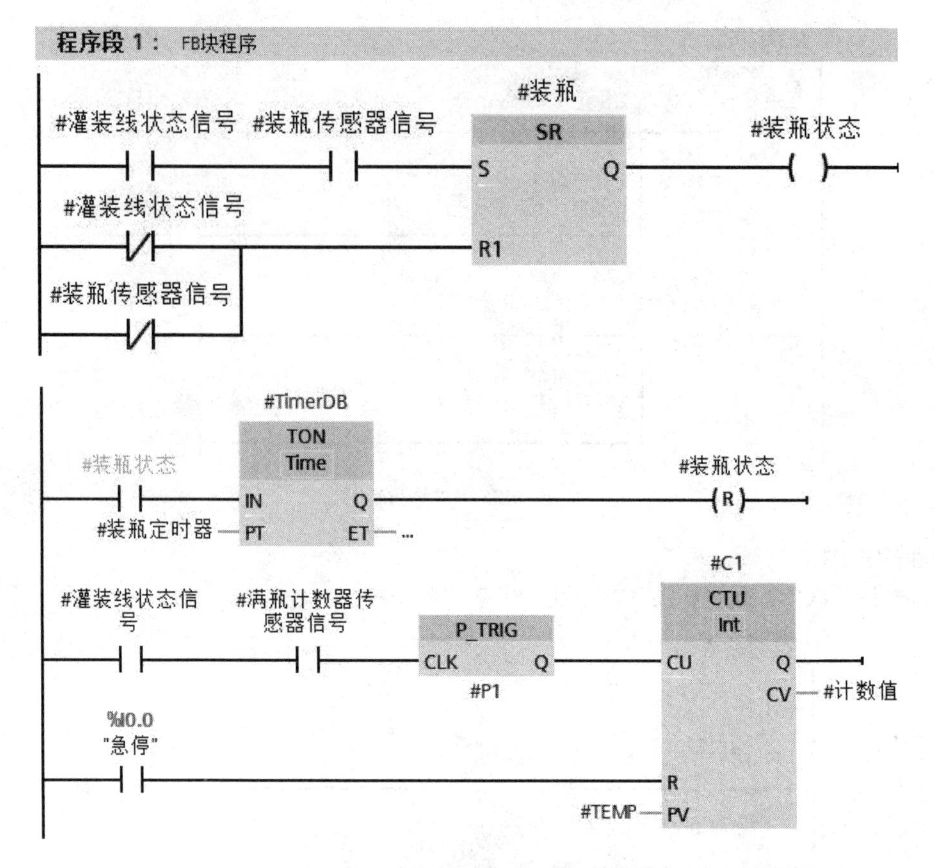

图 4.28　灌装线控制（FBI）程序

FC1 参数设置如图 4.29 所示，FC2 参数设置类似。

运行控制1			
名称	数据类型	默认值	注释
▼ Input			
启动	Bool		
停止	Bool		
急停	Bool		
▼ Output			
灌装线状态	Bool		
▼ InOut			
<新增>			
▼ Temp			
<新增>			
▼ Constant			
<新增>			
▼ Return			
运行控制1	Void		

图 4.29　FCI 参数设置

FB 功能块参数设置如图 4.30 和图 4.31 所示。

灌装线控制

名称	数据类型	默认值	保持	可从 HMI/...	从 H...	在 HMI ...	设定值	注释
▼ Input				☐	☐	☐	☐	
灌装线状态信号	Bool	false	非保持	☑	☑	☑	☐	
装瓶传感器信号	Bool	false	非保持	☑	☑	☑	☐	
满瓶计数器传感器	Bool	false	非保持	☑	☑	☑	☐	
装瓶定时器	Time	T#0ms	非保持	☑	☑	☑	☐	
▼ Output				☐	☐	☐	☐	
装瓶状态	Bool	false	非保持	☑	☑	☑	☐	
计数值	Word	16#0	非保持	☑	☑	☑	☐	
▼ InOut				☐	☐	☐	☐	
<新增>				☐	☐	☐	☐	
▼ Static				☐	☐	☐	☐	
▶ TimerDB	IEC_TIMER		非保持	☑	☑	☑	☐	
P1	Bool	false	非保持	☑	☑	☑	☐	
装瓶	Bool	false	非保持	☑	☑	☑	☐	
▶ C1	IEC_COUNTER		非保持	☑	☑	☑	☐	
▶ Temp				☐	☐	☐	☐	
▼ Constant				☐	☐	☐	☐	

图 4.30　FB 功能块参数设置 1

PLC 变量

名称	变量表	数据类型	地址	保持	可从 ...	从 H...
急停	默认变量表	Bool	%I0.0	☐	☑	☑
启动灌装线1	默认变量表	Bool	%I0.1	☐	☑	☑
停止灌装线1	默认变量表	Bool	%I0.2	☐	☑	☑
启动灌装线2	默认变量表	Bool	%I0.3	☐	☑	☑
停止灌装线2	默认变量表	Bool	%I0.4	☐	☑	☑
灌装线1装瓶传感器	默认变量表	Bool	%I0.5	☐	☑	☑
灌装线1满瓶传感器	默认变量表	Bool	%I0.6	☐	☑	☑
灌装线2装瓶传感器	默认变量表	Bool	%I0.7	☐	☑	☑
灌装线2满瓶传感器	默认变量表	Bool	%I1.0	☐	☑	☑
灌装线1装瓶状态	默认变量表	Bool	%M10.0	☐	☑	☑
灌装线2装瓶状态	默认变量表	Bool	%M10.1	☐	☑	☑
灌装线1运行状态	默认变量表	Bool	%Q0.0	☐	☑	☑
灌装线2运行状态	默认变量表	Bool	%Q0.1	☐	☑	☑
灌装线1装瓶	默认变量表	Bool	%Q0.2	☐	☑	☑
灌装线1电机	默认变量表	Bool	%Q0.3	☐	☑	☑
灌装线2装瓶	默认变量表	Bool	%Q0.4	☐	☑	☑
灌装线2电机	默认变量表	Bool	%Q0.5	☐	☑	☑
灌装线1满瓶统计	默认变量表	Word	%QW1	☐	☑	☑
灌装线2满瓶统计	默认变量表	Word	%QW3	☐	☑	☑
Tag_2	默认变量表	Bool	%M2.0	☐	☑	☑
Tag_3	默认变量表	Bool	%M2.1	☐	☑	☑

图 4.31　FB 功能块参数设置 2

4.4.2　在线功能与故障诊断

4.4.2.1　在线功能

建立起编程计算机与 PLC 的在线连接后，可以进行下列操作：

（1）下载程序和项目组态数据给 CPU。

（2）测试用户程序。

（3）显示和改变 CPU。

（4）显示和设置 CPU 的实时时钟的日期和时间。

（5）显示模块信息和诊断硬件。

（6）比较在线和离线的块。

进入在线模式后，双击 plc_1 文件夹中的“在线和诊断”（见图 4.32），在工作区打开在线与诊断视图。

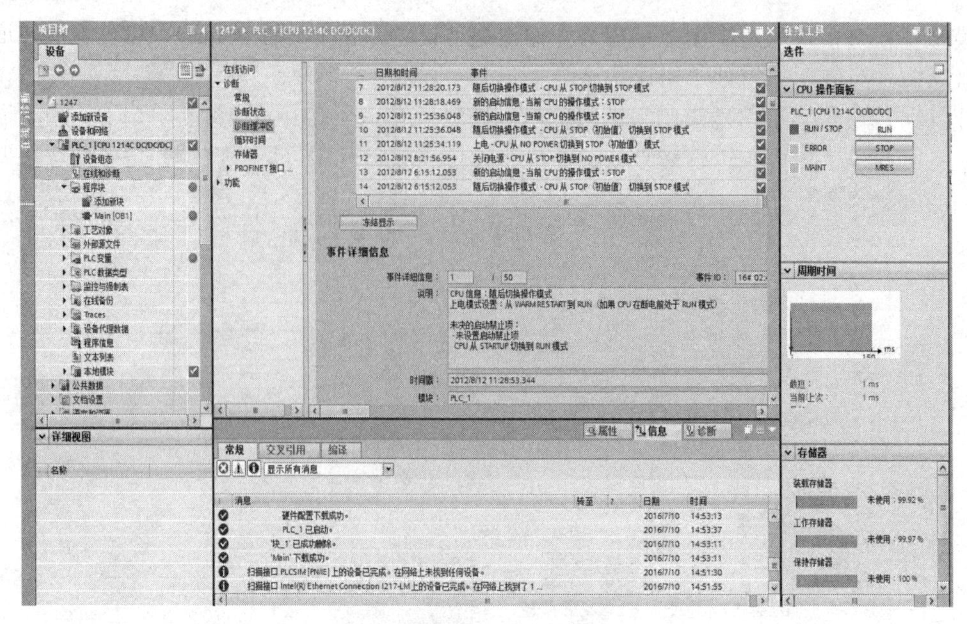

图 4.32　在线与诊断视图

在线与诊断视图左边窗口的属性结构由文件夹和文件夹中的组组成。选中左边窗口中的某个组，右边窗口是有关的详细信息。

4.4.2.2　故障诊断

1．CPU 的 LED

CPU 和 I/O 模块用 LED（发光二极管）提供运行状态或 I/O 的信息。如表 4.3 所示为 CPU 和 LED 的组合意义。

表 4.3　CPU 和 LED 的组合意义

描述	STOP/RUN（橙/绿）	ERR（红）	MAINT（橙）
断电	熄灭	熄灭	熄灭
启动、自检查、固件更新	橙色/绿色交替闪烁	—	熄灭
STOP 模式	橙色常亮	—	—
RUN 模式	绿色常亮	—	—
拔出存储卡	橙色常亮	—	闪烁
出错	橙色或绿色常亮	闪烁	—
维护请求	橙色或绿色常亮	—	常亮
硬件故障	橙色常亮	常亮	熄灭
LED 检测或有问题的 CPU 固件	橙色/绿色交替闪动	闪烁	闪烁

2．信号模块的 LED

CPU 和每块数字量信号模块（SM）提供每点数字量输入（DI）、数字量输出（DO）的 I/O 状态 LED。它们点亮和熄灭分别表示对应的输入/输出点为 1 状态和 0 状态。

模拟量信号模块为每个模拟量输入、输出通道提供一个 I/O 通道 LED，绿色表示通道被组态和激活，红色表示通道处于错误状态。

此外，每块数字量信号模块和模拟量信号模块还有一个 DIAG（诊断）LED，用于显示模块的状态，绿色表示模块运行正常，红色表示模块有故障或不可用。此外，信号模块还要检测现场侧的电源是否存在。如表 4.4 所示为信号模块 LED 的组合意义。

表 4.4　信号模块 LED 的组合意义

描　述	DIAG（红/绿）	I/O 通道（红/绿）
现场侧电源消失	红色闪动	红色闪动
没有组态或没有进行更新	绿色闪动	熄灭
模块被正确组态	绿色常亮	绿色常亮
错误的状态	红色闪动	—
I/O 错误（诊断被激活）	—	红色闪动
I/O 错误（诊断被禁止	—	绿色常亮

本章小结

在 PLC 系统中，开始编写程序之前，应当为输入/输出/中间变量定义在程序中使用的标签。功能和功能块是用户编写的包含完成特定任务的程序，数据块是用于存放执行代码块时所需数据的数据区。PLC 的调试和诊断是保证设备正常运行的条件。

（1）设计 PLC 系统有多种方法，按照步骤，使用结构化编程的理念，从而实现高效、简洁、易读性强的程序编程。

（2）功能和功能块是用户编写的包含完成特定任务的程序，也就是用户可以自定义一个程序作为功能来调用。可以用全局变量来存储那些在功能执行结束后需要保存的数据，因为功能没有固定的存储区，功能执行结束后，其局部变量中的临时数据就丢失了。每次调用功能块时，都需要指定一个背景数据块。

（3）数据块有两种类型，分别是全局数据块和背景数据块。数据块是用于存放执行代码块时所需数据的数据区。

数据类型的分类有五种，分别是基本数据类型、复杂数据类型、参数数据类型、系统数据类型、硬件数据类型。一个指令有关的操作数的数据类型应是协调一致的，当不一致时应对其进行转换。

习　题

1. 功能块指令有哪些？
2. 应用功能块指令，设计一个小型搅拌装置的程序。
3. 请简述功能块的作用。
4. 数据类型的分类有哪几种？分别是什么？

第 5 章　功能指令

教学目标

通过本章的学习，掌握程序功能控制指令，学会用数据处理指令进行数值的转换；学习用数学运算指令进行数学关系之间的运算；掌握中断事件与中断指令在实际应用中的使用；重点掌握并学会高速计数器和 PWM 指令的使用。

5.1　程序控制指令

5.1.1　程序控制指令

1．跳转与标签指令

当没有执行跳转指令时，各个程序段按从上到下的先后顺序执行，这种执行方式称为线性扫描。跳转指令中止程序的线性扫描，将跳转到指令中的地址标签所在的目的地址。跳转时不执行跳转指令与标号之间的程序，跳到目的地址后，程序继续接线性扫描的方式顺序执行。跳转指令可以往前跳，也可以往后跳。

只能在同一个代码块内跳转，即跳转指令与对应的跳转目的地址应在同一个代码块内。在一个块内，同一个跳转目的地址只能出现一次。

如果跳转条件满足（图 5.1 中 M2.5 的常开触点闭合），监控 JMP（Jump，为 1 时块中跳转）指令的线圈通电（跳转线圈为绿色），跳转被执行，将跳转到指令给出的标签 W1234 处，执行标签之后的第一条指令。若程序段的指令被跳过没有被执行，这些程序段的梯形图为灰色。标签在程序段的开始处，标签的第一个字符必须是字母，其余的可以是字母、数字和下划线。如果跳转条件不满足，将继续执行下一个程序段的程序。

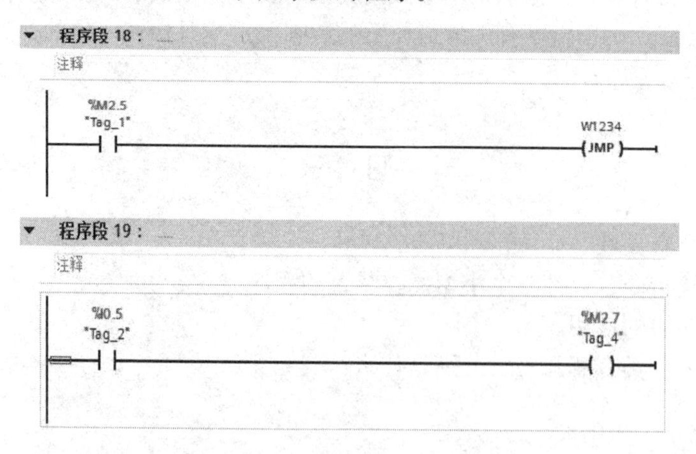

图 5.1　条件跳转指令

JMP（为 0 时块中跳转）指令的线圈断电时，将跳转到指令给出的标签处，执行标签之后的第一条指令。

2．返回指令 RET

RET 指令（见图 5.1）的线圈通电时，将停止执行当前的块，不再执行该指令后面的指令，返回调用它的块后，执行调用指令之后的指令。RET 指令的线圈断电时，将继续执行它下面的指令。RET 线圈的上面是块的返回值，数据类型为 Bool。如果当前的块是 OB，返回值被忽略。如果当前的块是 FC 或 FB，则返回值作为 FC 或 FB 的 ENO 的值传送给调用它的块。

一般情况并不需要在块结束时使用 RET 指令来结束块，操作系统将会自动地完成这一任务。RET 指令用来有条件地结束块，一个块可以使用多条 RET 指令。

5.1.2　扩展指令中的程序控制指令

本小节中的指令在 STEP 7 右边的任务卡的“扩展指令”窗口的文件夹“程序控制”中。

1．RE_TRIGR 指令

监控定时器又称看门狗（Watchdog），每次扫描循环它都被自动复位一次，正常工作时最大扫描循环时间小于监控定时器的时间设定值，它不会起作用。

以下情况扫描循环时间可能大于监控定时器的设定时间，监控定时器将会起作用。

（1）用户程序很长。

（2）一个扫描循环内执行中断程序的时间很长。

（3）循环指令执行的时间太长。

可以在程序中的任意位置使用指令 RE_TRIGR（重新触发循环时间监视）来复位监控定时器（见图 5.2）。该指令仅在优先级为 1 的程序循环 OB 和它调用的块中起作用；该指令在 OB80 中将被忽略。如果在优先级较高的块中（例如硬件中断、诊断中断和循环中断 OB）调用该指令，使能输出 ENO 被置为 0，则不执行该指令。

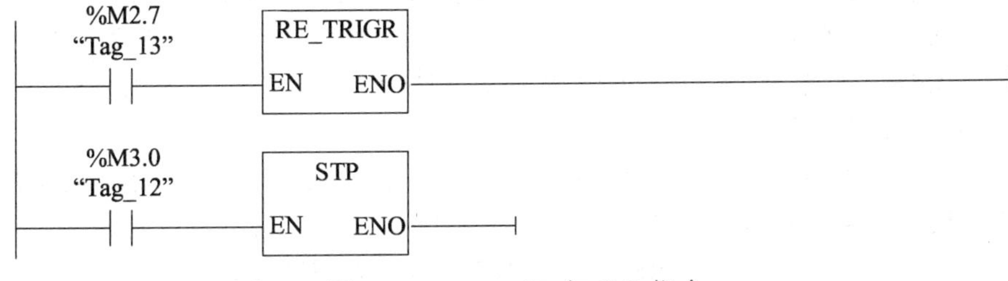

图 5.2　RE_TRIGR 与 STP 指令

在组态 CPU 时，可以用参数“循环时间”设置最大扫描循环时间，默认值为 150 ms。

2．STP 指令

STP 指令的 EN 输入为 1 状态时，使 PLC 进入 STOP 模式。STP 指令使 CPU 集成的输出、信号板和信号模块的数字量输出或模拟量输出进入组态时设置的安全状态。可以使输出冻结在最后的状态，或用替代值设置为安全状态。默认的数字量输出状态为 FALSE，默认的模拟量输出值为 0。

3．GET_ERROR 与 GET_ERR_ID 指令

GET_ERROR 指令用来提供有关程序块执行错误的信息。用输出参数 ERROR（错误）显示发生的程序块执行错误（见图 5.3），并且将详细的错误信息填入预定义的 ErrorStruct（错误结构）数据类型（见表 5.1）。可以用程序来分析错误信息，并作出适当的响应。当第一个错误消失时，指令输出下一个错误的信息。

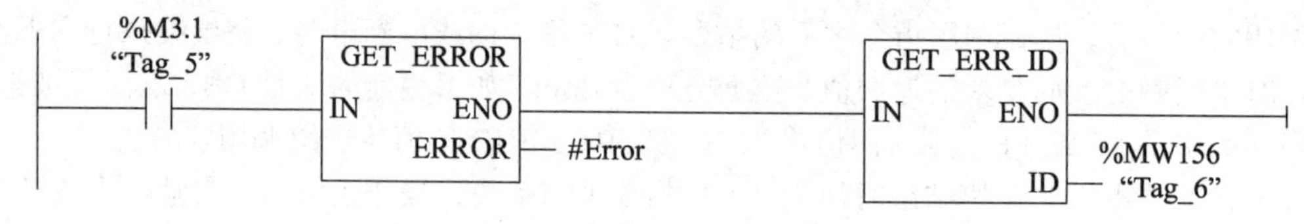

图 5.3　读取错误信息的指令

在块的界面定义一个名为 ERROR1 的变量（见图 5.4）来作参数 ERROR 的实参，用下拉式列表设置接数据类型为 ErrorStruct。也可以在数据块中定义 ERROR 的实参。

名称	数据类型
▸ Input	
▾ Temp	
■ ▸ ERROR1	ErrorStruct
■ <新增>	

图 5.4　定义 ErrorStruct 数据

GET_ERR_ID 指令用来报告错误的 ID（标识符）。如果块执行时出现错误，且指令的 EN 输入为 1 状态时，则出现的第一个错误 ID 保存在指令的输出参数“ID”中，ID 的数据类型为 Word。当第一个错误消失时，指令输出下一个错误的 ID。

作为默认的设置，PLC 对程序块执行出现错误的响应方式是将错误记录在诊断缓冲区，并使 CPU 切换到 STOP 模式。

如果在代码块中调用 GET_ERROR 与 GET_ERR_ID 指令，当出现错误时 PLC 不再作出上述的响应，详细的错误信息将由 GET_ERROR 指令的输出参数 ERROR 来提供，错误的标识符（ID）在 GET_ERR_ID 指令的输出参数 ID 指定的地址中。通常第一条错误是最重要的，后面的错误均由第一条错误引起。

如果 GET_ERROR 或 GET_ERR_ID 指令的 ENO 为 1 状态，则表示出现了代码块执行错误，有错误数据可用。如果 ENO 为 0 状态，则表示没有代码块执行错误。

可以用 GET_ERROR 和 GET_ERR_ID 的 ENO 来连接处理错误的程序。

GET_ERRORR 和 GET_ERR_ID 可以用于从当前执行的块（被调用的块）发送错误信息给

调用它的块。将它们放在被调用块的最后一个程序段，以报告被调用块的最后执行状态。

4．ErrorStruct 数据类型的结构（见表 5.1）

表 5.1　ErrorStruct 数据类型的结构

<table>
<tr><th>结构元素</th><th>数据类型</th><th colspan="6">描　述</th></tr>
<tr><td>ERROR_ID</td><td>Word</td><td colspan="6">错误 ID</td></tr>
<tr><td>FLAGS</td><td>Byte</td><td colspan="6">16#01：块调用时错误，16#00：块调用时没有出错</td></tr>
<tr><td>REACTION</td><td>Byte</td><td colspan="6">默认的反应：0 为写错误，忽略；1 为读错误，继续使用替代值 0；2 为系统错误，跳过指令</td></tr>
<tr><td>BLOCK_TYPE</td><td>Byte</td><td colspan="6">出现错误的块的类型：1 为 OB，2 为 FC，3 为 FB</td></tr>
<tr><td>PAD_0</td><td>Byte</td><td colspan="6">内部字节，用来分隔 ErrorStruct 不同的结构区，其内容无关紧要</td></tr>
<tr><td>CODE_BLOCK_NUMBER</td><td>UInt</td><td colspan="6">出错的代码块的编号</td></tr>
<tr><td>ADDRESS</td><td>UDInt</td><td colspan="6">出错的指令的内部存储单元</td></tr>
<tr><td rowspan="10">MODE</td><td rowspan="10">Byte</td><td colspan="6">访问模式：取决于访问的类型，可能输出下面的信息</td></tr>
<tr><td>模式</td><td>（A）</td><td>（B）</td><td>（C）</td><td>（D）</td><td>（E）</td></tr>
<tr><td>0</td><td></td><td></td><td></td><td></td><td></td></tr>
<tr><td>1</td><td></td><td></td><td></td><td></td><td>偏移量</td></tr>
<tr><td>2</td><td></td><td></td><td>区域</td><td></td><td></td></tr>
<tr><td>3</td><td>位置</td><td>范围</td><td></td><td>DB 编号</td><td></td></tr>
<tr><td>4</td><td></td><td></td><td>区域</td><td></td><td>偏移量</td></tr>
<tr><td>5</td><td></td><td></td><td>区域</td><td>DB 编号</td><td>偏移量</td></tr>
<tr><td>6</td><td>指针编号/Acc</td><td></td><td>区域</td><td>DB 编号</td><td>偏移量</td></tr>
<tr><td>7</td><td>指针编号/Acc</td><td>槽编号/范围</td><td>区域</td><td>DB 编号</td><td>偏移量</td></tr>
<tr><td>PAD_1</td><td>Byte</td><td colspan="6">内部字节，用来分隔 ErrorStruct 不同的结构区，其内容无关紧要</td></tr>
<tr><td>OPERAND_NUMBER</td><td>UInt</td><td colspan="6">内部指令的操作数编号</td></tr>
<tr><td>POINTER_NUMBER_LOCATION</td><td>UInt</td><td colspan="6">（A）内部指令指针位置</td></tr>
<tr><td>SLOT_NUMBER_SCOPE</td><td>UInt</td><td colspan="6">（B）内部存储器的存储位置</td></tr>
<tr><td>AREA</td><td>Byte</td><td colspan="6">（C）出现错误的存储区，L:16#40～4E、86、87、8E、8F、C0～CE;I:16#81;Q:16#82;M:16#83;DB:16#84、85、8A、8B</td></tr>
<tr><td>PAD_2</td><td>Byte</td><td colspan="6">内部字节，用来分隔 ErrorStruct 不同的结构区，其内容无关紧要</td></tr>
<tr><td>DB_NUMBER</td><td>UInt</td><td colspan="6">（D）出现错误时的数据块编号，未用数据块时为 0</td></tr>
<tr><td>OFFSET</td><td>UDInt</td><td colspan="6">（E）出现错误时的位偏移量，例如：12 为字节 1 的第 4 位</td></tr>
</table>

5.2 数据处理指令

5.2.1 比较指令

1．比较指令

比较指令用来比较数据类型相同的两个数 IN1 与 IN2 的大小（见图 5.5），IN1 和 IN2 分别在触点的上面和下面。它们的数据类型（见图 5.5 中的下拉式列表）应相同。操作数可以是 I、Q、M、L、D 存储区中的变量或常数。比较两个字符串，实际上比较的是它们各自对应字符 ASCII 码的大小，第一个不相同的字符决定了比较的结果。

可以将比较指令视为一个等效的触点，比较符号可以是“= =”（等于）、“<>”（不等于）、“>”、“> =”、“<”和“< =”。当满足比较关系式给出的条件时，等效触点接通。例如，当 MW8 的值等于 – 24 732 时，图 5.5 中第一行左边的比较触点接通。

生成比较指令后，双击触点中间比较符号下面的问号（见图 5.5 右边未输入参数的比较触点），点击出现的▼ 按钮，用下拉式列表设置要比较的数的数据类型。

实际上比较指令的比较符号也可以修改，即双击比较符号，点击出现的▼ 按钮，可以用下拉式列表修改比较符号。

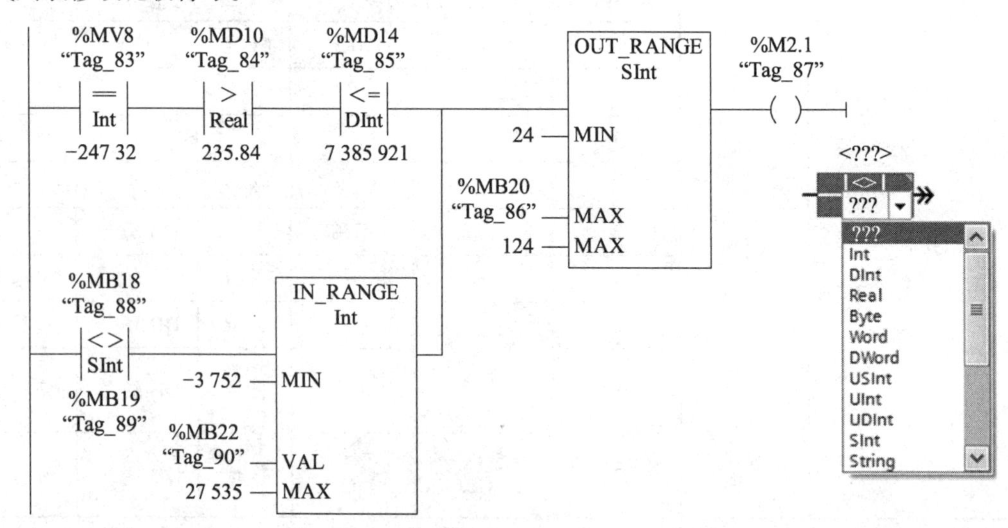

图 5.5　比较指令

2．范围内与范围外比较指令

范围内比较指令 IN_RANGE 与范围外比较指令 OUT_RANGE 可以等效为一个触点。如果有能流流入指令方框，则执行比较。图 5.5 中的 IN_RANGE 指令的参数 VAL 满足 MIN≤VAL≤MAX（ – 3752≤MW22≤27 535），或 OUT_RANGE 指令的参数 VAL 满足 VAL<MIN 或 VAL>MAX（MB20<24 或 MB20>124）时，等效触点闭合，有能流流出指令框的输出端。如果不满足比较条件，没有能流输出。如果没有能流输入指令框，不执行比较，没有能流输出。

指令的 MIN、MAX 和 VAL 的数据类型必须相同，可选 SInt、Int、DInt、USInt、UInt、UDInt、Real 可以是 I、Q、M、L、D 存储区中的变量或常数。双击指令名称下面的问号，点击出现的▼ 按钮，用下拉式列表框设置要比较的数据的数据类型。

【例 5.1】 用接通延时定时器和比较指令组成占空比可调的脉冲发生器。

M2.0 和接通延时定时器 TON 组成了一个脉冲发生器，使 MD4 中 TON 的已耗时间按图 5.6 所示的波形变化。比较指令用来产生脉冲宽度可调的方波，Q0.0 为 0 的时间取决于比较触点下面的操作数的值。

MD4 用于保存定时器 TON 的已耗时间 ET，其数据类型为 Time。输入比较指令上面的操作数 MD4 后，指令中“>=”符号下面的数据类型自动变为“Time”。输入 IN2 的值 1000 后，自动变为 T#l000ms。

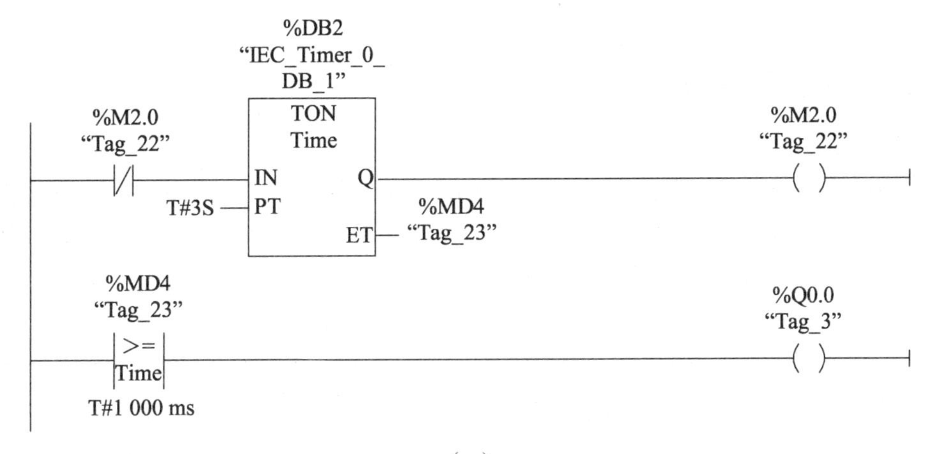

（a）

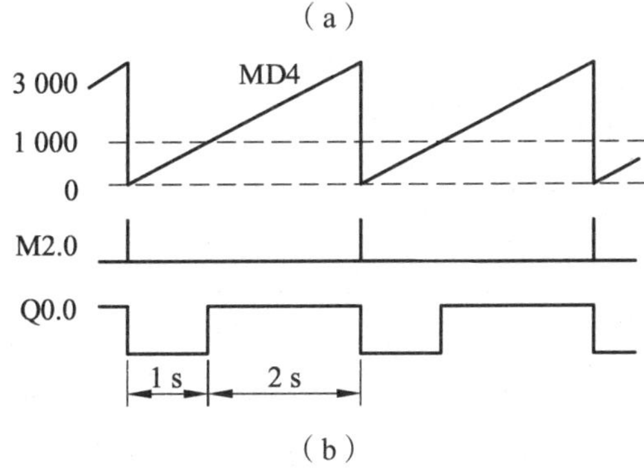

（b）

图 5.6 自复位接通延时定时器

3．OK 与 NOT_OK 指令

OK 和 NOT_OK 指令［见图 5.7（a）］用来检测输入数据是否是实数（即浮点数）。如果是实数，则 OK 触点接通，反之 NOT_OK 触点接通。触点上面的变量的数据类型为 Real。

执行图 5.7（b）中的乘法指令 MUL 之前，首先用 OK 指令检查 MUL 指令的两个操作数是否是实数，如果不是，则 OK 触点断开，没有能流流入 MUL 指令的使能输入端 EN，不会执行乘法指令。

%MD32 “Tag_17” OK —— %MD36 “Tag_18” NOT_OK —— %M2.2 “Tag_16” ( )

（a）OK 与 NOT_OK 指令

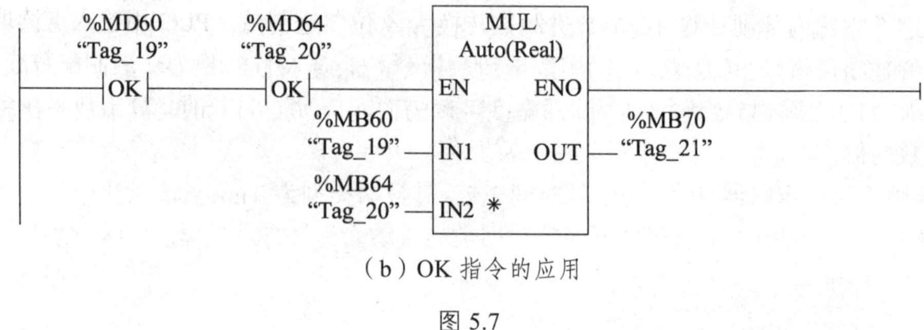

（b）OK 指令的应用

图 5.7

5.2.2 使能输入与使能输出

1．BCD 码

BCD（Binary-coded Decimal）是二进制编码的十进制数的缩写，BCD 码用 4 位二进制数表示一位十进制数（见表 5.2），每一位 BCD 码允许的数值范围为 2#0000 ~ 2#1001，对应十进制数 0 ~ 9。4 位二进制数共有 16 种组合，有 6 种组合（2#1010 ~ 2#1111）没有在 BCD 码中使用。

表 5.2 不同进制的数的表示方法

十进制数	十六进制数	二进制数	BCD 码	十进制数	十六进制数	二进制数	BCD 码
0	0	00000	0000 0000	9	9	01001	0000 1001
1	1	00001	0000 0001	10	A	01010	0001 0000
2	2	00010	0000 0010	11	B	01011	0001 0001
3	3	00011	0000 0011	12	C	01100	0001 0010
4	4	00100	0000 0100	13	D	01101	0001 0011
5	5	00101	0000 0101	14	E	01110	0001 0100
6	6	00110	0000 0110	15	F	01111	0001 0101
7	7	00111	0000 0111	16	10	10000	0001 0110
8	8	01000	0000 1000	17	11	10001	0001 0111

BCD 码的最高位二进制数用来表示符号，负数为 1，正数为 0。一般令负数和正数的最高 4 位二进制数分别为 1111 和 0000（见图 5.8）。16 位 BCD 码的范围为 -999 ~ +999，32 位 BCD 码的范围为 -9 999 999 ~ +9 999 999（见图 5.9），BCD 码各位之间的关系是逢十进一。

15			0
1111	1000	0110	0010
符号位	百位	十位	个位

图 5.8 3 位 BCD 码的格式

31			16	15			0
SXXX							
符号位	百万位	十万位	万位	千位	百位	十位	个位

图 5.9 7 位 BCD 码的格式

拨码开关（见图 5.10）内的圆盘的圆周面上有 0 ~ 9 这 10 个数字，用按钮来增、减各位要输入的数字。它用内部硬件将 10 个十进制数转换为 4 位二进制数。PLC 用输入点读取的多位拨码开关的输出值就是 BCD 码，可以用数据转换指令 CONV 将它转换为二进制整数或双整数。

用 PLC 的 4 个输出点给译码驱动芯片 4547 提供输入信号，可以用 LED 七段显示器显示一位十进制数（见图 5.11）。需要使用数据转换指令 CONV，将 PLC 中的二进制整数或双整数转换为 BCD 码，然后分别送给各个译码驱动芯片。

图 5.10　拨码开关

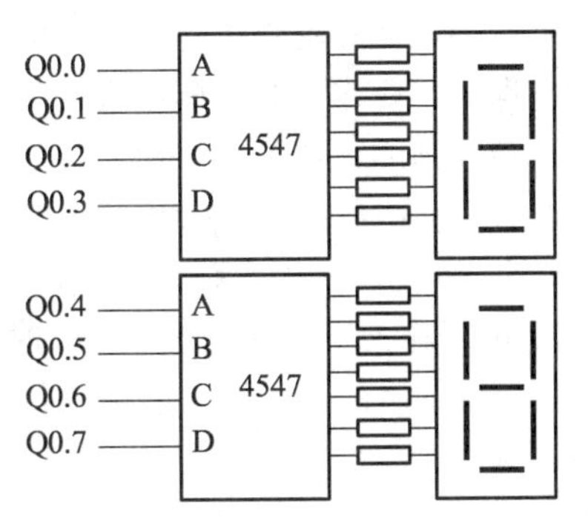

图 5.11　LED 七段显示器电路

2．EN 与 ENO

在梯形图中，用方框表示某些指令、功能（FC）和功能块（FB），输入信号均在方框的左边，输出信号均在方框的右边。梯形图中有一条提供“能流”的左侧垂直母线，图 5.12 中 I0.0 的常开触点接通时，能流流到方框指令 CONV 的使能输入端 EN（Enable input），“使能”有允许的意思。使能输入端有能流时，方框指令才能执行。

如果方框指令的 EN 端有能流流入，而且执行时无错误，则使能输出 ENO（Enable Output）端将能流传递给下一个元件［见图 5.12（a）］；如果执行过程中有错误，能流在出现错误的方框指令终止［见图 5.12（b）］。

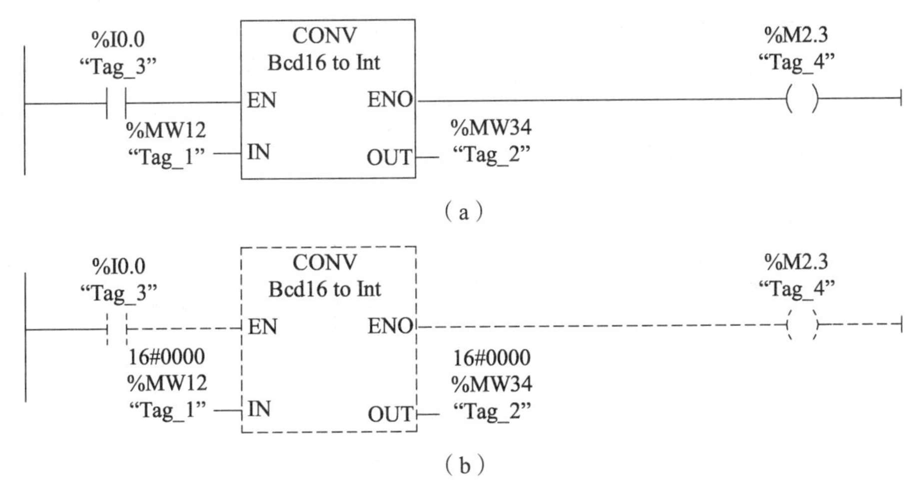

图 5.12　EN 与 ENO

如图 5.12 所示的方框指令 CONV 是数据转换指令。将指令列表中的 CONV 指令拖放到梯形图中时，CONV 下面的“to”两边分别有 3 个红色的问号［见图 5.13（b）的指令］，用来设置转换前后的数据的数据类型。点击“to”前面或后面的问号，再点击问号右边出现的▼按钮，用下拉式列表设置转换前的数据的数据类型为 16 位 BCD 码（Bcd16），转换后的数据的数据类型为 Int（有符号整数）。

在 RUN 模式用程序状态监控功能监视程序的运行情况。用监视表设置转换前 MW12 的值为 16#F938［见图 5.12（a）］，最高位的“F”对应于 2#1111，表示负数。转换后的十进制数为 - 938，因为程序执行成功，有能流从 ENO 输出端流出。指令框和 ENO 输出线均为绿色的连续线。

也可以用鼠标右键点击图 5.12 中的 MW12，执行出现的快捷菜单中的“修改→修改值”命令，在出现的“修改”对话框中设置变量的值。点击“确认”按钮确认。

设置转换前的数值为 16#9D8［见图 5.12（b）］，BCD 码每一位的有效数字为 0～9，16#D 是非法的数字，因此程序执行出错，没有能流从 ENO 流出，指令框和 ENO 输出线均为蓝色的虚线。如果 ENO 端未接后续元件，指令框和 ENO 输出线均为蓝色的虚线。

ENO 可以作为下一个方框的 EN 输入，即几个方框可以串联，只有前一个方框被正确执行时，与它连接的后面的程序才能被执行。EN 和 ENO 的操作数均为能流，数据类型为 Bool（布尔）型。可以在指令的在线帮助中找到使 ENO 为 0 状态的原因。

下列指令使用 EN/ENO：数学运算指令、传送与转换指令、移位与循环指令、字逻辑运算指令等。

下列指令不使用 EN/ENO：位逻辑指令、比较指令、计数器指令、定时器指令和程序控制指令。这些指令不会在执行时山现需要程序中止的错误，因此不需要使用 EN/ENO。

5.2.3 数据转换指令

1．CONV 指令

CONV 指令的参数 IN、OUT 的数据类型可以是 Byte、Word、DWord、SInt、Int、DInt、USInt、UInt、UDInt、BCD16、BCD32 和 Real，IN 还可以是常数。

EN 输入端有能流流入时，CONV 指令将输入 IN 指定的数据转换为 OUT 指定的数据类型。数据类型 Bcd16 只能转换为 Int，Bcd32 只能转换为 DInt。

如图 5.13 所示 I0.3 的常开触点接通时，执行 CONV 指令，将 MD42 中的 32 位 BCD 码转换为双整数后送 MD46。如果执行时没有出错，有能流从 CONV 指令的 ENO 端流出。ROUND 指令将 MD50 中的实数四舍五入转换为双整数后保存在 MD54。

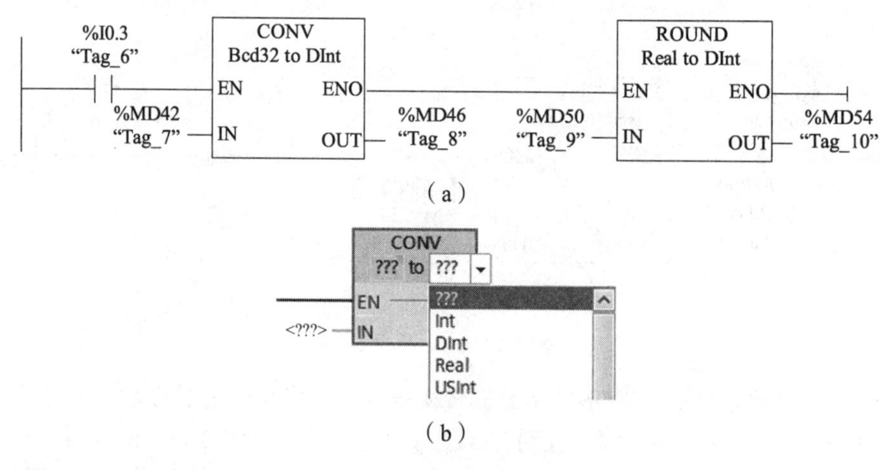

图 5.13 数据转换指令

如果输入 IN 为 INF（无穷大）或 NaN（无效的数学运算结果），或转换结果超出了 OUT 的数据类型允许的范围，ENO 为 0 状态。

2．浮点数转换为双整数的指令

浮点数转换为双整数有 4 条指令，它们将 IN 输入的浮点数转换为 32 位双整数。其中用得最多的是四舍五入 ROUND 指令，CEIL 和 FLOOR 指令用得很少。因为转换规则不同，得到的结果也不相同。如表 5.3 所示为不同的取整格式的例子。

表 5.3　不同的取整格式举例

指　令	取整前	取整后	说　明
ROUND	+100.6 −100.6	+101 −101	将浮点数转换为四舍五入的双整数
CEIL	+100.2 −100.6	+101 −100	将浮点数转换为大于或等于它的最小双整数
FLOOR	+100.6 −100.2	+100 −101	将浮点数转换为小于或等于它的最小双整数
TRUNC	+100.7 −100.7	+100 −100	将浮点数转换为截位取整的双整数

因为浮点数的数值范围远远大于 32 位整数，有的浮点数不能成功地转换为 32 位整数。如果被转换的浮点数超出了 32 位整数的表示范围，得不到有效的结果，ENO 为 0 状态。

3．SCALE_X 指令

图 5.14 中的 SCALE_X 指令的浮点数输入值 VALUE（0.0≤VALUE≤1.0）被线性转换（映射）为参数 MIN（下限）和 MAX（上限）定义的数值范围之间的整数。转换结果保存在 OUT 指定的地址。

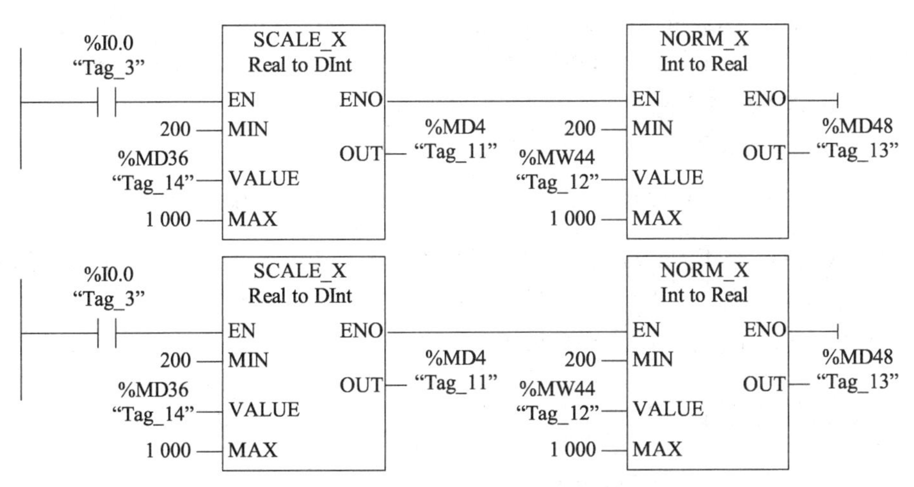

图 5.14　SCALE_X 与 NORM_X 指令

点击方框内指令名称下面的问号，用下拉式列表设置变量的数据类型。参数 MIN、MAX 和 OUT 的数据类型应相同，可以是 SInt、Int、DInt、USInt、UInt、UDInt 和 Real，MIN 和 MAX 可以是常数。

各变量之间的线性关系如下（见图 5.15）：

$$OUT = VALUE(MAX - MIN) + MIN = 0.4 \times (1000 - 200) + 200 = 520$$

如果参数 VALUE 小于 0.0 或大于 1.0，可以生成小于 MIN 或大于 MAX 的 OUT，此时 ENO 为 1。例如 VALUE 为 1.2 时，OUT 为 1160。

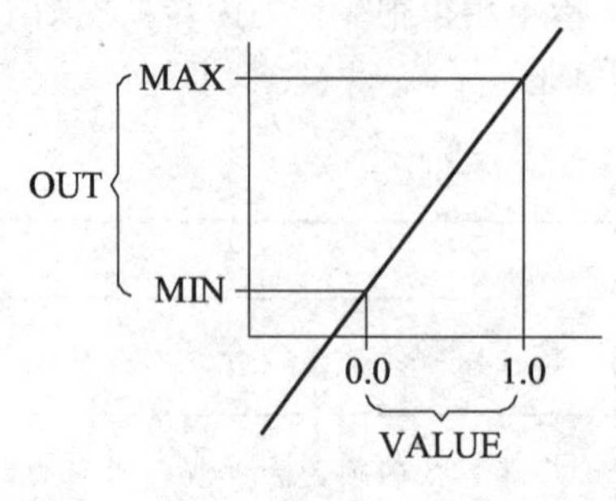

图 5.15　SCALE_X 指令的线性关系

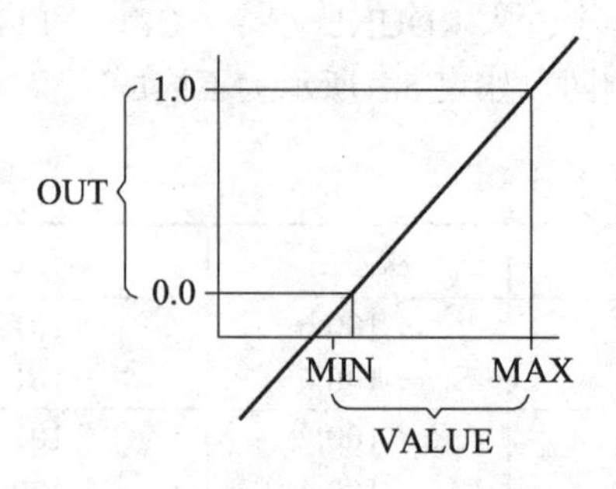

图 5.16　NORM_X 指令的线性关系

满足下列条件之一时，ENO 为 0 状态：

（1）EN 输入为 0 状态。

（2）MIN 的值大于等于 MAX 的值。

（3）实数值超出 IEEE-754 规定的范围。

（4）有溢出。

（5）输入 VALUE 为 NaN（无效的算术运算结果）。

4．NORM_X 指令

如图 5.16 所示，NORM_X 指令的整数输入值 VALUE（MIN≤VALUE≤MAX）被线性转换（规格化）为 0.0 ~ 1.0 之间的浮点数，转换结果保存在 OUT 指定的地址。

NORM_X 的输出 OUT 的数据类型为 Real（实数），点击方框内指令名称下面的问号，用下拉式列表设置输入 VALUE 的数据类型。输入参数 MIN、MAX 和 VALUE 的数据类型应相同，可以是 SInt、Int、DInt、USInt、UInt、UDInt、Real，也可以是常数。

各变量之间的线性关系为（见图 5.16）

$$OUT = (VALUE - MIN)/(MAX - MIN) = (800 - 200)/(1000 - 200) = 0.75$$

如果参数 VALUE 小于 MIN 或大于 MAX，可以生成小于 0.0 或大于 1.0 的 OUT，此时 ENO 为 1。例如：图 5.14 中的 VALUE 为 0 时，OUT 为 – 0.25。

使 ENO 为 0 状态的条件与指令 SCALE_X 的相同。

5.2.4　数据传送指令

1．MOVE 指令

MOVE 指令（见图 5.17）用于将 IN 输入端的源数据复制给 OUT1 输出的目的地址，并且转换为 OUT1 指定的数据类型，源数据保持不变。IN 和 OUT1 可以是 Bool 之外的所有的基本数据类型，和数据类型 DTL、Struct 和 Array。IN 还可以是常数。

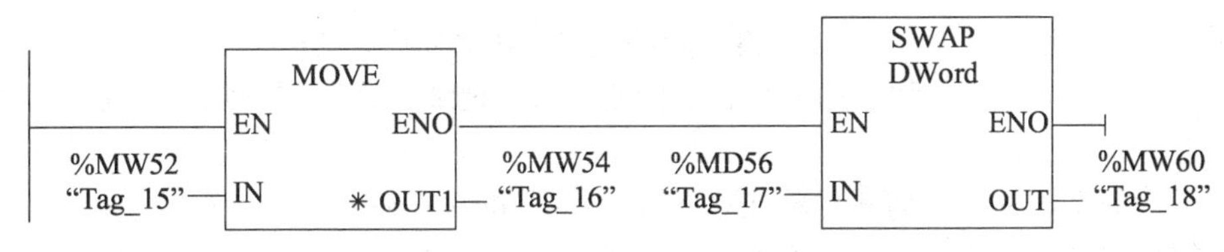

图 5.17　MOVE 与 SWAP 指令

同一条指令的输入参数和输出参数的数据类型可以不相同，例如，可以将 MB0 中的数据传送到 MW2。如果将 MW4 中超过 255 的数据传送到 MB6，则只是将 MW4 的低位字节（MB5）中的数据传送到 MB6，应避免出现这种情况。

2．SWAP 指令

IN 和 OUT 为数据类型 Word 时，SWAP 指令交换输入 IN 的高、低字节后，保存到 OUT 指定的地址。

IN 和 OUT 为数据类型 Dword 时，交换 4 个字节中数据的顺序，交换后保存到 OUT 指定的地址（见图 5.17）。

3．全局数据块与数组

块传送指令用于传送数据块中的数组的多个元素。为此，首先应生成全局数据块和数组。数组由相同数据类型的多个元素组成，数组元素的数据类型可以是所有的基本数据类型。

点击项目树中 PLC 的“程序块”文件夹中的“添加新块”，添加一个新的块。在打开的对话框中（见图 5.18），点击“数据块”按钮，生成一个数据块，可以修改其名称或采用默认的名称，其类型为默认的“全局 DB”，生成方式为默认的“自动”。点击“确认”按钮后自动生成数据块。

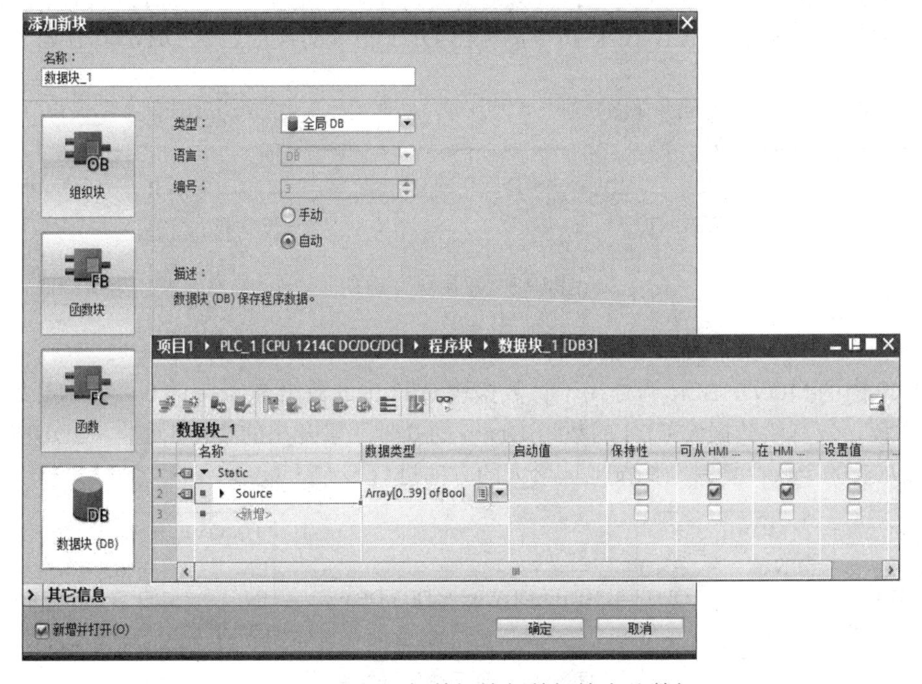

图 5.18　添加数据块与数据块中的数组

如果用单选框选中“手动”，可以修改块的编号。在属性中，选中复选框“优化的块访问”，只能用符号地址访问生成的块中的变量，不能使用绝对地址。这种访问方式可以提高存储器的利用率。

选中下面的复选框“添加新对象并打开”，生成新的块之后，它将会被自动打开。

在数据块的第 2 行的“名称”列（见图 5.18），输入数组（Array）的名称“Source”，点击“数据类型”列中的按钮，选中下拉式列表中的数据类型“Array[lo..hi] of type”。其中的“lo（low）”和“hi（high）”分别是数组元素的编号（下标）的上限值和下限值，最大范围为[-32768..32767]，下限值应小于等于上限值。

将“Array[lo..hi] of type”修改为“Array[0..39] of Int”（见图 5.18），其元素的数据类型为 Int，元素的编号为 0 ~ 39。S7-1200 只能生成一维数组。

用同样的方法生成数据块 DB4，在 DB4 中生成有 40 个 Int 元素的数组 Distin。

在用户程序中，可以用符号地址“数据_块_1”.Source[2]或绝对地址 DB3.DBW4 访问数组中下标为 2 的元素。

4．FILL_BLK 与 UFILL_BLK 指令

FILL_BLK 指令将输入参数 IN 设置的值填充到输出参数 OUT 指定起始地址的目标数据区（见图 5.19），IN 和 OUT 必须是 D、L（数据块或块的局部数据区）中的数组元素，IN 还可以是常数。COUNT 为填充的数组元素的个数，数据类型为 DInt 或常数。图 5.19 中 I0.4 的常开触点接通时，常数 3527 被填充到 DB3 的 DBW0 开始的 20 个字中。

FILL_BLK 与 UFILL_BLK 指令的功能基本上相同，其区别在于后面的填充操作不会被其他操作系统的任务打断。当执行该指令时，CPU 的报警响应时间将会增大。

值得注意的是，指令 UFILL_BLK 的起始地址 DB3.DBW40 中的 40 是数据块中字节的编号，而输入参数 COUNT 是以字为单位的数组元素的个数。指令 FILL_BLK 已占用了 40B（即 20 个字）的数据，因此 UFILL_BLK 指令的输出 OUT 指令的地址区从 DBW40 开始。

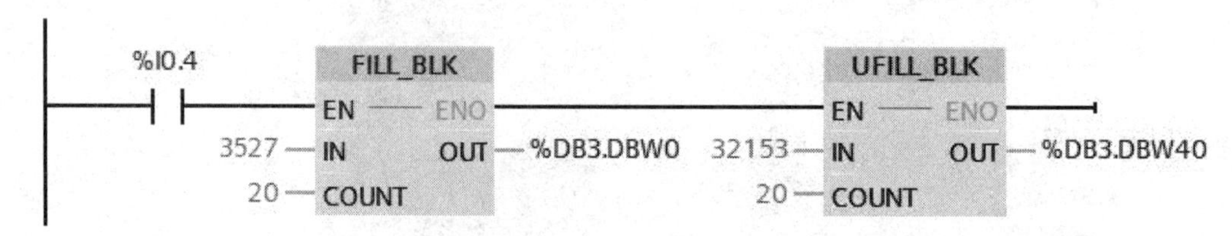

图 5.19　数据填充指令

5．MOVE_BLK 与 UMOVE_BLK 指令

图 5.20 中的 MOVE_BLK 指令用于将数据块 DB3 中的数组 Source 的 0 号元素开始的 20 个 Int 元素的值，复制给数据块 DB4 的数组 Distin 的 0 号元素开始的 20 个元素。COUNT 为要传送的数组元素的个数，复制操作按地址增大的方向进行。

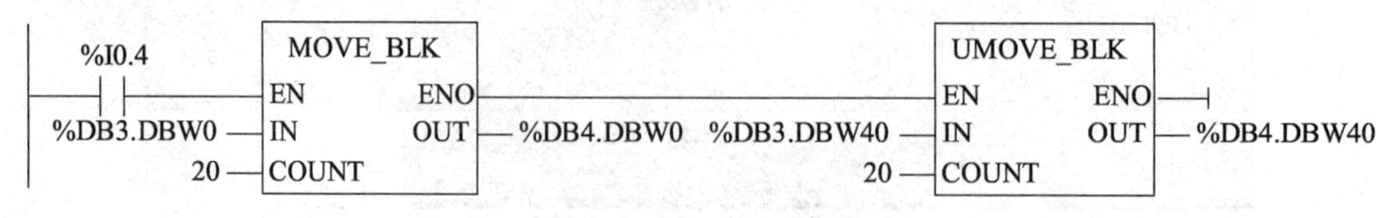

图 5.20　数据块传送指令

除了 IN 不能取常数外，指令 MOVE_BLK 和 FILL_BLK 的参数的数据类型和存储区基本上相同。

指令 UMOVE_BLK 与 MOVE_BLK 的功能基本上相同（见图 5.20），区别在于前者的复制操作不会被其他操作系统的任务打断。执行该指令时，CPU 的报警响应时间将会增大。

6．块填充与块传送指令的实验

将图 5.19 和图 5.20 中的程序下载到 CPU，切换到 RUN 模式后，双击打开指令树中的 DB3 和 DB4。单击工具栏上的按钮，启动扩展模式，显示各数组元素。点击按钮，启动监视，“监视值”列是 CPU 中的变量值。

因为没有设置保持（Retain）功能，数组元素的初始值均为 0，此时 DB3 和 DB4 的各数组元素的值均为 0。

接通 I0.4 的常开触点，FILL_BLK 与 UFILL_BLK 指令被执行，DB3 中的数组元素 Source[0] ~Source[19]被填充数据 3527，Source[20] ~Source[39]被填充数据 32153，如图 5.21 所示为传送给 DB3 的部分数据。

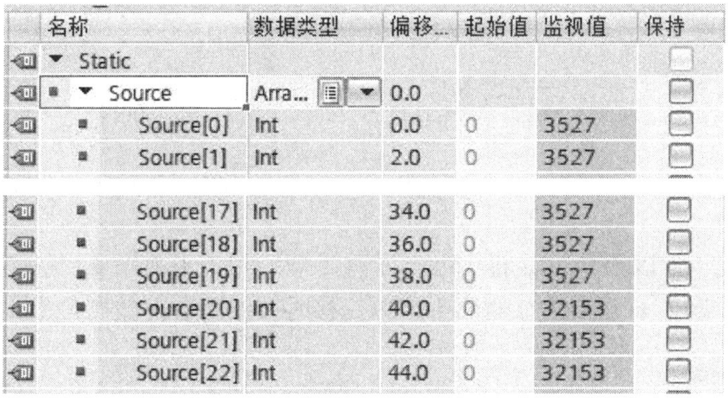

名称	数据类型	偏移...	起始值	监视值	保持
▼ Static					
▼ Source	Arra...	0.0			
Source[0]	Int	0.0	0	3527	
Source[1]	Int	2.0	0	3527	
Source[17]	Int	34.0	0	3527	
Source[18]	Int	36.0	0	3527	
Source[19]	Int	38.0	0	3527	
Source[20]	Int	40.0	0	32153	
Source[21]	Int	42.0	0	32153	
Source[22]	Int	44.0	0	32153	

图 5.21 数据块中的部分数据

接通 I0.3 的常开触点 MOVE_BLK 与 UMOVE_BLK 指令被执行，DB3 中的数组 Source 的前 40 个元素被传送给符号名为 DB_2 的 DB4 中的数组 Distin 的前 40 个元素。

5.2.5 移位与循环移位指令

1．移位指令

移位指令 SHR 和 SHL 将输入参数 IN 指定的存储单元的整个内容逐位右移或左移若干位，移位的位数用输入参数 N 来定义，移位的结果保存在输出参数 OUT 指定的地址。

无符号数移位和有符号数左移后空出来的位用 0 填充。有符号数右移后空出来的位用符号位（原来的最高位）填充，正数的符号位为 0。负数的符号位为 1。

移位位数 N 为 0 时不会移位，但是 IN 指定的输入值被复制给 OUT 指定的地址。如果 N 大于被移位存储单元的位数，所有原来的位部被移出后，全部被 0 或符号位取代。移位操作的 ENO 总是为 1 状态。

将指令列表中的移位指令拖放到梯形图后，点击方框内指令名称下面的问号。用下拉式列表设置变量的数据类型。

如果移位后的数据要送回原地址，应将图 5.22 中 I0.5 的常开触点改为 I0.5 的上升沿检测触点（P 触点），否则在 I0.5 为1的每个扫描周期都要移位一次。

右移 n 位相当于除以 2^n，例如，将十进制数 – 200 对应的二进制数 2#1111 1111 0011 1000 右移 2 位（见图 5.22 和图 5.23），相当于除以 4，右移后得到的二进制数 2#1111 1111 1100 1110 对应于十进制数 – 50。

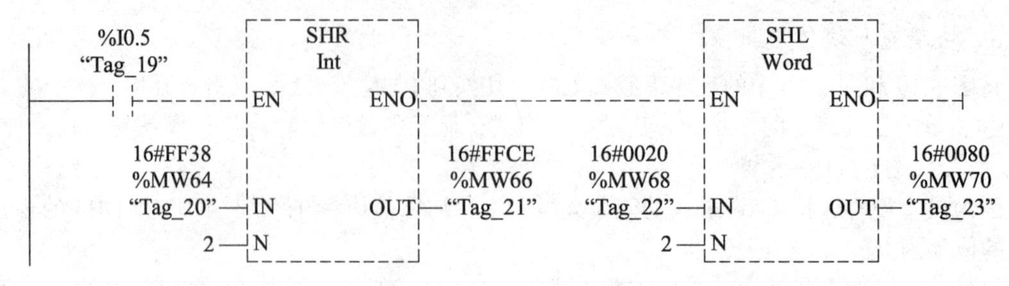

图 5.22　移位与循环指令

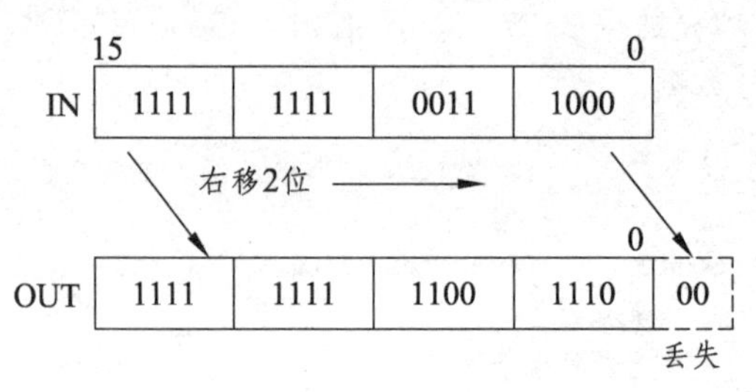

图 5.23　数据的右移

左移 n 位相当于乘以 2^n，例如将 16#20 左移 2 位，相当于乘以 4，左移后得到的十六进制数为 16#80（见图 5.22）。此结论只适用于该数左移时被溢出舍弃的高位中不包含 1 的情况。

2．循环移位指令

循环移位指令 ROR 和 ROL 将输入参数 IN 指定的存储单元的整个内容逐位循环右移或循环左移若干位，即移出来的位又送回存储单元另一端空出来的位，原始的位不会丢失。移位的结果保存在输出参数 OUT 指定的地址。n 为 0 时不会移位，但是 IN 指定的输入值复制给 OUT 指定的地址。移位位数 n 可以大于被移位存储单元的位数，执行指令后，ENO 总是为 1 状态。

3．使用循环移位指令的彩灯控制器

在如图 5.24 所示的 8 位循环移位彩灯控制程序中，QB0 是否移位用 I0.6 来控制，移位的方向用 I0.7 来控制。为了获得移位用的时钟脉冲和首次扫描脉冲，在组态 CPU 的属性时，设置系统存储器字节地址和时钟脉冲地址分别是默认的 MB1 和 MB0，时钟脉冲位 M0.5 的频率为 1 Hz。

PLC 首次扫描时 M1.0 的常开触点接通，MOVE 指令给 QB0（Q0.0 ~ Q0.7）置初值 7，其低 3 位被置为 1。

输入、下载和运行彩灯控制程序，通过观察 CPU 模块上与 Q0.0 ~ Q0.7 对应的 LED（发光二极管），观察彩灯的运行效果。

I0.6 为 1 状态时，在时钟脉冲位 M0.5 的上升沿，指令 P_TRIG 输出一个扫描周期的脉冲。如果此时 I0.7 为 1 状态，执行一次 ROR 指令，QB0 的值循环右移 1 位。如果 I0.7 为 0 状态，执行一次 ROL 指令，QB0 的值循环左移 1 位。表 5.4 是 QB0 循环移位前后的数据。因为 QB0

循环移位后的值又送回 QB0，循环移位指令的前面必须使用 P_TRIG 指令，否则每个扫描循环周期都要执行一次循环移位指令，而不是每秒移位一次。

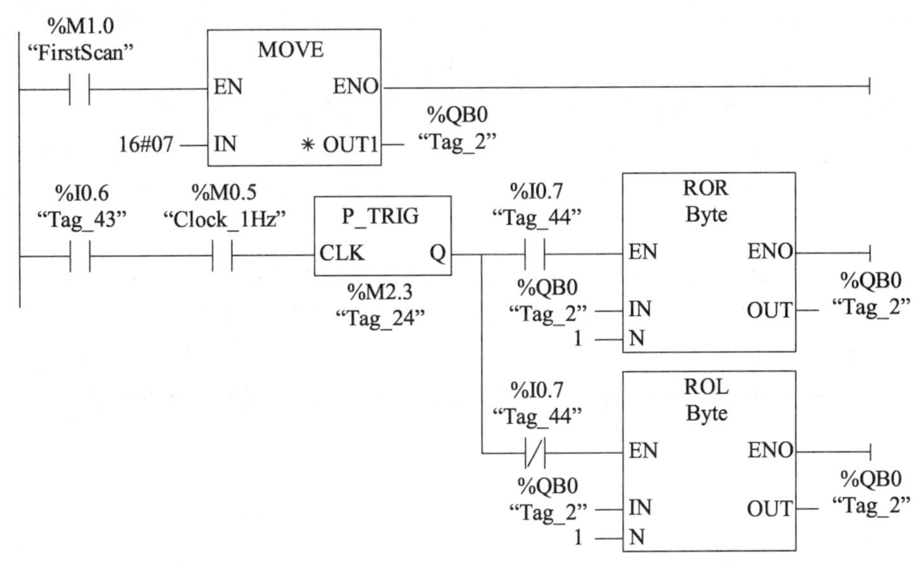

图 5.24　使用循环移位指令的彩灯控制器

表 5.4　QBO 循环移位前后的数据

内　容	循环左移	循环右移
移位前	0000 0111	0000 0111
第 1 次移位后	0000 1110	1000 0011
第 2 次移位后	0001 1100	1100 0001
第 3 次移位后	0011 1000	1110 0000

5.3　数学运算指令

5.3.1　数学运算指令

数学运算指令包括数学运算指令（见表 5.5）、浮点数函数运算指令和逻辑运算指令。

表 5.5　数学运算指令

梯形图	描　述	梯形图	描　述
ADD	IN1 + IN2 = OUT	INC	将参数 IN/OUT 的值加 1
SUB	IN1 − IN2 = OUT	DEC	将参数 IN/OUT 的值减 1
MUL	IN1*IN2 = OUT	ABS	求有符号整数和实数的绝对值
DIV	IN1/IN2 = OUT	MIN	求两个输入中的较小的数
MOD	求双整数除法的余数	MAX	求两个输入中的较大的数
NEG	将输入值的符号取反	LIMIT	将输入 IN 的值限制在指定的范围内

1．四则运算指令

数学运算指令中的 ADD、SUB、MUL 和 DIV 分别指加、减、乘、除，它们执行的操作如表 5.5 所示。操作数的数据类型可选 SInt、Int、Dint、USInt、UInt、UDInt 和 Real，IN1 和 IN2 可以是常数。IN1、IN2 和 OUT 的数据类型应该相同。

整数除法指令将得到的商截位取整后，作为整数格式的输出（OUT）。

用右键点击 ADD 指令，执行弹出快捷菜单中的“插入输入”命令，ADD 指令将会增加一个输入变量。用鼠标右键点击某条输入短线，执行快捷菜单中的“删除”命令，将会减少一个输入变量。

【例 5.2】 压力变送器的量程为 0 ~ 10 MPa，输出信号为 0 ~ 10 V，被 CPU 集成的模拟量输入的通道 0（地址为 IW64）转换为 0 ~ 27 648 的数字。假设转换后的数字为 N，试求以 kPa 为单位的压力值。

解：0 ~ 10 MPa（0 ~ 10 000 kPa）对应于转换后的数字 0 ~ 27 648，转换公式为

$$P = (10\ 000 \times N)/27\ 648 \quad (\text{kPa}) \tag{5-1}$$

值得注意的是，在运算时一定要先乘后除，否则会损失原始数据的精度。

公式中乘法运算的结果可能会大于一个字能表示的最大值，因此，应使用数据类型为双整数的乘法和除法（见图 5.25）。为此，首先使用 CONV 指令，将 IW64 转换为双整数（DInt）。

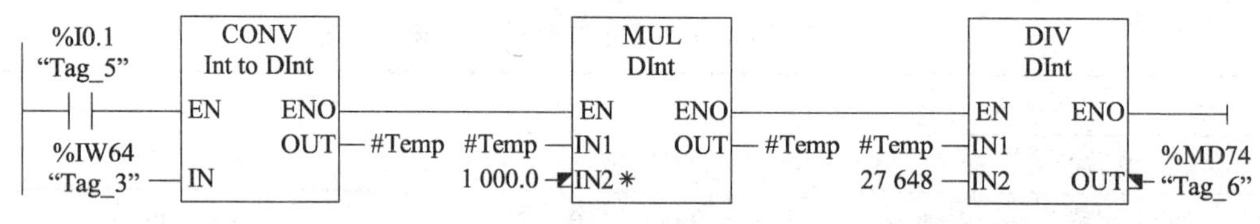

图 5.25 压力测量值计算程序

将指令列表中的 MUL 和 DIV 指令拖放到梯形图中后，点击指令方框内指令名称下面的问号，再点击出现的▼按钮，用下拉式列表框设置操作数的数据类型为双整数 DInt。在 OB1 的界面区定义数据类型为 DInt 的临时局部变量 Temp，用来保存运算的中间结果。

双字除法指令 DIV 的运算结果为双字，但是由式（5-1）可知运算结果实际上不会超过 16 位正整数的最大值 32 767，所以双字 MD74 的高位字 MW74 为 0，运算结果的有效部分在 MD74 的低位字 MW76 中。

【例 5.3】 使用浮点数运算计算上例以 kPa 为单位的压力值。将式（5-1）改写为式（5-2）：

$$P = (10\ 000 \times N)/27\ 648 = 0.361\ 690 \times N \quad (\text{kPa}) \tag{5-2}$$

在 OB1 的界面区定义数据类型为 Real 的局部变量 Temp2，用来保存运算的中间结果。

首先用 CONV 指令将 IW64 转换为实数（Real），再用实数乘法指令完成式（5-2）的运算（见图 5.26）。最后使用四舍五入的 ROUND 指令，将运算结果转换为整数。

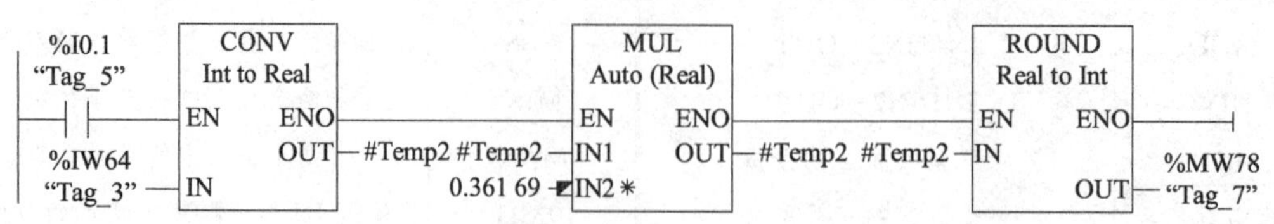

图 5.26 使用浮点数运算指令的压力测量值计算程序

2．其他整数数学运算指令

1）MOD 指令

除法指令只能得到商，余数被丢掉。可以用 MOD 指令来求除法的余数（见图 5.27）。输出 OUT 中的运算结果为除法运算 IN1/IN2 的余数。

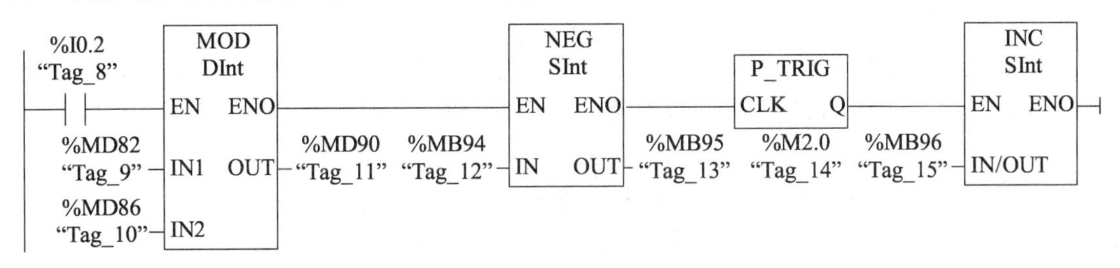

图 5.27　整数运算指令

2）NEG 指令

NEG（negation）将输入 IN 的值的符号取反后，保存在输出 OUT 中。IN 和 OUT 的数据类型可以是 SInt、Int、DInt 和 Real，输入 IN 还可以是常数。

3）INC 与 DEC 指令

执行指令 INC 与 DEC 时，参数 IN/OUT 的值分别被加 1 和减 1。IN/OUT 的数据类型可选是 SInt、USInt、Int、UInt、DInt 和 UDInt（有符号或无符号的整数）。

如图 5.27 中的 INC 指令用来计 I1.2 动作的次数，应在 INC 指令之前添加检测能流的上升沿的 P_TRIG 指令。否则在 I0.2 为 1 状态的每个扫描循环周期，MB96 都要加 1。

4）绝对值指令 ABS

ABS 指令（见图 5.28）用来求输入 IN 中的有符号整数（SInt、Int、DInt）或实数（Real）的绝对值，将结果保存在输出 OUT 中。IN 和 OUT 的数据类型应相同。

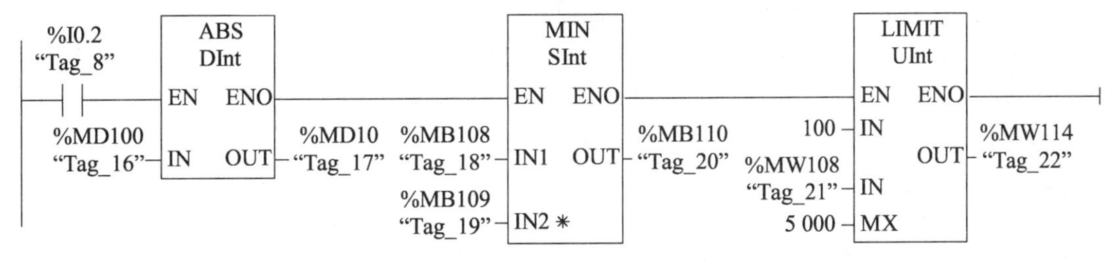

图 5.28　整数运算指令

5）MIN 与 MAX 指令

MIN（minimum）指令比较输入 INl 和 IN2 的值，将其中较小的值送给输出 OUT。

MAX（maximum）指令比较输入 IN1 和 IN2 的值，将其中较大的值送给输出 OUT。

IN1 和 IN2 的数据类型相同才能执行指定的操作。

6）LIMIT 指令

LIMIT 指令检查输入 IN 的值是否在参数 MIN 和 MAX 指定的范围内，如果 IN 的值没有超出该范围，则将它直接保存在 OUT 指定的地址中。如果 IN 的值小于 MIN 的值或大于 MAX 的值，则将 MIN 或 MAX 的值送给输出 OUT。

3．浮点数函数运算指令

浮点数（实数）数学运算指令（见表 5.6）的操作数 IN 和 OUT 的数据类型为 Real。

浮点数自然指数指令 EXP 和浮点数自然对数指令 LN 中的指数和对数的底数 e = 2.718 28。

浮点数开平方指令 SQRT 和 LN 指令的输入值如果小于 0，输出 OUT 返回一个无效的浮点数。

浮点数三角函数指令和反三角函数指令中的角度均为以弧度为单位的浮点数。如果输入值是以度为单位的浮点数，使用三角函数指令之前应先将角度值乘以 π/180.0. 转换为弧度值。

表 5.6　浮点数函数运算指令

梯形图	描　述	表达式	梯形图	描　述	表达式
SQR	求浮点数的平方	$IN^2 = OUT$	TAN	求浮点数的正切函数	tan(IN) = OUT
SQRT	求浮点数的平方根	$\sqrt{IN} = OUT$	ASIN	求浮点数的反正弦函数	arcsin(IN) = OUT
LN	求浮点数的自然对数	LN(IN) = OUT	ACOS	求浮点数的反余弦函数	arccos(IN) = OUT
EXP	求浮点数的自然指数	$e^{IN} = OUT$	ATAN	求浮点数的反正切函数	arcan(IN) = OUT
SIN	求浮点数的正弦函数	sin(IN) = OUT	FRAC	求浮点数的小数部分	—
COS	求浮点数的余弦函数	cos(IN) = OUT	EXPT	求浮点数取幂	$IN1^{IN2} = OUT$

浮点数反正弦函数指令 ASIN 和浮点数反余弦函数指令 ACOS 的输入值的允许范围为 -1.0 ~ 1.0，ASIN 和 ATAN 的运算结果的取值范围为 -π/2 ~ +π/2 弧度，ACOS 的运算结果的取值范围为 0 ~ π 弧度。

求以 10 为底的对数时，需要将自然对数值除以 2.302 585（10 的自然对数值）。例如：lg100 = ln100/2.302 585 = 4.605 170/2.302 585 = 2。

【例 5.4】　测量远处物体的高度时，已知被测物体到测量点的距离 L 和以度为单位的夹角 θ，求被测物体的高度 H，$H = L\tan\theta$，角度的单位为度。假设以度为单位的实数角度值在 MD116，乘以 π/180 = 0.017 453 3 得角度的弧度值（见图 5.29），运算的中间结果保存在数据类型为 Real 的临时局部变量 Temp2 中。L 的实数值保存在 MD128，运算结果保存在 MD132。

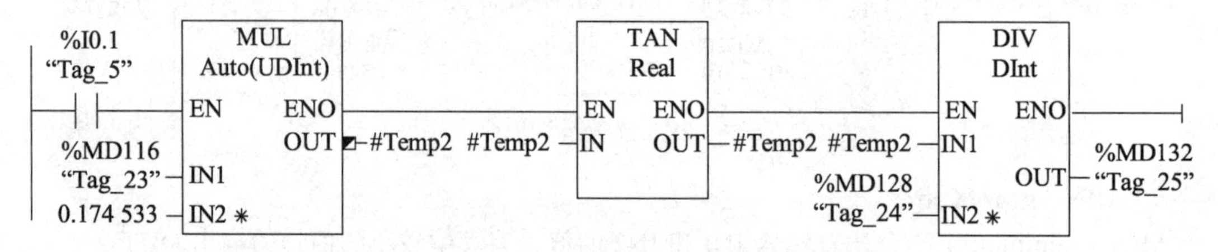

图 5.29　函数运算指令的应用

5.3.2　逻辑运算指令

1．逻辑运算指令

逻辑运算指令对两个输入 IN1 和 IN2 逐位进行逻辑运算。逻辑运算的结果存放在输出 OUT 指定的地址（见图 5.30）。

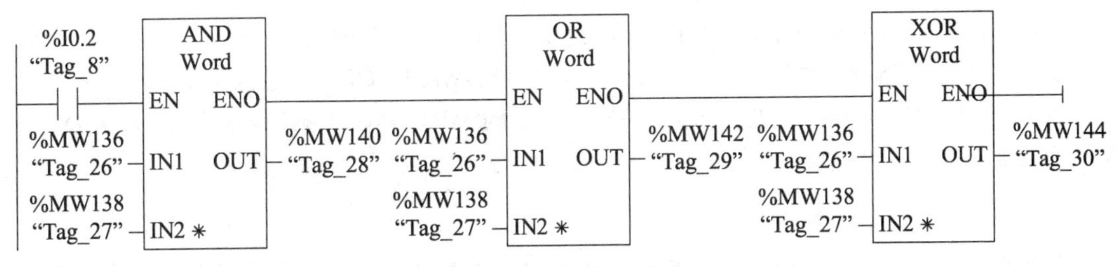

图 5.30 逻辑运算指令

"与"（AND）运算时两个操作数的同一位如果均为 1，运算结果的对应位为 1，否则为 0（见表 5.7）。

"或"（OR）运算时两个操作数的同一位如果均为 0，运算结果的对应位为 0，否则为 1。

"异或"（XOR）运算时两个操作数的同一位如果不相同，运算结果的对应位为 1，否则为 0。以上指令的操作数 IN1、IN2 和 OUT 的数据类型为十六进制的 Byte、Word 和 DWord。

取反指令 INV（见图 5.31）将输入 IN 中的二进制整数逐位取反，即各位的二进制数由 0 变 1，由 1 变 0，运算结果存放在输出 OUT 指定的地址。

表 5.7 字逻辑运算的结果

参数	数值
IN1	0101 1001 0011 1011
IN2 或 INV 指令的 IN	1101 0100 1011 0101
AND 指令的 OUT	0101 0000 0011 0001
OR 指令的 OUT	1101 1101 1011 1111
XOR 指令的 OUT	1000 1101 1000 1110
INV 指令的 OUT	0010 1011 0100 1010

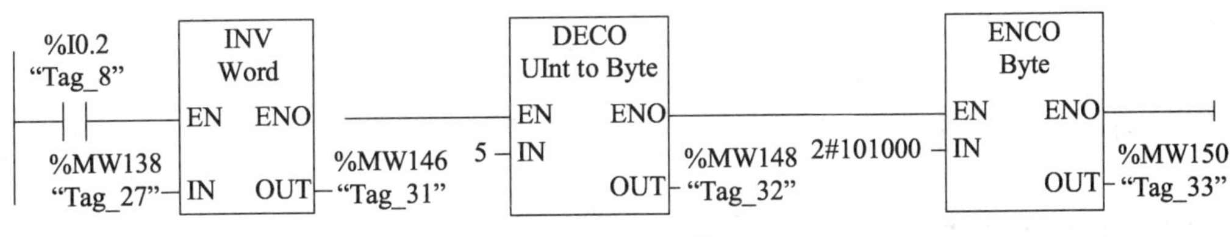

图 5.31 逻辑运算指令

2．解码与编码指令

假设输入参数 IN 的值为 *n*，解码（译码）指令 DECO（Decode）将输出参数 OUT 的第 *n* 位置位为 1，其余各位置 0，相当于数字电路中译码电路的功能。利用解码指令，可以用输入 IN 的值来控制 OUT 中某一位的状态。

如果输入 IN 的值大于 31，将 IN 的值除以 32 以后，用余数来进行解码操作。

IN 的值为 0 ~ 7（3 位二进制数）时，输出 OUT 的数据类型为 8 位的字节。

IN 的值为 0 ~ 15（4 位二进制数）时，输出 OUT 的数据类型为 16 位的字。

IN 的值为 0 ~ 31（5 位二进制数）时，输出 OUT 的数据类型为 32 位的双字。

IN 的值为 5 时（见图 5.31），OUT 为 2#0010 0000（16#20），仅第 5 位为 1。

编码指令 ENCO（Encode）与解码指令相反，将 IN 中为 1 的最低位的位数送给输出参数 OUT 指定的地址，IN 的数据类型可选 Byte、Word 和 DWord，OUT 的数据类型为 Int。

如果 IN 为 2#0010 1000（见图 5.31），OUT 指定的 MB150 中的编码结果为 3。如果 IN 为 1 或 0，MB150 的值为 0；如果 IN 为 0，ENO 为 0 状态。

3．SEL 与 MUX 指令

指令 SEL（Select）的 Bool 输入参数 G 为 0 时选中 IN0（见图 5.32），G 为 1 时选中 IN1，并将它们保存到输出参数 OUT 指定的地址。

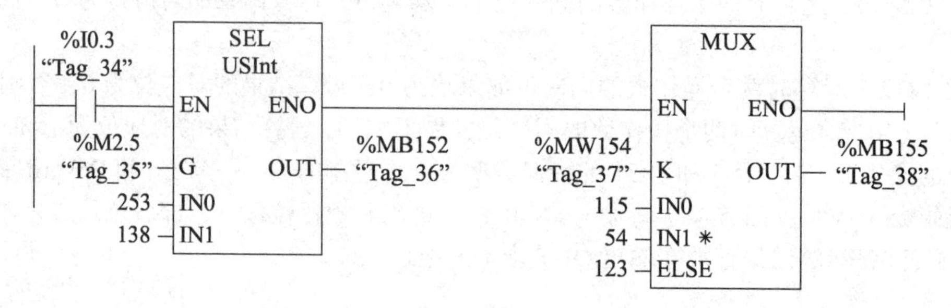

图 5.32　SEL 与 MUX 指令

指令 MUX（Multiplex，多路开关选择器）根据输入参数 K 的值，选中某个输入数据，并将它传送到输出参数 OUT 指定的地址。K = m 时，将选中输入参数 INm。如果 K 的值超过允许的范围，将选中输入参数 ELSE，将 MUX 指令拖放到程序编辑器时，它只有 IN0、INl 和 ELSE。用鼠标右键点击该指令，执行弹出快捷菜单中的指令“插入输入”，可以增加一个输入。反复使用这一方法，可以增加多个输入。增添输入后，用右键点击某个输入 INn 从方框伸出的水平短线，执行出现的快捷菜单中的指令“删除”，可以删除选中的输入。删除后自动调整剩下的输入 INn 的编号。

参数 K 的数据类型为 UInt，INn、ELSE 和 OUT 可以取 12 种数据类型，它们的数据类型应相同。

5.4　中断事件与中断指令

5.4.1　事件与组织块

1．启动组织块的事件

组织块（OB）是操作系统与用户程序的接口，出现启动组织块的事件时，由操作系统调用对应的组织块。启动组织块的事件的属性如表 5.8 所示。

表 5.8　启动 OB 的事件

事件类型	OB 编号	OB 个数	启动事件	队列深度	OB 的优先级	优先级组
程序循环	1 或 ≥123	≥1	启动或结束前一循环 OB	1	1	1
启动	100 或 ≥123	≥0	从 STOP 切换到 RUN 模式	1	1	

续表

事件类型	OB 编号	OB 个数	启动事件	队列深度	OB 的优先级	优先级组
时间延迟	≥20	≤4	延迟时间到	8	3	2
循环中断	≥30	≤4	固定的循环时间到	8	4	
硬件中断	≥40	≤50	上升沿（≤16）、下降沿（≤16）	32	5	
			HSC 计算值＝设定值，计数方向变化，外部复位，最大分别 6 个	16	6	
诊断错误	82	0 或 1	模块检测到错误	8	9	
时间错误	80	0 或 1	超过最大循环时间，调用的 OB 正在执行，队列溢出，因为中断负荷过高丢失中断	8	26	3

启动事件与程序循环事件不会同时发生，在启动期间，只有诊断错误事件能中断启动事件，其他事件将进入中断队列，在启动事件结束后处理它们。

2．不会启动 OB 的事件（见表 5.9）

表 5.9　不会启动 OB 的事件

事件级别	事件	事件优先级	系统反应
插入/拔出	插入/拔出模块	21	STOP
访问错误	刷新过程映像的 I/O 访问错误	22	忽略
编程错误	块内的编程错误	23	STOP
I/O 访问错误	块内的 I/O 访问错误	24	STOP
超过最大循环时间的两倍	超过最大循环时间的两倍	27	STOP

3．事件执行的优先级与中断队列

优先级、优先级组和队列用来决定事件服务程序的处理顺序。

每个 CPU 事件都有它的优先级，不同优先级的事件分为 3 个优先级组。表 5.9 给出了各类事件的优先级、优先级组和队列深度。优先级的编号越大，优先级越高。时间错误中断具有最高的优先级 26 和 27。

事件一般按优先级的高低来处理，先处理高优先级的事件。优先级相同的事件按“先来先服务”的原则来处理。

高优先级组的事件可以中断低优先级组的事件的 OB 的执行，例如，第 2 优先级组所有的事件都可以中断程序循环 OB 的执行，第 3 优先级组的时间错误 OB 可以中断所有其他的 OB。

一个 OB 正在执行时，如果出现了另一个具有相同或较低优先级组的事件，后者不会中断正在处理的 OB，而是根据它的优先级添加到对应的中断队列排队等待。当前的 OB 被处理完后，再处理排队的事件。

当前的 OB 执行完后，CPU 将执行队列中最高优先级事件的 OB，优先级相同的事件按出现的先后次序处理。如果高优先级组中没有排队的事件，CPU 将返回较低的优先级组被中断的

OB，从被中断的地方开始继续处理。

不同的事件（或不同的 OB）均有它自己的中断队列和不同的队列深度（见表 5.9）。对于特定的事件类型，如果队列中的事件个数达到上限，下一个事件将使队列溢出，新的中断事件被丢弃，同时产生时间错误中断事件。

有的 OB 用它的临时局部变量提供触发它的启动事件的详细信息，可以在 OB 中编程，作出相应的反应，如触发报警等。

4．中断的响应时间

中断的响应时间是指从 CPU 得到中断事件出现的通知，到 CPU 开始执行该事件的 OB 的第一条指令之间的时间。如果在事件出现时，只是在执行程序循环 OB，中断响应时间小于 175 μs。

5.4.2 组织块的实验

1．循环执行组织块

需要连续执行的程序应放在主程序 OB1 中，CPU 在 RUN 模式时循环执行 OB1，可以在 OB1 中调用 FC 和 FB。

如果用户程序生成了其他程序循环 OB，则 CPU 按 OB 编号的顺序执行它们，首先执行主程序 OB1，然后执行编号大于等于 123 的程序循环 OB。一般只需要一个程序循环组织块。

打开 STEP7 Basic 的项目视图，生成一个名为“组织块例程”的新项目。双击项目树中的“添加新设备”，添加一个新设备，CPU 的型号为 CPU 1214C。

打开项目视图中的文件夹“\PLC_1\程序块”，双击其中的“添加新块”，点击打开的对话框中的“组织块”按钮（见图 5.33），选中列表中的“Program cycle”，生成一个程序循环组织块，OB 默认的编号为 123。语言为 LAD（梯形图）。块的名称为默认的 Main_1。点击“确认”按钮，OB 块被自动生成，可以在项目树的文件夹“\PLC_1\程序块”中看到新生成的 OB123。

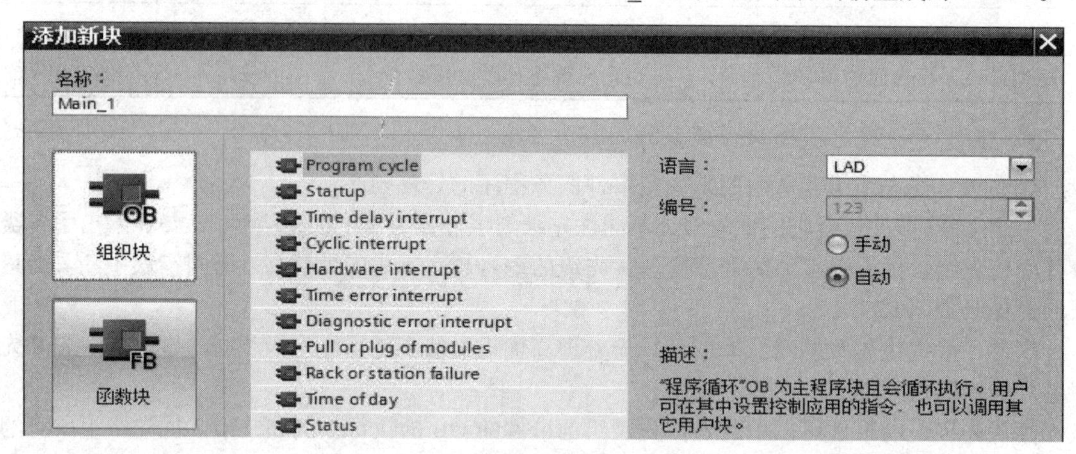

图 5.33　生成程序循环组织块

分别在 OB1 和 OB123 中输入简单的程序（见图 5.34 和图 5.35）。将它们下载到 CPU，将 CPU 切换到 RUN 模式后，可以用 I0.4 和 I0.5 分别控制 Q0.1 和 Ql.0，说明 OB1 和 OB123 均被循环执行。

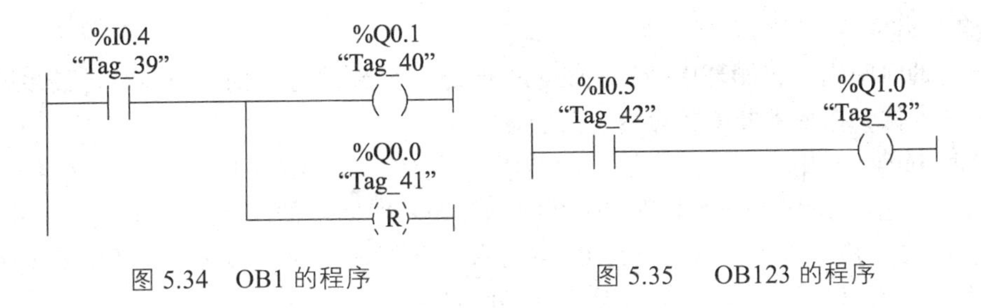

图 5.34　OB1 的程序　　　　图 5.35　OB123 的程序

2．启动组织块

启动组织块用于系统初始化，CPU 从 STOP 切换到 RUN 时，执行一次启动 OB。执行完后，开始执行程序循环 OB1。允许生成多个启动 OB，默认的是 OB100，其他启动 OB 的编号应大于等于 123。一般只需要使用一个启动组织块。

在项目“组织块例程”中，用上述方法生成启动（Startup）组织块 OBl00 和 OB124。

分别在启动组织块 OB100 和 OB124 中生成初始化程序（见图 5.36）。将它们下载到 CPU，将 CPU 切换到 RUN 模式后，可以看到 QB0 的值被 OB100 初始化为 7，其最低 3 位为 1。如图 5.37 所示。

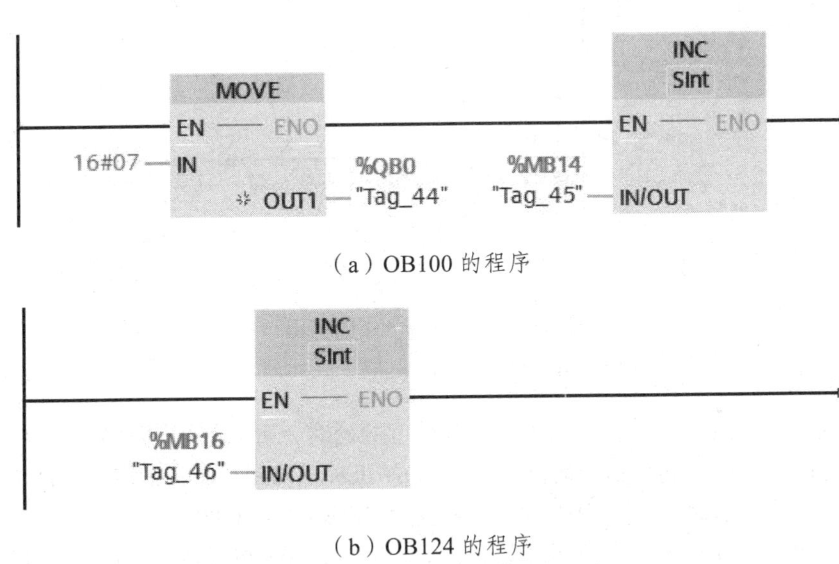

（a）OB100 的程序

（b）OB124 的程序

图 5.36

i	名称	地址	显示格式	监视值
	"Tag_44"	%QB0	二进制	2#0000_0111
		<添加>		

图 5.37　QB0 监视值

该项目的 M 区没有设置保持功能，暖启动时 M 区的存储单元的值均为 0。启动时分别调用了一次 OB100 和 OB124，INC 指令使 MB14 和 MBl6 的值加 1。生成和打开监视表，看到 MB14 和 MB16 的值均为 1，说明只执行了一次 OB100 和 OB124。

3．循环中断组织块

在设定的时间间隔，循环中断（Syclic interrupt）组织块被周期性地执行。最多可以组态4个循环中断事件，循环中断OB的编号大于等于30。

在项目Interrupt中，用上述方法生成循环中断组织块OB30（见图5.38）。在OB的巡视窗口的“属性”选项卡中，循环中断的时间间隔（循环时间）的默认值为100 ms，将它修改为1000 ms，相位偏移（相移，默认值为0）用于错开不同时间间隔的几个循环中断OB，使它们不会被同时执行，以减少连续执行循环中断OB的时间。

图5.38中的程序用于控制8位彩灯循环移位，I0.2控制彩灯是否移位，I0.3控制移位的方向。I0.3为0状态时彩灯左移，为1状态时彩灯右移。

将代码块下载到CPU，将CPU切换到RUN模式。扳动I0.2和I0.3对应的小开关，通过CPU模块上输出点的LED，可以观察到用I0.2和I0.3控制彩灯循环移位的情况。

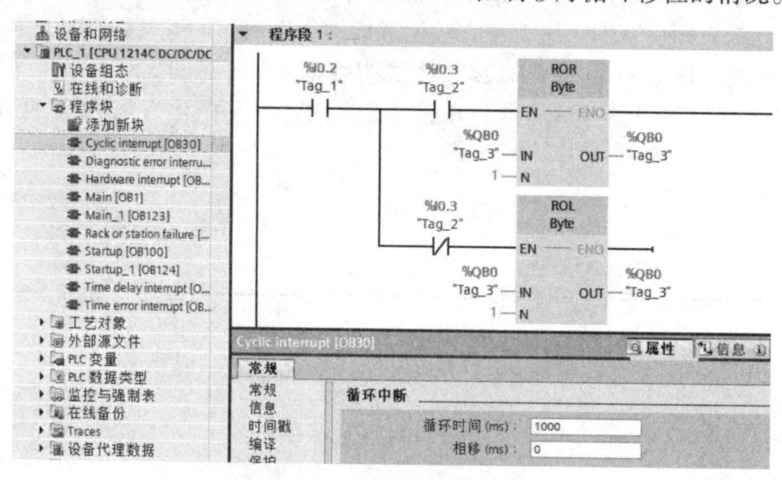

图5.38　循环中断组织块OB30

4．SRT_DINT与CANI_DINT指令

定时器指令的定时误差较大，如果需要高精度的延时，可以使用时间延迟中断。在过程事件出现后，延时一定的时间再执行时间延迟（Time delay）OB。在指令SRT_DINT的EN使能输入的上升沿，启动延时过程。用该指令的参数DTIME（1～60 000 ms）来设置延时时间（见图5.39）。在时间延迟中断OB中使用计数器，可以得到比60 s更长的延迟时间。用参数OB_NR来指定延迟时间到时调用的OB的编号，S7-1200未使用参数SIGN，可以设置任意的值。RET_VAL是指令执行的状态代码。

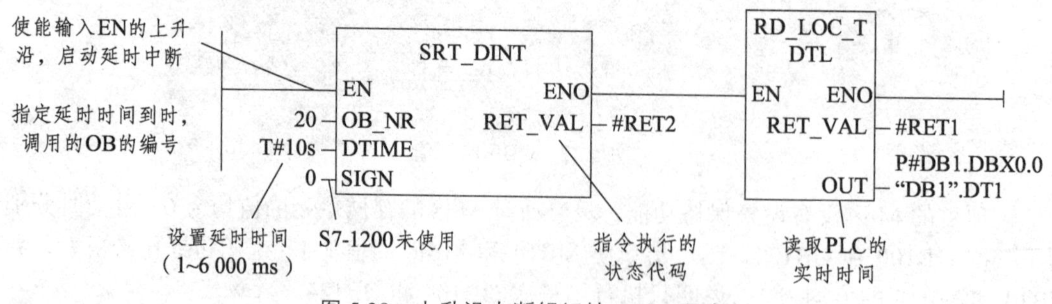

图5.39　上升沿中断组织块OB40程序

在 I0.0 的上升沿中断组织块 OB40 的界面区生成局部变量 RET1 和 RET2，数据类型为 Int，用来作指令的输出参数 RET_VAL（返回值）的实参（见图 5.39）。

5．时间延迟中断组织块

可以组态最多 4 个延时中断事件，时间延迟 OB 的编号应大于等于 20。在项目“组织块例程”中生成硬件中断组织块 OB40、时间延迟组织块 OB20 和数据块 DB1。

在 I0.0 上升沿调用的 OB40 中启动时间延迟（见图 5.39），同时读取 PLC 的实时时间。定时时间到时调用时间延迟组织块 OB20，再次读取实时时间。两次读取的实时时间的差值与时间延迟中断的输入参数 DTIME（定时时间）比较，可以得到时间延迟中断的定时精度。

双击项目树中的“设备和组态”，打开设备视图，首先选中 CPU，打开工作区下面的巡视窗口的“属性”选项卡，选中左边的“数字输入”的通道 0（即 I0.0，见图 5.40），用复选框启用上升沿检测功能。点击选择框“硬件中断”右边的▼按钮，用下拉式列表将名为“Hardware interrupt”的 OB40 指定给 I0.0 的上升沿中断事件。

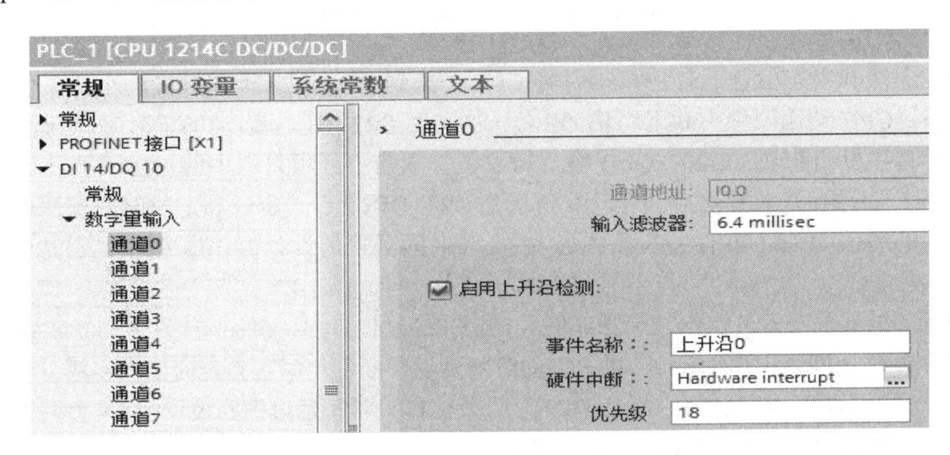

图 5.40　组态硬件中断

在 OB40 中调用 SRT_DINT（见图 5.39），启动时间延迟中断的定时，同时调用指令 RD_LOC_T，读取 PLC 的实时时钟的日期时间，保存在输入参数 OUT 指定的 DB1 的变量 DT1 中，其起始地址为 DBB0（见图 5.41）。

DB1

名称	数据类型	偏移量	起始值	监视值
▼ Static				
▶ DT1	DTL	0.0	DTL#1970-01-0	DTL#2021-06-27-21:36:42.092210
▶ DT2	DTL	12.0	DTL#1970-01-0	DTL#2021-06-27-21:36:52.092320

图 5.41　数据块中的日期时间值

在时间延迟中断组织块 OB20 和 OB1 的界面区生成局部变量 RET1，数据类型为 Int，用来作指令的参数 RET_VAL 的实参（见图 5.42 和图 5.43）。调用 RD_LOC_T 指令读取日期时间，保存在输出参数 OUT 指定的 DBl 的变量 DT2 中，其起始地址为 DBB12。同时立即置位物理输出点 Q0.4:P。

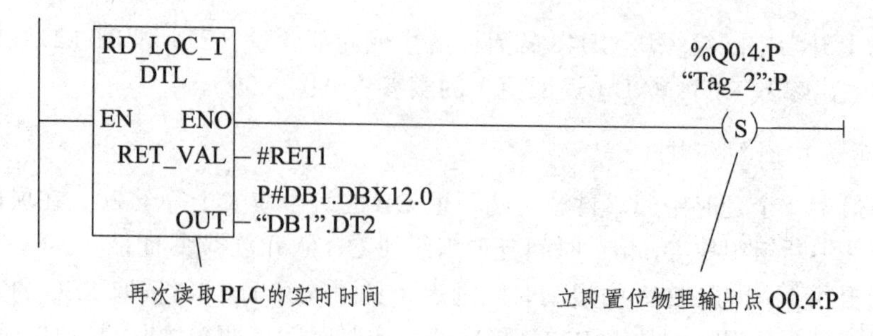

图 5.42　时间延迟中断组织块 OB20 的程序

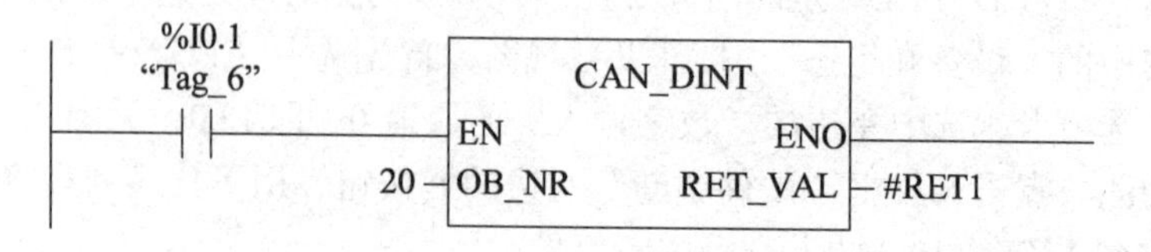

图 5.43　OB1 中取消时间延迟的程序

将程序块和组态信息下载到 CPU，将 CPU 切换到 RUN 模式。用外接的小开关使 I0.0 变为 1 状态，CPU 调用硬件中断组织块 OB40。10 s 后 SRT_DINT 启动的定时时间到，CPU 调用时间延迟中断组织块 OB20，Q0.4 被立即置位。双击打开项目树中的 DB1，点击工具栏上的按钮，启动在线监视功能。可以看到指令 SRT_DINT 启动定时和定时时间到两次读取的实时时间的差值为 10.000 110 s（见图 5.41），与时间延迟的设置值 10 s 相比，定时精度是相当高的。

用 I0.4 外接的小开关产生一个脉冲信号，将 Q0.4 复位。用外接的小开关使 I0.0 变为 1 状态，CPU 调用硬件中断组织块 OB40，再次启动时间延迟中断的定时。在定时期间，用外接的小开关使 I0.1 变为 1 状态，调用指令 CAN_DINT（见图 5.43），时间延迟中断被取消，不会调用 OB20，l0s 的延迟时间到了后，Q0.4 不会变为 1 状态。

5.4.3　硬件中断

1．硬件中断事件与硬件中断组织块

硬件中断组织块用于处理需要快速响应的过程事件。出现 CPU 内置的数字量输入的上升沿、下降沿和高速计数器事件时，应立即中止当前正在执行的程序，改为执行对应的硬件中断 OB。硬件中断组织块没有启动信息。

最多可以生成 50 个硬件中断 OB，在硬件组态时定义中断事件，硬件中断 OB 的编号大于等于 40。S7-1200 支持下列硬件中断事件：

（1）上升沿事件。当 CPU 内置的数字量输入和 2 点信号板的数字量输入由 OFF 变为 ON 时，产生上升沿事件。

（2）下降沿事件。当上述数字量输入由 ON 变为 OFF 时，产生下降沿事件。

（3）高速计数器 HSC 1 ~ 6 的实际计数等于设定值（CV = PV）。

（4）HSC 1 ~ 6 的方向改变，计数值由增大变为减小，或由减小变为增大。

（5）HSC 1 ~ 6 的外部复位，某些 HSC 的数字量外部复位输入从 OFF 变为 ON 时，将计数值复位为 0。

2．硬件中断事件的处理方法

（1）给一个事件指定一个硬件中断 OB，这种方法撮为简单方便，应优先采用。

（2）多个硬件中断 OB 分别处理一个硬件中断事件，需要用 DETACH 指令取消原有的 OB 与事件的连接，用 ATTACH 指令将一个新的硬件中断 OB 分配给硬件中断事件。

3．生成硬件中断组织块

打开 STER 7 Basic 的项目视图，生成一个名为“硬件中断 1”的新项目。双击项目树中的“添加新设备”，添加一个型号为 CPU 1214C 的 CPU。

打开项目视图中的文件夹“\PLC_1\组织块”，双击其中的“添加新块”，点击打开的对话框中的“组织块”按钮，选中“Hardware interrupt”（硬件中断），生成一个硬件中断组织块，OB 的编号为 40，语言为 LAD（梯形图）。将块的名称设置为 Hardware interruptl。点击“确认”按钮，OB 块被自动生成和打开，可以在项目树的文件夹“\PLC 一 l\Program block”中看到新生成的 OB。用同样的方法生成名为 Hardware interrupt2 的 OB41。可以在项目树的文件夹“\PLC_1\程序块”中看到新生成的 OB。

4．组态硬件中断事件

双击项目树的文件夹“PLC_1”中的“设备配置”，打开设备视图，首先选中 CPU，打开工作区下面的巡视窗口的“属性”选项卡，选中左边的“数字量输入”的通道 0（即 I0.0，见图 5.40），用复选框激活上升沿中断功能。点击选择框“硬件中断”右边的▼按钮，用下拉式列表将 OB40 指定给 I0.0 的上升沿中断事件。出现该中断事件时，将会调用 OB40。

用同样的方法，用复选框激活通道 1 的下降沿中断，并将 OB41 指定给该中断事件。如果选中 OB 列表下面的“—”，没有 OB 连接到 I0.0 的上升沿中断事件。

5．编写 OB 的程序

在 OB40 和 OB41 中，分别用 M1.2 一直闭合的常开触点将 Q0.0:P 立即置位和立即复位（见图 5.44 和图 5.45）。

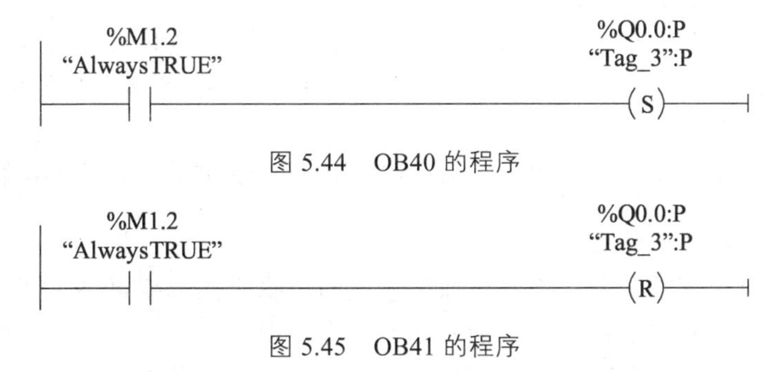

图 5.44　OB40 的程序

图 5.45　OB41 的程序

6．实验结果

将组态信息和用户程序下载到 CPU，将 CPU 切换到 RUN 模式。用 I0.0 和 I0.1 外接的小开关产生硬件中断，在 I0.0 由 0 状态变为 1 状态（上升沿）时，Q0.0 被置位为 l。在 I0.1 由 1 状态变为 0 状态（下降沿）时，Q0.0 被复位为 0。

5.4.4 中断连接与中断分离指令

在下面的项目中，首先将硬件中断组织块 OB40 分配给 I0.0 的上升沿中断事件，该中断事件出现时，调用 OB40。在 OB40 中，用 DETACH 指令断开 I0.0 上升沿事件与 OB40 的连接，用 ATTACH 指令建立 I0.0 上升沿事件与 OB41 的连接。

当下一次出现 I0.0 上升沿事件时，调用 OB41。在 OB41 中，用 DETACH 指令断开 I0.0 上升沿事件与 OB41 的连接，用 ATTACH 指令建立 I0.0 上升沿事件与 OB40 的连接。用这样的方法，可以用 OB40 和 OB41 轮流处理 I0.0 的上升沿中断事件。

1．生成硬件中断组织块

打开 STEP 7 Basic 的项目视图，生成一个名为“硬件中断 2”的新项目。双击项目树中的“添加新块”，添加 CPU 的型号为 CPU 1214C。

打开项目视图中的文件夹"\PLC_1\程序块”，双击其中的“添加新块”，点击打开的对话框中的“组织块”按钮，选中“Hardware interrupt”，将块的名称设置为“Hardware interruptl”，生成硬件中断组织块 OB40。用同样的方法生成名为 Hardware interrupt2 的硬件中断组织块 OB41。

2．组态硬件中断事件

首先选中设备视图中的 CPU，打开巡视窗口的“属性”选项卡，选中左边的“数字输入”文件夹中的通道 0（即 I0.0，见图 5.40），用复选框激活上升沿中断功能。用下拉式列表将 OB40 指定给 I0.0 的上升沿中断事件。

3．ATTACH 与 DETACH 指令

指令 ATTACH 和 DETACH 分别用于在 PLC 运行时建立和断开硬件中断事件与中断 OB1 的连接。

中断分离指令 DETACH 用来断开硬件中断事件与中断 OB 的连接（见图 5.46），禁止在出现指令指定的硬件中断事件时执行指定的中断 OB。输入参数 OB_NR 是 OB 的编号，EVENT 是指定的事件的编号，返回值是执行的条件代码。如果没有指定参数 EVENT，当前连接到 OB_NR 的所有事件将被断开连接。

中断连接指令 ATTACH 将 OB_NR 指定的组织块连接到 EVENT 指定的事件。在指定的事件发生时，将调用指定的 OB。如果执行指令时没有 OB 连接到指定的事件，该指令的功能被忽略。

当参数 ADD 为 0 默认值时，指定的事件取代连接到原来指定给这个 OB 的所有事件。

4．编写组织块的程序

打开 OB40，在程序编辑器上面的界面区生成两个临时局部变量 RET1 和 RET2（见图 5.46），用来作指令 ATTACH 和 DETACH 的返回值的参数。

打开右边的“扩展指令”窗口的“中断”文件夹，将其中的指令 DETACH 拖放到程序编辑器，双击参数 OB_NR 左边的问号，然后点击出现的按钮（见图 5.47），出现的下拉式列表显示出已有的硬件中断 OB，设置 OB_NR 的实参为 OB_Hardware interrupt1（即 OB40）。用同样的方法设置参数 EVENT 的实参为 Rising edge0（代码为 16#C0000108）。DETACH 指令用来断开 I0.0 的上升沿中断事件与 OB40 的连接。

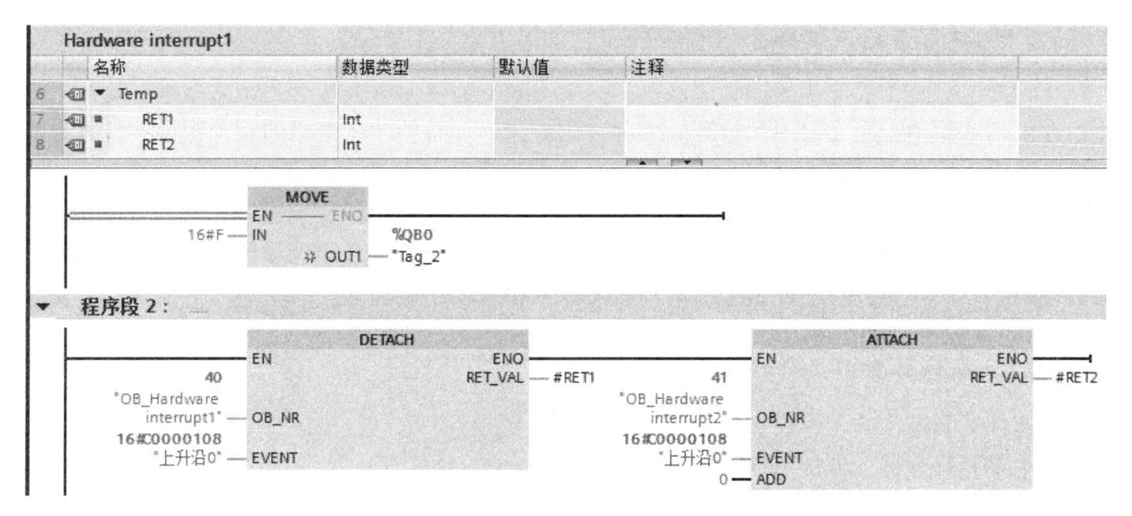

图 5.46　OB40 的程序

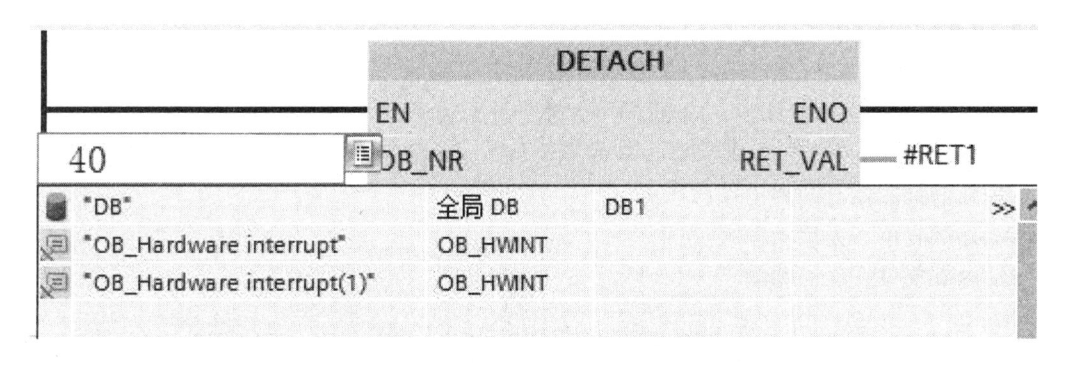

图 5.47　用下拉式列表设置指令的参数

用同样的方法生成指令 ATTACH，和设置它的参数，建立 I0.0 的上升沿中断事件与 OB41 的连接。

如图 5.48 所示为 OB41 中的程序，断开 I0.0 的上升沿中断事件与 OB41 的连接后，建立起该中断事件与 OB40 的连接。

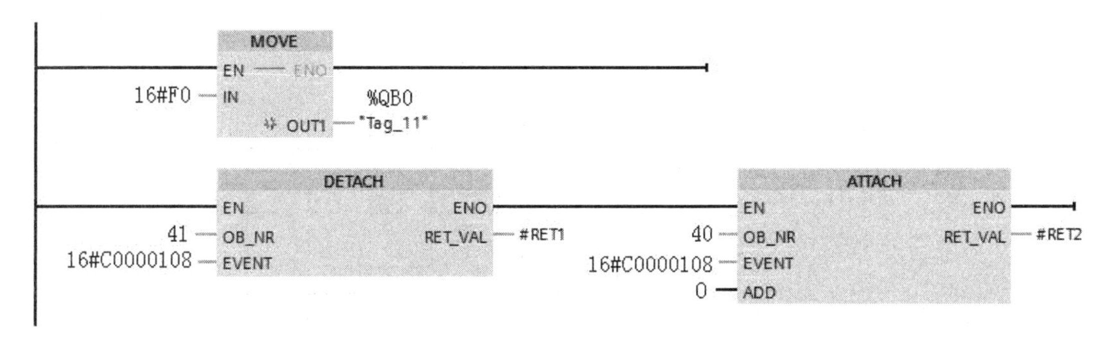

图 5.48　OB41 的程序

将用户程序和组态数据下载到 CPU，进入 RUN 模式后，连续扳动 I0.0 外接的小开关。由于 OB40 和 OB41 中的 ATTACH 和 DETACH 指令的作用，在 I0.0 奇数次的上升沿，QB0 被写入 16#F（低 4 位为 1），在 I0.0 偶数次的上升沿，QB0 被写入 16#F0（高 4 位为 1）。

5.5 高速计数器指令

在生产实际中，经常会遇到检测高频脉冲的应用，如检测步进电机的运动距离、计算异步电机转速等，而普通计数器受限于扫描周期的影响，无法计量频率较高的脉冲。S7-1200 PLC CPU 提供了最多 6 个（1214C）高速计数器，其独立于 CPU 的扫描周期进行计数。可测量的单相脉冲频率最高为 100 kHz，双相或 A/B 相频率最高为 30 kHz，高速计数器可用于连接增量型旋转编码器，用户通过对硬件组态和调用相关指令块来使用此功能。

5.5.1 高速计数器工作模式

高速计数器定义的工作模式有以下 5 种：

（1）单相计数器，外部方向控制。

（2）单相计数器，内部方向控制。

（3）双相增/减计数器，取脉冲输入。

（4）A/B 相正交脉冲输入。

（5）监控 PTO 输出。（仅限 V2.2 版本以前的 S7-1200 PLC CPU）。

如图 5.49 所示为单相计数，内部方向控制。图 5.50 所示为双相输入。图 5.51 所示为 A/B 相正交输入，1 倍速。图 5.52 所示为 A/B 相正交输入，4 倍速。

每种高速计数器有两种工作状态：

（1）外部复位，无启动输入。

（2）内部复位，无启动输入。

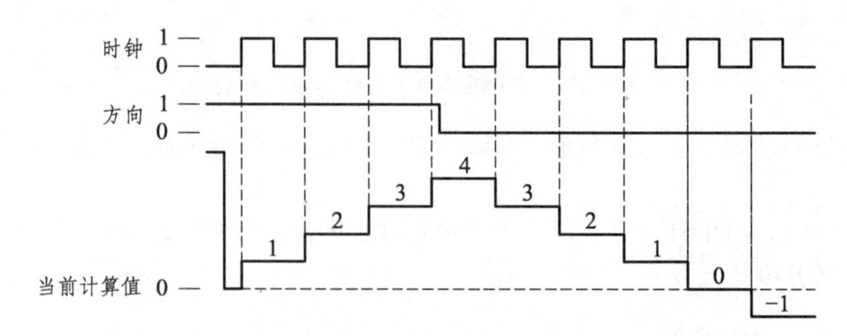

图 5.49 单相计数原理图

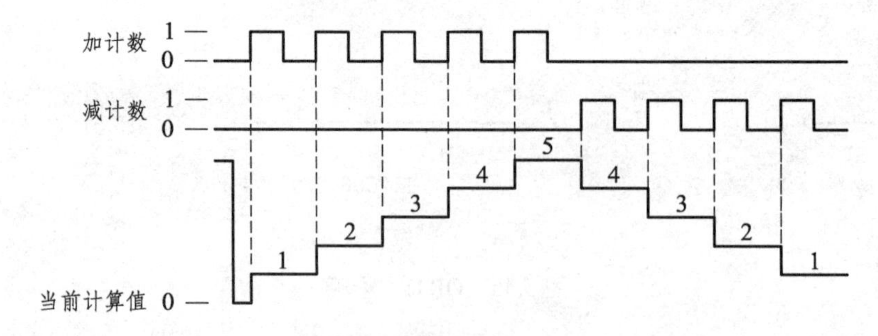

图 5.50 双相加减计数原理图

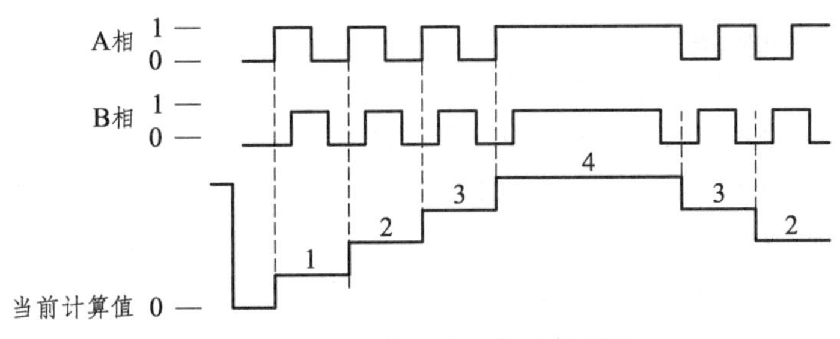

图 5.51　A/B 相正交 1 倍速原理图

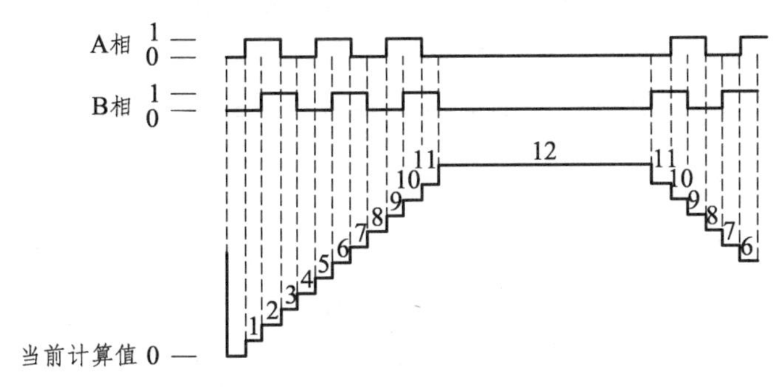

图 5.52　A/B 相正交 4 倍速原理图

所有的计数器无需启动条件设置,在硬件向导中设置完成后下载到 CPU 中即可启动高速计数器。在 A/B 相正交模式下可选择 1X（1 倍）和 4X（4 倍）模式。高速计数功能所能支持的输入电压为 24 V DC，目前不支持 5 V DC 的脉冲输入。如表 5.10 所示为高速计数器的硬件输入定义和工作模式。

表 5.10　高速计数器的硬件输入定义和工作模式

<table>
<tr><th colspan="3">描　述</th><th colspan="3">输入点定义</th><th>功能</th></tr>
<tr><td rowspan="6">HSC</td><td>HSC1</td><td>使用 CPU 集成 I/O
或信号板或监控 PTO 0</td><td>I0.0
I4.0
PTO 0</td><td>I0.1
I4.1
PTO 0 方向</td><td>I0.3</td><td></td></tr>
<tr><td>HSC2</td><td>使用 CPU 集成 I/O
或监控 PTO 0</td><td>I0.2
PTO 1</td><td>I0.3
PTO 1 方向</td><td>I0.1</td><td></td></tr>
<tr><td>HSC3</td><td>使用 CPU 集成 I/O</td><td>I0.4</td><td>I0.5</td><td>I0.7</td><td></td></tr>
<tr><td>HSC4</td><td>使用 CPU 集成 I/O</td><td>I0.6</td><td>I0.7</td><td>I0.5</td><td></td></tr>
<tr><td>HSC5</td><td>使用 CPU 集成 I/O 或信号板</td><td>I1.0
I4.0</td><td>I1.1
I4.1</td><td>I1.2</td><td></td></tr>
<tr><td>HSC6</td><td>使用 CPU 集成 I/O</td><td>I1.3</td><td>I1.4</td><td>I1.5</td><td></td></tr>
<tr><td rowspan="8">模式</td><td colspan="2">单相计数，内部方向控制</td><td>时钟</td><td></td><td>复位</td><td></td></tr>
<tr><td colspan="2" rowspan="2">单相计数，外部方向控制</td><td rowspan="2">时钟</td><td rowspan="2">方向</td><td></td><td>计数或频率</td></tr>
<tr><td>复位</td><td>计数</td></tr>
<tr><td colspan="2" rowspan="2">双相计数，两路时钟输入</td><td rowspan="2">增时钟</td><td rowspan="2">减时钟</td><td></td><td>计数或频率</td></tr>
<tr><td>复位</td><td>计数</td></tr>
<tr><td colspan="2" rowspan="2">A/B 相正交计数</td><td rowspan="2">A 相</td><td rowspan="2">B 相</td><td></td><td>计数或频率</td></tr>
<tr><td>Z 相</td><td>计数</td></tr>
<tr><td colspan="2">监控 PTO 输出</td><td>时钟</td><td>方向</td><td></td><td>计数</td></tr>
</table>

并非所有的 CPU 都可以使用 6 个高速计数器，例如 1211C 只有 6 个集成输入点，所以最多只能支持 4 个（使用信号板的情况下）高速计数器。

由于不同计数器在不同的模式下，同一个物理点会有不同的定义，在使用多个计数器时，需要注意不是所有计数器可以同时定义为任意工作模式。

高速计数器的输入使用与普通数字量输入相同的地址，当某个输入点已定义为高速计数器的输入点时，就不能再应用于其他功能，但在某个模式下，没有用到的输入点还可以用于其他功能的输入。

监控 PTO 的模式只有 HSC1 和 HSC2 支持。使用此模式时，不需要外部接线，CPU 在内部已做了硬件连接，可直接检测通过 PTO 功能所发脉冲。

注意：高速计计数器功能的硬件指标，如最高计数频率等，请以最新的系统手册为准。

5.5.2 高速计数器寻址

CPU 将每个高速计数器的测量值存储在输入过程映像区内。数据类型为 32 位双整型有符号数，用户可以在设备组态中修改这些存储地址，在程序中可直接访问这些地址。但由于过程映像区受扫描周期影响，在一个扫描周期内此数值不会发生变化，但高速计数器中的实际值有可能会在一个周期内变化，用户可通过读取外设地址的方式读取当前时刻的实际值。以 ID1000 为例，其外设地址为“ID1000:P”。如表 5.11 所示为高速计数器寻址列表。

表 5.11 高速计数器寻址

高速计数器号	数据类型	默认地址	高速计数器号	数据类型	默认地址
HSC1	DINT	ID1000	HSC4	DINT	ID1012
HSC2	DINT	ID1004	HSC5	DINT	ID1016
HSC3	DINT	ID1008	HSC6	DINT	ID1020

5.5.3 中断功能

S7-1200 PLC 在高速计数器中提供了中断功能，用以在某些特定条件下触发程序。共有 3 种中断事件。

（1）当前值等于预置值。

（2）使用外部信号复位。

（3）带有外部方向控制时，计数方向发生改变。

5.5.4 频率测量

S7-1200 PLC CPU 除了提供计数功能外，还提供了频率测量功能。它有 3 种不同的频率测量周期：10 s，0.1 s 和 0.01 s。频率测量周期是这样定义的：计算并返回新的频率值的时间间隔。返回的频率值为上一个测量周期中所有测量值的平均值，无论测量周期如何选择，测量出的频率值总是以 Hz（每秒脉冲数）为单位。在 S7-1200 PLC CPU 和 SB 信号板的属性中，数字量输入通道的输入滤波器默认设置值为 6.4 ms，该输入滤波时间对应的高速计数器能检测到的最大频率为 78 Hz。超过 78 Hz，则 S7-1200 PLC CPU 或 SB 信号板会过滤掉该频率的输入脉冲。

5.5.5　高速计数器指令块

高速计数器指令块需要使用指定背景数据块用于存储参数。如图 5.53 所示为高速计数器指令块。如表 5.12 所示为高速计数器指令块参数说明。如表 5.13 所示为 STATUS 错误代码。

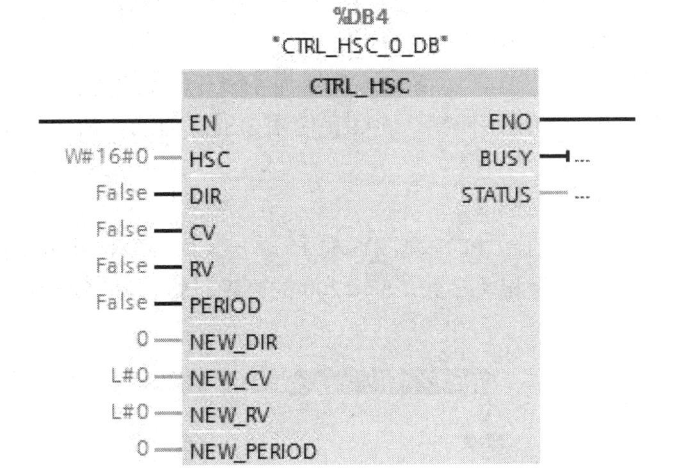

图 5.53　高速计数器指令块

表 5.12　高速计数器指令块参数

指令块	参数说明
HSC（HW_HSC）	高速计数器硬件识别号
DIR（BOOL）	TURE＝使能新方向
CV（BOOL）	TURE＝使能新初始值
RV（BOOL）	TURE＝使能新参考值
PERIODE（BOOL）	TURE＝使能新频率测量周期
NEW_DIR（INT）	方向选择；1＝正向；0＝反向
NEW_CV（DINT）	新初始值
NEW_RV（DINT）	新参考值
NEW_PERIODE（INT）	新频率测量周期

表 5.13　STATUS 错误代码

错误代码（十六进制）	描　述
0	无错误
80A1	高速计数器的硬件标识符无效
80B1	计数方向（NEW_DIR）无效
80B2	计数值（NEW_CV）无效
80B3	参考值（NEW_RV）无效
80B4	频率测量周期（NEW_PERIOD）无效
80C0	多次访问高速计数器

5.5.6 应用举例

为便于理解如何使用高速计数功能，下面通过一个例子来学习该功能的组态及应用。

假设在旋转机械上有单相增量编码器作为反馈，接入到 S7-1200 PLC CPU。要求在计数 25 个脉冲时，计数器复位，置位 M0.5，并设定新预置值为 50 个脉冲，当计满 50 个脉冲后复位 M0.5，并将预置值再设为 25，周而复始执行此功能。

针对此应用，选择 CPU 1214C，高速计数器为 HSC1。模式为：单相计数，内部方向控制，无外部复位。据此，脉冲输入应接入 I0.0，使用 HSC1 的预置值中断（CV = RV）功能实现此应用。

组态具体操作步骤如下所述。

（1）先在设备与组态中选择 CPU（见图 5.54），单击“属性”选项卡（见图 5.55），激活高速计数器（见图 5.56），并设置相关参数。S7-1200 的高速计数器功能必须要先在硬件组态中激活，才能进行下面的步骤。

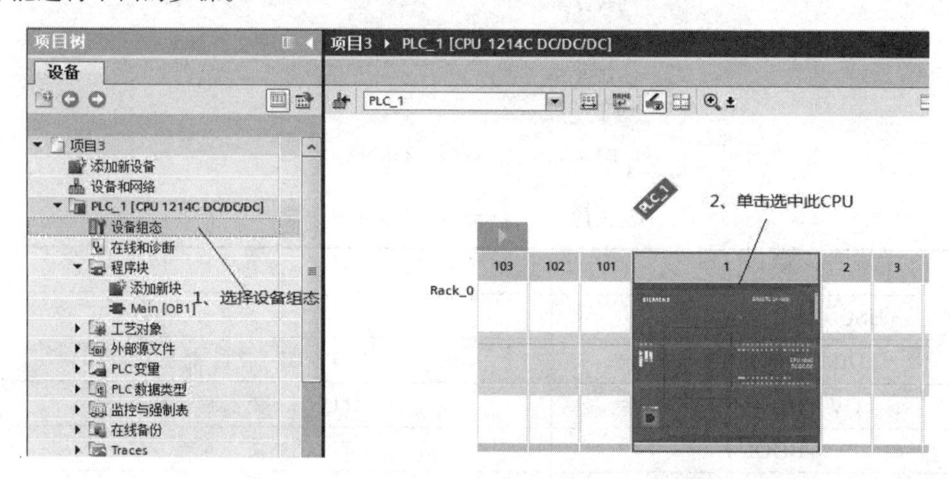

图 5.54 选中 CPU

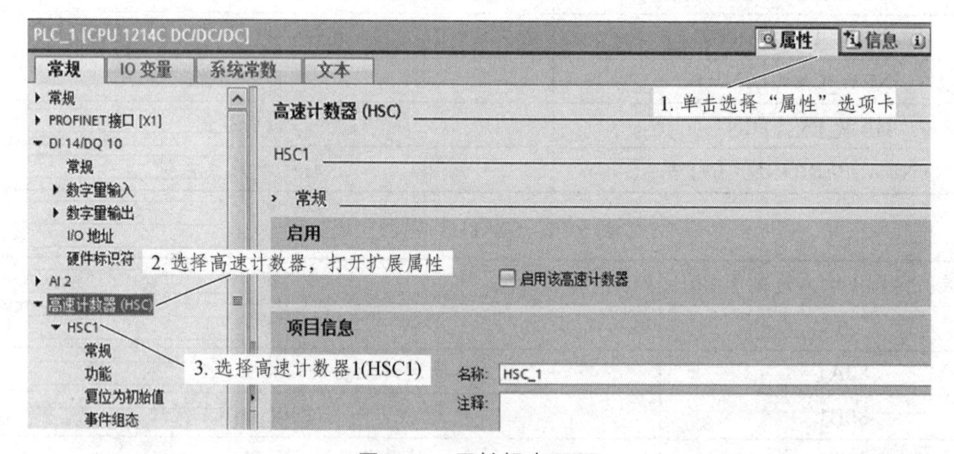

图 5.55 属性组态界面

（2）添加硬件中断块，关联相对应的高速计数器所产生的预置值中断。

（3）在中断块中添加高速计数器指令块，编写修改预置值程序，设置复位计数器等参数。

（4）下载程序，执行功能。

1．硬件组态

（1）首先选择设备组态，再单击选中 CPU，如图 5.54 所示。

（2）选择“属性”选项卡，并选择高速计数器，打开扩展属性，选择高速计数器 HSC1，图 5.55 所示为属性组态界面。

（3）激活高速计数功能，即选中“启用该高速计数器”选项，如图 5.56 所示。

（4）计数类型和计数方向组态如图 5.57 所示。图中所示的组件具体含义如下所述。

① 计数类型，分为 3 种：运动轴、频率测量、计数。这里选择计数。

② 操作模式，分为 4 种：单相、双相、A/B 相正交 1 倍速、A/B 相正交 4 倍速。这里选择单相。

③ 输入源，这里使用的为 CPU 集成输入点。

④ 计数方向选择，这里选用用户程序（内部方向控制）。

⑤ 初始计数方向。这里选择增计数。

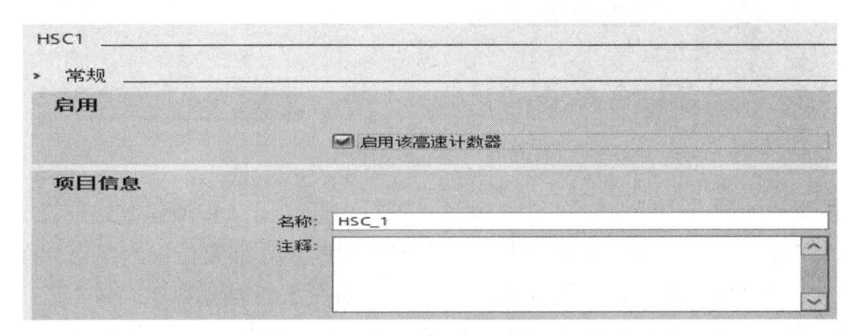

图 5.56　激活高速计数功能

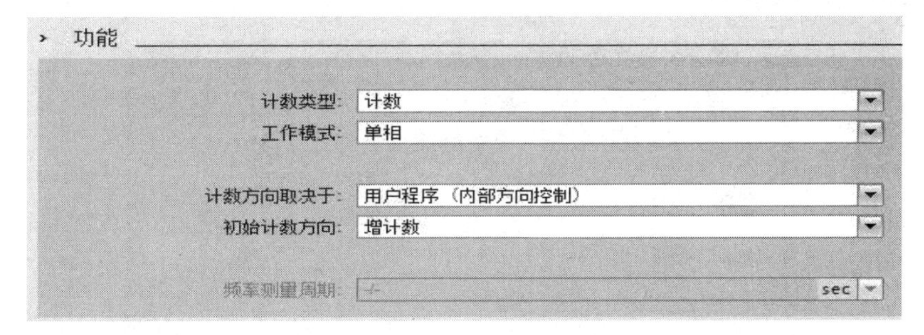

图 5.57　计数类型和计数方向

（5）初始值及复位组态，如图 5.58 所示。

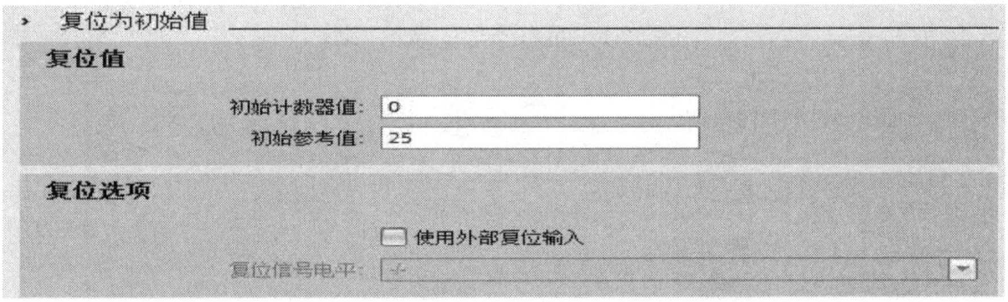

图 5.58　初始值及复位组态

（6）预置值中断组态，如图 5.59 所示。使能预置值中断。单击硬件中断下三角按钮，在打开的下拉列表框中选择硬件中断块，在弹出的对话框中单击新增按钮进行确认，如图 5.60 所示。

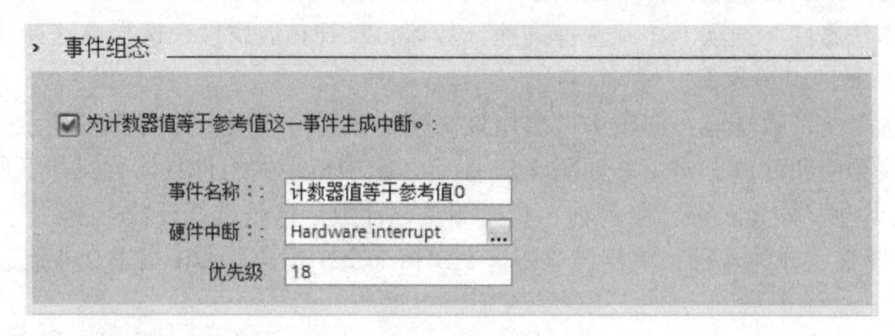

图 5.59　预置值中断组态

图 5.60　添加硬件中断

（7）组态添加的硬件中断，如图 5.61 所示，进行中断名定义和编程方式选择。组态中还有两种中断事件可选，分别是外部复位中断与方向改变中断。外部复位中断组态如图 5.62 所示。使能外部复位中断事件须先确认使用外部复位信号，如图 5.63 所示。

注意：当使用使能方向改变中断事件时须先选择外部方向控制，如图 5.64 所示。使能方向改变中断事件，如图 5.65 所示。

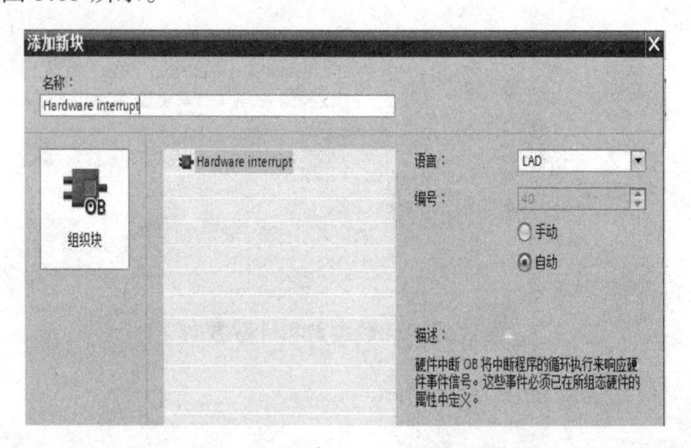

图 5.61　组态添加的硬件中断

图 5.62　使能外部复位中断事件

复位选项

使用外部复位输入

复位信号电平：高电平有效

图 5.63　应用外部复位信号

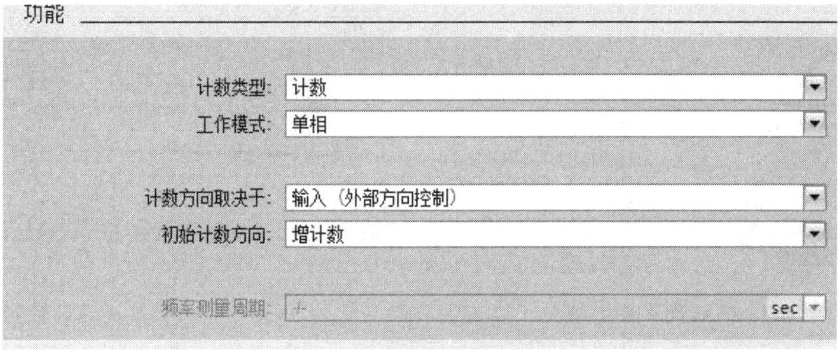

功能

计数类型：计数

工作模式：单相

计数方向取决于：输入（外部方向控制）

初始计数方向：增计数

频率测量周期：-/- sec

图 5.64　选择外部方向控制

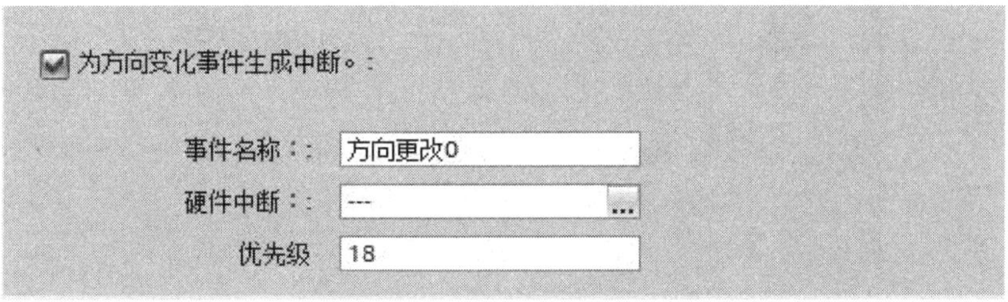

为方向变化事件生成中断。：

事件名称：：方向更改0

硬件中断：：---

优先级 18

图 5.65　使能方向改变中断

（8）进行地址分配并设置硬件识别号，如图 5.66 所示。至此硬件组态部分已经完成，下面进行程序编写。

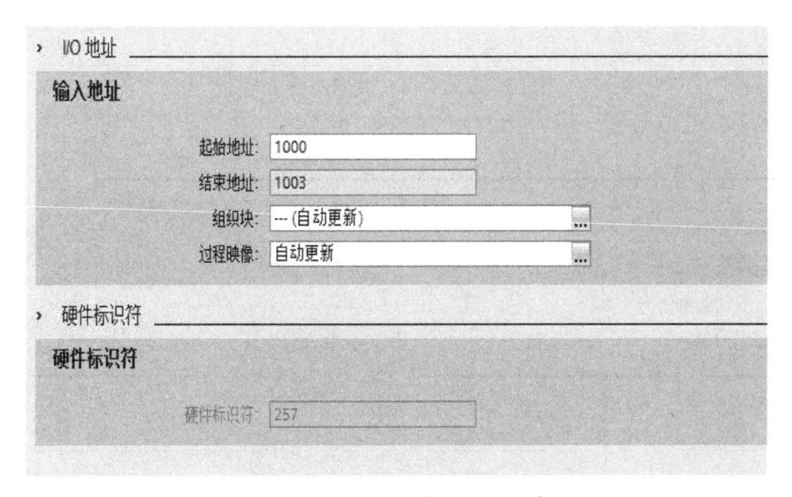

图 5.66　地址分配与硬件识别号

2．程序编写

将高速计数指令块添加到硬件中断中，具体操作如下：双击打开硬件中断程序块（见图

5.67），在指令列表中将高速计数器指令块拖拽到硬件中断编程界面中（见图 5.68），系统会要求添加背景数据块。在图 5.69 所示的对话框中，对高速计数器背景数据块进行定义，程序视图如图 5.70 所示。

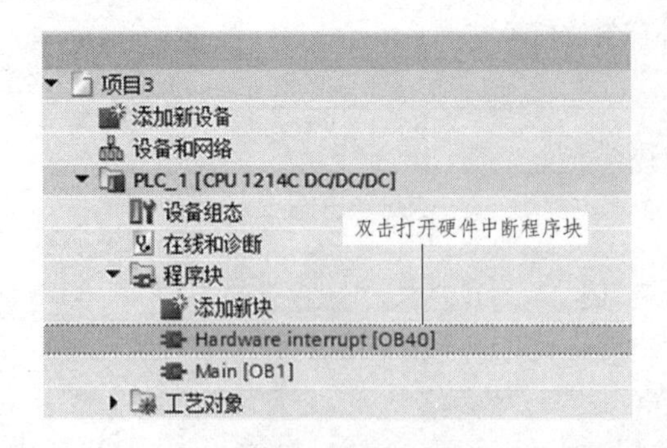

图 5.67　打开硬件中断块

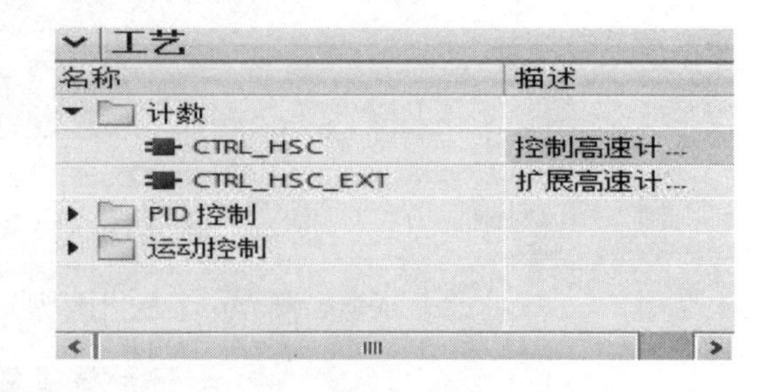

图 5.68　添加高速计数器

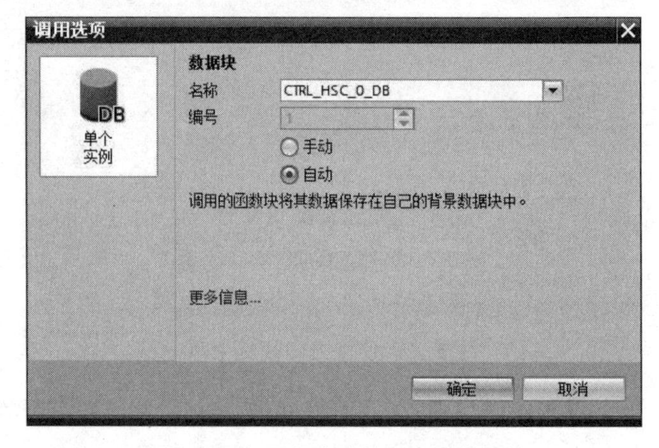

图 5.69　定义高速计数器背景数据块

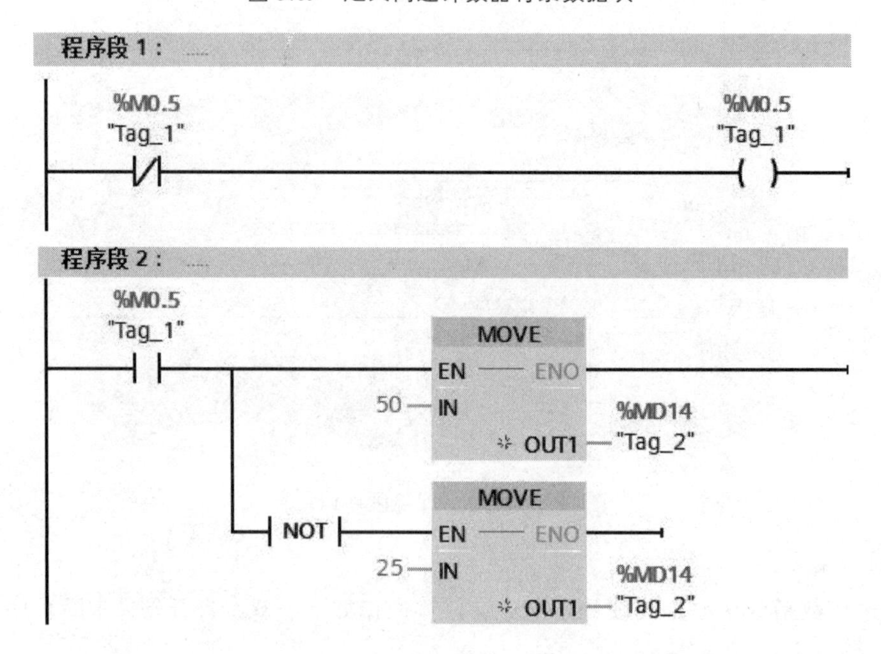

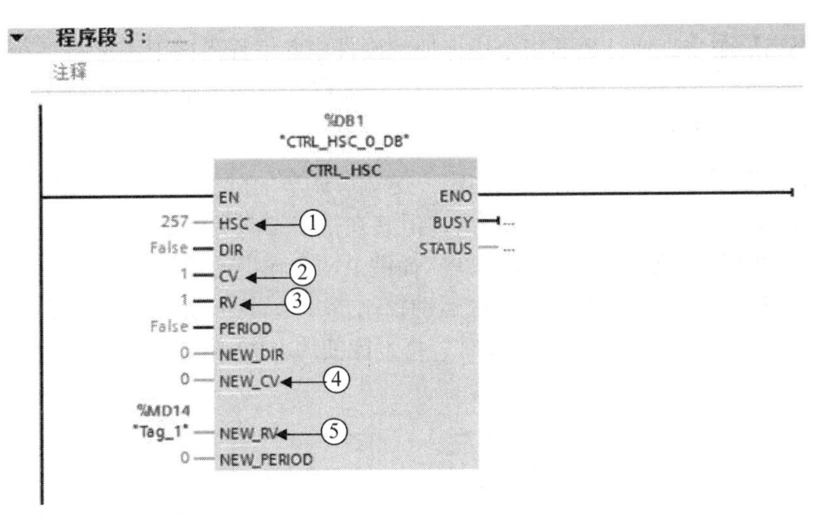

图 5.70　程序视图

此处系统指定的背景数据块为 CTRL_HSC_O，如图 5.70 所示组件的具体含义如下：

① 为图 5.66 中系统指定的高速计数器硬件识别号 HW ID，这里填 257。

② 为使能更新初值。

③ 为使能更新预置值。

④ 为新的初始值。

⑤ 为新的预置值。

至此程序编制部分完成，将完成的组态与程序下载到 CPU 后即可执行，拨动开关 I0.0，当前的计数值可通过监控表 ID1000 中读出，如图 5.71 所示。关于高速计数器指令块，若不需要修改硬件组态中的参数，可不用进行调用，系统仍然可以计数，也就是说高速计数指令块并不是使能高速计数的必要条件。

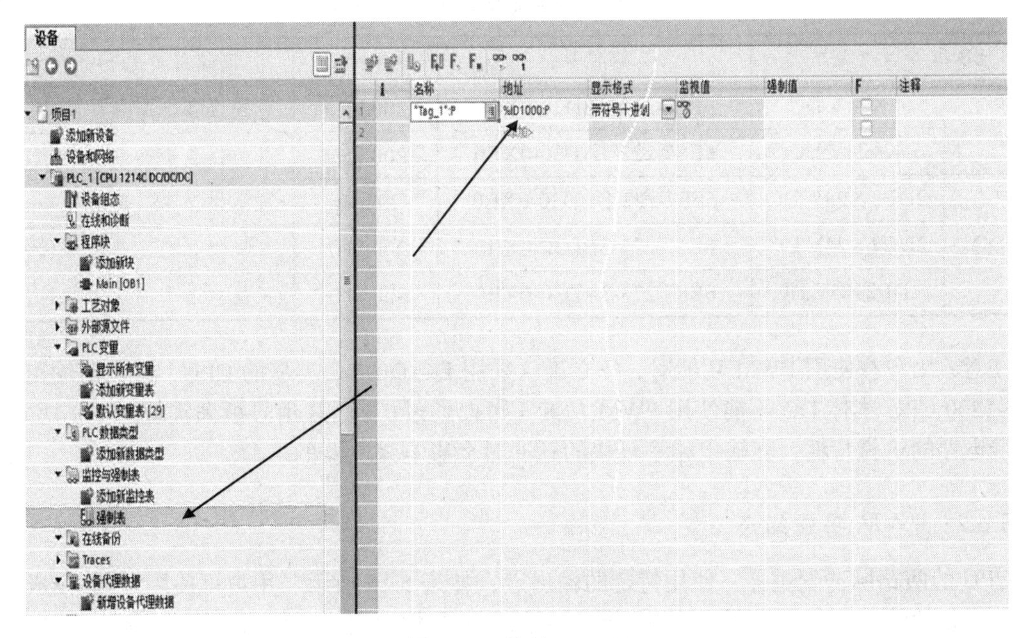

图 5.71　监控 ID1000

5.6 PWM 指令

5.6.1 PWM 功能简介

PWM（脉冲宽度可调）是一种周期固定、脉宽可调节的脉冲输出，PWM 的原理如图 5.72 所示，PWM 功能虽然使用的是数字量输出，但其在很多方面类似于模拟量，例如，它可以控制电机的转速、阀门的位置等。S7-1200 CPU 提供了两个输出通道用于高速脉冲输出，分别可组态为 PTO 或 PWM：PTO 的功能只能由运动控制指令来实现，PWM 功能使用 CTRL_PWM 指令块实现，当一个通道被组态为 PWM 时，将不能使用 PTO 功能。反之亦然。

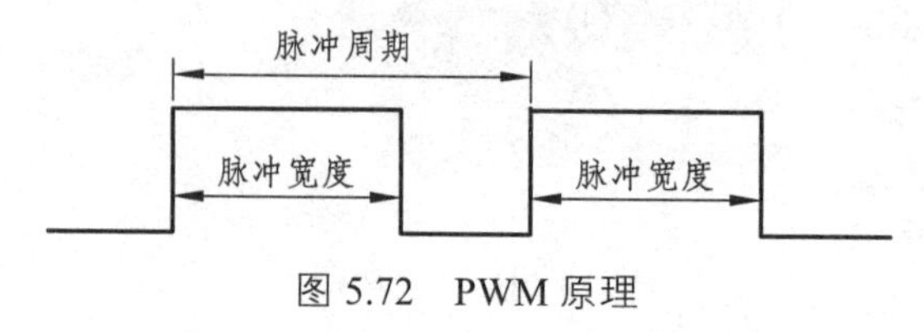

图 5.72 PWM 原理

脉冲宽度可表示为脉冲周期的百分之几、千分之几、万分之几或 S7 analog（模拟量）形式，脉宽的范围可从 0（无脉冲，数字量输出为 0）到全脉冲周期（无脉冲，数字量输出为 1）。

到目前为止，S7-1200 PLC 最新的 Firmware 版本为 V4.4，不同 Firmware 版本的 S7-1200 PLC 可以支持的 PWM 个数不同。本书采用 S71200 PLC Firmware V4.1，CPU1214C DC/DC/DC，有 4 个 PWM 的资源。

对于 DC/DC/DC 类型的 CPU 来说，添加信号板可以把 PWM 的功能移到信号板上，CPU 本体上的 DO 点可以空闲出来作为其他功能。而对于 Rly 类型的 CPU 来说，如果需要使用 PWM 功能，则必须添加相应型号的 SB 信号板。用来组态 PWM 功能的 SB 信号板的具体信息如表 5.14 所示。

表 5.14 组态 PWM 功能的 SB 信号板

SB 信号版类型		订货号	脉冲频率	高速脉冲输出点个数
DO	4×24V DC	6ES7-222-1BD30-0XB0	200 kHz	可提供 4 个高速脉冲输出点
	4×24V DC	6ES7-222-1AD30-0XB0	200 kHz	可提供 4 个高速脉冲输出点
DI/DO	2DI/2×24V DC	6ES7-223-DBD30-0XB0	20 kHz	可提供 2 个高速脉冲输出点
	2DI/2×24V DC	6ES7-223-3BD30-0XB0	200 kHz	可提供 2 个高速脉冲输出点
	2DI/2×5V DC	6ES7-223-3AD30-0XB0	200 kHz	可提供 2 个高速脉冲输出点

注意：用户在使用 PWM 功能时，务必确认采用 DC/DC/DC 类型的 CPU，继电器输出类型的 S7-1200 CPU 本体 DO 不能使用 PWM 功能（可以通过扩展 SB 信号板来实现 PWM 功能）。由于继电器的机械特性，在输出频率较快的脉冲时会影响继电器的寿命。

5.6.2 PWM 功能组态

CPU 的两路脉冲发生器，使用特定的输出点，如表 5.15 所示。用户可使用 CPU 集成输出点或信号板的输出点，表中所列为默认情况下的地址分配，用户也可自己更改输出地址。无论点的地址如何变化，PTO1/PWM1 总是使用第一组输出，PT02/PWM2 使用紧接着的一组输出，对于 CPU 集成点和信号板上的点都是如此。PTO 在使用脉冲输出时一般占用两个输出点，PWM 只使用一个点，另一个没有使用的点可用作其他功能。

表 5.15　脉冲功能输出点占用

描　述	默认的输出分配	脉　冲	方　向
PTO1	Onboard CPU	Q0.0	Q0.1
	Signal board	Q4.0	Q4.1
PWM1	Onboard CPU	Q0.0	—
	Signal board	Q4.0	—
PTO2	Onboard CPU	Q0.2	Q0.3
	Signal board	Q4.2	Q4.3
PWM2	Onboard CPU	Q0.2	—
	Signal board	Q4.2	—

具体的组态步骤如下：

（1）进入设备组态界面，选中 CPU，单击“属性”按钮，选中脉冲发生器（PTO/PWM）选项，如图 5.73 所示。

（2）组态脉冲发生器参数，如图 5.74 所示。图中所示组件的具体定义如下：

图 5.73　进入设备组态

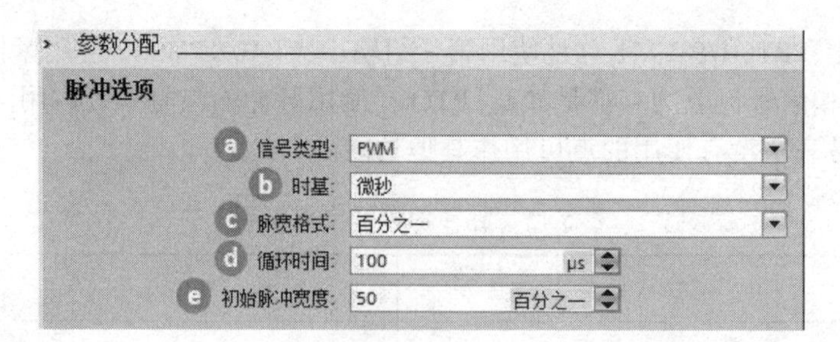

图 5.74　脉冲发生器组态

（a）信号类型。有 PWM 和 PTO 两种，其中 PTO 又分成 4 种，每种类型的具体含义在运动控制部分进行介绍。这里选择 PWM。

（b）时基。用来设定 PWM 脉冲周期的时间单位。在 PWM 模式下，时基单位分为毫秒和微秒。

（c）脉宽格式。用来定义 PWM 脉冲的占空比档次，分成 4 种：百分之一、千分之一、万分之一、S7 模拟量格式。

（d）循环时间。表示 PWM 脉冲的周期时间，Portal 软件中对“循环时间”限定的范围为 1 ~ 16 777 215。

（e）初始脉冲宽度。表示 PWM 脉冲周期中的高电平的脉冲宽度，可以设定的范围值由“脉宽格式”确定。

如图 5.75 所示为系统指定的硬件输出点。

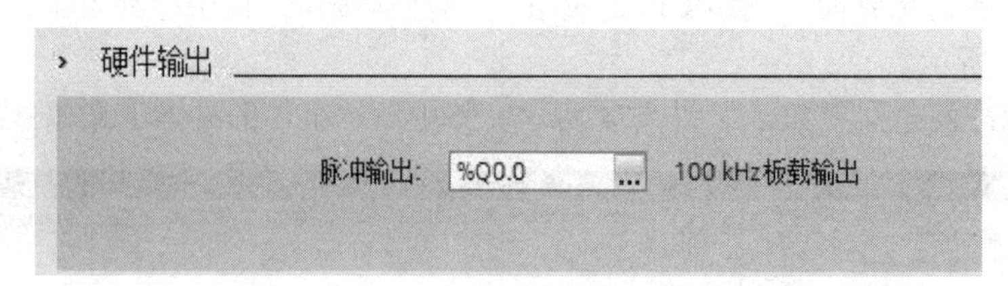

图 5.75　PWM 硬件输出点

如图 5.76 所示为 PWM 所分的脉宽调制地址。图中所示组件的具体含义如下。

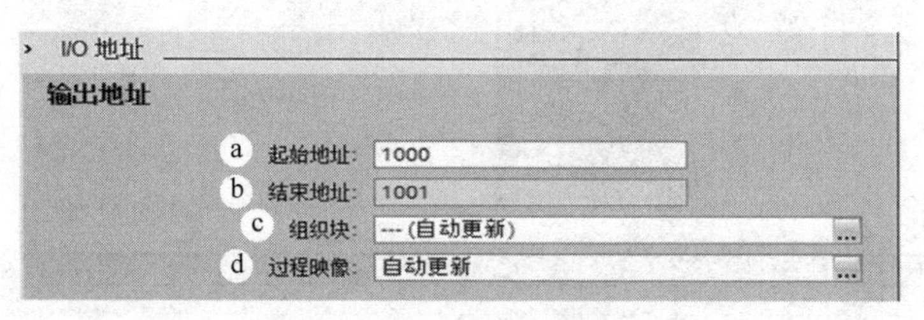

图 5.76　PWM 脉宽调制地址

（a）起始地址。用来设定该 PWM 通道地址，设置范围为 0 ~ 1022。此地址为 WORD 类型，用于存放脉宽值，用户可在系统运行中实时修改此值达到修改脉宽的目的，默认情况下，PWM1 使用 QW1000，PWM2 使用 QW1002。

（b）结束地址。由“起始地址”决定，每个 PWM 通道地址占用一个 WORD 的长度。

（c）组织块。用来设置 PWM I/O 地址的更新方式是基于哪个 OB 块的。用户可以根据需要通过“新增”按钮来添加相应的 OB 块。

（d）过程映像。设置 PWM 的 I/O 地址的过程映像的更新情况，这里的“PWM 的 I/O 地址”指的是 PWM 周期脉冲宽度数值存放的地址。

5.6.3　PWM 指令块

S7-1200 PLC CPU 使用 CTRL_PWM 指令块实现 PWM 输出。PWM 指令块如图 5.77 所示。在使用此指令块时需要添加背景数据块，用于存储参数信息。PWM 指令块参数及描述如表 5.16 所示。

当 EN 端变为 1 时，指令块通过 ENABLE 端使能或禁止脉冲输出，脉冲宽度通过组态好的 QW 来调节，当 CTRL_PWM 指令块正在运行时，BUSY 位将一直为 0。

有错误发生时 ENO 端输出为 0，同时 STATUS 显示错误状态如表 5.17 所示。

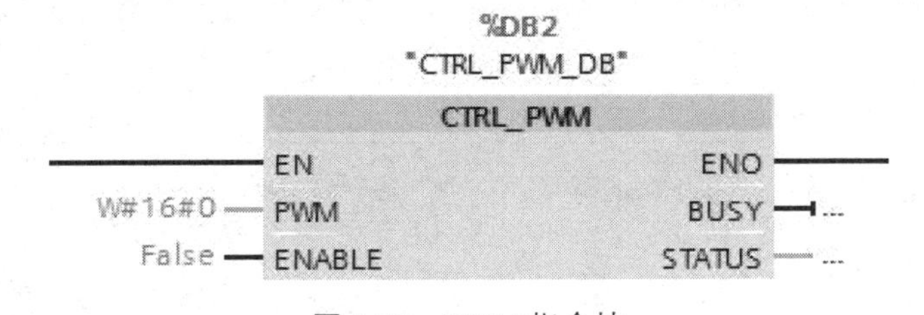

图 5.77　PWM 指令块

表 5.16　PWM 指令块参数及描述

参数	数据类型	描　述
PWM	WORD	填写硬件识别号，即组态参数中的 HW ID
ENABLE	BOOL	1＝使能指令块 0＝禁止指令块
BUSY	BOOL	功能应用中
STATUS	WORD	状态显示

表 5.17　错误状态及描述

STATUS 值	描　述
0	无错误
80A1	硬件识别号（HW ID）非法

5.6.4　应用举例

在使用模拟量控制数字量输出时，当模拟量值发生变换，CPU 输出的脉冲宽度随之改变，但周期不变，可用于控制脉冲方式的加热设备。此应用通过 PWM 功能实现，脉冲周期为 1 s，模拟量值在 0 ~ 27 648 之间变化。

1．硬件组态

在硬件组态中定义相关输出点，并进行参数组态，双击硬件组态选中 CPU，定义 IW64 为模拟量输入，输入信号为 DC 0 ~ 10 V。

PWM 参数组态如下所述。如图 5.78 所示为硬件参数组态。如图 5.79 所示为硬件输出点与脉宽地址定义。

常规

启用

启用该脉冲发生器

项目信息

名称：Pulse_1

注释：

参数分配

脉冲选项

信号类型：PWM

时基：毫秒

脉宽格式：S7 模拟量格式

循环时间：1000 ms

初始脉冲宽度：0 S7 模拟量...

图 5.78　硬件参数组态

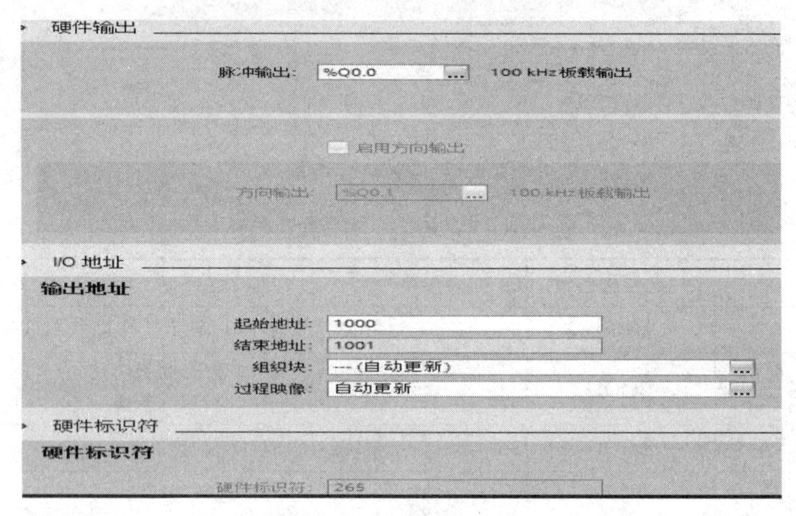

图 5.79　硬件输出点与脉宽地址

2．建立变量

在变量表中建好变量，如图 5.80 所示。

PLC 变量

	名称	变量表	数据类型	地址
1	PWM_Enable	默认变量表	Bool	%M10.0
2	PWM_Busy	默认变量表	Bool	%M10.1
3	PWM_Status	默认变量表	Word	%MW12
4	Analog_input	默认变量表	Word	%IW64
5	pules width	默认变量表	Word	%QW1000
6	<添加>			

图 5.80　PWM 示例——建立变量

3．程序编制

在定义完变量后打开 OB1，从指令列表中将 CTRL_PWM 指令块拖入编辑器中，并定义背景数据块，最后添加模拟量赋值程序，如图 5.81 所示。

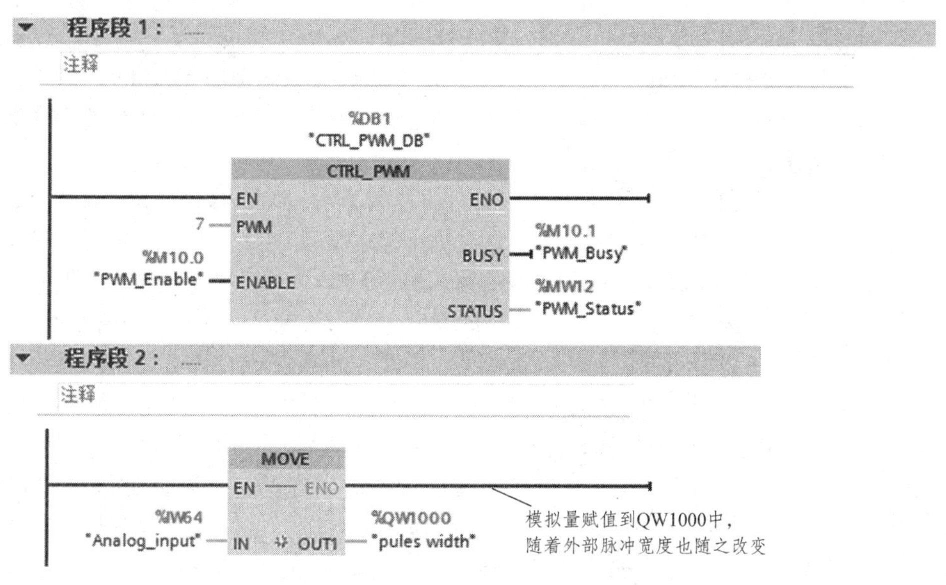

图 5.81　PWM 示例——程序编制

4．监　控

在状态表中监控变量如图 5.82 所示，使能 PWM_Enable，通过外部模拟电位计改变输入电压 Analog_input 值，脉冲以 1 s 的固定周期，脉宽随 Pulse Width 变化而变化。

Name	Address	Display format	Monitor value	Modify value	
"PWM_Enable"	%M10.0	Bool	TRUE	TRUE	☑ !
"PWM_Busy"	%M10.1	Bool	FALSE		
"PWM_Status"	%MW12	Hex	0000		
"Pules width"	%QW1000	DEC_singed	3099		
"Analog_input"	%IW64	DEC_singed	3099		

图 5.82　PWM 示例——监控变量

本章小结

本章主要讲述了 S7-1200 PLC 功能指令块在实际问题中的应用，重点介绍了中断指令、高速计数器指令、PWM 指令的使用，同时也是运动控制设计的基础知识。

（1）跳转指令会中止程序的线性扫描，跳转到指令中的地址标签所在的目的地址，然后继续按线性扫描的方式顺序执行。跳转指令与对应的跳转目的地址应在同一个代码块内。在一个块内，同一个跳转目的地址只能出现一次。

（2）监控定时器又称看门狗（Watchdog），每次扫描循环它都被自动复位一次，正常工作时最大扫描循环时间小于监控定时器的时间设定值，看门狗不会起作用。当用户程序较长、一个扫描循环内执行中断程序的时间较长，以及循环指令执行的时间太长时，扫描循环时间可能大于监控定时器的设定时间。

（3）BCD（Binary-coded Decimal）是二进制编码的十进制数的缩写，BCD 码用 4 位二进制数表示一位十进制数（见表 5.2），每一位 BCD 码允许的数值范围为 2#0000 ~ 2#1001，对应于十进制数 0 ~ 9。4 位二进制数共有 16 种组合，有 6 种组合（2#1010 ~ 2#1111）没有在 BCD 码中应用。

（4）数学运算指令包括数学运算指令、浮点数函数运算指令和逻辑运算指令。数学运算指令中操作数的数据类型可选 SInt、Int、Dint、USInt、UInt、UDInt 和 Real，IN1 和 IN2 可以是常数。IN1、IN2 和 OUT 的数据类型应该相同。浮点数（实数）数学运算指令的操作数 IN 和 OUT 的数据类型为 Rea1。

（5）中断的响应时间是指从 CPU 得到中断事件出现的通知，到 CPU 开始执行该事件的 OB 的第一条指令之间的时间。如果在事件出现时只是在执行程序循环 OB，中断响应时间小于 175 μs。硬件中断组织块用于处理需要快速响应的过程事件。出现 CPU 内置的数字量输入的上升沿、下降沿和高速计数器事件时，立即中止当前正在执行的程序，改为执行对应的硬件中断 OB。

（6）S7-1200 V4.0 CPU 提供了最多 6 个高速计数器，其独立于 CPU 的扫描周期进行计数。可测量的单相脉冲频率最高为 100 kHz，双相或 A/B 相最高为 80 kHz，高速计数器可用于连接增量型旋转编码器。如果使用信号板，还可以测量单相脉冲频率高达 200 kHz 的信号，A/B 相最高为 160 kHz。当启用高速计数器并为其选择输入点时，这些点的输入滤波设置将组态为 800 ns。每一个输入点都有一个适用于所有应用的滤波器组态：过程输入、中断、脉冲捕捉和 HSC 输入。如果数字量输入通道的滤波时间更改自以前的设置，则新的“0”电平输入值可能需要保持长达 20.0 ms 的累积时间，然后滤波器才会完全响应新输入。在此期间，可能不会检测到持续时间少于 20.0 ms 的短“0”脉冲事件或对其计数。

（7）PWM（脉冲宽度可调）是一种周期固定、脉宽可调节的脉冲输出，PWM 功能虽然使用的是数字量输出，但其在很多方面类似于模拟量，脉冲宽度可表示为脉冲周期的百分之几、千分之几、万分之几或 S7 analog（模拟量）形式，脉宽的范围可从 0（无脉冲，数字量输出为 0）到全脉冲周期（无脉冲，数字量输出为 1）。

习　题

1. 跳转发生后，CPU 是否还对被跳转指令跨越的程序段逐行扫描/逐行执行？被跨越的程序中，输出继电器、时间继电器及计数器的工作状态是怎样的？

2. 高速计数器与普通计数器在使用方面有哪些不同点，如何控制高速计数器的计数方向？

3. 设计一个时间中断程序，每 20 ms 读取输入口 I0.0 数据一次，每 1 s 计算一次平均值，并送 MD100 存储。

4. 首次扫描时给 Q0.0 ~ Q0.7 置初值，用 T1 中断定时，控制接在 Q0.0 ~ Q0.7 上的 8 个彩灯循环左移，每秒移位 1 次，设计出主程序。

5. 将半径（＜1000 的整数）存放在 MD100 中，取圆周率为 3.1416，用浮点数运算指令计算圆周长，运算结果四舍五入转换为整数后，存放在 MD132 中。

6. 请采用 S7-1200 PLC 的 PWM 功能来实现灯具照明亮度控制的硬件电路，并进行程序编程以实现特定时段的亮度自动调整。要求白天 8:0 ~ 12:00 为亮度 1，白天 12:01 ~ 17:00 为亮度 2，晚上 17:01 ~ 次日 7:59 为亮度 3。

7. 用 S7-1200 PLC 的%Q0.0 输出 500 个周期为 20 ms 的 PWM 脉冲。请编写能实现此控制要求的程序。

第6章　顺序控制

教学目标

通过本章的学习，了解顺序控制的基本概念和基本用法，掌握顺序功能图的画法；掌握根据顺序功能图进行梯形图程序设计的方法；能够为解决顺序控制问题打下良好的程序设计基础。

6.1　步与动作

6.1.1　步的基本概念

顺序控制设计法最基本的思想是将系统的一个工作周期划分为若干个顺序相连的阶段，这些阶段称为步（step），并用编程元件（如存储器 M）来代表各步。一般情况下，步是根据输出量的状态变化来划分的，在任何一步之内，各输出量的 ON/OFF 状态不变，但是相邻两步输出量总的状态是不同的，步的这种划分方法使代表各步的编程元件的状态与各输出量的状态之间，有着极为简单的逻辑关系。

6.1.2　初始步

与系统的初始状态相对应的步称为初始步，初始状态一般是系统等待启动命令的相对静止的状态。初始步用双线方框表示，每一个顺序功能图至少应该有一个初始步。

6.1.3　活动步

当系统正处于某一步所在的阶段时，该步处于活动状态，称该步为“活动步”。步处于活动状态时，相应的动作被执行；处于不活动状态时，相应的非存储型动作被停止执行。

6.1.4　与步对应的动作

系统处于某一步需要完成一定的“动作”，用矩形方框与步相连。某一步可以有几个动作，也可以没有动作，这些动作之间无顺序关系。可以使用修饰词对动作进行修饰，常用动作修饰词如表 6.1 所示。

表 6.1　动作的修饰词

修饰词	名　称	说　明
N	非存储型	当步变为不活动时动作终止
S	置位（存储）	当步变为不活动步时动作继续，直到动作被复位
R	复位	被修饰词 S、SD、SL 或 DS 启动的动作被终止
L	时间限制	步变为活动步时被启动，直到步变为不活动步或设定时间到
D	时间延迟	步变为活动步时延迟定时器被启动，如果延迟之后步仍然是活动步，动作被启动和继续，直到步变为不活动步
P	脉冲	当步变为活动步，动作被启动并且只执行一次
SD	存储与时间延迟	在时间延迟之后动作被启动，一直到动作被复位
DS	延迟与存储	在延迟之后如果步仍然是活动的，动作被启动直到被复位
SL	存储与时间限制	步变为活动步时动作被启动，一直到设定的时间到或动作被复位

6.2　有向连线与转换条件

6.2.1　有向连线

顺序功能图中，代表各步的方框按照它们成为活动步的先后次序顺序排列，并用有向连线将它们连接起来，步与步之间活动状态的进展按照有向连线规定的路线和方向进行。有向连线在从上到下或从左到右的方向上的箭头可以省略，其他方向则必须注明。

6.2.2　转换条件

步与步之间的有向连线上与之垂直的短横线称为转换，其作用是将相邻的两步分开。旁边与转换对应的称为转换条件，转换条件是系统由当前步进入下一步的信号，分为三种类型：①外部的输入条件，如按钮、指令开关、限位开关的接通或断开等；② PLC 内部产生的信号，如定时器、计数器等触点的接通；③ 若干个信号的与、或、非的逻辑组合。顺序功能图中，只有当某一步的前级步是活动步时，该步才有可能变成活动步。如果使用没有断电保持功能的编程元件代表各步，进入 RUN 工作方式时，它们均处于 OFF 状态，必须用初始化脉冲 M1.0 作为转换条件，将初始步预置为活动步，否则会因为顺序功能图中没有活动步，系统将无法工作。如果系统有手动和自动这两种工作方式，顺序功能图是用来描述自动工作过程的，这时还应在系统由手动工作方式进入自动工作方式时，用一个适当的信号将初始步置为活动步。

6.3　功能图的基本结构

6.3.1　顺序功能图的基本结构

顺序功能图的基本结构包括：单序列、选择序列和并行序列。序列由一系列相继激活的步组成，如图 6.1 所示。

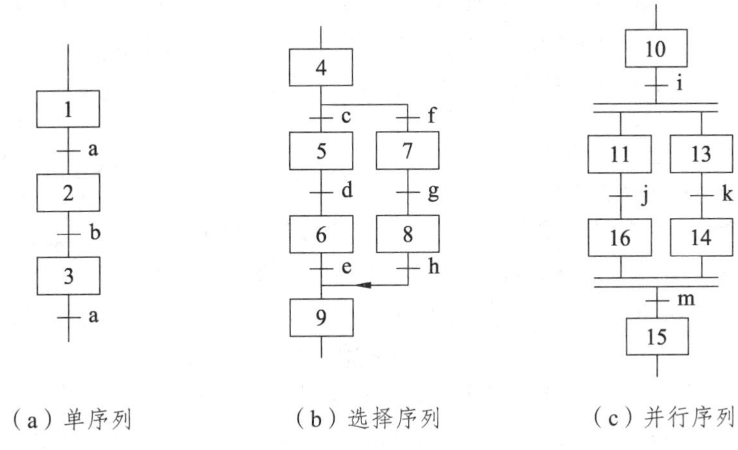

（a）单序列　　（b）选择序列　　（c）并行序列

图 6.1　功能图的基本结构

当系统的某一步活动后，仅有一个转换，转换后也仅有一个步，这种序列称为单序列。

当系统的某一步活动后，满足不同的转换条件能够激活不同的步，这种序列称为选择序列。选择序列的开始称为分支，其转换符号只能标在水平连线下方。在图 6.1 的选择序列中，如果步 4 是活动步，满足转换条件 c 时，步 5 变为活动步；当满足转换条件 f 时，步 7 变为活动步。选择序列的结束称为合并，其转换符号只能标在水平连线上方。如果步 6 是活动步且满足转换条件 e，则步 9 变为活动步；如果步 8 是活动步且满足转换条件 h，则步 9 也变为活动步。

当系统的某一步活动后，满足转换条件后能够同时激活几步，这种序列称为并行序列。并行序列的开始称为分支，为强调转换的同步实现，水平连线用双线表示，水平双线上只允许有一个转换符号。在图 6.1 的并行序列中，当步 10 是活动步，满足转换条件 i 时，转换的实现将导致步 11 和步 13 同时变为活动步。并行序列的结束称为合并，在表示同步的水平双线之下只允许有一个转换符号。当步 12 和步 14 同时都为活动步且满足转换条件 m 时，步 15 才能变为活动步。

6.3.2　顺序功能图中转换实现的基本规则

1．转换实现的条件

顺序功能图中，转换的实现完成了步的活动状态的进展。转换实现必须同时满足以下两个条件。

（1）该转换所有的前级步都是活动步。

（2）相应的转换条件得到满足。

这两个条件是缺一不可的。假设在剪板机中取消了第一个条件，在板料被压住的时候误操作按下了启动按钮，这时也会使步 M0.1 变为活动步，板料可能右行，因此造成设备的误动作。

2．转换实现完成的操作

转换实现时应完成以下两个操作。

（1）使所有由有向连线与相应转换符号相连的后续步都变为活动步。

（2）使所有由有向连线与相应转换符号相连的前级步都变为不活动步。

以上规则适用于任意结构中的转换，其区别是：对于单序列，一个转换仅有一个前级步和一个后续步；对于并行序列，其分支处转换有几个后续步，在转换实现时应同时将它们对应的编程元件置位，其合并处转换有几个前级步，在转换实现时应将它们对应的编程元件全部复位；对于选择序列，其分支与合并处，一个转换实际上只有一个前级步和一个后续步，但是一个步可能有多个前级步或多个后续步。

3．绘制顺序功能图时的注意事项

绘制顺序功能图时需要注意以下几点。

（1）两个步绝对不能直接相连，必须用一个转换将它们分隔开。

（2）两个转换也不能直接相连，必须用一个步将它们分隔开。

（3）初始步必不可少，一方面，因为该步与其相邻步相比，从总体上来说输出变量的状态各不相同；另一方面，如果没有该步，无法表示初始状态，系统也无法返回等待启动的停止状态。

（4）顺序功能图是由步和有向连线组成的闭环，即在完成一次工艺过程的全部操作之后，应从最后一步返回初始步，系统停留在初始状态，在连续循环工作方式时，应从最后一步返回下一工作周期开始运行的第一步。

6.4 顺序控制梯形图的设计方法

6.4.1 使用启-保-停电路的顺序控制梯形图设计方法

使用启-保-停电路设计梯形图程序的关键是找出其启动条件和停止条件。以图 6.2 和图 6.3 所示的鼓/引风机控制为例，根据转换实现的基本规则，转换实现的条件是它的前级步为活动步，并且满足相应的转换条件。如果步 M10.1 要变为活动步，条件是它的前级步 M10.0 为活动步，且转换满足转换条件 I0.0。在启-保-停电路中，将代表前级步的 M10.0 的常开触点和代表转换条件的 I0.0 的常开触点串联，作为控制 M10.1 的启动电路。当步 M10.1 为活动步且满足转换条件 T1 时，步 M10.2 变为活动步，这时，步 M10.1 应变为不活动步，因此，可以将 M10.2 为 1 作为使步 M10.1 变为不活动步的停止条件，同时在程序中将 M10.0 的常开触点与启动电路并联作为保持条件。所有的步都可以用这种方法进行编程。再以初始步 M10.0 为例，其前级步是 M10.3，转换条件是 T2 的常开触点，所以启动电路是 M10.3 和 T2 的常开触点并联，在 PLC 第一次执行程序时，应使用 FirstScan 的常开触点将 M10.0 变为活动步，所以启动电路要并联 FirstScan 的常开触点，再并联 M10.0 的常开触点作为保持条件，上述电路再串联 M10.1 的常闭触点作为停止条件。鼓/引风机的控制 I/O 如表 6.2 所示。

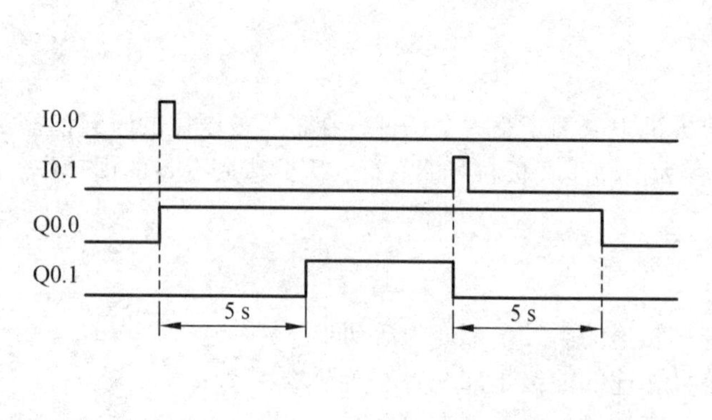

图 6.2 鼓/引风机控制时序图

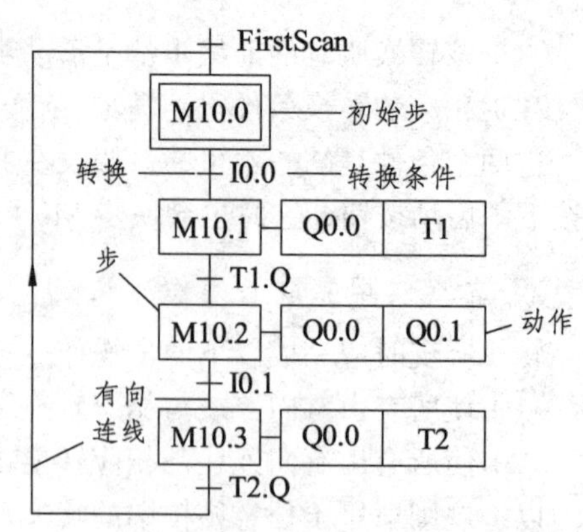

图 6.3 鼓/引风机控制顺序功能图

表 6.2　鼓/引风机控制 I/O 表

输入	地址	中间变量	地址	输出	地址
启动按钮	I0.0	Step0	M10.0	引风机	Q0.0
停止按钮	I0.1	Step1	M10.1	鼓风机	Q0.1
		Step2	M10.2		
		Step3	M10.3		

对于步的动作中的输出量的处理分两种情况。

（1）某一输出量仅在某一步中为 ON 时，可以将它的线圈与对应步的存储器位的线圈并联。

（2）某一输出量在几步中都为 ON 时，则将代表各有关步的存储器位的常开触点并联后一起驱动该输出的线圈。如果某些输出在连续的几步中均为 ON，可以用置位与复位指令进行控制。梯形图程序如图 6.4 所示。

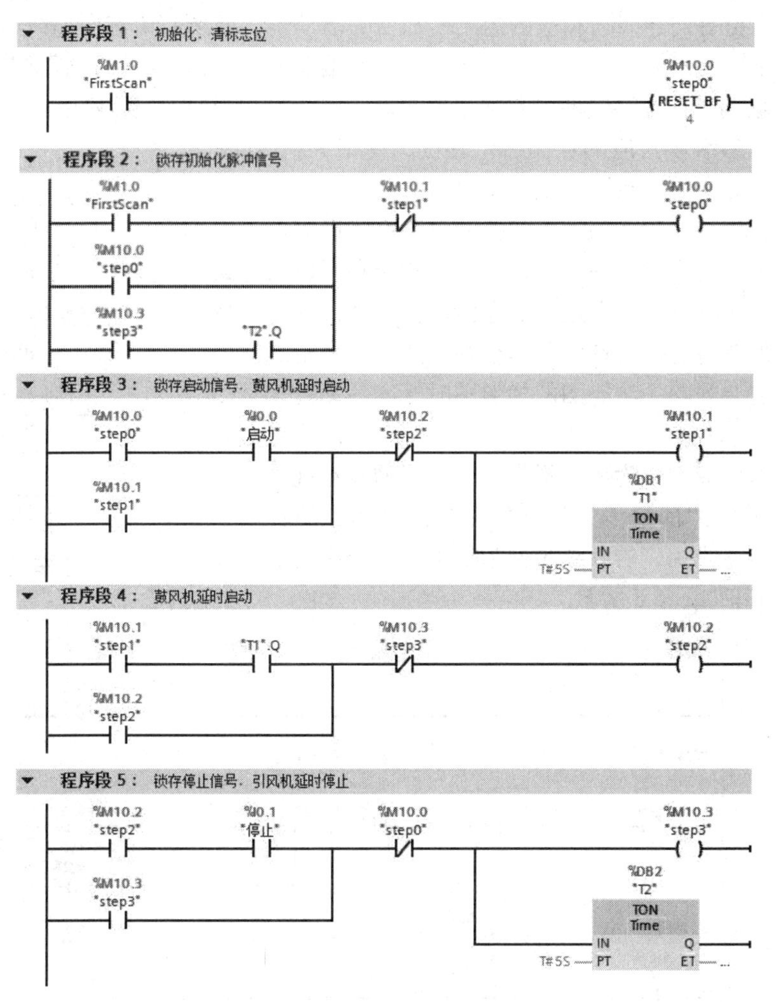

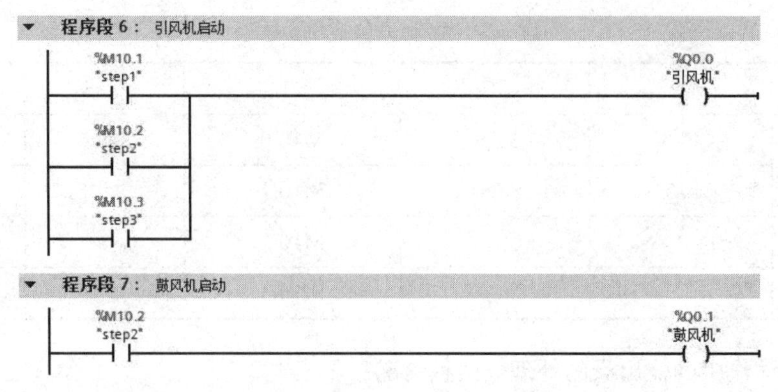

图 6.4 鼓/引风机梯形图程序

6.4.2 以转换为中心（置位复位指令）的顺序控制梯形图设计方法

在顺序功能图中，如果某一转换所有的前级步都是活动步并且满足相应的转换条件，则转换实现。即所有由有向连线与相应的后续步都变为活动步，而所有由有向连线与相应转换符号相连的前级步都变为不活动步。在以转换为中心的编程方法中，将该转换所有前级步对应的存储器位的常开触点与转换对应的触点或电路串联，该串联电路即启-保-停电路中的启动电路，用它作为使所有后续步对应的存储器位置位（使用 S 指令），和使所有前级步对应的存储器位复位（使用 R 指令）的条件。在任何情况下，代表步的存储器位的控制电路都可以用这一原则来设计，每一个转换对应一个这样的控制置位和复位的电路块，有多少个转换就有多少个这样的电路块。这种设计方法特别有规律，梯形图与转换实现的基本规则之间有着严格的对应关系，在设计复杂的顺序功能图的梯形图时既容易掌握，又不容易出错。

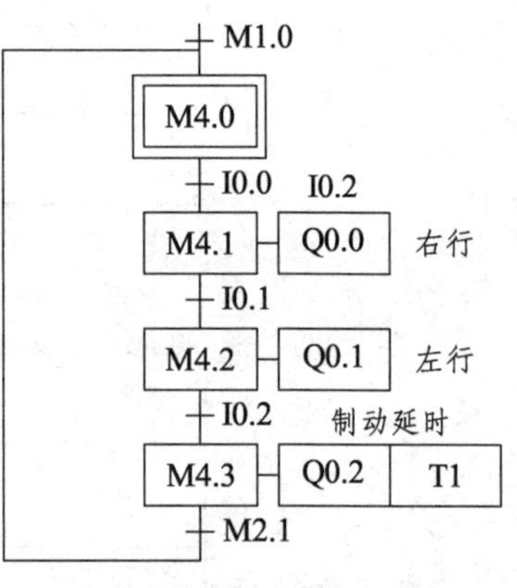

图 6.5 小车顺序控制功能图

以“小车顺序控制”为例，根据转换实现的基本规则，转换实现的条件是它的前级步为活动步并且满足相应的转换条件，将所有有向连线相应的后续步变为活动步。顺序功能图如图 6.5 所示，程序如图 6.6 所示。

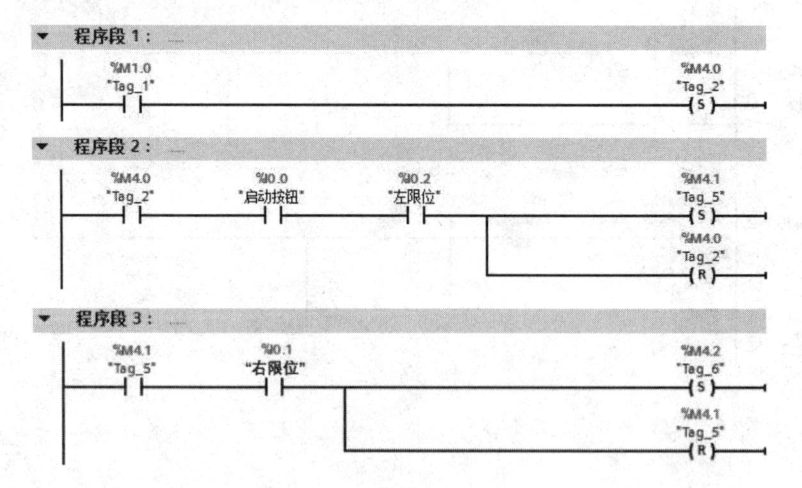

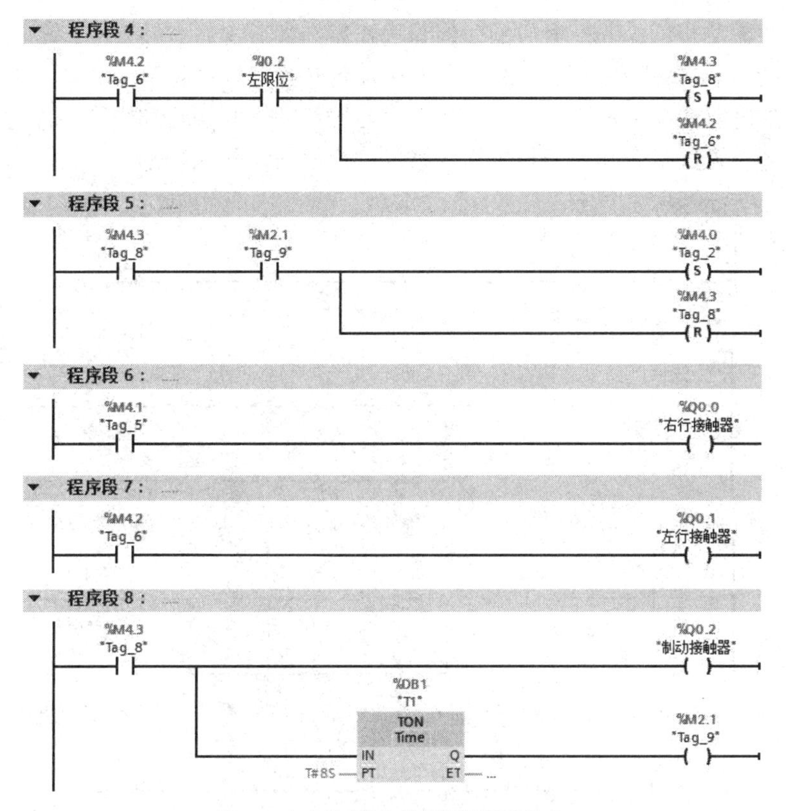

图 6.6　小车顺序控制梯形图程序

6.4.3　选择序列与并行序列的编程方法

1．选择序列的编程方法

如果某一转换与并行序列的分支、合并无关，那它的前级步和后续步都只有一个，需要复位、置位的存储器位也只有一个，因此，对选择序列的分支与合并的编程方法实际上与对单序列的编程方法完全相同。

如图 6.7 所示的顺序功能图中，除了 I0.3 与 I0.6 对应的转换以外，其余的转换均与并行序

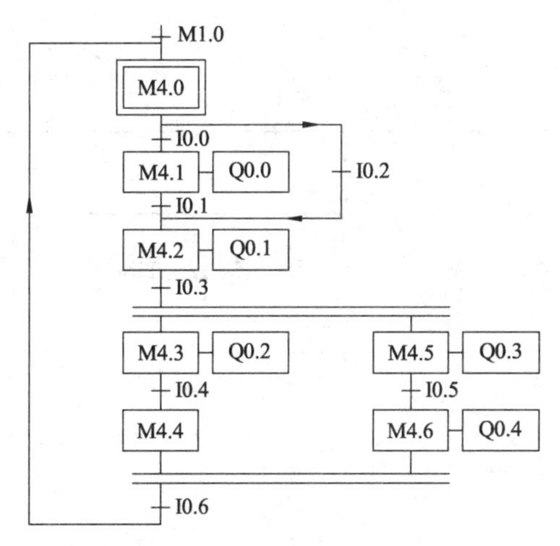

图 6.7　选择序列与并行序列

列的分支、合并无关，I0.0-I0.2 对应的转换与选择序列的分支、合并有关，它们都只有一个前级步和一个后续步。与并行序列的分支、合并无关的转换对应的梯形图非常标准的，每一个控制置位、复位的电路块都由前级步对应的一个存储器位的常开触点和转换条件对应的触点组成的串联电路、一条置位指令和一条复位指令组成。梯形图如图 6.8 所示。

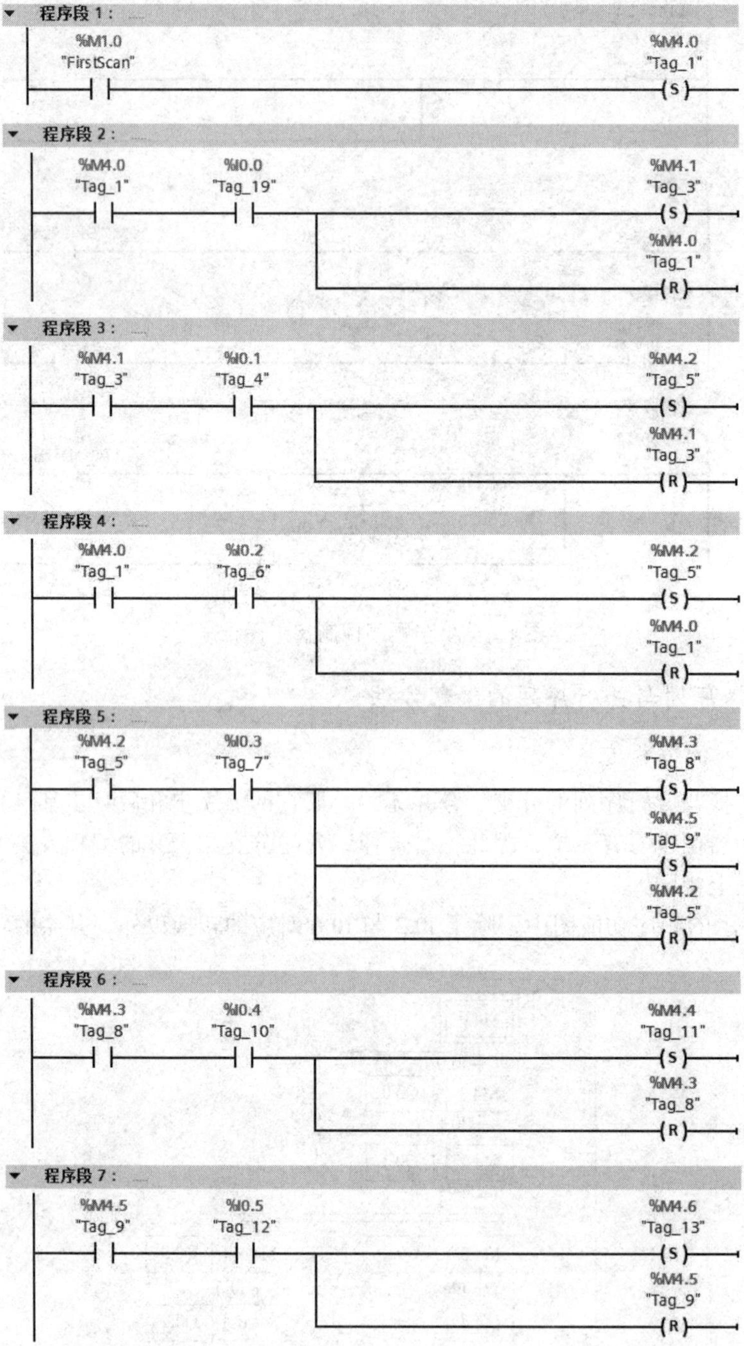

程序段 1：

%M1.0 "FirstScan"　%M4.0 "Tag_1" (S)

程序段 2：

%M4.0 "Tag_1"　%I0.0 "Tag_19"　%M4.1 "Tag_3" (S)　%M4.0 "Tag_1" (R)

程序段 3：

%M4.1 "Tag_3"　%I0.1 "Tag_4"　%M4.2 "Tag_5" (S)　%M4.1 "Tag_3" (R)

程序段 4：

%M4.0 "Tag_1"　%I0.2 "Tag_6"　%M4.2 "Tag_5" (S)　%M4.0 "Tag_1" (R)

程序段 5：

%M4.2 "Tag_5"　%I0.3 "Tag_7"　%M4.3 "Tag_8" (S)　%M4.5 "Tag_9" (S)　%M4.2 "Tag_5" (R)

程序段 6：

%M4.3 "Tag_8"　%I0.4 "Tag_10"　%M4.4 "Tag_11" (S)　%M4.3 "Tag_8" (R)

程序段 7：

%M4.5 "Tag_9"　%I0.5 "Tag_12"　%M4.6 "Tag_13" (S)　%M4.5 "Tag_9" (R)

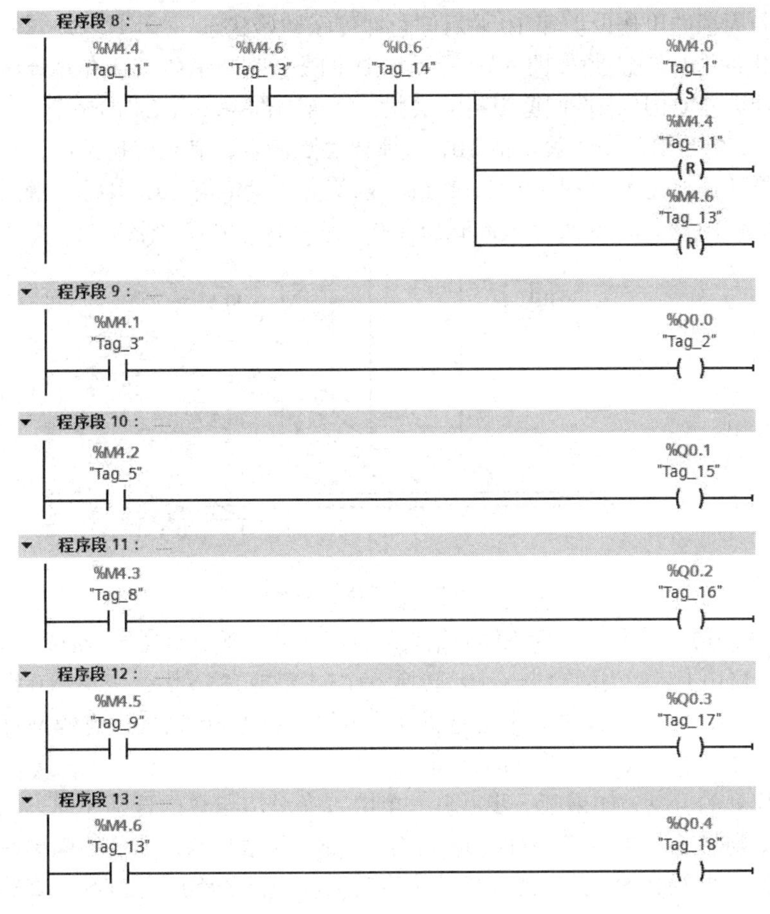

图 6.8　选择序列与并行序列的梯形图

2．并行序列的编程方法

当前步为活动步时，后面有一个并行序列的分支，当满足后续步变为活动步的条件时，两并行序列的分支上的步同时变为活动步。如果把两个并行序列的分支上的两个活动步同时复位，同时激活后续步可以将一个并行序列合并。

复杂的顺序功能图的调试方法如下：

（1）调试复杂的顺序控制程序时，应充分考虑各种可能的情况，对其中的每一条支路、各种可能进展的路线逐一进行检查，不能遗漏。

（2）调试时应注意并行序列中各子序列的第 1 步是否同时变为活动步，各子序列的最后一步是否同时变为不活动步。

（3）发现问题后及时修改程序，直到每一步进展路线上步的活动状态的顺序变化和输出点的状态的变化都符合顺序功能图的规定。

如图 6.9 所示为某剪板机的示意图，开始时压钳和剪刀在上限位置，限位开关 I0.0 和 I0.1 为 ON，按下启动按钮 I1.0，工作过程如下：首先板料右行（Q0.0 为 ON）至限位开关 I0.3 动作，然后压钳下行（Q0.1 为 ON 并保持），压紧板料后，压力继电器 I0.4 为 ON，压钳保持压紧，剪刀开始下行（Q0.2 为 ON），剪断板料后，I0.2 变为 ON，压钳和剪刀同时上行（Q0.3 和 Q0.4 为 ON，Q0.1 和 Q0.2 为 OFF），它们分别碰到限位开关 I0.0 和 I0.1 后，分别停止上行，都停止后，又开始下一周期的工作，剪完 10 块后停止并停在初始状态。

对应剪板机的顺序功能图如图 6.10 所示。图中既有选择序列，又有并行序列。步 M10.0 是初始步，加计数器 C1 用来控制剪板料的次数，每次工作循环后 C1 的当前值加 1。没有剪完 10 块板料时，C1 的当前值小于设定值 10，其常闭触点闭合，满足转换条件，将返回步 M10.1 处开始下一次循环。剪完 10 块板料后，C1 的当前值等于设定值 10，其常开触点闭合，满足转换条件 C1 已剪完 10 块，将返回到初始步 M10.0，等待下一次起动命令。

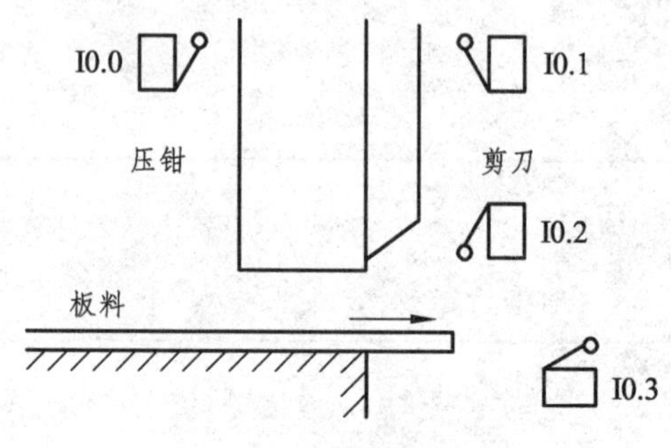

图 6.9　剪板机示意图

步 M10.5、M10.7 是等待步，用来同时结束并行序列，只要步 M10.5、M10.7 都是活动步，满足转换条件，步 M10.1 将变为活动步；满足转换条件 C1 已剪完 10 块，步 M10.0 将变为活动步。

请根据图 6.10 所示的剪板机顺序功能图设计出梯形图程序，需要注意的是对顺序功能图中选择序列、并行序列的分支、合并处的处理。

对于选择序列的分支，如果某一步后有一个由 *N* 条分支组成的选择序列，该步可能转换到不同的 *N* 步去，则将这 *N* 个后续步对应的存储器位的常闭触点与该步的线圈串联，作为结束该步的条件。例如，步 M10.5，其后的任何一步变为活动步该步都应变为不活动步，所以该步的停止条件应该是将 M10.0 与 M10.1 的常闭触点进行串联。

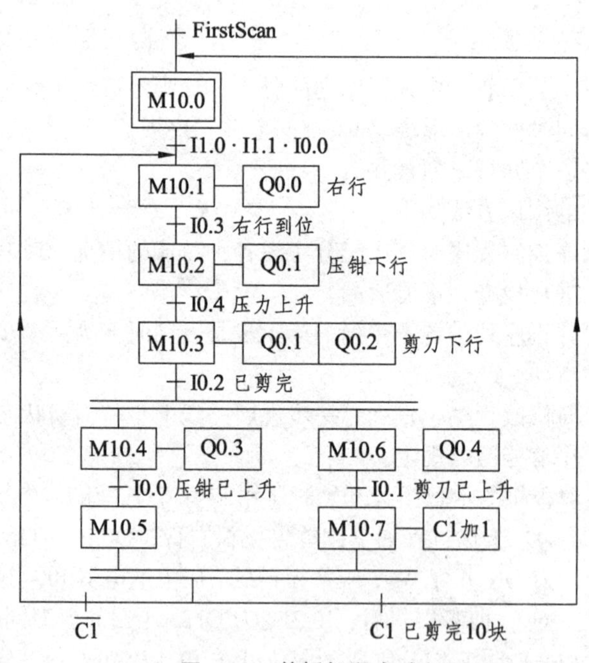

图 6.10　剪板机顺序功能图

对于选择序列的合并，如果某一步之前有 N 个转换，即有 N 条分支进入该步，则控制代表该步的存储器位的起保停电路的启动条件由 N 条支路并联而成，各支路由某一前级步对应的存储器位的常开触点与相应转换条件对应的触点或电路串联形成。例如，步 M10.1 之前是一个选择序列的合并，当步 M10.5 和步 M10.7 为活动步且满足 C1 常闭触点的条件或步 M10.0 为活动步且满足 I1.0 · I0.1 · I0.0 转换条件时，步 M10.1 都应变为活动步，所以对于步 M10.1 其启动条件是 M10.0 与 I1.0、I0.1、I0.0 常开触点串联或者 M10.5、M10.7 与 C1 常闭触点串联。剪板机的符号如表 6.3 所示。

表 6.3　剪板机的符号表

符　号	地　址	符　号	地　址
压钳上限位	I0.0	剪刀上行	Q0.4
剪刀上限位	I0.1	初始步	M10.0
剪刀下限位	I0.2	右行	M10.1
板料右行限位	I0.3	压钳下行	M10.2
压力继电器	I0.4	剪刀下行	M10.3
启动按钮	I1.0	压钳上升	M10.4
板料右行	Q0.0	压钳等待步	M10.5
压钳下行	Q0.1	剪刀上升	M10.6
剪刀下行	Q0.2	剪刀等待步	M10.7
压钳上行	Q0.3	剪板计数	C1

剪板机程序如图 6.11 所示。

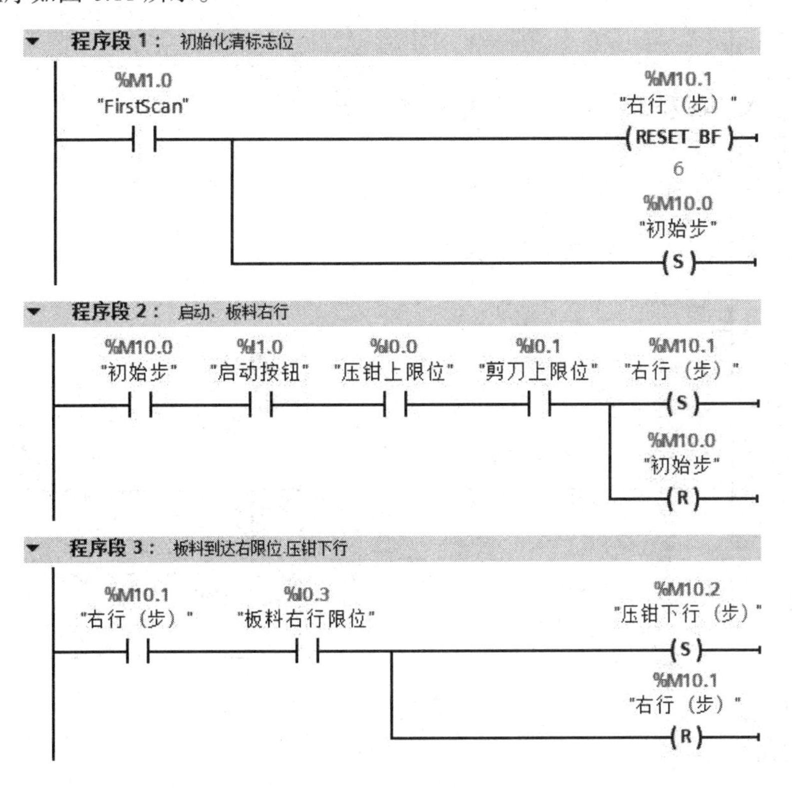

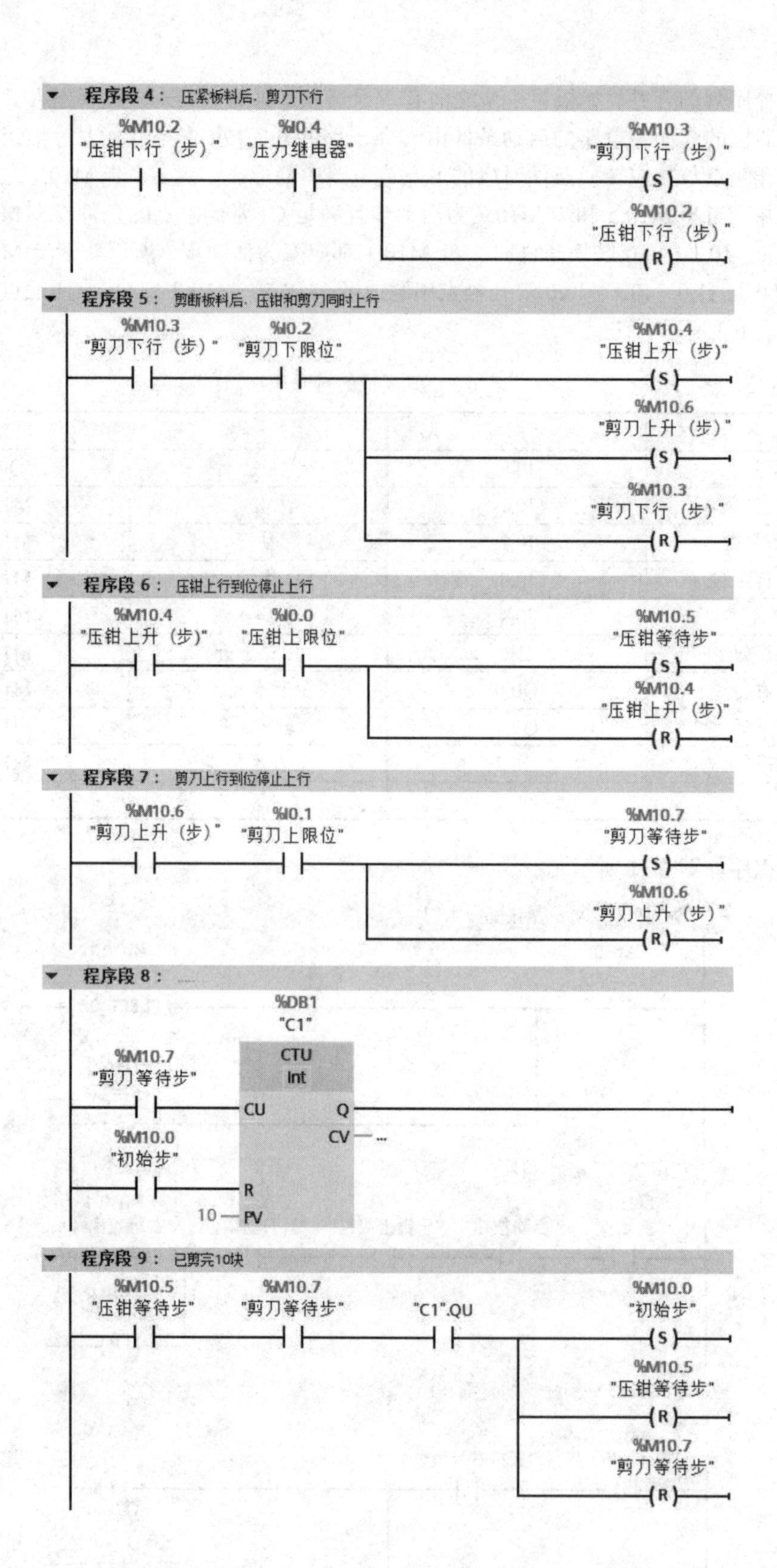

程序段 4： 压紧板料后. 剪刀下行
%M10.2
"压钳下行（步）"
%I0.4
"压力继电器"
%M10.3
"剪刀下行（步）"
S
%M10.2
"压钳下行（步）"
R
程序段 5： 剪断板料后. 压钳和剪刀同时上行
%M10.3
"剪刀下行（步）"
%I0.2
"剪刀下限位"
%M10.4
"压钳上升（步）"
S
%M10.6
"剪刀上升（步）"
S
%M10.3
"剪刀下行（步）"
R
程序段 6： 压钳上行到位停止上行
%M10.4
"压钳上升（步）"
%I0.0
"压钳上限位"
%M10.5
"压钳等待步"
S
%M10.4
"压钳上升（步）"
R
程序段 7： 剪刀上行到位停止上行
%M10.6
"剪刀上升（步）"
%I0.1
"剪刀上限位"
%M10.7
"剪刀等待步"
S
%M10.6
"剪刀上升（步）"
R
程序段 8：
%DB1
"C1"
CTU
Int
%M10.7
"剪刀等待步"
CU
Q
CV
%M10.0
"初始步"
R
10
PV
程序段 9： 已剪完10块
%M10.5
"压钳等待步"
%M10.7
"剪刀等待步"
"C1".QU
%M10.0
"初始步"
S
%M10.5
"压钳等待步"
R
%M10.7
"剪刀等待步"
R

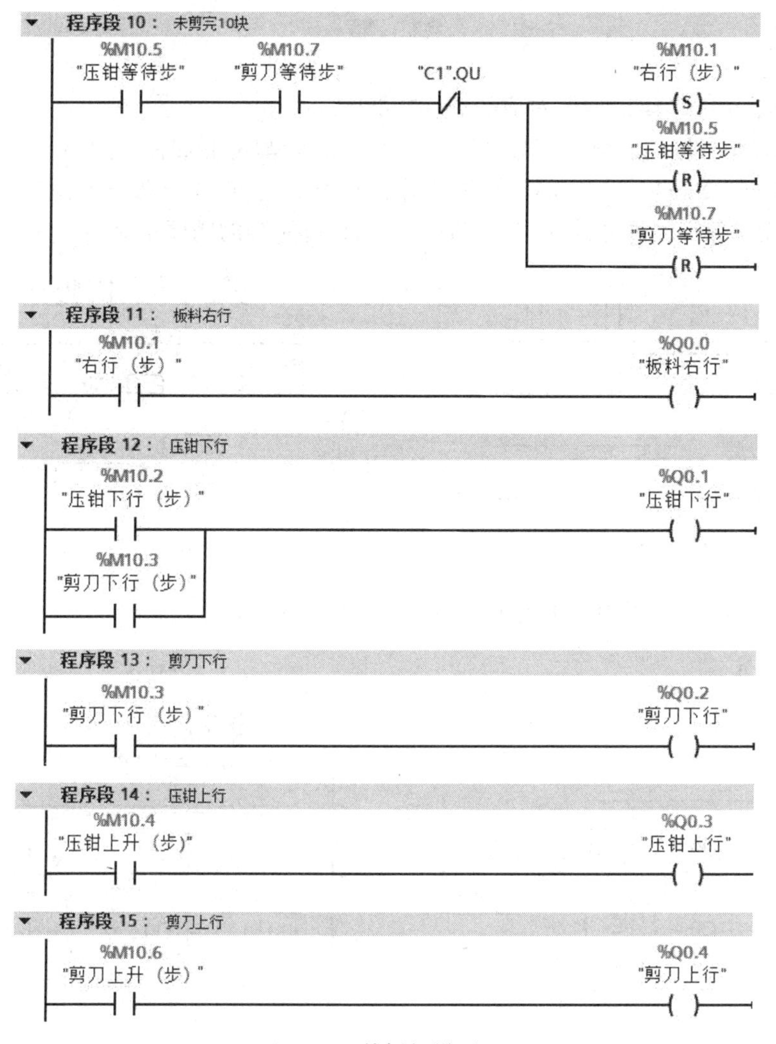

图 6.11 剪板机梯形图

本章小结

本章主要讲述顺序控制指令以及设计方法，并介绍了顺序功能图的基本结构和画法。

（1）顺序功能图中，各步的方框按照控制的顺序依次排列，并按照有向连线规定的路线和方向进行，只有当某一步的前级步是活动步时，该步才有可能变成活动步。

（2）顺序功能图中转换的实现必须同时满足该转换所有的前级步都是活动步；相应的转换条件得到满足的条件。

（3）顺序控制梯形图的基本设计方法是使用启-保-停电路设计，梯形图程序的关键是找出其启动条件和停止条件。

（4）以转换为中心（置位复位指令）的顺序控制梯形图设计方法中在任何情况下，代表步的存储器位的控制电路都可以用这一原则来设计，每一个转换对应一个这样的控制置位和复位的电路块，有多少个转换就有多少个这样的电路块。

习 题

1. 画出如图 6.12 所示时序图对应的顺序功能图。

2. 画出实现红黄绿三种颜色信号灯循环显示（要求循环间隔时间为 0.5 s）的顺序功能图。

3. 小车在初始状态时停在中间，限位开关 I0.0 为 ON，按下起动按钮 I0.3，小车按图 6.13 所示的顺序运动，最后返回并停在初始位置。画出控制系统的顺序功能图。

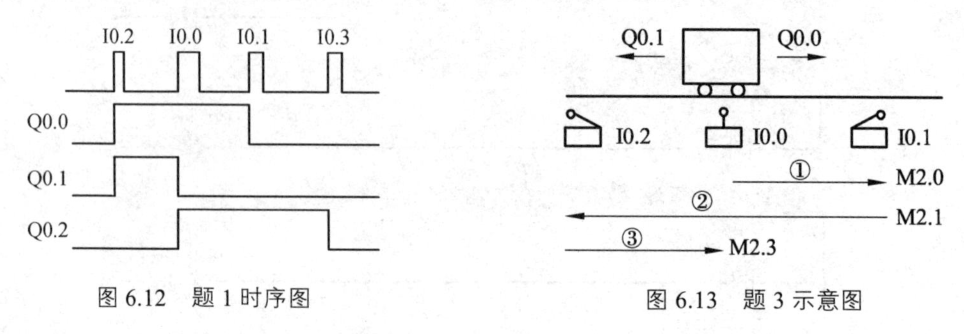

图 6.12　题 1 时序图　　　　图 6.13　题 3 示意图

4. 设计图 6.14 所示的顺序功能图的梯形图程序。

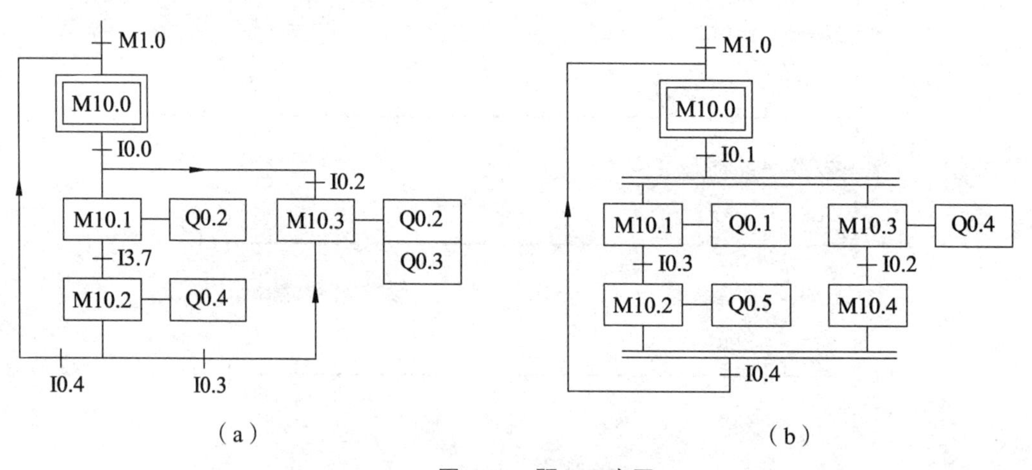

图 6.14　题 4 示意图

5. 试画出如图 6.15 所示信号灯控制系统的顺序功能图并设计梯形图程序，I0.0 为启动信号。

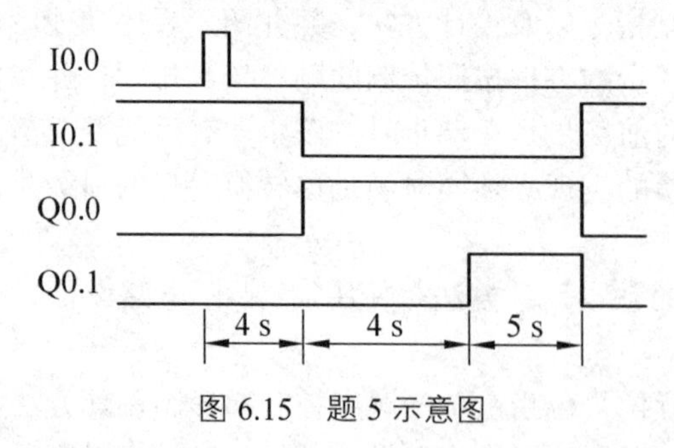

图 6.15　题 5 示意图

6. 冲床的运动示意图如图 6.16 所示。初始状态时机械手在最左边，I0.4 为 ON；冲头在最上面，I0.3 为 ON；机械手松开（Q0.0 为 OFF）。按下启动按钮 I0.0，Q0.0 变为 ON，工件被夹紧并保持，2 s 后 Q0.1 变为 ON，机械手右行，直到碰到限位开关 I0.1，以后将顺序完成以下动作：冲头下行，冲头上行，机械手左行，机械手松开（Q0.0 被复位），延时 2 s 后，系统返回初始状态，各限位开关和定时器提供的信号是相应步之间的转换条件。画出控制系统的顺序功能图。

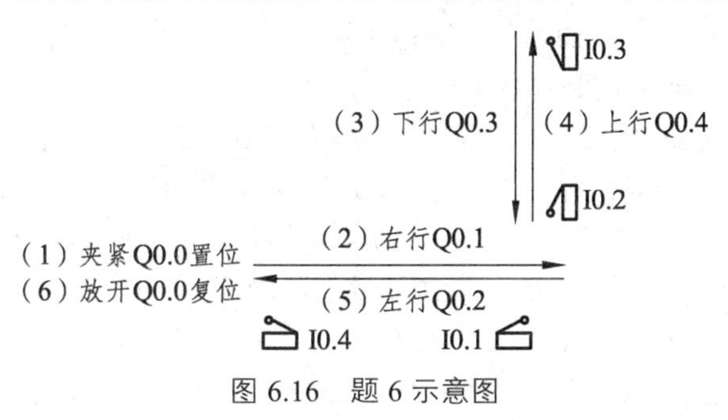

图 6.16　题 6 示意图

7. 某组合机床动力头进给运动示意图如图 6.17 所示，设动力头在初始状态时停在左边，限位开关 I0.1 为 ON。按下启动按钮 I0.0 后，Q0.0 和 Q0.2 为 1，动力头向右快速进给（简称快进），碰到限位开关 I0.2 后变为工作进给（简称工进），Q0.0 为 1，碰到限位开关 I0.3 后，暂停 5 s；5 s 后 Q0.2 和 Q0.1 为 1，工作台快速退回（简称快退），返回初始位置后停止运动。画出控制系统的顺序功能图并设计梯形图程序。

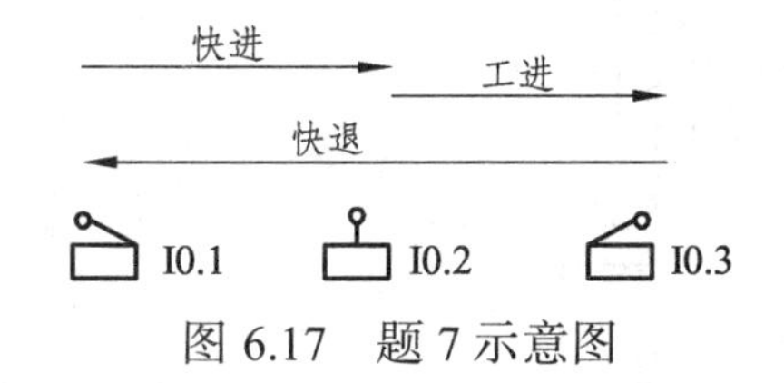

图 6.17　题 7 示意图

8. 使用 S、R 指令设计图 6.18 所示顺序功能图的梯形图程序。

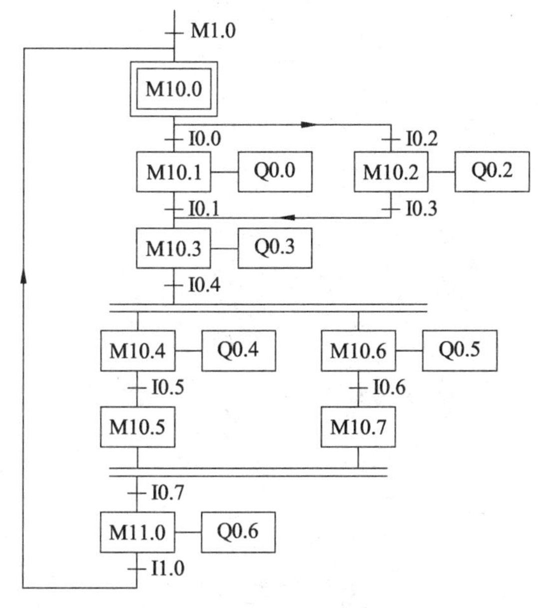

图 6.18　题 8 的顺序功能图

9. 初始状态时，某冲压机的冲压头停在上面，限位开关 I0.2 为 ON，按下启动按钮 I0.0，输出位 Q0.0 控制的电磁阀线圈通电并保持，冲压头下行。压到工件后压力升高，压力继电器动作，使输入位 I0.1 变为 ON，用 T37 保压延时 5 s 后，Q0.0 变为 OFF，Q0.1 为 ON，上行电磁阀线圈通电，冲压头上行。返回初始位置时碰到限位开关 I0.2，系统回到初始状态，Q0.1 变为 OFF，冲压头停止上行。画出控制系统的顺序功能图。

10. 某专用钻床用来加工圆盘状零件上均匀分布了 6 个孔（见图 6.19）。开始自动运行时，两个转头在最上面的位置，限位开关 I0.3 和 I0.5 为 ON。操作人员放好工件后，按下启动按钮 I0.0，Q0.0 变为 ON，工件被夹紧，夹紧后压力继电器 I0.1 为 ON，Q0.1 和 Q0.3 使两只钻头同时开始工作，分别钻到由限位开关 I0.2 和 I0.4 设定的深度时，Q0.2 和 Q0.4 使两只钻头分别上行，升到由限位开关 I0.3 和 I0.5 设定的起始位置时，分别停止上行，设定值为 3 的计数器 C0 的当前值加 1。两个都上升到位后，若没有钻完 3 对孔，C0 的常闭触点闭合，Q0.5 使工件旋转 120°。旋转到位时限位开关 I0.6 为 ON，旋转结束后又开始钻第 2 对孔。3 对孔都钻完后，计数器的当前值等于设定值 3，C0 的常开触点闭合，Q0.6 使工件松开，松开到位时，限位开关 I0.7 为 ON，系统返回初始状态。画出 PLC 的外部接线图和控制系统的顺序功能图。

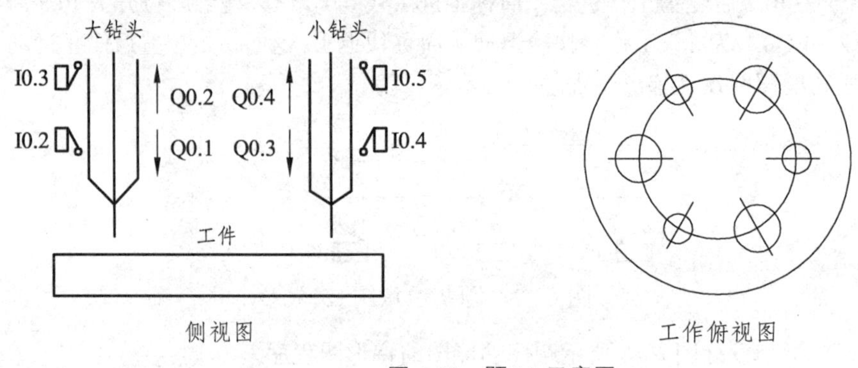

图 6.19　题 10 示意图

第 7 章　模拟量模块与 PID 控制

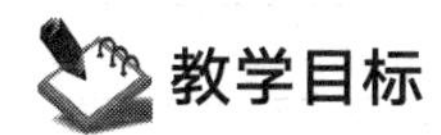

教学目标

通过本章的学习，了解 PLC 的各种模拟量输入和输出模块，掌握模拟量的输入及输出，使用模拟量输入和输出模块组成 PLC 模拟量控制系统，并能根据工艺要求设置模块参数，编写控制程序；了解 PID 调节指令的格式及功能，并掌握和熟悉 PID 的使用。

7.1　PLC 模拟量模块

7.1.1　模拟量简介

在生产过程中，存在大量的物理量，如压力、温度、速度、旋转速度、PH 值等。为了实现自动控制，这些模拟信号都需要被 PLC 处理，需要借助测量变送器将传感器检测到的变化量转换为标准的模拟信号，这些标准信号将接到模拟输入模块上。由于 PLC 的 CPU 只能处理数字量信号，需要模拟量输入模块中的 ADC（模/数转换器）来实现转换功能。

7.1.2　模拟量模块选型

西门子 S7-1200 PLC 内置了 2 点模拟量输入，但是没有模拟量输出，需要增加模拟量扩展模块，常见的模拟量输入模块和输出模块的特征如表 7.1 和表 7.2 所示。

表 7.1　模拟量输入模块的特征

型　号	CPU1214C 模拟量（内置）AI2×**位	SM1231 AI4×13 位	SM1234　AI4×13 位 AQ2×14 位
订货号（MLFB）		6ES7 231-4HD30-0XB0	6ES7 234-4HE30-0XB0
输入路数	2	4	4
输入类型	电压或电流（差动）：可两个选为一组		
输入范围	±10 V、±5 V、±2.5 V 或 0~20 mA		
输入满量程范围（数据字）	−27，648~27，648		
输入过冲/下冲范围（数据字）	电压：32 511~27 649/−27 649~−32 512 电流：32 511~27 649/0~−4864		
输入上溢/下溢（数据字）	电压：32 767~32 512/−32 513　~−32 768 电流：32 767~27 512/−4864~−32 768		
精度	12+符号位		

续表

型　号	CPU1214C 模拟量（内置）AI2×**位	SM1231 AI4×13 位	SM1234　AI4×13 位 AQ2×14 位
最大耐压/耐流	35 V/±40 mA		
平滑	无、弱、中或强		
噪声抑制	400、60、50 或 10（Hz）		
阻抗	≥9 MΩ（电压）/250 Ω（电流）		
精度（25 °C/0～55 °C）	满量程的±0.1%/±0.2%		
模数转换时间	625 μs（400 Hz 抑制）		
共模抑制	40 dB，DC 到 60 Hz		
工作电压范围	信号加共模电压必须小于+12 V 且大于－12 V		
电缆长度（m）	100 m，屏蔽双绞线		

表 7.2　模拟量输出模块的特征

型　号	SM1232 AQ2×14 位	SM1232 AQ4×14 位	SM1234 AI4×13 位 AQ2×14 位
订货号（MLFB）	6ES7 232-4HB30-0XB0	6ES7 232-4HD30-0XB0	6ES7 234-4HE30-0XB0
输出路数	2	4	2
输出类型	电压或电流		
输出范围	±10 V 或 0～20 mA		
精度	电压：14 位；电流：13 位		
输出满量程范围（数据字）	电压：－27 648～27 648 电流：0～27 648		
精度（25 °C/0～55 °C）	满量程的±0.3%/±0.6%		
稳定时间（新值的 95%）	电压：300 μs（R）、750 μs（1 μF）； 电流：600 μs（1mH）、2 ms（10 mH）		
负载阻抗	≥1000 Ω（电压）/≤600 Ω（电流）		
RUN 到 STOP 时的行为	上一个值或替换值（默认值为 0）		
电缆长度	100 m，屏蔽双绞线		

7.1.3　模拟量信号板选型

信号板可以用于控件有限或只需要少数附加 I/O 的情况。所有的 S7-1200 PLC CPU 模块都可以安装一块信号板且不会增加安装的空间。在某些情况下使用信号板可以提高控制系统的性能价格比。只需要添加一块信号板，就可以根据需要增加 CPU 的数字量或模拟量 I/O 点。安装时将信号板直接插入 S7-1200 PLC CPU 正面的槽内。信号板有可拆卸的端子，因此，可以很容易地更换信号板。SB1232 模拟量输出信号板的技术指标如表 7.3 所示，其电气接线图如图 7.1 所示。

表 7.3　模拟量输出模块的特征

输出的路数和类型		1 路（电压或电流）	
范围		±10 V 或 0～20 mA	
精度		电压：12 位	电流：11 位
满量程范围（数据字）		电压：－27 648～27 648	电流：0～27 648
精度（25 °C/0～55 °C）		满量程的±0.5%/±1%	
稳定时间（新值的 95%）		电压：300 μs（R），750 μS（1 μF）	电流：600 μs（1 mH），2ms（10 mH）
负载阻抗		电压：≥1000 Ω	电流：≤600 Ω
RUN 到 STOP 时的行为		上一个值或替换值（默认值为 0）	
隔离（现场侧与逻辑侧）		无	
电缆长度		100 m，屏蔽双绞线	
诊断	上溢/下溢	有	
	对地短路（仅限电压模式）	有	
	断路（仅限电流模式）	有	

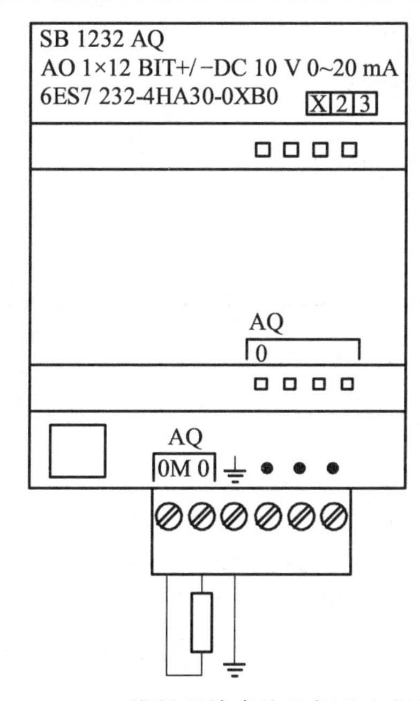

图 7.1　SB 1232 模拟量输出信号板的电气接线图

7.1.4　将模拟量输入模块的输出值转换为实际的物理量

1．模拟量输入转换后的模拟值表示方法

模拟量输入/输出模块中模拟量对应的数字称为模拟值，模拟值用 16 位二进制补码（整数）表示。最高位（第 16 位）为符号位，正数的符号位为 0，负数的符号位为 1。

模拟量经 A/D 转换后得到的数值的位数如果小于 16，则自动左移，使其符号位在 16 位字的最高位，未使用的低位则填入 0，称为“左对齐”。设模拟量的精度为 12 位加符号位，左移 3 位后，相对于实际的模拟值被乘以 8。

这种处理方法的优点在于模拟量的量程与移位处理后的数字的关系是固定的，与左对齐之前的转换值无关，便于后续的处理。

如表 7.4 所示为模拟量输入模块的模拟值与百分数表示的模拟量之间的对应关系，其中最重要的关系是双极性模拟量量程的上、下限（100% 和 – 100%）分别对应于模拟值 27 648 和 – 27 648。单极性模拟量量程的上、下限（100% 和 0%）分别对应于模拟值 27648 和 0。

表 7.4　模拟量之间的对应关系

范围	双极性				单极性			
	十进制	十六进制	百分比	±10 V，5 V，2.5 V	十进制	十六进制	百分比	0～20 mA
上溢出，断电	32 767	7FFFH	118.515%	11.851 V	32 767	7FFFH	118.515%	23.70 mA
超出范围	32 511	7EFFH	117.589%	11.759 V	32 511	7EFFH	117.589%	23.52 mA
正常范围	27 648	6C00H	100.000%	10 V	27 648	6C00H	100.000%	20 mA
	0	0H	0%	0 V	0	0H	0%	0 mA
	– 27 648	9400H	– 100.00%	– 10 V				
低于范围	– 32 512	8100H	– 117.593%	– 11.759 V				
下范围，断电	– 32 768	8000H	– 118.519	– 11.851 V				

根据模拟量输入模块的输出值计算对应的物理量时，应考虑变送器的输入/输出量程和模拟量输入模块的量程，找出被测物理量与 A/D 转换后的数字之间的比例关系。

2．转换举例

【例 7.1】　压力变送器的量程为 0～10 MPa，输出信号为 0～10 V，模拟量输入模块的量程为 0～10 V，转换后的数字为 0～27 648，设转换后得到的数字为 N，试求以 kPa 为单位的压力值。

解：0～10 MPa（0～10 000 kPa）对应于转换后的数字 0～27 648，转换公式为

$$P=10\,000\times N/27\,648 \quad (\text{kPa})$$

注意：在运算时一定要先乘后除，否则会损失原始数据的精度。

【例 7.2】　某温度变送器的量程为 – 100 °C～500 °C，输出信号为 4～20 mA，某模拟量输入模块将 0～20 mA 的电流信号转换为数字 0～27 648，设转换后得到的数字为 N，求以 0.1 °C 为单位的温度值。

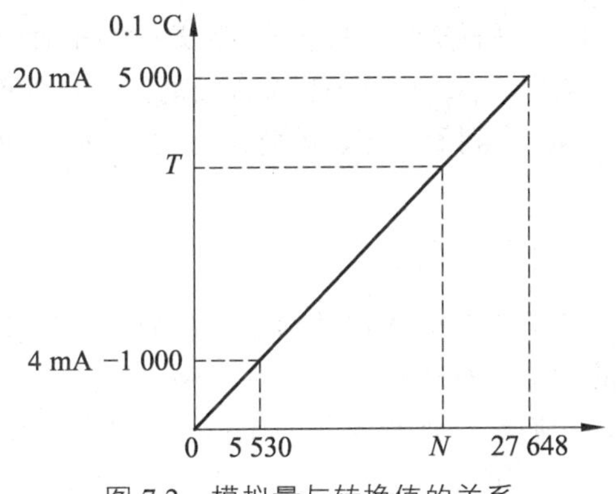

图 7.2　模拟量与转换值的关系

单位为 0.1 °C 的温度值－1000～5000 对应于数字量 5530～27 648，根据图 7.2 所示中的比例关系，得出温度 T 的计算公式为

$$\frac{T-(-1000)}{N-5530}=\frac{5000-(-1000)}{27\,648-5530}$$

$$T=\frac{6000\times(N-5530)}{22\,118}-1000 \quad （0.1\ ^\circ\mathrm{C}）$$

7.2　PID 控制

7.2.1　PID 控制的概述

自动控制是指在无人直接参与的情况下，利用控制装置操纵控制对象，使被控量等于给定值或给定信号的变化规律去变化的过程。在工程实际中，应用最广泛的调节器控制规律为比例（P，Proportion）、积分（I，Integral）、微分（D，Derivative）控制，简称 PID 控制或调节。PID 控制器问世至今已有近 80 年的历史，它以结构简单、稳定性好、工作可靠、调节方便的特点成为工业控制的主要技术之一。

在自动控制中，当被控对象的结构和参数不能完全被掌握，或得不到精确的数字模型，控制理论的其他技术难以采用时，系统控制器的结构和参数必须依靠经验和现场调试来确定，这时应用 PID 控制技术最为方便。也就是说，当不完全了解一个系统和被控对象，或不能通过有效的测量手段来获取系统参数时，最适合采用 PID 控制技术。

在实际中也有 PI 和 PD 控制。PID 控制器就是根据系统的误差，利用比例、积分、微分计算出控制量进行控制的。

1．比例控制

比例控制是一种最简单的控制方式，比例控制器的输出与输入误差信号成比例关系。当仅有比例控制时，系统输出存在稳态误差。

2．积分控制

在积分控制中，控制器的输出与输入误差信号的积分成正关系。对一个自动控制系统，如果在进入稳态后存在稳态误差，则称这个控制系统是有稳态误差的或简称有差系统。为了消除稳态误差，在控制器中必须引入“积分项”。积分项对误差取决于时间的积分，随着时间的增加，积分项会增大。这样，即使误差很小，积分项也会随着时间的增加而加大，它推动控制器的输出增大使稳态误差进一步减小，直到等于零。因此，比例 + 积分（PI）控制器可以使系统在进入稳态后无稳态误差。

3．微分控制

在微分控制中，控制器的输出与输入误差信号的微分（即误差的变化率）成正比关系。自动控制系统在克服误差的调节过程中可能会出现震荡甚至失稳。其原因是存在较大惯性组件（环节）或有滞后组件，它们具有抑制误差的作用，其变化总是落后于误差的变化。解决的办法是使抑制误差的作用的变化“超前”，即在误差接近为零时，抑制误差的作用就应该是零。这就是说，在控制器中仅引入“比例”项往往是不够的，比例项的作用仅是放大误差的幅值，而且需要增加的是“微分项”，它能预测误差变化的趋势，这样，具有比例 + 微分的控制器就能够提前使抑制误差的控制作用等于零，甚至为负值，从而避免了被控量的严重超调。所以对有较大惯性或滞后的被控对象，比例 + 微分（PD）控制器能改善系统在调节过程中的动态特征。

7.2.2 PID 功能

PID 功能用于对闭环过程进行控制。PID 功能适用于控制温度、压力和流量等物理量，是工业现场中应用最为广泛的一种控制方式。其原理为：对被控对象设定一个给定值，然后将实际值测量出来，并与给定值进行比较，将其差值送入 PID 控制器，PID 控制器将按照一定的运算规律计算出结果，即为输出值，送到执行器进行调节，如图 7.3 所示，其中的 P、I、D 分别指的是比例、积分、微分，是一种闭环控制算法。通过这些参数，可以使被控对象追随给定值变化并使系统达到稳定，自动消除各种干扰对控制过程的影响。

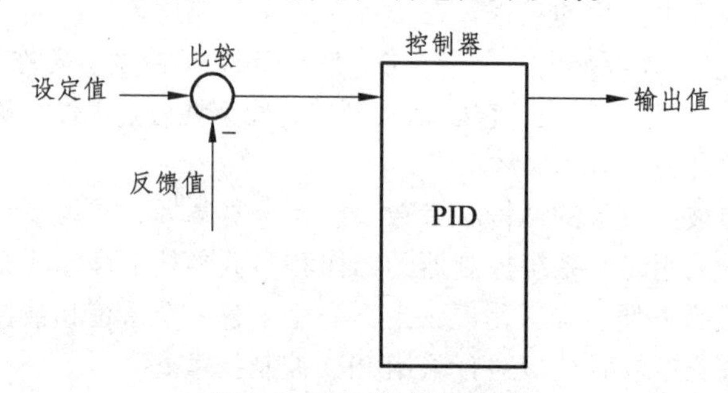

图 7.3 PID 控制原理图

S7-1200 PLC CPU 提供了多达 16 个 PID 控制器，可同时进行回路控制，用户可手动调试参数，也可使用自整定功能，即由 PID 控制器自动调试参数。另外 STEP 7 V13 还提供了调试面板，用户可以直观地了解控制器及被控对象的状态。

7.2.3 PID 控制算法及其离散化

下面介绍一个 PID 控制算法，并对所有算式中的参数有如下定义。

$M(t)$：PID 回路输出，是时间的函数。

M_n：第 n 次采样时刻，PID 回路输出的计算值。

e：PID 回路的偏差（设定值与过程变量之差）。

e_n：在第 n 次采样时刻的偏差值。

e_{n-1}：在第 n－1 次采样时刻的偏差值。

e_x：采样时刻 x 的偏差值。

M_{initial}：PID 回路输出初始值。

MX：积分项前值。

K_C：PID 回路增益。

K_I：积分项的比例常数。

K_D：微分项的比例常数。

T_S：采样周期（或控制周期）。

T_I：积分项的比例常数。

T_D：微分项的比例常数。

SP_n：第 n 次采样时刻的设定值。

SP_{n-1}：第 $n-1$ 次采样时刻的设定值。

PV_n：第 n 次采样时刻的过程变量值。

PV_{n-1}：第 $n-1$ 次采样时刻的过程变量值。

如果一个 PID 回路的输出 M 是时间 t 的函数，则可以看做是比例项、积分项、微分项三部分之和。即

$$M(t) = K_C * e + K\int_0^t e\mathrm{d}t + K_{\text{initial}} + K_C * \mathrm{d}e/\mathrm{d}t \tag{7-1}$$

以上各量都是连续量，第一项为比例项，最后一项为微分项，中间两项为积分项。用计算机处理这样的控制算式，即连续的算式必须周期性地采样并进行离散化，同时各信号也要离散化，公式为

$$M_n = K_C * e_n + K_I * \sum_1^n e_n + K_{\text{initial}} + K_D * (e_n - e_{n-1}) \tag{7-2}$$

从式（7-2）看出，比例项仅是当前采样的函数，积分项是从第一个采样周期到当前采样周期所有误差项的函数，微分项是当前采样和前一次采样的函数。对计算机系统来说，只要保存积分项前值和误差前值，就可以得到一个更简单的公式，如

$$M_n = K_C * e_n + K_I * e_n + MX + K_D * (e_n - e_{n-1}) \tag{7-3}$$

具体到 S7-1200 PLC 中设定值为 SP(the value of setpoint),过程值为 PV(the value of process variable),系统增益系数使用 K_C，积分时间控制积分项在整个输出结果中影响的大小，微分时间控制微分项在整个输出结果中影响大小。具体的计算公式为

$$\begin{aligned} M_n = {} & K_C * (SP_n - PV_n) + K_C * (T_S / T_I) \cdot (SP_n - PV_n) + MX + \\ & K_C * (T_D / T_S) * [(SP_n - PV_n) - (SP_{n-1} - PV_{n-1})] \end{aligned} \tag{7-4}$$

一般来说，设定值不是经常改变的，所以，n 时刻和 $n-1$ 时刻的 SP 是相等的。对式（7-4）进行简化后，得出

$$M_n = K_C * (SP_n - PV_n) + K_C * (T_S / T_I) \cdot (SP_n - PV_n) + MX +$$

$$K_C * (T_D / T_S) * (PV_{n-1} - PV_n) \qquad (7\text{-}5)$$

这就是 PID 中使用的算法。

7.2.4 PID 控制器功能结构

PID 控制器功能主要依靠三部分实现：循环中断组织块、PID 指令块、工艺对象背景数据块。用户在调用 PID 指令块时需要定义其背景数据块，而此背景数据块需要在工艺对象中添加，称为工艺对象背景数据块。PID 指令块与其相对应的工艺对象背景数据块组合使用，形成完整的 PID 控制器。PID 控制器功能结构示意图如图 7.4 所示。

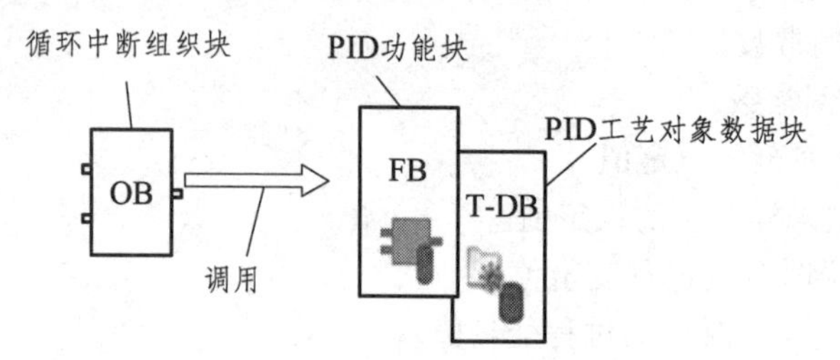

图 7.4 PID 控制器功能结构示意图

循环中断块可按一定周期产生中断，执行其中的程序。PID 指令块定义了控制器的控制算法，随着循环中断块产生中断而周期性地执行，其背景数据块用于定义输入/输出参数、调试参数以及监控参数。此背景数据块并非普通数据块，需要在目录树视图的工艺对象中才能找到并进行定义。

7.2.5 PID 工艺对象与 PID 指令

“PID_Compact”工艺对象是用于实现自动和手动模式下都可自我优化调节的 PID 控制器 PID_Compact_DB。在控制回路中，PID 控制器连续采集受控变量的实际测量值，并将其与期望值设定值进行比较。

PID 控制器基于所生成的系统偏差计算控制器输出，尽可能快速稳定地将受控变量调整到设定值。在 PID 控制器中，控制器输出值通过以下 3 个分量进行计算：比例分量计算的控制器输出值与系统偏差成比例；积分分量计算的控制器输出值随着控制器输出的持续时间而增加，最终补偿控制器输出；PID 控制器的微分分量随着系统偏差变化率的增加而增加。受控变量将尽快调整到设定值。系统偏差的变化率减小时，微分分量也随着减小。

工艺对象在“初始启动时自调节”期间自行计算 PID 控制器的比例、积分、微分分量。可通过“运行中自调节”对这些参数进行一步优化。

一般来说，要在新的组织块中创建 PID 控制器的块。当前所创建的循环中断组织块将用作新的组织块。循环中断组织块可用于以周期性时间间隔启动程序，而与循环程序执行情况无关。循环中断 OB 将中断循环程序的执行，并会在中断结束后继续执行。如图 7.5 所示为循环组织块、循环中断与 PID 控制器。

从图中可以看出，PID 控制器的工作原理如下。

（1）程序从 Main[OB1]开始执行。

（2）循环中断每 100 ms 触发一次，它会在任何时间（例如，在执行 Main[OB1]期间）中断程序并执行循环中断 OB 中的程序。程序包含功能块 PID_Compact（DB）。

（3）执行 PID_Compact 并将值写入数据块 PID_Compact（DB）。

（4）执行循环中断 OB 后，Main[OB1]将从中断点继续执行，相关值将保留不变。

（5）Main[OB1]操作完成。

（6）重新开始该程序循环。

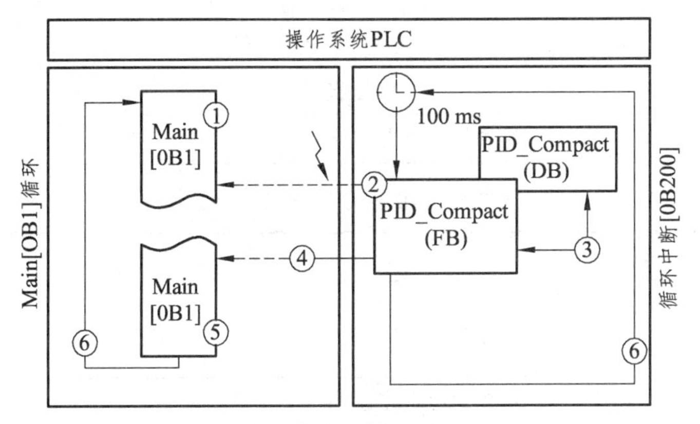

图 7.5　循环组织块、循环中断与 PID 控制器

7.2.6　PID 指令块及工艺对象背景数据块参数

7.2.6.1　PID 指令块参数

PID 指令块的参数分为输入参数与输出参数两部分，指令块的视图分为扩展视图与集成视图。在不同的视图下所能看见的参数是不一样的：在集成视图中可看到的参数为最基本的默认参数，如给定值、反馈值和输出值等，定义这些参数可实现控制器最基本的控制功能。在扩展视图中，可看到更多的相关参数，如手动/自动切换、高限/低限报警等，使用这些参数可使控制器具有更丰富的功能。PID 指令块视图如图 7.6 所示。PID 指令块输入侧参数说明如表 7.5 所示。PID 指令块输出侧参数说明如表 7.6 所示。

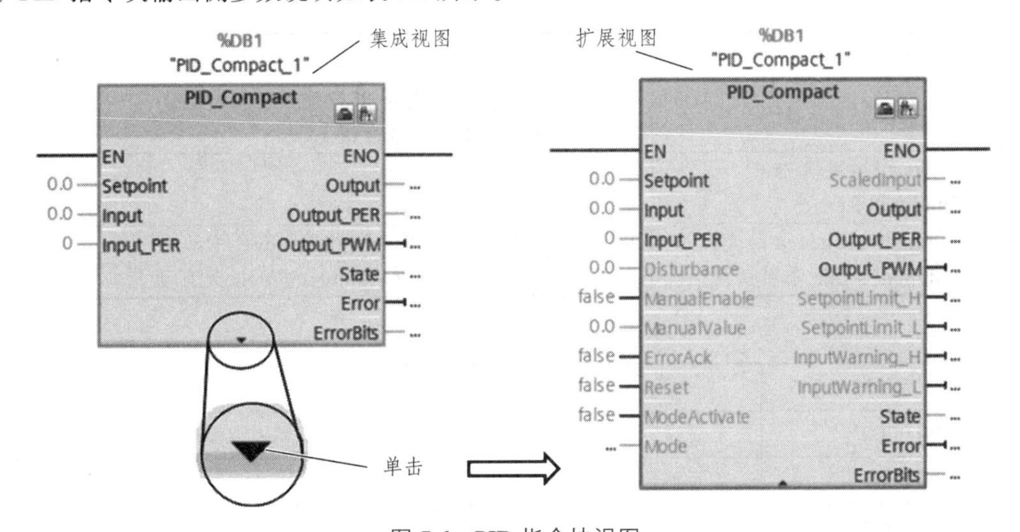

图 7.6　PID 指令块视图

表 7.5　PID 指令块输入侧参数说明

参　数	数据类型	描　述
Setpoint	REAL	自动模式下的给定值
Input	REAL	实数类型反馈值
Input_PER	WORD	整数类型反馈值，可用于连续外设输入
ManualEnable	BOOL	0 到 1，上升沿 ＝ “手动模式”； 1 到 0，下降沿 ＝ “自动模式”
ManualValue	REAl	手动模式下的输出值
Resel	BOOL	复位控制器与错误

表 7.6　PID 指令块输出侧参数

参　数	数据类型	描　述
ScaledInput	REAL	当前的输入值
Output	REAL	实数类型输出值
Output_PER	WORD	整数类型输出值
Output_PWM	BOOL	PWM 输出
SetpointLimit_H	BOOL	当给定值大于高限时设置
SetpointLimit_L	BOOL	当给定值小于低限时设置
InputWarning_H	BOOL	当反馈值超过高限报警时设置
InputWarning_L	BOOL	当反馈值低于低限报警时设置
State	INT	控制器状态 0＝Inactive，1＝SUT，2＝TIR，3＝Automatic，4＝Manual

PID 状态说明如表 7.7 所示。ERROR 参数的说明如表 7.8 所示。

表 7.7　PID 状态说明

State 状态	描　述
0：＝Inactive（未激活）	第一次下载；有错误或 PLC 处于停机状态； Reset＝TRUE（复位端激活）
1：Start Up 整定方式 2：Tuning in Run 整定方式	相对的调试过程进行中
3：＝Automatic Mode 自动模式 4：＝Manual Mode 手动模式	0 到 1，上升沿，使能 Manual mode（手动模式） 1 到 0，下降沿，使能 Automatic mode（自动模式）

表 7.8　ERROR 参数的说明

错误代号（W#32#...）	描　述
0000 0000	无错误
0000 0001	实际值超过组态限制
0000 0002	参数 Input_PER 端有非法值

续表

错误代号（W#32#...）	描　述
0000 0004	“运行自整定”模式中发生错误，反馈值的振荡无法被保持
0000 0008	“启动自整定”模式发生错误，反馈值太接近于给定值
0000 0010	自整定时设定值改变
0000 0020	在运行启动自整定模式时，PID 控制器处于自动状态，此状态无法运行启动自整定
0000 0040	“运行自整定”发生错误
0000 0080	输出的设定值限制未正确组态
0000 0100	非法参数导致自整定错误
0000 0200	反馈参数数据值非法，数据值超出表示范围（值小于－1E12 或大于 1E12），数据值格式非法
0000 0400	输出参数数据值非法，数据值超出表示范围（值小于－1E12 或大于 1E12），数据值格式非法
0000 0800	采样时间错误指令块被 OB1 调用或循环中断块的中断时间被修改
0000 1000	设定值参数数据值非法，数据值超出表示范围（值小于－1E12 或大于 1E12），数据值格式非法

7.2.6.2　工艺对象背景数据块参数

PID 功能的工艺对象背景数据块提供了两种访问方式：参数访问与组态访问。参数访问是通过程序编辑器直接进入数据块内部查看相关参数；而组态访问则是使用 STEP 7 V13 提供的图形化的组态向导查看并定义相关参数。两种方式都可以定义 PID 控制器的控制方式与过程。对于应用相对简单的用户，只使用组态向导即可完成控制器的设计与定义，对于控制过程有较高要求的用户，可通过参数访问的方式来定义相关参数，实现控制任务。例如，有些用户需要在自动整定参数时只使用 PI 或 P 环节，这时可通过参数访问进入到数据块中选择相应的整定方式实现此功能。

1．组态访问方式

组态访问方式需要先添加循环中断组织块与 PID 指令块，然后为 PID 指令块指定好对应的工艺对象数据块后才能进行组态访问。具体操作步骤如下所述。

（1）选择项目树下拉列表 PLC→程序块→添加新块选项，添加循环中断组织块，如图 7.7 所示。在对话框中选择“组织块”选项。在列表中选择“循环中断块”选项，并在“名称”文本框中指定块名称，单击确定按钮完成添加。

（2）添加 PID 指令块。打开“指令树→工艺→PID 控制→Compact PID→ PID_Compact”（见图 7.8），将 PID_Compact 指令块拖拽到循环中断块的程序编辑器中，如图 7.9 所示。此时会弹出对话框，要求指定背景数据块（见图 7.10）。在定义完名称、块号等参数后，工艺对象数据块会自动添加到项目树中。

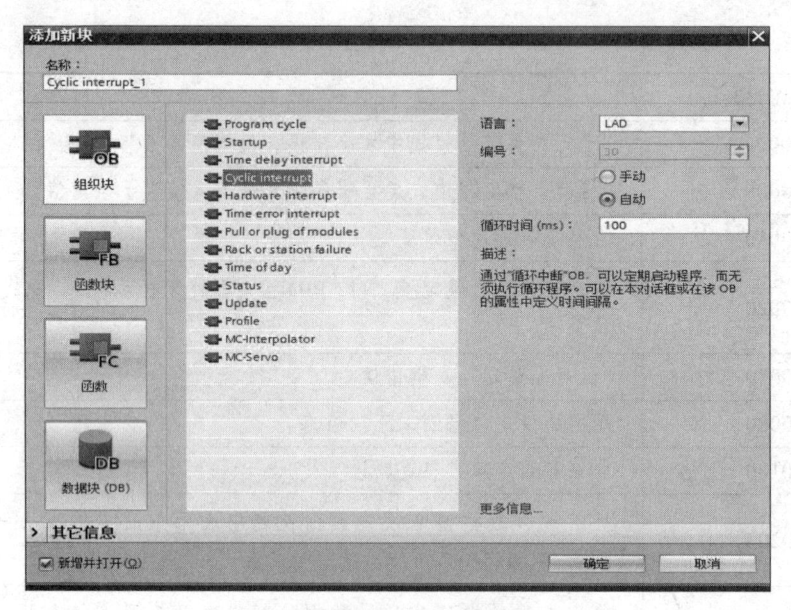

图 7.7　添加循环中断块

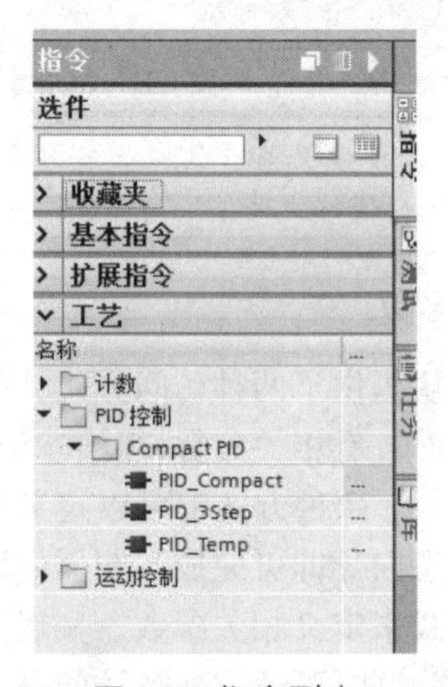

图 7.8　指令列表

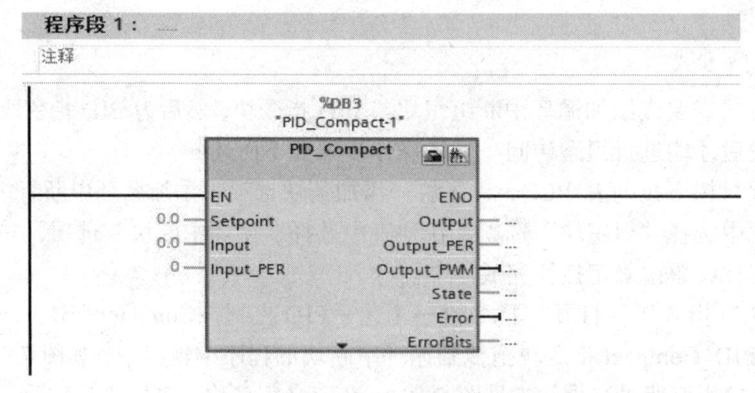

图 7.9　添加 PID 指令块到中断块中

（3）定义 PID 背景数据块，如图 7.10 所示。在“名称”文本框中输入数据块名称，并自动选择块号，单击确定按钮完成定义。

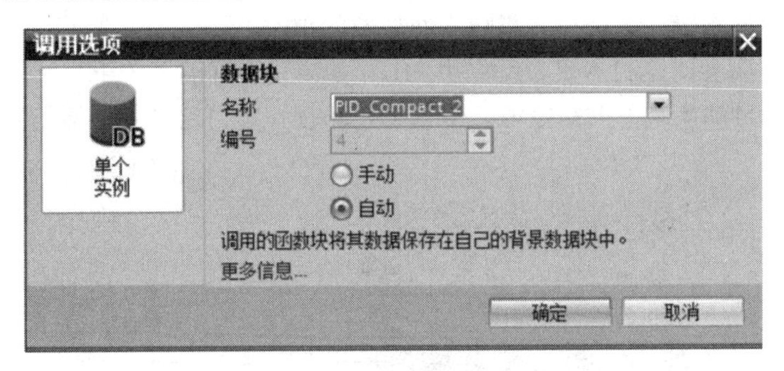

图 7.10　定义 PID 背景数据块

（4）在循环中断块中单击 PID 指令块，选择“属性→组态”选项，即可进入基本参数组态，定义控制器的输入/输出、给定值等参数，如图 7.11 所示。PID 基本参数组态如图 7.12 所示，图中所示组件的具体含义如下所述。

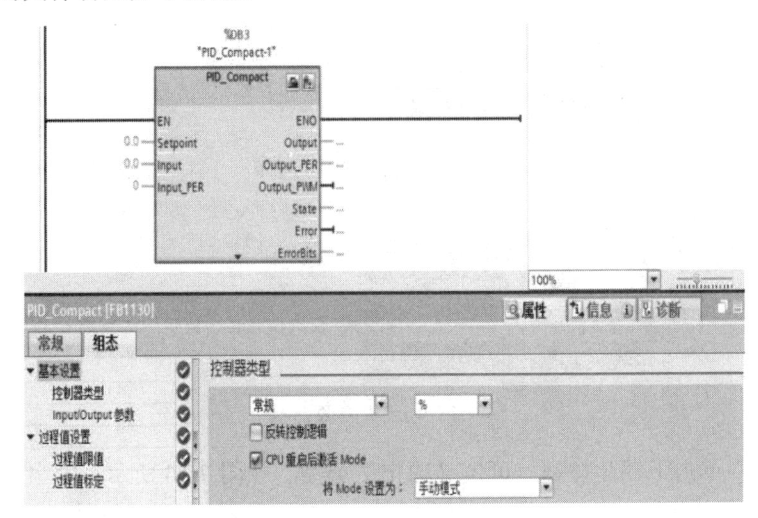

图 7.11　进入参数组态

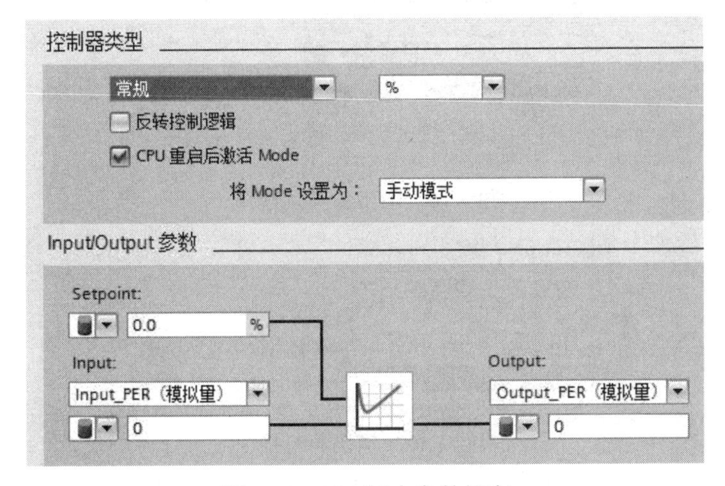

图 7.12　PID 基本参数组态

（a）控制器类型：这里可选择控制对象的类型，如温度控制器、压力控制器，默认为以百分比为单位的通用控制器，该选择会影响后面参数的单位。

（b）激活此选项会使控制器变为反作用 PID，如应用在降温系统中。

（c）给定值：自动模式下的给定值。单击下三角按钮，可定义控制器给定值源，如图 7.13 所示。

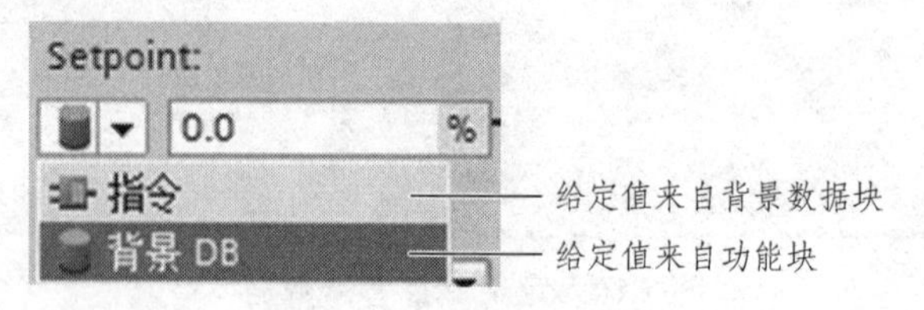

图 7.13　给定值源选择

（d）反馈值：单击下三角按钮，可以定义反馈值类型，如图 7.14 所示。反馈值源的选择如图 7.15 所示。

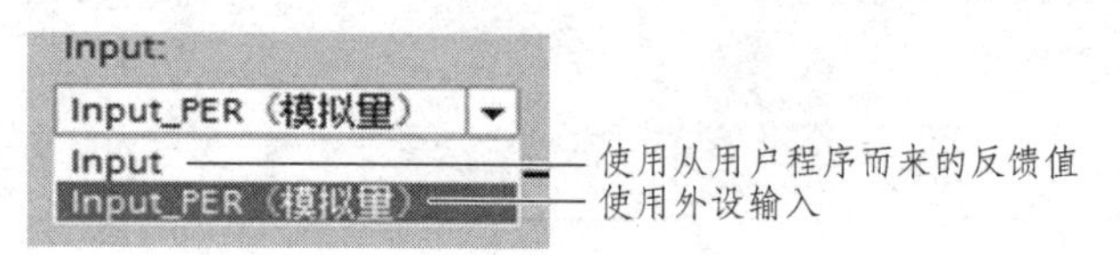

图 7.14　反馈值类型选择

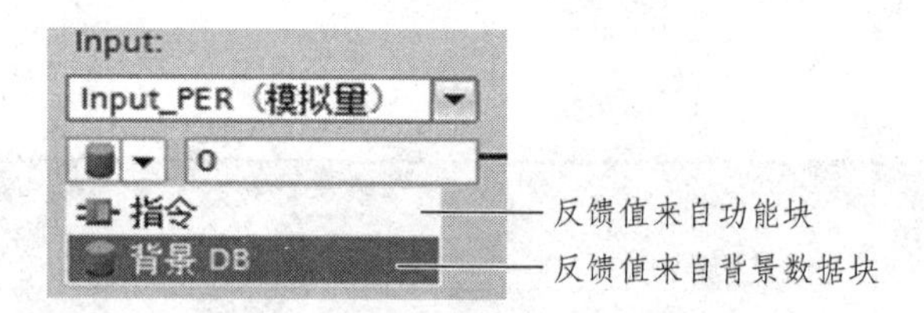

图 7.15　反馈位源选择

（e）输出值：单击下三角按钮，可定义输出值类型，如图 7.16 所示。输出源选择如图 7.17 所示。

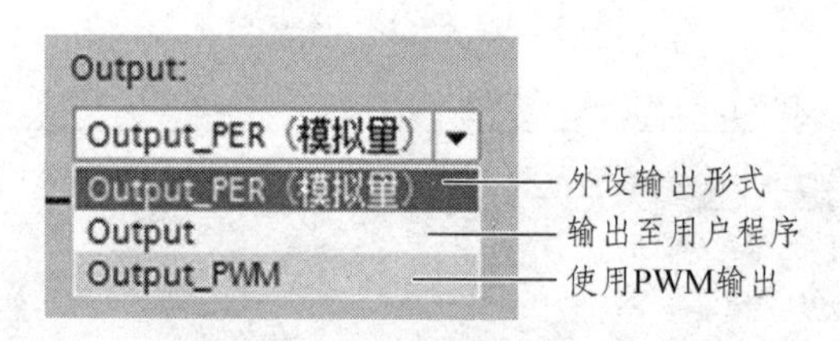

图 7.16　输出值类型选择

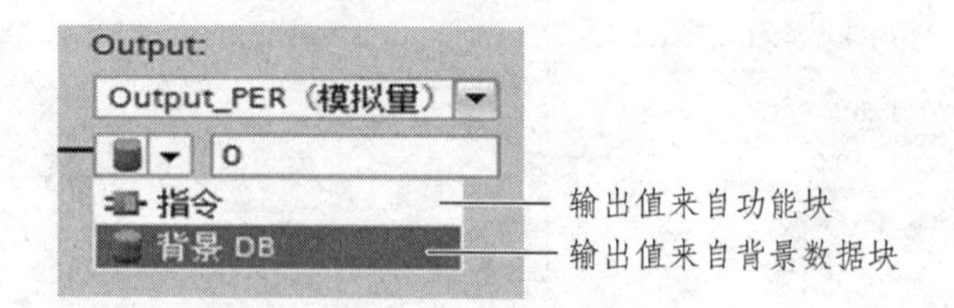

图 7.17　输出源选择

反馈值量程化组态如图 7.18 所示。此界面用于量程化输入值，其中：

a 与 f 为一组，用于配置输入量程上限，a 为物理量的实际最大值，f 为模拟量输入的最大值。

d 与 e 为一组，用于配置输入量程下限，d 为物理量的实际最小值，e 为模拟量输入的最小值。

b 与 c 分别为用户设置的高低限制。当反馈值达到高限或低限时，系统将停止 PID 的输出。

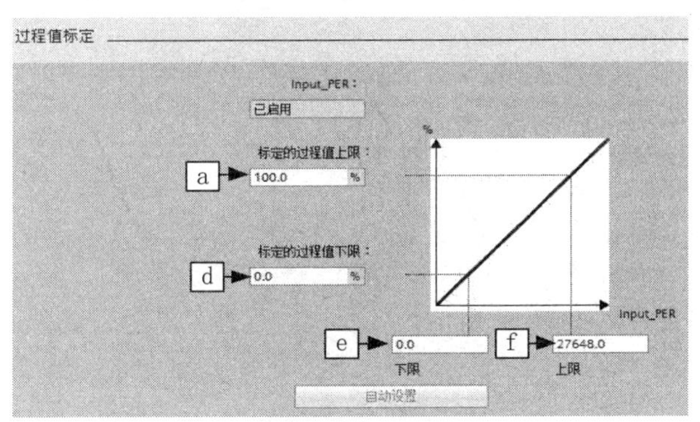

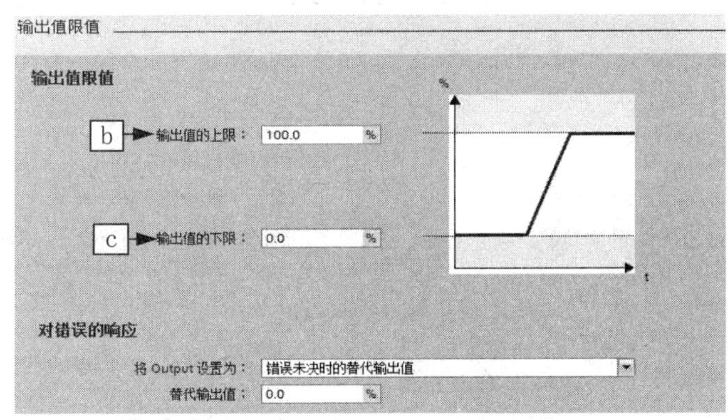

图 7.18　反馈值量程化组态

（5）高级参数组态。定义完基本参数组态，选择“项目树→工艺对象→PID_Compact_ 1[DBl]→Configuration”选项，如图 7.19 所示。进行高级参数组态，如图 7.20 所示。在高级参数组态中有如下所述的设置。

图 7.19　双击组态

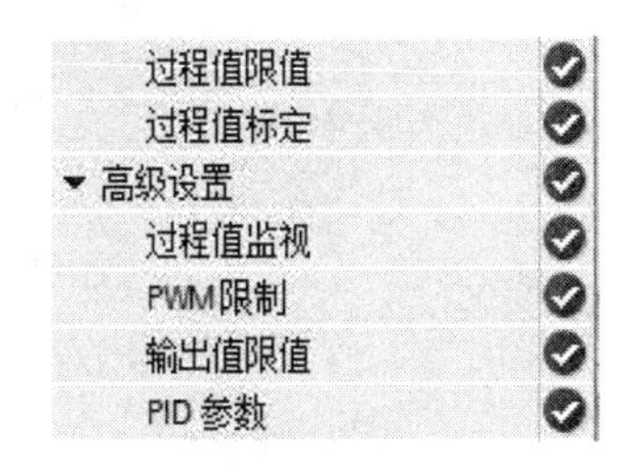

图 7.20　组态目录树一高级参数组态

（a）Input monitoring 输入监控组态。

双击 Input monitoring 输入监控组态（见图 7.21），当反馈值达到高限或低限时，PID 指令块会给出相应的报警位。

（b）PWM limits PWM 脉宽限制组态（见图 7.22）。

（c）Output limit 输出限制组态。

（d）PID parameter PID 参数组态。

PID 参数组态如图 7.23 所示。

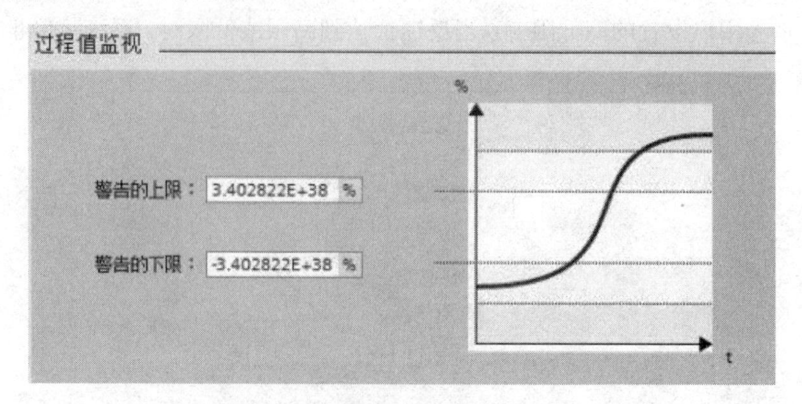

图 7.21　过程值监控

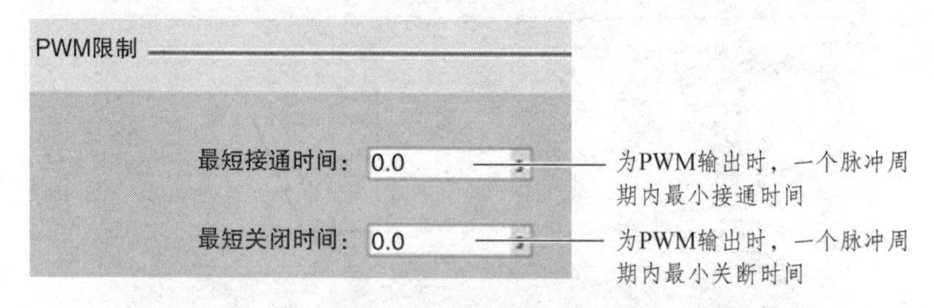

图 7.22　PWM 限制

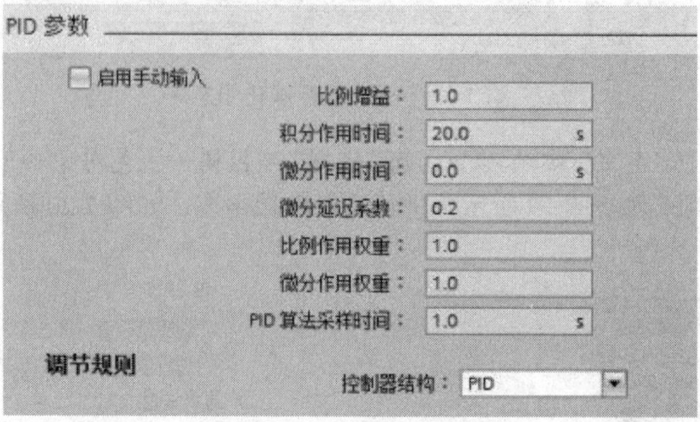

图 7.23　PID 参数组态

2．参数访问方式

参数访问的方式如下面的步骤。

（1）添加工艺对象数据块时，除了前面提到的应先添加指令块再定义数据块的方式，也可在不添加指令块的方式下直接添加工艺对象数据块。过程如下：选择“Project tree→Technological Objects→Add new object”选项，在弹出的对话框中单击“PID 控制器”按钮，选择数据块编号，然后定义其名称，再单击 OK 按钮确认即可，如图 7.24 所示。

（2）选择“Project tree→Technological Objects→PID_Compact_DB”选项，如图 7.25 所示。右击“PID_Compact_DB”选项，在弹出的快捷菜单中选择“Open in editor”选项。打开后的数据块背景参数视图如图 7.26 所示。其中的参数简介如表 7.9 ~ 表 7.13 所列。如表 7.9 所示为 Static 参数表，如表 7.10 所示为 sBackUp 参数表，如表 7.1 所示为 sPid_Calc 参数表，如表 7.12 所示为 sPid _ Cmpt 参数表，如表 7.13 所示为 sRet 参数表。

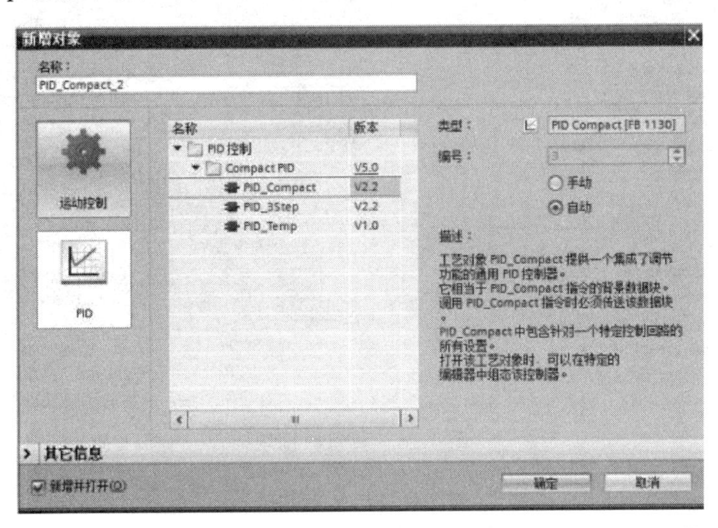

图 7.24　添加工艺对象数据块

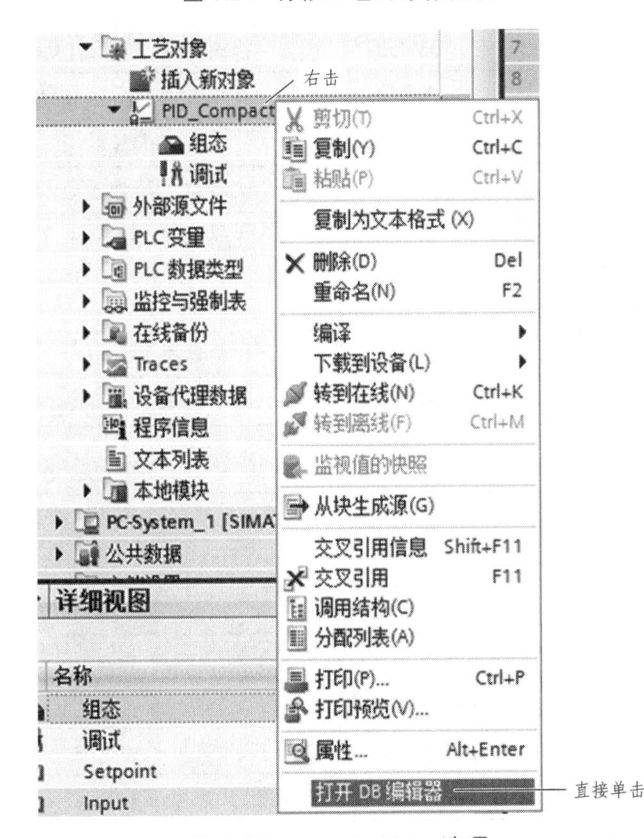

图 7.25　Open in editor 选项

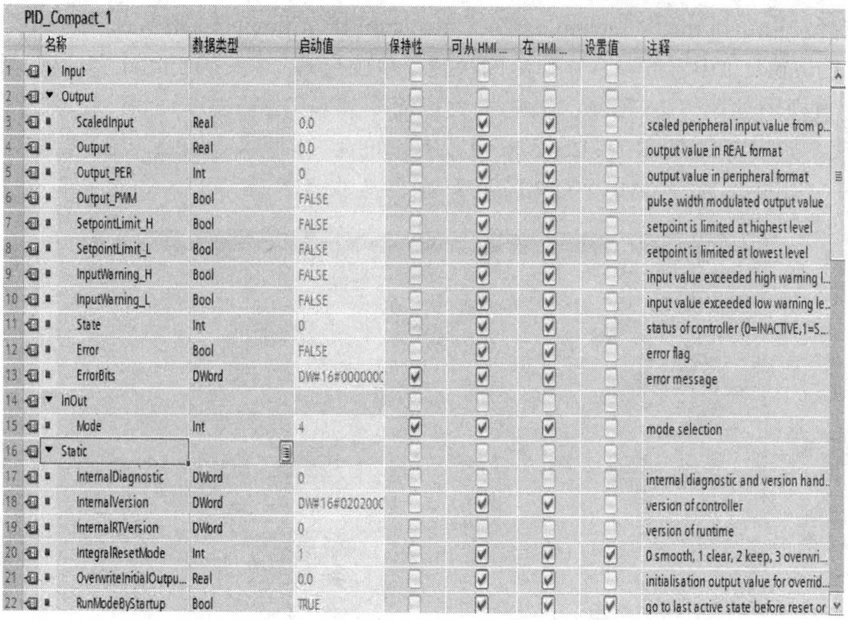

PID_Compact_1

	名称	数据类型	启动值	保持性	可从 HMI...	在 HMI...	设置值	注释
1	▸ Input			☐	☐	☐	☐	
2	▾ Output			☐	☐	☐	☐	
3	ScaledInput	Real	0.0	☐	☑	☑	☐	scaled peripheral input value from p...
4	Output	Real	0.0	☐	☑	☑	☐	output value in REAL format
5	Output_PER	Int	0	☐	☑	☑	☐	output value in peripheral format
6	Output_PWM	Bool	FALSE	☐	☑	☑	☐	pulse width modulated output value
7	SetpointLimit_H	Bool	FALSE	☐	☑	☑	☐	setpoint is limited at highest level
8	SetpointLimit_L	Bool	FALSE	☐	☑	☑	☐	setpoint is limited at lowest level
9	InputWarning_H	Bool	FALSE	☐	☑	☑	☐	input value exceeded high warning l...
10	InputWarning_L	Bool	FALSE	☐	☑	☑	☐	input value exceeded low warning le...
11	State	Int	0	☐	☑	☑	☐	status of controller (0=INACTIVE,1=S...
12	Error	Bool	FALSE	☐	☑	☑	☐	error flag
13	ErrorBits	DWord	DW#16#0000000	☑	☑	☑	☐	error message
14	▾ InOut			☐	☐	☐	☐	
15	Mode	Int	4	☑	☑	☑	☐	mode selection
16	▾ Static			☐	☐	☐	☐	
17	InternalDiagnostic	DWord	0	☐	☐	☐	☐	internal diagnostic and version hand...
18	InternalVersion	DWord	DW#16#0202000	☐	☑	☑	☐	version of controller
19	InternalRTVersion	DWord	0	☐	☐	☐	☐	version of runtime
20	IntegralResetMode	Int	1	☐	☑	☑	☑	0 smooth, 1 clear, 2 keep, 3 overwri...
21	OverwriteInitialOutpu...	Real	0.0	☐	☑	☑	☐	initialisation output value for overrid...
22	RunModeByStartup	Bool	TRUE	☐	☑	☑	☑	go to last active state before reset or

图 7.26　背景数据块

表 7.9　Static 参数表

名　称	数据类型	描　述
sb_VersionID	DWORD	控制器版本（eg.1.0.0.9）
sb_GetCycleTime	BOOL	开始自动预估采样时间
sb_EnCyclEstimation	BOOL	使能预估采样时间
sb_EnCyclMonitoring	BOOL	使能监视采样时间
sb_RunModeByStartup	BOOL	在复位或上电后保持上一次状态或保持 Inactive 未激活状态
si_Unit	INT	反馈量单位
si_Type	INT	控制器类型
sb_Warning	DWORD	警示信息

表 7.10　sBackUp 参数表

名　称	数据类型	描述（从上一次整定开始已保存的参数）
r_Gain	REAL	已保存的增益
r_Ti	REAL	已保存的积分时间
r_Td	REAL	已保存的微分时间
r_A	REAL	已保存的微分滤波系数
r_B	REAL	已保存的比例部分在直接/反馈路径的权重
r_C	REAL	已保存的微分部分在直接/反馈路径的权重
r_Cycle	REAL	已保存的控制器采样时间

表 7.11　sPid_Calc 参数表

名　称	数据类型	描　述
r_Cycle	REAL	采样时间
b_RunIn	BOOL	强制在设定点运行
b_CalcparamSUT	BOOL	重新计算启动整定参数
b_CalcparamTIR	BOOL	重新计算运行整定参数
i_CtrlTypeSUT	INT	起始整定模式（0-CHR PID，1-CHR PI）
i_CtrlTypeTIR	INT	运行整定模式（0-2-A PID auto/fast/slow，3-ZN PID，4-ZN PI，5-ZN P）

表 7.12　sPid_Cmpt 参数表

名　称	数据类型	描　述
r_Sp_Hlm	REAL	设定值高限
r_Sp_Llm	REAL	设定值低限
r_Pv_Norm_IN_1	REAL	输入量程化低限
r_Pv_Norm_IN_2	REAL	输入量程化高限
r_Pv_Norm_OUT_1	REAL	输出量程化低限
r_Pv_Norm_OUT_2	REAL	输出量程化高限
r_Lmn_Hlm	REAL	输出高限
r_Lmn_Llm	REAL	输出低限
b_Inout_PER_On	BOOL	激活从外设输入的反馈值
b_LoadBackUp	BOOL	恢复上一次的参数备份记录
b_InvCtrl	BOOL	使能反向
r_Lmn_Pwm_PPTm	REAL	PWM 最小开时间
r_Lmn_Pwm_PBTm	REAL	PWM 最小关时间
r_Pv_Hlm	REAL	反馈高限
r_Pv_Llm	REAL	反馈低限
r_Pv_HWrn	REAL	反馈报警高限
r_Pv_LWrn	REAL	反馈报警低限

表 7.13　sRet 参数表

名　称	数据类型	描　述
i_Mode	INT	设置控制器模式，0 = Inactive（未激活），1 = SUT（启动整定模式），2 = TIR（运行整定模式），3 = Automatic（自动模式），4 = Hand（手动模式）
r_Ctrl_Gain	REAL	当前增益
r_Ctrl_Ti	REAL	当前积分时间
r_Ctrl_Td	REAL	当前微分时间
r_Ctrl_A	REAL	当前微分部分滤波系数
r_Ctrl_B	REAL	在直接反馈路径中的比例权重
r_Ctrl_C	REAL	在直接反馈路径中的微分权重
r_Ctrl_Cycle	REAL	当前采样时间

7.2.7　PID 自整定

PID 控制器正常运行需要符合实际运行系统及工艺要求的参数设置，但由于每套系统不完全一样，所以每套系统的控制参数也不尽相同。用户可自己手动调试，通过参数访问方式修改对应的 PID 参数，在调试面板中观察曲线图；也可使用系统提供的参数自整定功能进行设定。PID 自整定是按照一定的数学算法，通过外部输入信号激励系统，并根据系统的反应方式来确定 PID 参数。S7-1200 PLC 提供了两种整定方式，启动整定和运行中整定，分别如图 7.27 和图 7.28 所示。

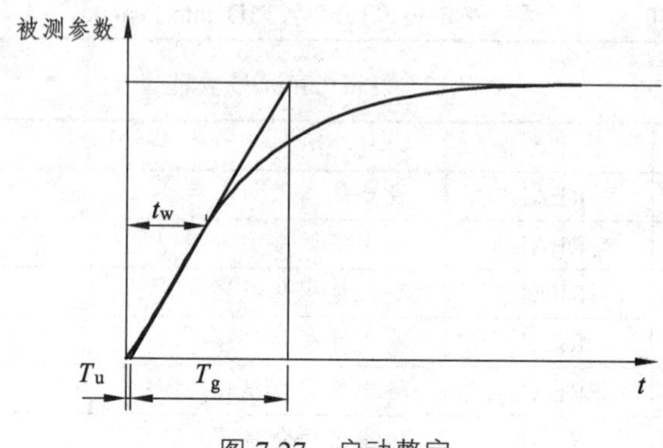

图 7.27　启动整定

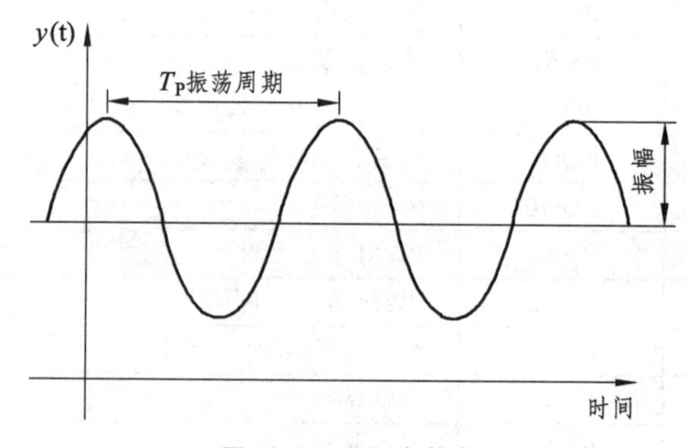

图 7.28　运行中整定

7.2.7.1　Start Up（启动自整定）

1．应用条件

（1）｜设定值 - 反馈值｜ > 0.3 × ｜输入高限 - 输入低限｜。

（2）｜设定值 - 反馈值｜ > 0.5 × ｜给定值｜。

（3）指令块的状态成为手动模式或未激活模式。

2．参数设置

参数设置的方法：可通过参数访问的模式打开工艺对象数据块，选择参数 sPid_Calc.i_CtrlTypeSUT，用于启动自整定时选择 PID 或 PI 控制器。CHR 为 Chien，Hrones and Reswidk 的缩写，是一种整定算法。

sPid_Calc.i_CtrlTypeSUT：启动自整定模式选择。

O = CHR PID

1 = CFIR PI

7.2.7.2 Tune in Run（运行中整定）

1．应用条件

（1）PID_Compact 指令块必须在 Manual Mode（手动模式）、Inactive Mode（未激活模式）或 Automatic Mode（自动模式）中使用。

（2）| 设定值 – 反馈值 | < 0.3 × | 输入高限 – 输入低限 |

（3）| 设定值 – 反馈值 | > 0.5 × | 给定值 |

2．参数设置

可通过参数访问的模式打开工艺对象数据块，选择参数 sPid_Calc.i_CtrlTypeTIR 用于运行整定时选择算法：A（高级 PID 整定）算法，此算法可选择系统响应速度 auto（自动）、fast（快速）、slow（慢速）；ZN 算法，ZN 为 Ziegler Nichols 缩写，又可分为 PID、PI、P 三种整定类型。

sPid_Calc.i_CtrlTypeTIR：运行自整定模式选择。

0 = A PID auto

1 = A PID fast

2 = A PID slow

3 = ZN PID

4 = ZN PI

5 = ZN P

注意：PID 控制器的模式共分为五种，即 Inactive、Automatic、SUR、TIR、Manual。

7.2.7.3 调试面板说明

1．调试面板结构

调试面板的结构如图 7.29 所示。图中所标四大区域的对应注释如下所述。

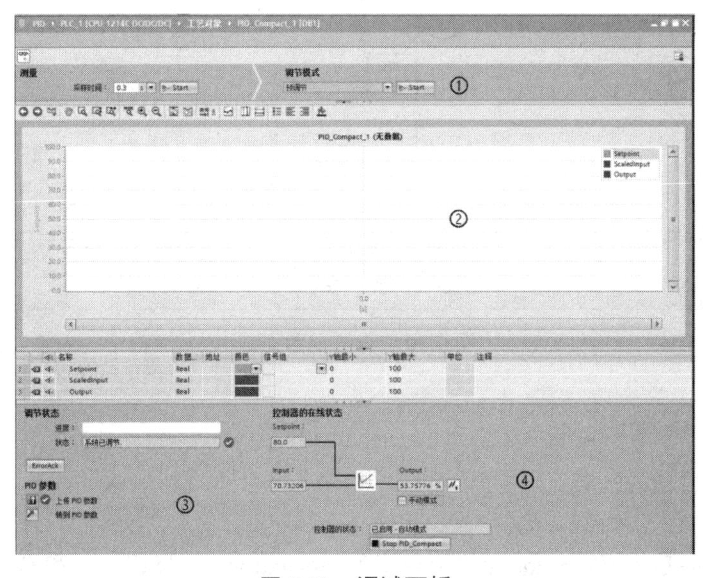

图 7.29　调试面板

① 调试面板控制区。包括如下选项：

- Start measurement（启动测量功能）。
- Stop measurement（停止测量功能）。
- Sample Time（采样时间）：这里指调试面板测量功能的采样时间。

② 趋势显示。此区以曲线方式显示设定值，反馈值及输出值。

③ 调节状态显示区。此区用于显示整定状态。包括如下选项：

- Status（状态）。
- Process（整定进程）。
- Upload PID parameters to project（上载参数到项目）：将已整定好的 PID 参数从 CPU 上载到项目。

④ 当前值显示。用户在此区域可监视给定值、反馈值、输出值，并可手动强制输出值，单击 Manual 前的方框，用户就可在 Output 栏内输入百分比形式的输出值。

2．趋势显示面板

趋势显示面板的说明如图 7.30 所示。图中序号对应组件的注释如下。

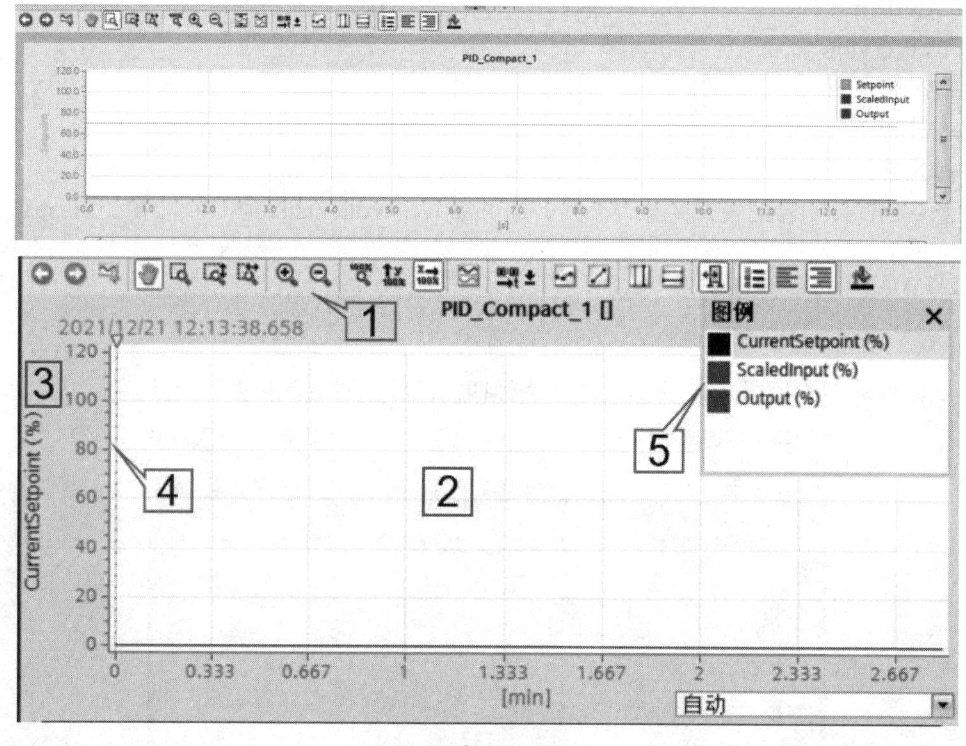

图 7.30 趋势视图面板

① 工具栏。

② 趋势视图。

③ 移动和缩放轴的区域。

④ 标尺。

⑤ 在标尺中的趋势值：Setpoint（给定值）、ScaledInput（反馈值）和 Output（输出值）。

显示模式可在如图 7.31 所示的下拉列表框中进行选择。

• Strip：条状（连续显示）。新趋势值从右侧输入视图，以前的视图卷动到左侧，时间轴不移动。

• Scope：示波图（跳跃区域显示）。新趋势的值从左到右进行输入，当到达右边趋势视图时，监视区域移动一个视图宽度到右侧，时间轴在监视区域限制内可以移动。

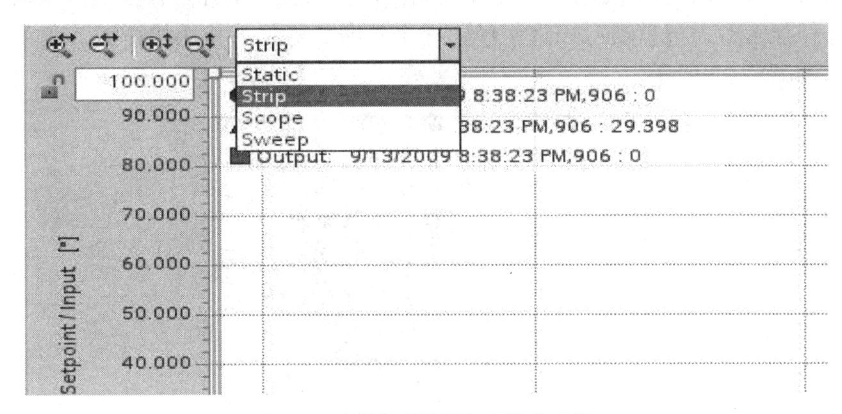

图 7.31 趋势视图显示模式选择

• Sweep：扫动（旋转显示）。新的趋势值以旋转方式在趋势图中显示，趋势的值从左到右输出，上一次旋转显示被覆盖，时间轴不动。

• Static 静态（静态区域显示）。趋势的写入被中断，新趋势的记录在后台执行，时间轴可以移动。

3．移动或缩放轴

给定值、反馈值及时间值的轴是可以移动和缩放的。鼠标按钮的右键和左键被分配了不同功能，可使用以下图标和鼠标动作，如表 7.14 所示。

表 7.14 趋势视图中轴的移动与缩放

图 标	鼠标动作
	伸展和压缩时间轴； 如果没有缩放值被阻止，轴的缩放对称地打开和伸展； 当伸展和收缩轴，阻止缩放值被保持
	设定值、实际值的轴，或被控变量轴缩放和伸展，下边的比例不发生改变
	设定值、实际值的轴，或被控变量轴缩放和伸展，上边的比例不发生改变
	设定值、实际值的轴，或被控变量轴缩放和伸展，右边的比例不发生改变
	设定值、实际值的轴，或被控变量轴缩放和伸展，左边的比例不发生改变
50,000	输入缩放比例值
50,000	可以使用挂锁的标识阻止当前的缩放值，只有各自轴的一个值被阻止
	双击趋势图对其中的设定值、实际值及受控变量的标定和位置进行优化
	双击轴区可恢复轴的默认位置和标定

4．使用标尺

使用一个或多个标尺分析趋势曲线的离散值。

移动鼠标到趋势区域的左边并注意鼠标指示的变化，拖动垂直的标尺到需要分析的测量的趋势。趋势输出在标尺的左侧，标尺的时间显示在标尺的底端。激活标尺的趋势值显示在测量值与标尺交点处。如果多个标尺拖动到趋势区域，各自的上一个标尺被激活。激活的标尺由相应颜色■符号显示，通过单击可以重新激活一个停滞的标尺。使用快捷键 ALT＋单击移出不需要的标尺，如图 7.32 所示。

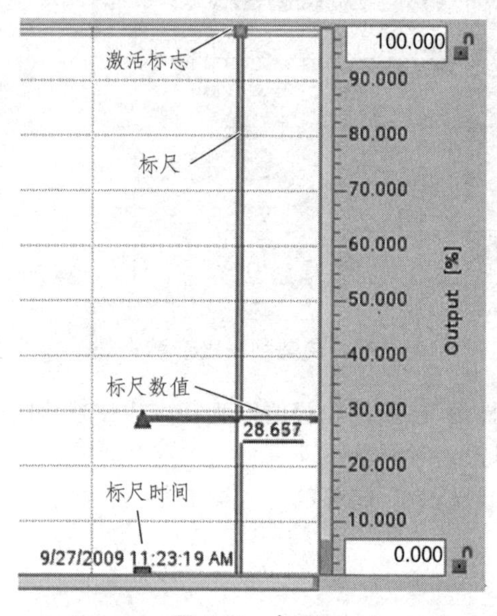

图 7.32　标尺

5．上传参数

整定过程是在 CPU 内部进行的，整定后的参数并不在项目中，所以需要上传参数到项目。点击调试面板下部的“Upload PID parameters to project”按钮，将参数上传到项目，如图 7.33 所示。

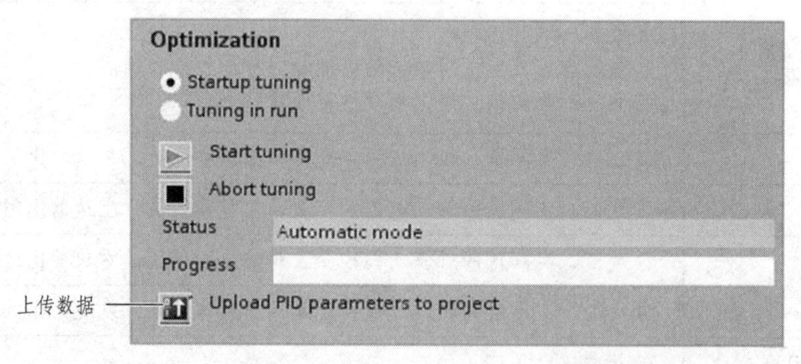

图 7.33　上传参数

上传参数时要保证软件与 CPU 之间的在线连接，并且调试模板要在测量模式，即能实时监控状态值，点击上传按钮后，PID 工艺对象数据块会显示与 CPU 中的值不一致，因为此时项目中工艺对象数据块的初始值与 CPU 中的不一致，可将此块重新下载。

7.2.8　PID 功能应用实例

现假设有一加热系统，加热源采用脉冲控制的加热器，干扰源采用电位计控制的小风扇，使用传感器测量系统的温度，加热器通电时会使其附近的温度传感器温度升高，风扇运转时可给传感器周围降温，设定值为 0 ~ 10 V 的电压信号送入 PLC，温度传感器作为反馈接入到 PLC，干扰源给定直接输出至风扇。PID 结构示例如图 7.34 示。

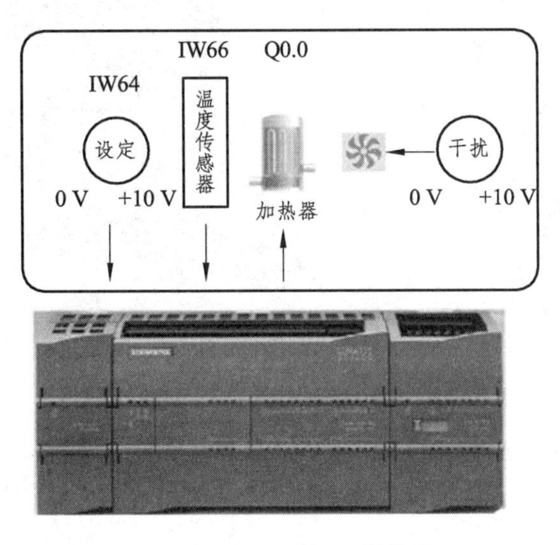

图 7.34　PID 示例——结构图

7.2.8.1　硬件组态

在硬件组态中定义输入/输出点。

IW64：给定值；IW66：反馈值；Q0.O：PWM 输出，同时，在变量表中定义变量，如图 7.35 所示。

变量表_1

	名称	数据类型	地址	保持	在 H...	可从 ...
1	CurrentTemp	Int	%IW66	☐	☑	☑
2	SetpointTemp	Int	%IW64	☐	☑	☑
3	Setpoint_Fan	Int	%IW96	☐	☑	☑
4	ControlPont_Fan	Int	%QW80	☐	☑	☑
5	Heater	Bool	%Q0.0	☐	☑	☑
6	PID_Temperature_Error	DWord	%MD10	☐	☑	☑
7	SetpointTemp_Temp	Real	%MD14	☐	☑	☑
8	<添加>			☐	☑	☑

图 7.35　PID 示例——变量定义

7.2.8.2　参数组态

首先在程序中添加循环中断组织块，然后在此循环中断块中添加 PID 指令块。具体步骤为选择“项目树→程序块→添加新块”选项，双击“添加新块”选项（见图 7.36），选择“组织块”选项后选择“循环中断”选项。

图 7.36　PID 示例——添加循环中断组织块

添加完循环中断块后，选择“指令→工艺→PID 控制→PID_Compact”选项，将 PID_Compact 指令块拖拽到循环中断块中。添加完 PID 指令块后，会弹出如图 7.37 所示对话框，要求定义与指令块对应的工艺对象背景数据块。

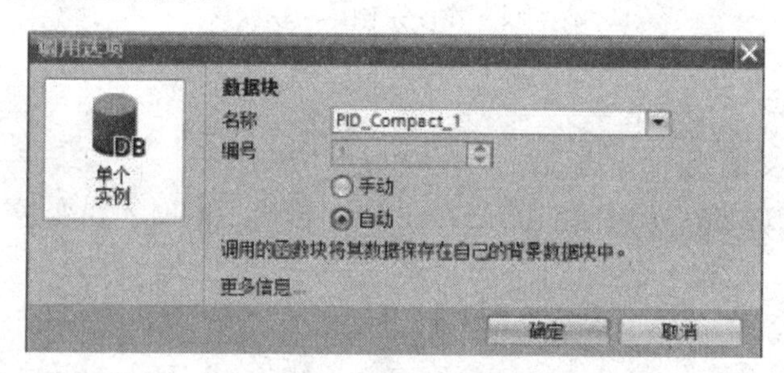

图 7.37　PID 示例——定义指令块的背景数据块

1．基本参数组态

图 7.38 所示为控制器类型选择，可进行给定值、反馈值、输出值组态。如图 7.39 所示为反馈值量程化组态。

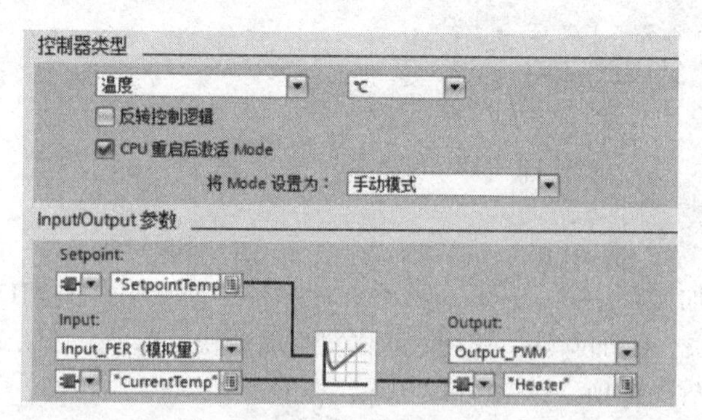

图 7.38　PID 示例——控制器类型选择给定值、反馈值、输出值组态

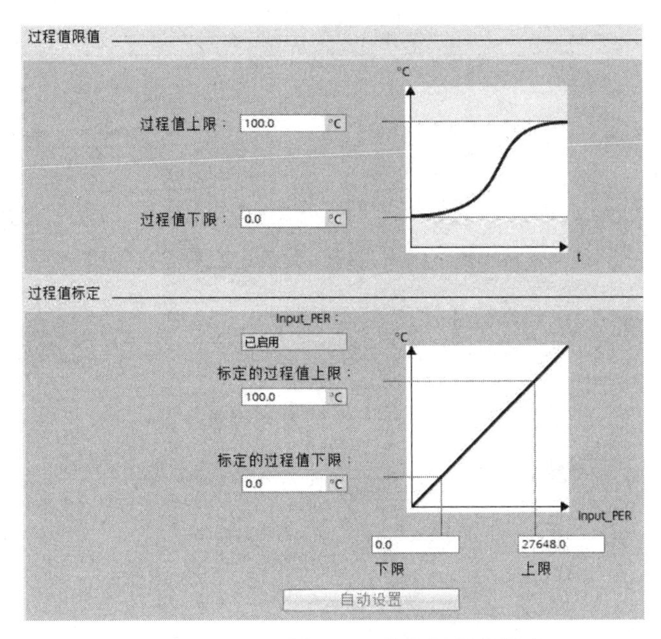

图 7.39　PID 示例——反馈值量程化组态

2．高级参数组态

选择“项目树→工艺对象→组态”选项，双击“组态”进入组态界面，在组态目录树选择“高级设置”进行参数设置，如图 7.40 ~ 图 7.43 所示。

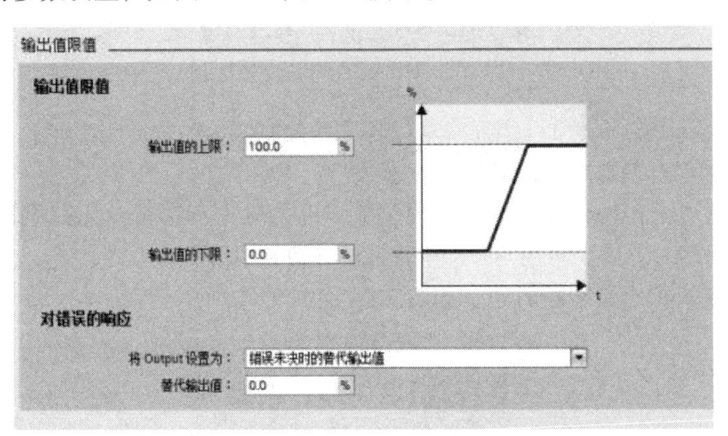

图 7.40　PID 输出值限值

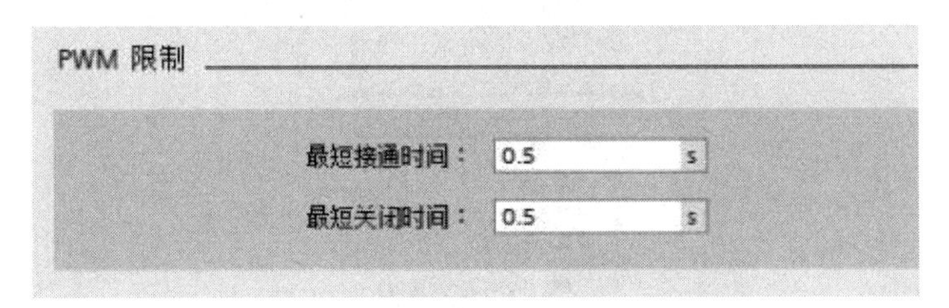

图 7.41　PID 示例——PWM 脉宽限制组态

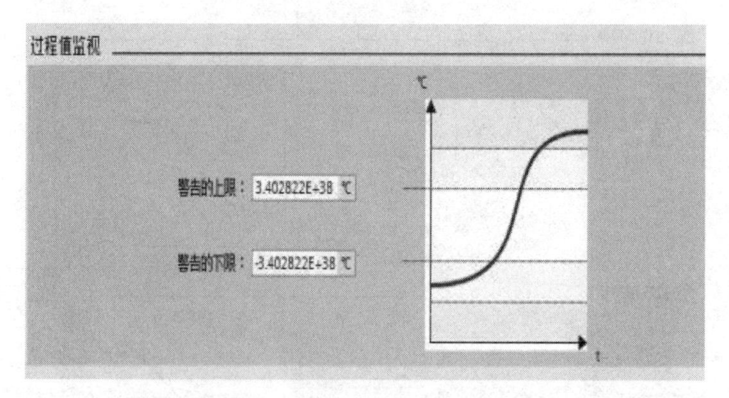

图 7.42　PID 示例——上限警告值

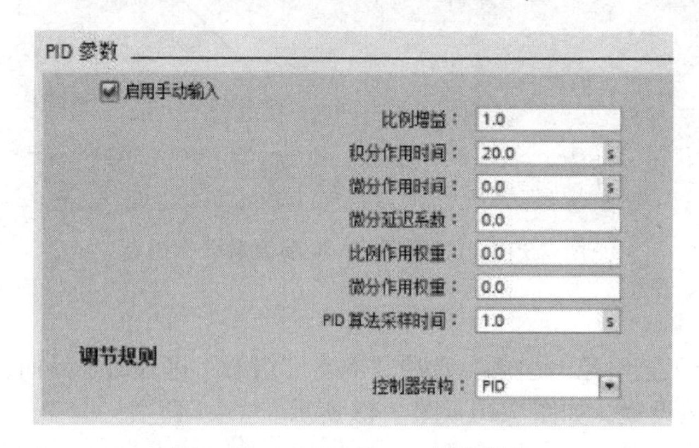

图 7.43　PID 示例——参数设定

注意：

（1）这里在选择 PID 参数时，用户若有已调试好的参数可选择手动设置；也可先选择系统默认参数，后面使用自整定功能由系统设置参数。

（2）在图 7.41 中，PWM Limit 参数只对自整定时的输出有影响，当系统完成自整定后会自动计算 PWM 的周期，此周期时间与 PID 控制器采样时间相同。

进入循环中断块中定义中断时间，如图 7.44 和图 7.45 所示。

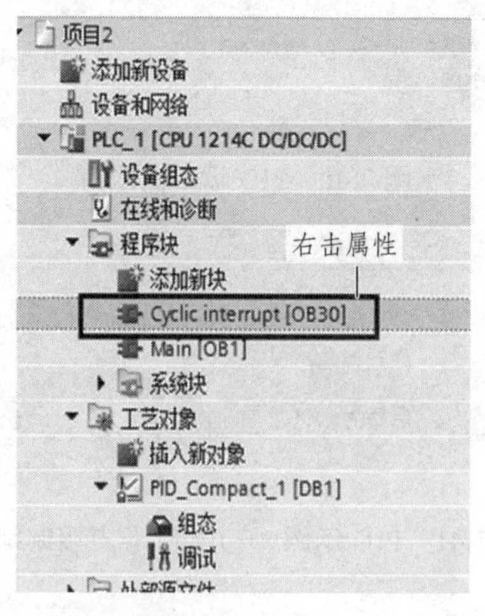

图 7.44　PID 示例——进入循环中断块

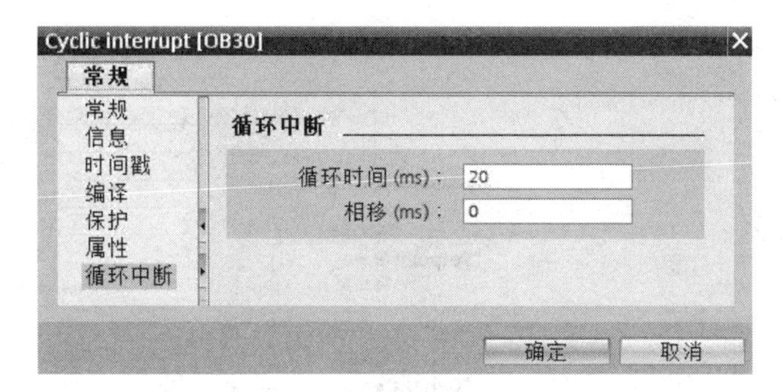

图 7.45　PID 示例——定义循环中断块的中断间隔时间

注意：此处的中断时间并非 PID 控制器的采样时间。采样时间为中断时间倍数，由系统自动计算得出。

至此，参数定义部分已完成。

7.2.8.3　程序编制

如图 7.46 所示，在 Main（OB1）中将给定值模拟量输入，量程化为 0.0 ~ 100.0 的实数，并将量程化后的值赋给 MDl4。

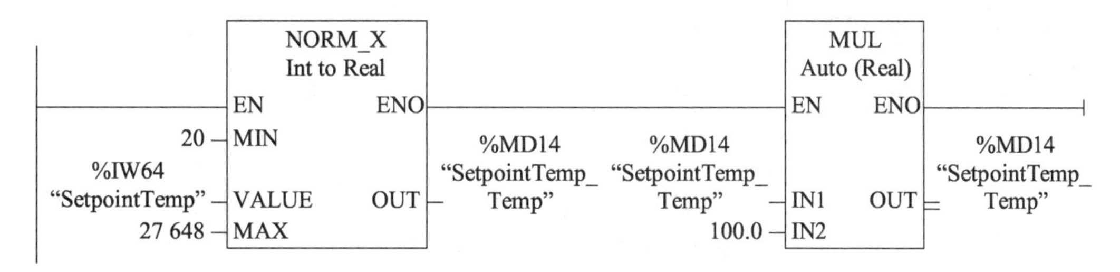

图 7.46　PID 示例——主程序

注意：用户可通过访问工艺对象数据块 sRet 参数组，手动设置控制器状态（sRet_Mode）或修改 PID 参数（sRet.r_Ctrl_Ti 等）。

7.2.8.4　自整定

此时可以打开调试面板进行 PID 参数的整定。进入调试面板有两种方式：方式 1，在项目树下打开“工艺对象”，双击组态选项，如图 7.47 所示；方式 2，单击 PID_Compact 指令块右上方的图标，如图 7.48 所示。

进入整定面板后进行参数自整定。首先，在监控表中将当前的 PID 控制器模式（“PID_Compact_DB” .sRet.i_Mode）设为 O（lnactive），此参数需要在参数访问工艺对象数据块时才能找到，可将其拖入监控表中。之后将设定值（SetpointTemp_Temp）设为 80 度。

监控表设定自整定起始条件，如图 7.49 所示。

整定前调试面板显示的状态如图 7.50 所示，选择“Startup tuning”（启动整定）选项，单击“Start tuning”按钮，使能启动整定模式。图 7.49 所示状态已满足启动自整定的条件。

（1）|80.0（给定值）－31.7（反馈值）|＞0.3 * |100.0（输入高限）－0.0（输入低限）|。

（2）|80.0（设定值）－31.7（反馈值）|＞0.5 * |80.0（给定值）|。

（3）指令块的状态应为 Manual Mode（手动模式）或 Inactive Mode（未激活模式）。

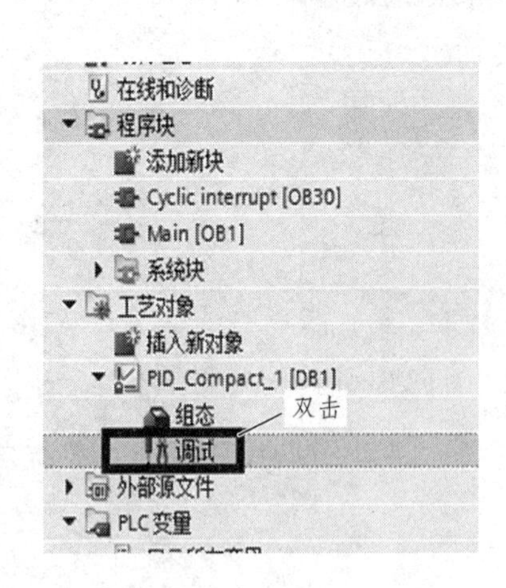

图 7.47　方式 1：由项目树进入调试面板

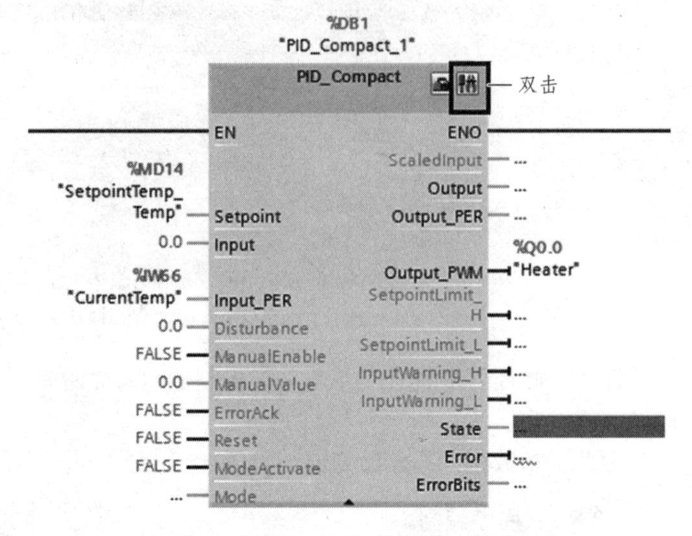

图 7.48　方式 2：由指令块进入调试面板

默认变量表

名称	数据类型	地址	保持	在 H...	可从...	监视值	注释
CurrentTemp	Int	%IW66		✓	✓	0	
SetpointTemp	Int	%IW64		✓	✓	10614	
Setpoint_Fan	Int	%IW96		✓	✓	0	
ControlPoint_Fan	Int	%QW80		✓	✓	0	
Heater	Bool	%Q0.0		✓	✓	TRUE	
PID_Termperature_Error	Int	%MW10		✓	✓	0	
SetpointTemp_Temp	Real	%MD14		✓	✓	38.38753	
<添加>				✓	✓		

图 7.49　PID 示例——监控表设定起始条件

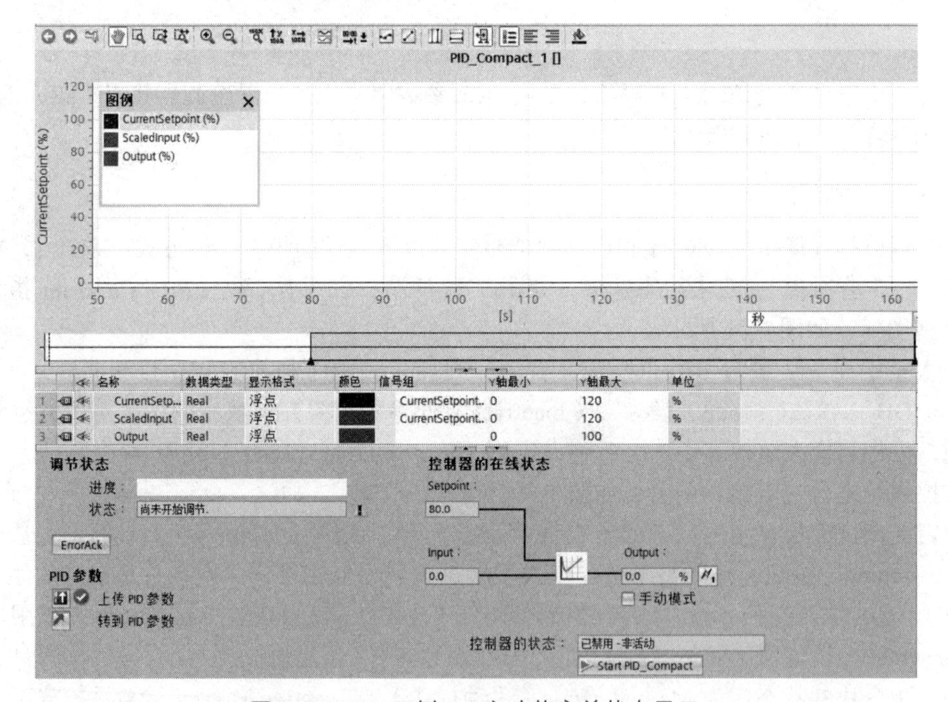

图 7.50　PID 示例——启动整定前状态显示

启动自整定模式整定过程后，系统将会满量程输出，通过计算延时时间与平衡时间的比值等数据来给出建议的 PID 参数。启动整定趋势显示如图 7.51 所示。

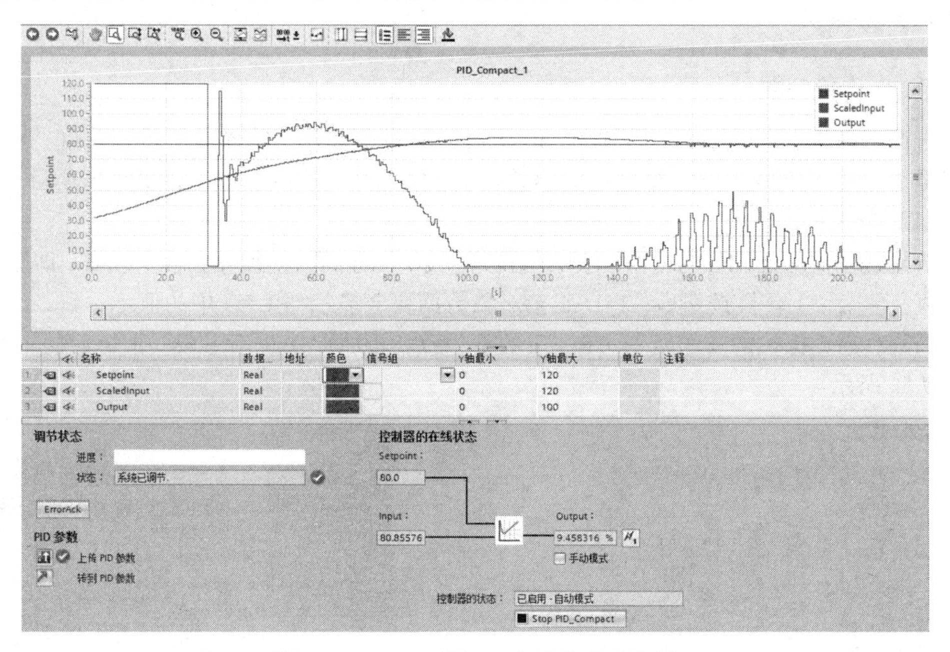

图 7.51　PID 示例——启动整定趋势图

在使用自整定过程中，除了使用启动自整定模式，也可使用运行自整定。如图 7.52 所示为运行整定模式中的精确调节状态。系统在进入此模式时会自动调整输出，使系统进入振荡，反馈值在多次穿越设定值后，系统会自动计算出 PID 参数。

自动整定完成后，系统会进入自动模式。

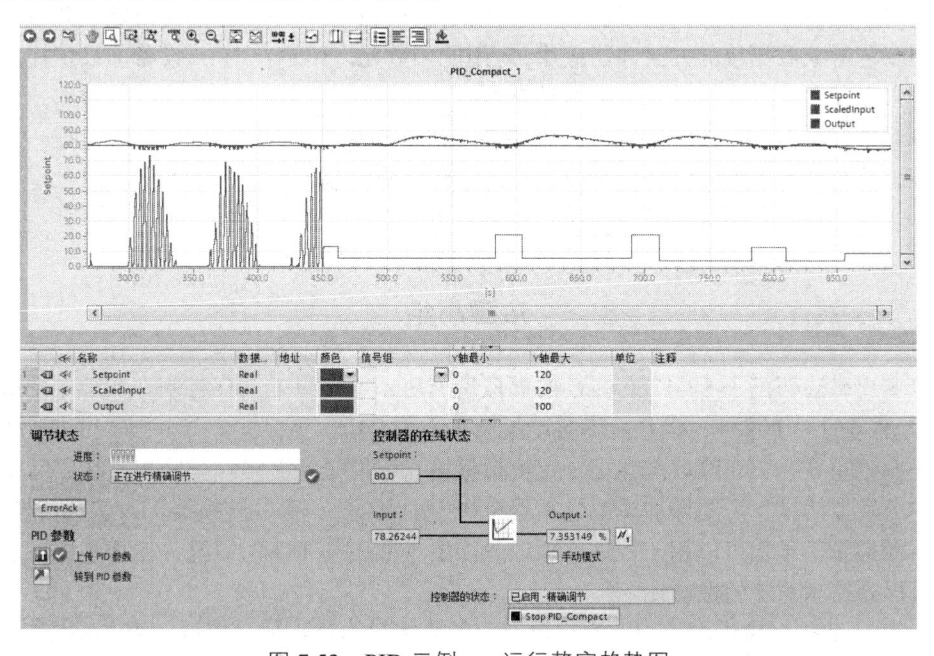

图 7.52　PID 示例——运行整定趋势图

注意：当前反馈值与设定值相差较大时，可应用启动自整定模式，反之，应用运行自整定模式。当激活运行自整定模式时，若系统满足启动自整定的条件，则将会先运行启动自整定再执行运行自整定。

7.2.8.5 上传参数

单击调试面板下部的 Upload PID parameters to project 按钮，将参数上传到项目。由于自整定过程是在 CPU 内部进行的，整定后的参数并不在项目中，所以需要上传参数到项目。上传参数设置如图 7.53 所示。

上传参数时要保证软件与 CPU 之间的在线连接，并且调试模板要在测量模式，即能实时监控状态值。单击“上传”按钮后，PID 工艺对象数据块会显示与 CPU 中的值不一致，因为此时项目中工艺对象数据块的初始值与 CPU 中的不一致，可将此块重新下载。上传后的 PID 参数值如图 7.54 所示。

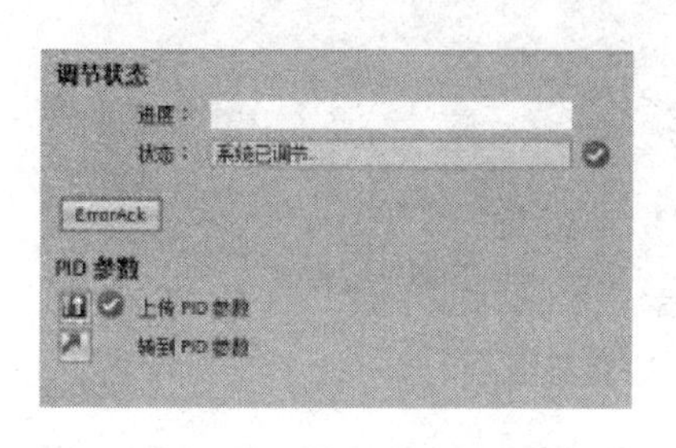

图 7.53　PID 示例——上传参数设置

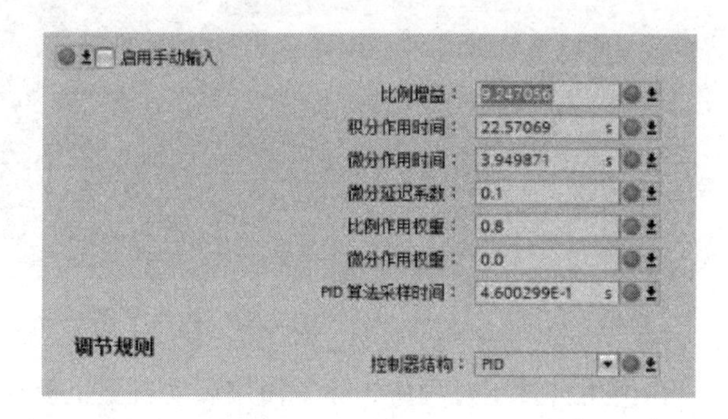

图 7.54　PID 参数显示

注意：

（1）PID 控制器各种模式的切换需要通过参数 sRet.i_Mode（INT）来设定，此参数需通过参数访问工艺对象数据块的方式才能应用，应用此参数允许用户在 HMI 设备上设定控制器的运行方式（自动、手动、停止）及选择两种自整定方式。

（2）对于控制器的当前状态，可通过 PID_compact 指令块的 State 参数来监控，特别对于参数访问工艺对象数据块的应用，需要通过此参数判断控制器当前的状态。

（3）当手动方式切换为自动方式时，控制器可自行实现无扰切换。

本章小结

本章主要讲述西门子 S7-1200 PLC 的模拟量模块；还介绍了 PID 控制在实际中的应用，本章是 PLC 学习的一个重点，也是从事自动控制工作的基础。

（1）西门子 S7-1200 PLC 内置了 2 点模拟量输入，但是没有模拟量输出；在实际应用中存在着大量的模拟信号，需要增加模拟量扩展模块中的 ADC（模/数转换器）来实现转换功能。

（2）模拟量信号板可以用于控件有限或只需要少数附加 I/O 的情况，在某些情况下使用信号板可以提高控制系统的性价比。

（3）模拟量输入/输出模块中，模拟量对应的数字称为模拟值，模拟值用 16 位二进制补码（整数）表示。最高位（第 16 位）为符号位，正数的符号位为 0，负数的符号位为 1。在实际应用时，应考虑变送器的输入/输出量程和模拟量输入模块的量程，找出被测物理量与 A/D 转换后的数字之间的比例关系。

（4）PID 控制中的 P、I、D 分别指的是比例、积分、微分，是一种闭环控制算法。

其中，比例分量计算的控制器输出值与系统偏差成比例；积分分量计算的控制器输出值随着控制器输出的持续时间而增加，最终补偿控制器输出；PID 控制器的微分分量随着系统偏差变化率的增加而增加。受控变量将尽快调整到设定值；系统偏差的变化率减小时，微分分量也随着减小。通过这些参数，可以使被控对象追随给定值变化并使系统达到稳定，自动消除各种干扰对控制过程的影响。

（5）PID 指令块的参数分为输入参数与输出参数两部分，指令块的视图分为扩展视图与集成视图。其中集成视图中可看到的参数为最基本的默认参数；在扩展视图中，可看到更多的相关参数，如手动/自动切换、高限/低限报警等，使用这些参数可使控制器具有更丰富的功能。

（6）访问 PID 功能的工艺对象背景数据块有两种方式：参数访问与组态访问。参数访问是通过程序编辑器直接进入数据块内部查看相关参数，而组态访问则是使用 STEP 7 V13 提供的图形化的组态向导查看并定义相关参数。两种方式都可以定义 PID 控制器的控制方式与过程。

（7）循环中断块可按一定周期产生中断，执行其中的程序。PID 指令块定义了控制器的控制算法，随着循环中断块产生中断而周期性执行，其背景数据块用于定义输入/输出参数，调试参数以及监控参数。此背景数据块并非普通数据块，需要在目录树视图的工艺对象中才能找到并定义。

习　题

1. PID 控制中使能运行自整定与启动自整定的条件是什么？
2. 循环中断时间与 PID 控制器的采样时间有什么关系？
3. 通信模板（CM）和信号板（SB）是否占用信号扩展模板数量？
4. 在使用 S7-1200 模拟量输入模块时，接收到变动很大的不稳定的值是由于什么造成的？

第 8 章　S7-1200 PLC 的以太网通信

教学目标

通过本章的学习，掌握 S7-1200 PLC CPU 的 PROFINET 通信端口所支持的应用协议及其各自的特点；要学会 S7-1200 与其他 S7 系列之间的以太网通信方式；重点掌握 S7-1200 CPU 通过 ETHERNET 与 S7-1200 CPU 通信的方法。

8.1　概　述

西门子 S7-1200 系列 PLC CPU 具有一个集成的 PROFINET 通信端口，支持以太网和基于 TCP/IP 和 UDP 的通信标准。这个 PROFINET 物理接口是支持 10/100 Mb/s 的 RJ45 口，支持电缆交叉自适应，因此一个标准的或是交叉的以太网线都可以用于这个接口。使用这个通信口可以实现 S7-1200 CPU 与编程设备的通信，与 HMI 触摸屏的通信，以及与其他 CPU 之间的通信。

8.1.1　支持的应用协议

S7-1200 CPU 的 PROFINET 通信端口支持以下应用协议：

1．传输控制协议（TCP）

传输控制协议 TCP（Transmission Control Protocol）是一种面向连接（连接导向）的、可靠的、基于字节流的运输层（Transport layer）通信协议，由 IETF 的 RFC 793 说明（specified）。TCP 提供 IP 环境下的数据可靠传输，它提供的服务包括数据流传送、可靠性、有效流控、全双工操作和多路复用。通过面向连接、端到端和可靠的数据包发送。在简化的计算机网络 OSI 模型中，它完成第四层传输层所指定的功能。

TCP 所提供的服务主要有以下 6 个特点：

（1）面向连接的传输。

（2）端到端的通信。

（3）高可靠性，确保传输数据的正确性，不出现丢失或乱序。

（4）全双工方式传输。

（5）采用字节流方式，即以字节为单位传输字节序列。

（6）紧急数据传送功能。

2．ISO on TCP（RFC 1006）

ISO 传输协议最大的优势是通过数据包来进行数据传递。由于网络的增加，其不支持路由功能的劣势逐渐显现。而 TCP/IP 协议兼容了路由功能后，对以太网产生了重大的影响。为了集合两个协议的优点，在拓展的 RFC 1006（RFC = Request for Comments）“ISO on TCP”，即在 ISO on TCP 协议中定义了 ISO 传输的属性。ISO on TCP 也是位于 ISO-OSI 参考模型的第四层，并且默认的数据传输端口是 102。

ISOonTCP 协议具有以下特点。

（1）较高的通信速度。

（2）适合传输中到大的数据量（≤8192 bytes）。

（3）具有路由兼容性（可用在公网）。

（4）能够被灵活地用在其他系统。

（5）数据长度可变。

（6）有确认机制。

3．S7 通信

所有 SIMATIC S7 控制器都集成了用户程序可以读写数据的 S7 通信服务。不管使用哪种总线系统都可以支持 S7 通信服务，即以太网、PROFIBUS 和 MPI 网络中都可使用 S7 通信。此外，使用适当的硬件和软件的 PC 系统也可支持 S7 协议的通信。

S7 通信协议具有以下特点。

（1）独立的总线介质。

（2）可用于所有 S7 数据区。

（3）一个任务最多传送达 64 kb 数据。

（4）第 7 层协议可确保数据记录的自动确认。

（5）因为对 SIMATIC 通信的最优化处理，所以在传送大量数据时仅对处理器和总线产生低负荷。

8.1.2 PROFINET 端口通信方法

S7-1200 PLC CPU 可以使用 TCP 通信协议与其他 S7-1200 PLC CPU、STEP 7 Basic 编程设备、HMI 设备和非 Siemens 设备通信。有两种使用 PROFINET 通信的方法。

（1）直接连接。在使用连接到单个 CPU 的编程设备、HMI 或另一个 CPU 时采用直接通信，即编程设备或 HMI 与 CPU 之间的直接连接不需要以太网交换机（见图 8.1）。

（2）网络连接。在连接两个以上的设备（如 CPU、HMI、编程设备和非西门子设备）时采用网络通信，也就是说含有两个以上的 CPU 或 HMI 设备的网络需要以太网交换机（见图 8.2）。

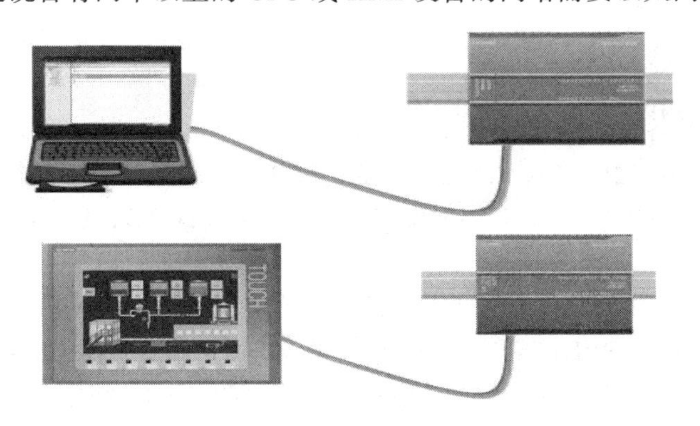

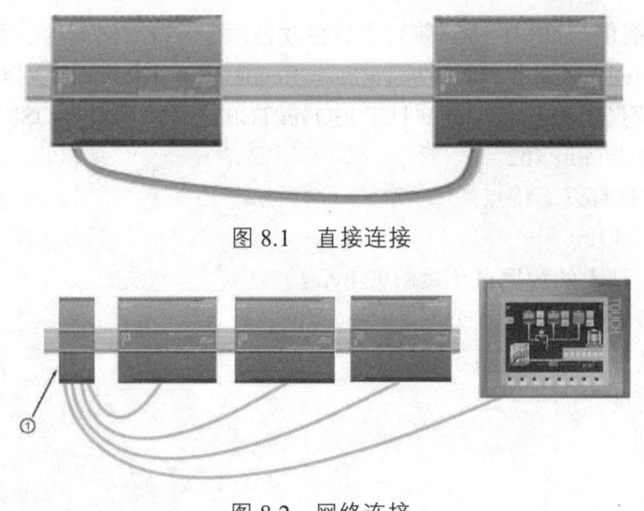

图 8.1 直接连接

图 8.2 网络连接

8.1.3 PROFINET 端口的最大连接数

CPU 上的 PROFINET 端口支持以下并发通信连接。

（1）3 个用于 HMI 与 CPU 通信的连接。

（2）1 个用于编程设备（PG）与 CPU 通信的连接。

（3）8 个使用传输块（T-block）指令（TSEND_C、TRCV_C、TCON、TDISCON、TSEN、TRCV）实现 S7-1200 程序通信的连接。

（4）3 个连接用于 S7 通信的服务器端连接，可以实现与 S7-200，S7-300 以及 S7-400 的以太网 S7 通信。

（5）8 个连接用于 S7 通信的客户端连接，可以实现与 S7-200，S7-300 以及 S7-400 的以太网 S7 通信。

① 主动 S7 CPU 使用 GET 和 PUT 指令（S7-300 和 S7-400）或 ETHx_XFER 指令（S7-200）。

② 主动 S7-1200 通信连接只能使用传输块（T-block）指令。

8.2 PLC 之间的以太网通信

S7-1200 PLC 之间的以太网通信可以通过 TCP 或者 ISO on TCP 来实现，使用的通信指令是在双方 CPU 调用 T-block 指令来实现的。通信方式为双边通信，因此发送指令和接收指令必须成对出现。

8.2.1 PLC 与 PLC 之间通信的过程

S7-1200 与 S7-1200 之间的以太网通信只能通过 TCP 或 ISO on TCP 协议来实现，使用的通信指令是在双方 CPU 调用 T-block（TSEND_C，TRCV_C，TCON，TDISCON，TSEN，TRCV）指令来实现的。

S7-1200 与 S7-200 之间只能通过 S7 通信来实现，因为 S7-200 CPU 的以太网模块只支持 S7 通信。由于 S7-1200 的 PROFINET 通信口只支持 S7 通信的服务器（Sever）端，所以在编程方面，S7-1200 CPU 不做任何的工作，只需在 S7-200 CPU 一侧将以太网设置成客户端，并用

ETHx_XFR 指令编程通信。

S7-1200 与 S7-300/400 之间的以太网通信方式相对更多，可以采用下列方式：TCP、ISO on TCP 和 S7 通信。采用 TCP 和 ISO on TCP 这两种协议进行通信所使用的指令是相同的，在 S7-1200 CPU 中使用 T-block 指令编程通信。如果是以太网模块在 S7-300、S7-400 CPU 中使用 AG_SEND、AG_RECV 编程通信。如果是支持 Open IE 的 PN 口则使用 Open IE 的通信指令实现。对于 S7 通信，S7-1200 的 PREFINET 通信口只支持 S7 通信的服务器端，所以在编程和建立连接方面，S7-1200 CPU 不用做任何工作，只需在 S7-300/400 CPU 一侧建立单边连接，并使用 PUT、GET 指令进行通信。

8.2.2 实现两个 CPU 之间通信的步骤

两个 CPU 之间通信的具体操作步骤如下。

（1）建立硬件通信物理连接。由于 S7-1200 PLC CPU 的 PROFINET 物理接口支持交叉自适应功能，因此连接两个 CPU 既可以使用标准的以太网电缆也可以使用交叉的以太网线。两个 CPU 可以直接连接，不需要使用交换机。

（2）配置硬件设备。在“Device View”中配置硬件组态。

（3）配置永久 IP 地址。为两个 CPU 配置不同的永久 IP 地址。

（4）在网络连接中建立两个 CPU 的逻辑网络连接。

（5）编程配置连接，以及发送、接收数据参数。在两个 CPU 里分别调用 TSEND_C、TRCV_C 通信指令，并配置参数，使能双边通信。

8.2.3 为 CPU 的 PROFINET 通信口分配 IP 地址

可以使用两种方法为 CPU 分配 IP 地址：

（1）在线分配临时 IP 地址。

（2）配置永久 IP 地址。

8.2.4 配置 CPU 之间的逻辑网络连接

配置完 CPU 的硬件及 IP 地址后，在“项目树→设备和网络→网络”视图下，创建两个设备的连接。

创建 PROFINET 的逻辑连接时，先选中第一个 PLC 上的 PROFINET 通信口的绿色小方框，然后拖拽出一条线，连接到另外一个 PLC 上的 PROFINET 通信口上，再松开鼠标左键，连接就建立起来了，如图 8.3 所示。

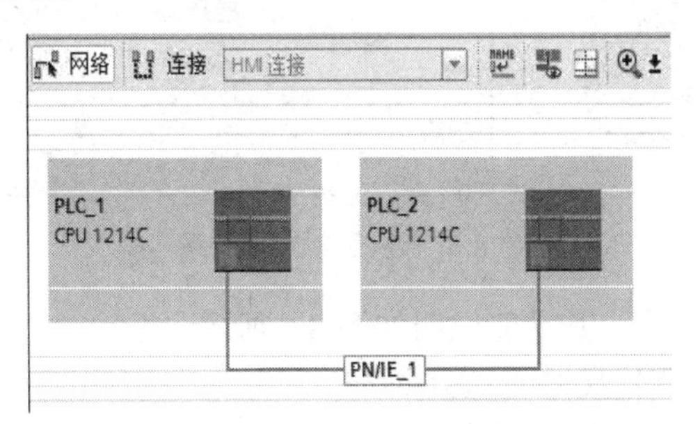

图 8.3 建立两个 CPU 之间的连接

8.2.5 通信编程及配置

S7-1200 PLC CPU 中所有需要编程的以太网通信都使用开放式以太网通信指令 T-block 来实现。需要调用 T-block 通信指令并配置两个 CPU 之间的连接参数，定义数据发送或接收信息的参数。STEP 7 Basic 提供了两套通信指令。

不带连接管理的通信指令块，其通信指令的功能如图 8.4 所示，连接参数的关系如图 8.5 所示。

- TCON：建立以太网连接。
- TDISCON：断开以太网连接。
- TSEND：发送数据。
- TRCV：接收数据。

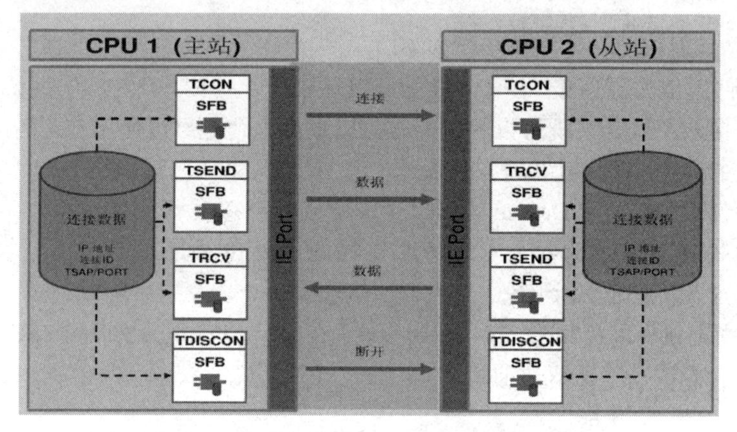

图 8.4 不带连接管理的通信指令的功能

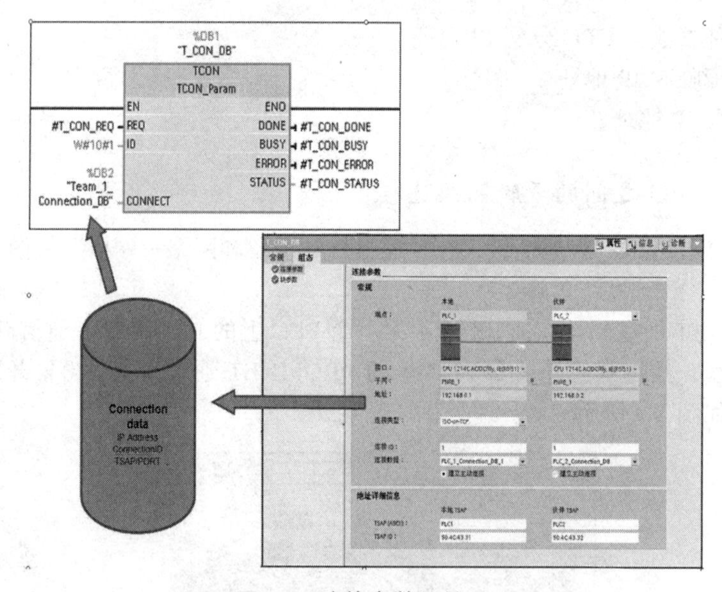

图 8.5 连接参数的关系

带连接管理的通信指令块，其功能说明如图 8.6 所示。

- TSEND_C:激活以太网连接并发送数据。
- TRCV_C:建立以太网连接并接收数据。

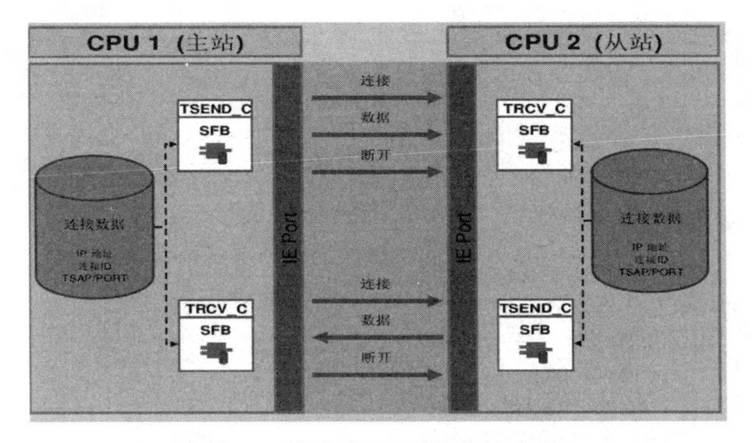

图 8.6　带连接的通信指令的功能

实际上，TSEND_C 指令实现的是 TCON、TDISCON 和 TSEND 三个指令综合的功能。而 TRCV_C 指令是 TCON、TDISCON 和 TRCV 指令的集合。

注意：所有 T-block 通信指令必须在 OB1 中调用。

通信指令的编程配置的说明如下所述。

8.2.5.1　TSEND_C 指令的使用

TSEND_C 可与另一个通信伙伴站建立 TCP 或 ISO on TCP 连接，发送数据并可以控制结束连接。

1．TSEND_C 功能

（1）建立连接。设置 TSEND_C 的参数 CONT = 1。成功建立连接后，TSEND_C 置位 DONE 参数一个扫描周期为 1。

（2）结束连接。设置 TSEND_C 的参数 CONT = 0，连接会立即自动中断。这也会影响接收站的连接，造成接收缓存区中的内容丢失。

（3）建立连接并发送数据。将 TSEND_C 的参数设为 CONT = 1 并给参数 REQ 一个上升沿，成功执行完一个发送操作后，TSEND_C 置位 DONE 参数一个扫描周期为 1。

2．编程步骤

具体编程步骤如下。

（1）从“指令→扩展指令→通信”选项中调用 TSEND_C 指令。

（2）定义背景 DB 块，选择单击“DB”选项。

（3）定义连接参数。在指令下方的属性窗口的“属性→组态→连接参数”中设置连接参数，如图 8.7 所示。

注意：连接定义完成后，连接 DB 会自动出现在 Tblock 指令的 Connect 接口参数中，不用自己输入。

（a）TCP 连接参数。

选择 TCP 协议通信，定义的是通信端口号地址，参数说明如表 8.1 所示。

（b）ISO on TCP。

选择 ISO on TCP 协议通信，定义的是 TSAP 地址，连接参数说明如表 8.2 所示。

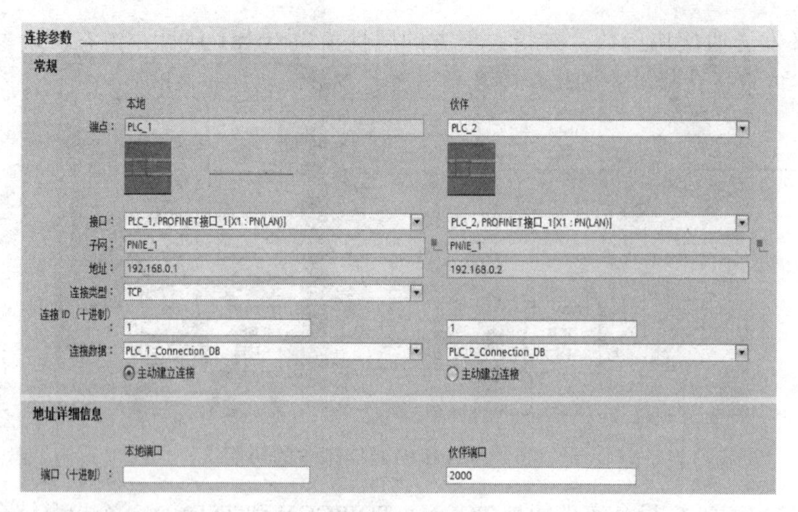

图 8.7 连接参数定义

表 8.1 TCP 连接参数说明

参 数		定 义
General	End point	选择通信伙伴（接受 CPU）的名字
	Interface	通信接口的名字
	Subnet	子网的名字
	Address	IP 地址
	Connection type	所使用的以太网的协议：TCP
	Connection ID	连接的 ID 号
	Connection data	本地和通信伙伴的连接数据存储区 DB 块
	Active connection setup	选择本地 CPU 或通信伙伴 CPU 作为主动连接
Address details	Port（decimal）	通信伙伴 CPU 端口号

注：在 Connection data 中，只有在接收端 CPU 配置完连接后才能选择伙伴 CPU 的连接 DB。

表 8.2 ISO on TCP 连接参数说明

参 数		定 义
General	End point	选择通讯伙伴（接受 CPU）的名字
	Interface	通信接口的名字
	Subnet	子网的名字
	Address	IP 地址
	Connection type	所使用的以太网的协议：ISO on TCP
	Connection ID	连接的 ID 号
	Connection data	本地和通信伙伴的连接数据存储区 DB 块
	Active connection setup	选择本地 CPU 或通讯伙伴 CPU 作为主动连接
Address details	TSAP（ASCII）	本地和通信伙伴 CPU 的 TSAP 号（ASCII 码形式）
	TSAP IP	本地和通信伙伴 CPU 的 TSAP 号（十六进制形式）

（4）定义发送通信块参数。在指令下方的属性窗口点击“属性→组态→块参数”设置通信块参数，也可直接在指令块的接口参数上设置，参数说明如表 8.3 所示。

表 8.3　定义发送通信块参数

参　数	参数类型	数据类型	描　述
REQ	INPUT	BOOL	REQ 每次上升沿都会启动一次个发送任务
CONT	INPUT	BOOL	控制连接参数 0：断开连接 1：建立并保持连接
LEN	INPUT	INT	发送数据区的字节长度
CONNECT	IN_OUT	ANY	连接数据 DB
DATA	IN_OUT	ANY	发送数据区：包括发送数据区地址和数据长度
COM_RST	IN_OUT	BOOL	完全重启通信块，现存的连接会中断
DONE	OUTPUT	BOOL	完成状态参数 0：任务未启动或正在运行 1：任务执行完成并且没有错误
BUSY	OUTPUT	BOOL	通信忙状态参数 0：任务完成 1：任务未完成，不能激活
ERROR	OUTPUT	BOOL	1：通信过程中有错误发生，具体任务在 STATUS 参数中读取
STATUS	OUTPUT	WORD	错误信息

注：DATA 数据区除了 BOOL 和 BOOL 数据类型的数组外，可以定义为其他任何数据类型。

8.2.5.2　TRCV_C 指令的使用

TRCV_C 建立与另一个通信伙伴站的 TCP 或 ISO on TCP 连接，接收数据并可以控制结束连接。具体操作步骤如下。

（1）从“指令→扩展指令→通信”中调用 TRCV_C 指令。

（2）定义背景 DB 块，选择单击 DB 选项。

（3）定义连接参数。在指令下方的属性窗口点击“属性→组态→连接参数”设置连接参数，连接参数的设置与上面 TSEND_C 的连接参数基本相似，如图 8.8 所示。

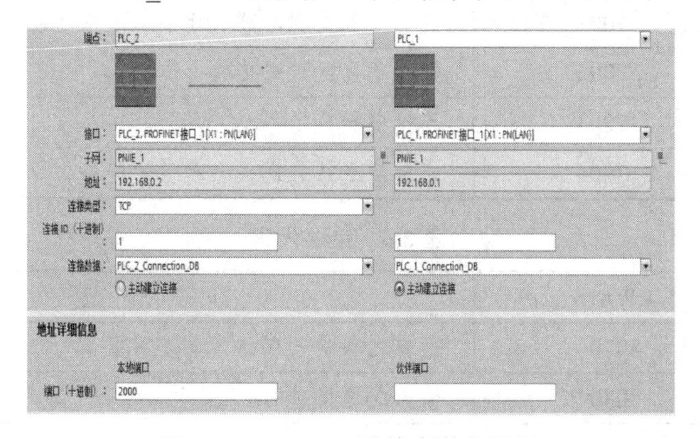

图 8.8　TRCV_C 连接参数的设置

（4）定义接收通信块参数。在指令下方的属性窗口点击“属性→组态→连接参数”设置通信块参数，也可直接在指令块的接口参数上设置，参数说明如表 8.4 所示。

表 8.4　接收通信块参数说明

参　数	参数类型	数据类型	说　明
EN_R	IN	Bool	启用接收的控制参数：EN_R＝1 时，TRCV_C 准备接收，处理接收作业
CONT	IN	Bool	控制参数 CONT： 0：断开 1：建立并保持连接
LEN	IN	Int	接收区长度（字节）(默认值＝0，这表示 DATA 参数决定要发送的数据的长度）
CONNECT	IN_OUT	TCON-Param	指向连接描述的指针
DATA	IN_OUT	Variant	接收区包含接收数据的起始地址和最长长度
COM_RST	IN_OUT	Bool	1：完成功能块的重新启动，现有连接将终止
DONE	OUT	Bool	0：作业尚未开始或仍在运行 1：无错执行作业
BUSY	OUT	Bool	0：作业完成 1：作业尚未完成。无法触发新作业
ERROR	OUT	Bool	1：处理时出错。STATUS 提供错误类型的详细信息
STATUS	OUT	Word	错误信息
RCVD_LEN	OUT	Int	实际接收到的数据量（字节）

8.2.5.3　T-block 通信块的状态及错误代码

T-block 通信块的状态代码如表 8.5 所示，错误代码如表 8.6 所示。

表 8.5　状态代码

错　误	状态（W#16# ...）	描　述
0	0000	执行任务无错误
0	7000	没有激活的任务
0	7001	启动任务处理，建立连接，等待连接伙伴
0	7002	数据正在发送或接收
0	7003	连接中断
0	7004	连接建立并监视，无激活的任务

表 8.6　错误代码

错　误	状态（W#16#...）	描　述
1	8070	所有内部背景存储区在使用中
1	8080	输入的通信口 ID 无效
1	8081	超时，模块错误，内部错误

续表

错　误	状态（W#16#...）	描　述
1	8085	LEN 参数值为 0 或大于允许值
1	8086	CONNECT 参数在允许范围之外
1	8087	已经达到最大连接数，不允许额外的连接
1	8088	LEN 参数大于 DATA 中所定义的长度，接收存储区太小
1	8089	CONNECT 参数未指向 DB 块
1	8090	信息长度非法，模块非法，信息非法
1	8091	参数化信息版本错误
1	8092	参数化信息中非法的长度记录
1	809A	CONNECT 参数指向的区域不符合连接描述的长度
1	809B	连接描述中的 local_device_id 与 CPU 不符
1	80A1	连接错误： 定义的连接还未建立； 定义的连接当前被结束，通过这个连接的传输不允许 接口正在重新初始化
1	80A3	试图终止一个不存在的连接
1	80A4	远程伙伴连接的 IP 地址非法。例如：远程 IP 与本地 IP 相同
1	80A7	通信错误：在 TCON 指令完成前又调用了 TDISCON
1	80B2	CONNECT 参数指向了一个由关键字 UNLINKED 生成的 DB 块
1	80B3	参数不一致： 连接描述中有错误； 本地端口（参数 local_tsap_id）已经在另一个连接中出现； 连接描述中的 ID 与参数定义的 ID 不同
1	80B4	当使用 ISO on TCP 建立一个被动连接时，错误代码警告用户所输入的 TSAP 不符合下面的地址要求： 对于本地的一个 2 字节的 TSAP ID 值，第一个字节可以是 E0 或 E1（十六进制），第二字节是 00 或是 01； 对于本地的 3 个字节或大于 3 个字节的 TSAP ID 值，第一字节可以是 E0 或 E1（十六进制），第二字节是 00 或是 01，所有其他字节应该是有效的 ASCII 码字符； 对于本地的 3 个字节或大于 3 个字节的 TSAP ID 值，第一字节可以是 E0 或 E1（十六进制），那么所有 TSAP ID 必须是有效的 ASCII 码字符
1	80C3	所有连接资源都被使用了

8.3　S7-1200 PLC CPU 通过 ETHERNET 与 S7-1200 CPU 通信

S7-1200 与 S7-1200 之间的以太网通信可以通过 TCP 或 ISOon TCP 协议来实现，使用的通信指令是当双方 CPU 调用 T- block（TSEND_C，TRCV_C，TCON，TDISCON，TSEN，TRCV）指令来实现。通信方式为双边通信，因此 TSEND 和 TRCV 必须成对出现。因为 S7-1200 CPU 目前只支持 S7 通信的服务器（Sever）端，所以它们之间不能使用 S7 这种通信方式。

8.3.1 硬件和软件需求及所完成的通信任务

1．硬件

通信所需硬件如下。

（1）S7-1200 CPU。

（2）PC（带以太网卡）。

（3）TP 电缆。

2．软件

通信软件为 STEP 7 Basic VlO.5。

3．所完成的通信任务

（1）将 PLC_1 的通信数据区 DB 块中的 100 字节的数据发送到 PLC_2 的接收数据区 DB 块中。

（2）PLC_1 的 QB0 接收 PLC_2 发送的数据 IBO 的数据。

8.3.2 通信的编程，连接参数及通信参数的配置

1．打开 STEP 7 Basic 软件并新建项目

选择 STEP 7 Basic 菜单的“Portal View→创建新项目”选项创建一个新项目。

2．添加硬件并命名 PLC

进入 Project view，在项目树下双击添加新块选项，在打开的对话框中选择所使用的 S7-1200 PLC CPU 添加到机架上，命名为 PLC_1，如图 8.9 所示。同样方法再添加通信伙伴的 S7-1200 PLC CPU，命名为 PLC_2。

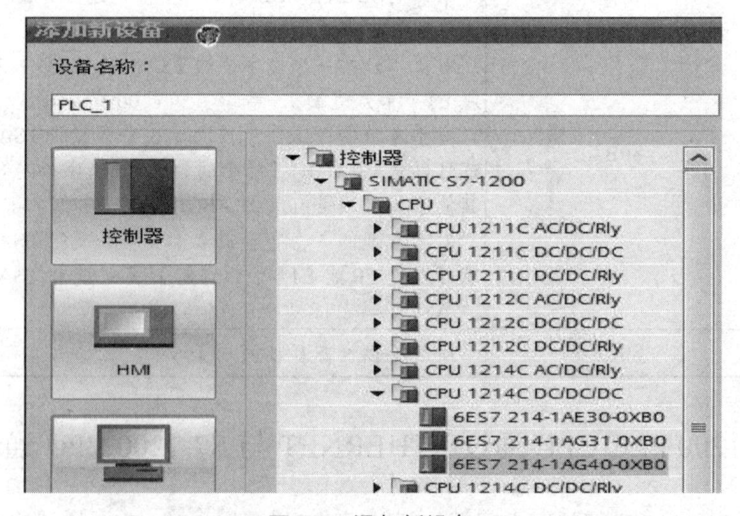

图 8.9　添加新设备

为了编程方便，使用 CPU 属性中定义的时钟位，定义方法如下：在“项目树→PLC_1→设备组态”中选中 CPU，然后在“属性”窗口中的“属性→系统和时间的存储器”选项区域中，将系统位定义在 MB1，时钟位定义在 MB0，如图 8.10 所示。

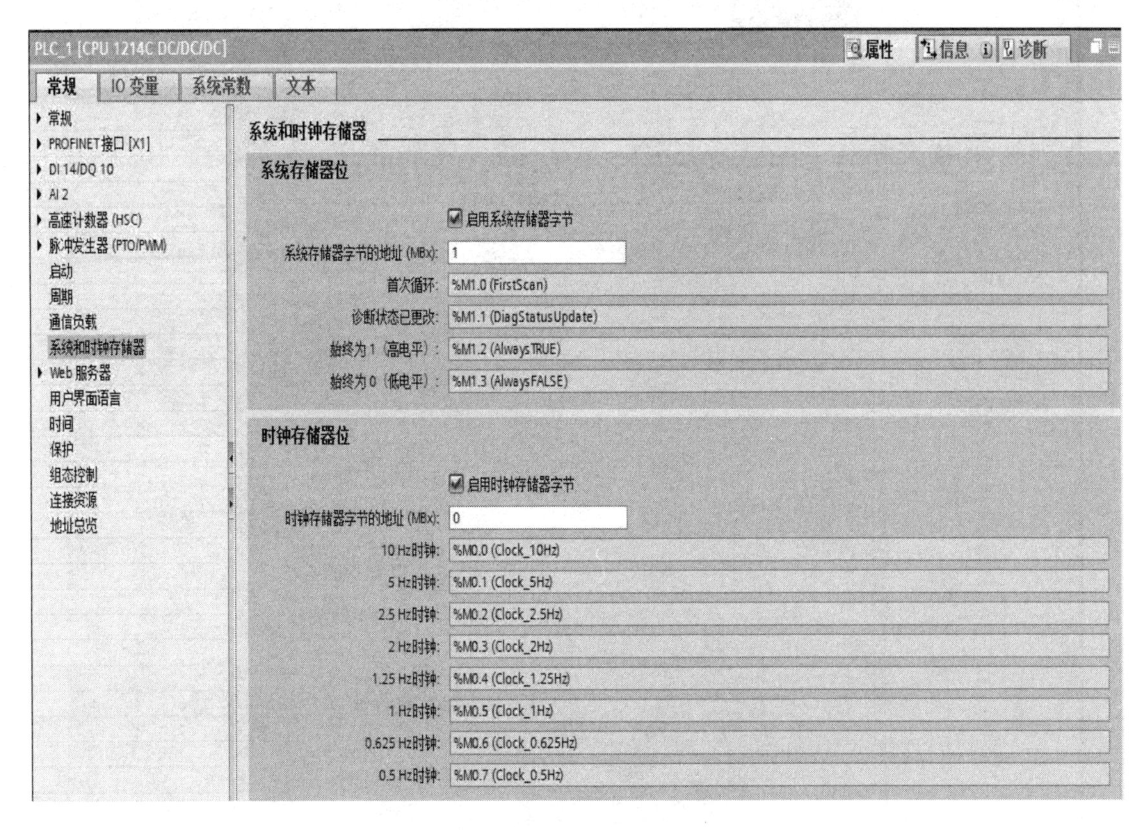

图 8.10　系统位与时钟位

时钟位主要使用 M0.3，它是以 2 Hz 的速率在 0 和 1 之间切换的一个位，可以使用它自动激活发送任务。

3．为 PROFINET 通信口分配以太网地址

在设备视图中单击 CPU 上代表 PROFINET 通信口的绿色小方块，在下方会出现 PROFINET 接口的属性，在以太网地址选项区域中分配 IP 地址为 192.168.0.1，子网掩码为 255.255.255.0，如图 8.11 所示。

用同样的方法，在同一个项目里添加另一个新设备 S7-1200 PLC CPU 并为其分配 IP 地址为 192.168.0.2。

4．创建 CPU 之间的逻辑网络连接

在项目树中选择“项目树→设备组态→网络视图”，创建两个设备的连接。单击 PLC_1 上的 PROFINET 通信口的绿色小方框，然后拖拽出一条线连接到另外一个 PLC_2 上的 PROFINET 通信口上，松开鼠标左键，连接就建立起来了，如图 8.12 所示。

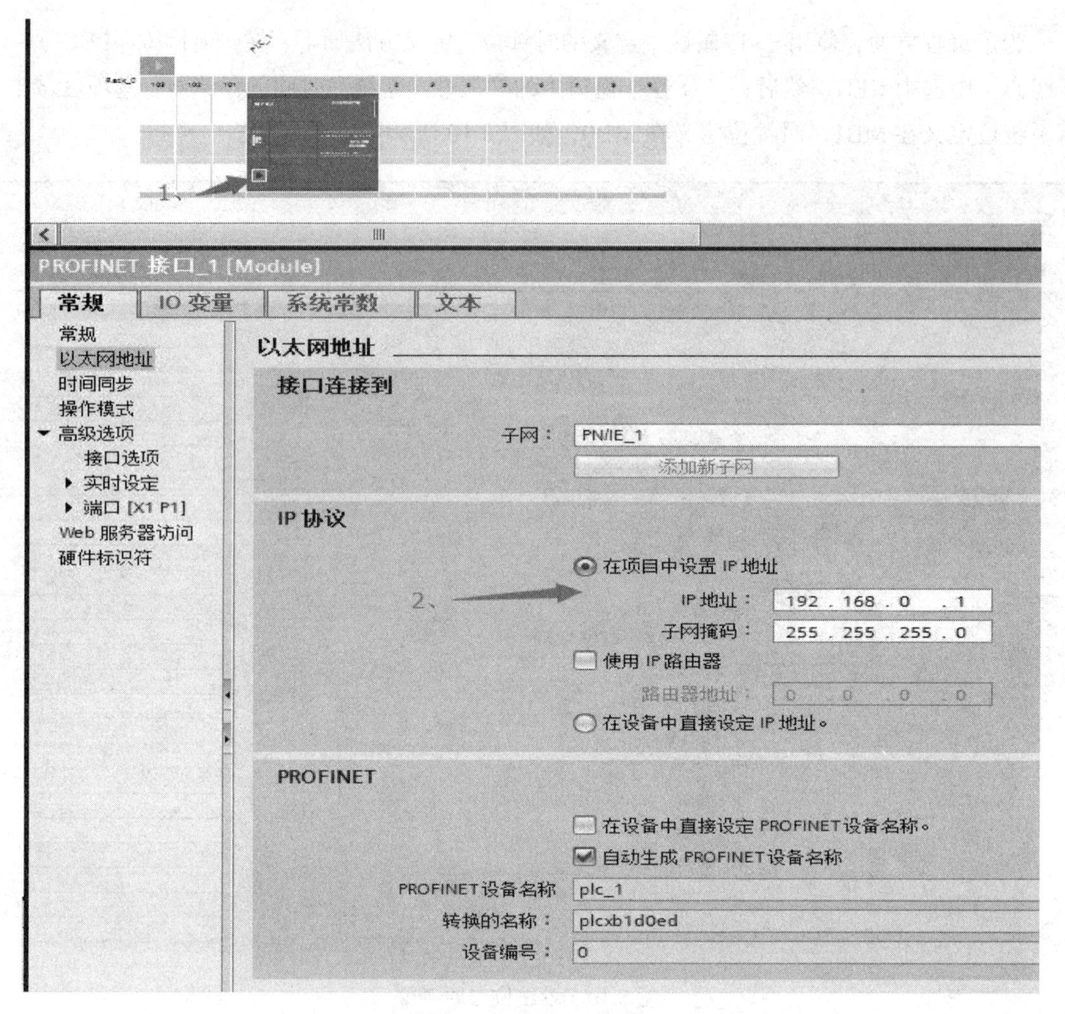

图 8.11　分配 IP 地址

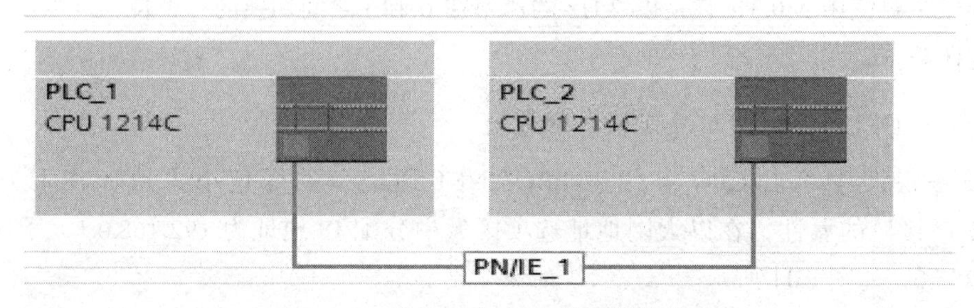

图 8.12　建立两个 CPU 的逻辑连接

5．在 PLC_1 中调用并配置 TSEND_C、T_RCV 通信指令

1）在 PLC_1 的 OB1 中调用 TSEND_C 通信指令

在第一个 CPU 中调用发送通信指令，进入“项目树→PLC_l→程序块→OBl 主程序”中，从右侧窗口选择“指令→扩展指令→通信”，调用 TSEND_C 指令，并选择单个实例选项生成背景 DB 块。然后单击指令块下方的“下箭头”，使指令展开显示所有接口参数，如图 8.13 所示。

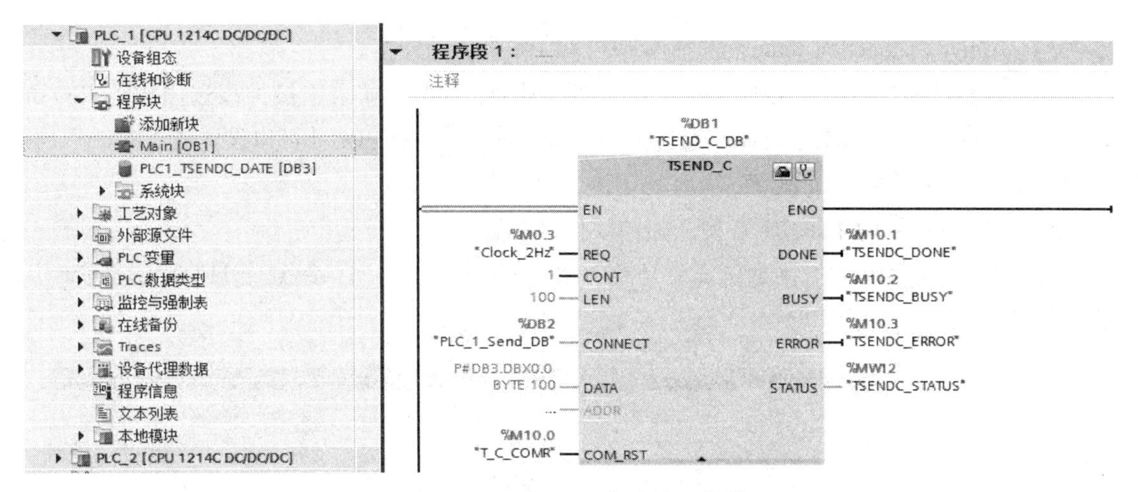

图 8.13　TSEND_C 指令接口参数

2）定义 PLC_1 的 TSEND_C 连接参数

PLC_1 的 TSEND_C 指令的连接参数需要在指令下方的属性窗口中选择“属性→组态→连接参数”进行设置，如图 8.14 所示。

连接参数说明如下：

（1）端点。可以通过单击选择按钮选择伙伴 CPU：PLC_2。

（2）连接类型。选择通信协议为 TCP（也可以选择 ISO on TCP 协议）。

（3）连接 ID。连接的地址 ID 号，这个 ID 号在后面的编程里会用到。

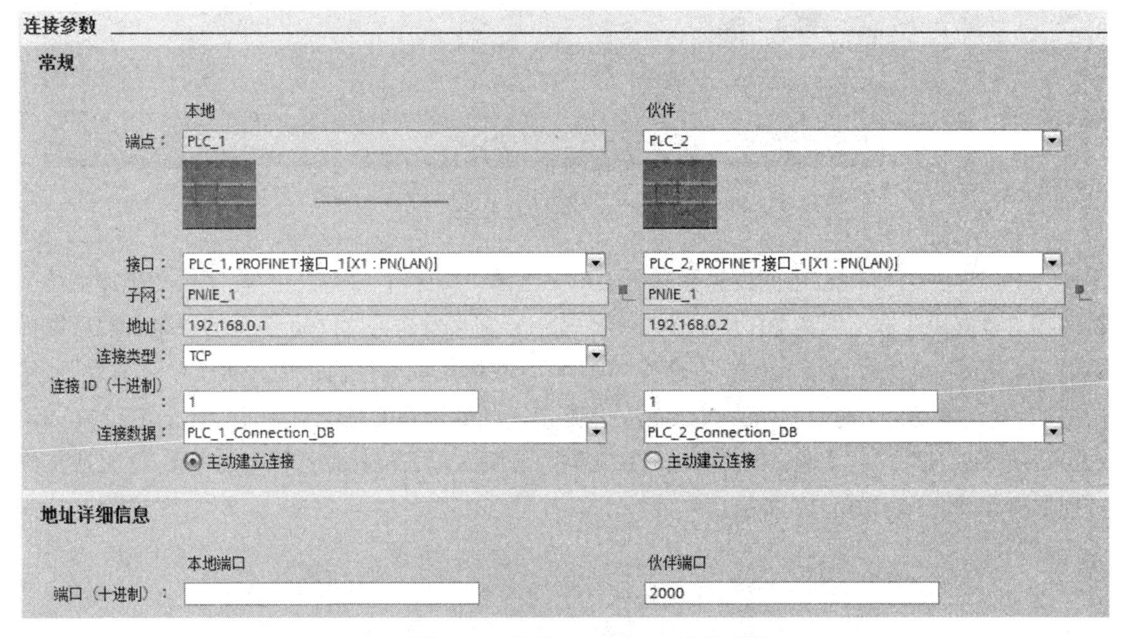

图 8.14　连接 TSEND_C 连接参数

（4）连接数据。创建连接时，系统会自动生成本地的连接 DB 块，所有的连接数据都会存在于该 DB 块中。通信伙伴的连接 DB 块，只有在对方（PLC_2）建立连接后才能生成，然后在本地（PLC_1）中才能通过选择按钮选择。

（5）Active connection setup。选择本地 PLC_1 作为主动连接。

（6）地址详细信息。定义通信伙伴方的端口号为：2000；如果连接类型选用的是 ISO on TCP 协议，则需要设定的是 TSAP 地址（ASCII 码形式），本地 PLC_1 可以设置成“PLC1”，伙伴方 PLC_2 可以设置成“PLC2”。

3）定义 PLC_1 的 TSEND_C 发送通信块接口参数

（1）根据所使用的接口参数定义符号表。在“项目树→PLC_1→PLC 变量”中定义所使用的符号名，如图 8.15 所示。

图 8.15　定义符号表

（2）创建并定义 PLC_1 的发送数据区 DB 块选择“项目树→PLC_1→程序块→添加新块”，再选择“数据块”选项创建 DB 块，单击 OK 按钮；定义发送区为 100 字节的数组；然后鼠标右击 PLC1_TSENDC_DATE [DB3]，选择“属性”，在弹出的属性窗口中，再选中“属性”，然后把“优化的块访问”前面的勾去掉。（这一步是由于此处用到的是绝对寻址，而 STEP 7 BASIC V13 默认状态下是符号寻址，把“优化的块访问”前面的勾去掉就是选择绝对寻址。）上述步骤分别依次如图 8.16、图 8.17 所示。

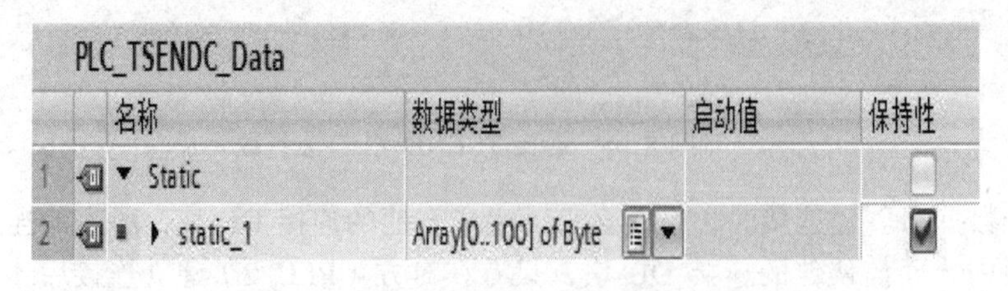

PLC_TSENDC_Data

	名称	数据类型	启动值	保持性
1	▼ Static			☐
2	▸ static_1	Array[0..100] of Byte		☑

图 8.16　定义发送数据区为字节类型的数组

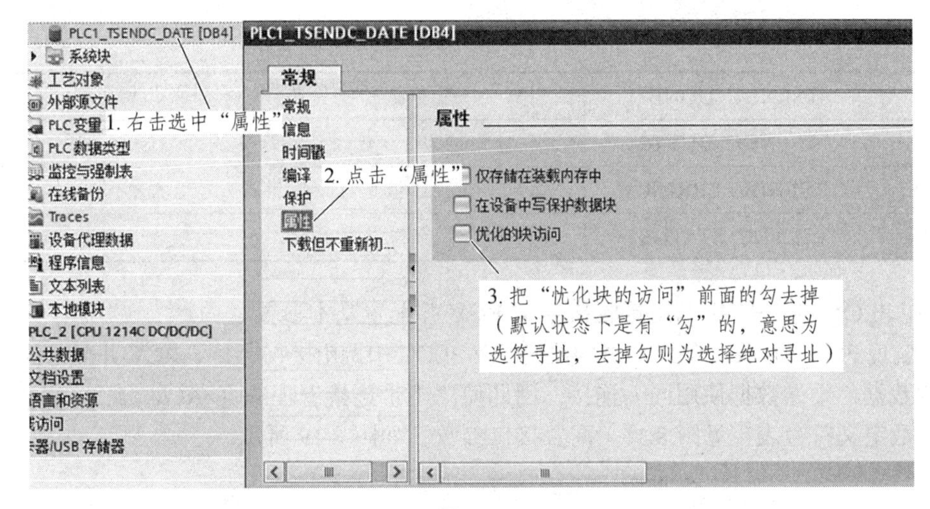

图 8.17

注意：对于双边编程通信的 CPU，如果通信数据区使用 DB 块，既可以将 DB 块定义成符号寻址，也可以定义成绝对寻址。使用指针寻址方式，必须创建绝对寻址的 DB 块。

（3）定义 PLC_1 的 TSEND_C 发送通信块接口参数，如图 8.18 所示。

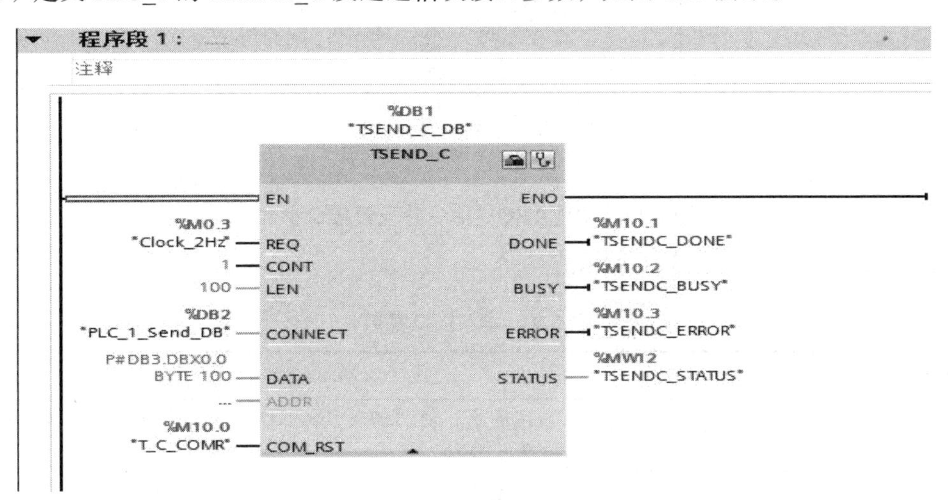

图 8.18　定义 TSFN D_C 接口参数

参数说明如表 8.7、表 8.8 所示。

表 8.7　输入接口参数

REQ	2Hz_clock	使用 2 Hz 的时钟脉冲，上升沿激活发送任务
CONT	TRUE	建立连接并一直保持连接
LEN	100	发送数据长度
CONNECT	PLC_1_Connection_DB	连接数据 DB 块
DATA	P#DB3.DBX0.0 BYTE 100	发送数据区的数据，使用指针寻址时，DB 块要选用绝对寻址
COM_RST	T_C_COMR	为 1 时，完全重启动通信块，现存的连接会中断

表 8.8　输出接口参数

DONE	TSENDC_DONE	任务执行完成并且没有错误，该位置 1
BUSY	TSENDC_BUSY	该位为 1，代表任务未完成，不能激活新任务
ERROR	TSENDC_ERROR	通信过程中有错误发生，该位置 1
STATUS	TSENDC_STATUS	有错误发生时，会显示错位信息号

4）在 PLC_1 的 OB1 中调用接收指令 T_RCV 并配置基本参数

为了实现 PLC_1 接收来自 PLC_2 的数据，在 PLC_1 中调用接收指令 T_RCV 并配置基本参数。

接收数据与发送数据使用同一连接，因此使用不带连接管理的 T_RCV 指令。根据所使用的接口参数定义符号表（见图 8.15）配置接口参数，如图 8.19 所示。

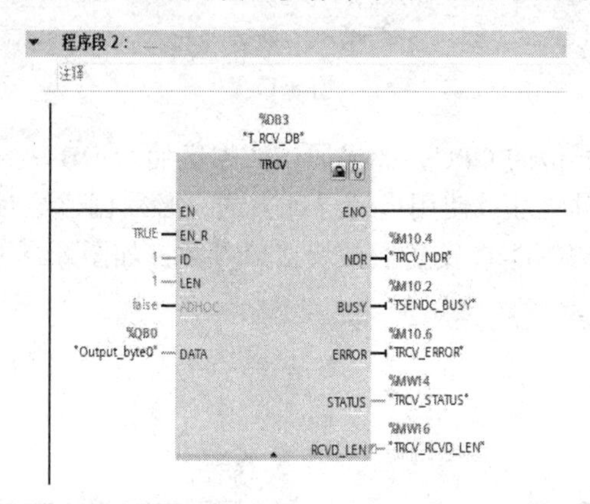

图 8.19　调用 TRCV 指令并配置接口参数

参数说明如下表 8.9、表 8.10 所示。

表 8.9　输入接口参数

EN_R	TRUE	准备好接收数据
ID	1	连接号，使用的是 TSEND_C 的连接参数中 Connection ID 的参数地址
LEN	1	接收数据长度为 1 字节
DATA	Output_byte0	接收数据区的符号地址

表 8.10　输出接口参数

NDR	TRCV_NDR	该位为 1，接收任务成功完成
BUSY	TSENDC_ BUSY	该位为 1，代表任务未完成，不能激括新任务
ERROR	TRCV_ERROR	通信过程中有错误发生，该位置 1
STATUS	TRCV_STATUS	有错误发生时，会显示错误信息号
RCVD_LEN	TRCV_RCVD_LEN	实际接收数据的字节数

6．在 PLC_2 中调用并配置 TRCV_C 通信指令

具体操作步骤如下：

（1）在 PLC_2 中调用 TRCV_C 通信指令，进入“项目树→PLC_2→程序块→Main 主程序”中，从右侧窗口的“指令→扩展指令→通讯”下调用 TRCV_C 指令，并选择“Single Instance”选项生成背景 DB 块。

（2）定义连接参数，PLC_2 的 TRCV_C 指令的连接参数需要在指令下方的“属性窗口属性→连接参数”选项区域中进行设置，如图 8.20 所示。

连接参数的配置与 TSEND_C 的连接参数配置基本相似，各参数要与通信伙伴 CPU 对应设置。

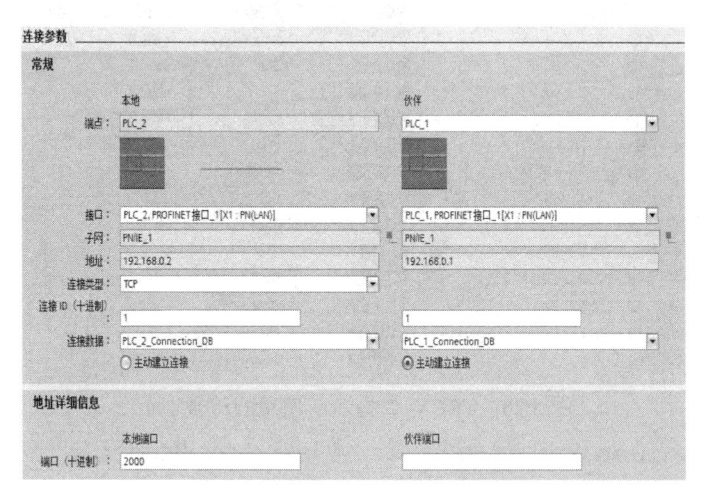

图 8.20　TRCV_C 的连接参数配置

（3）定义接收通信块参数。首先，创建并定义接收数据区 DB 块。选择“项目树→PLC_2→程序块→添加新块”，再选择 Data block 创建 DB 块，选择符号寻址，单击 OK 按钮，定义接收数据区为 100 字节的数组，如图 8.21 及图 8.22 所示。然后，定义所使用参数的符号地址，如图 8.23 所示。最后，定义接收通信块接口参数，如图 8.24 所示。

参数配置如表 8.11、表 8.12 所示。

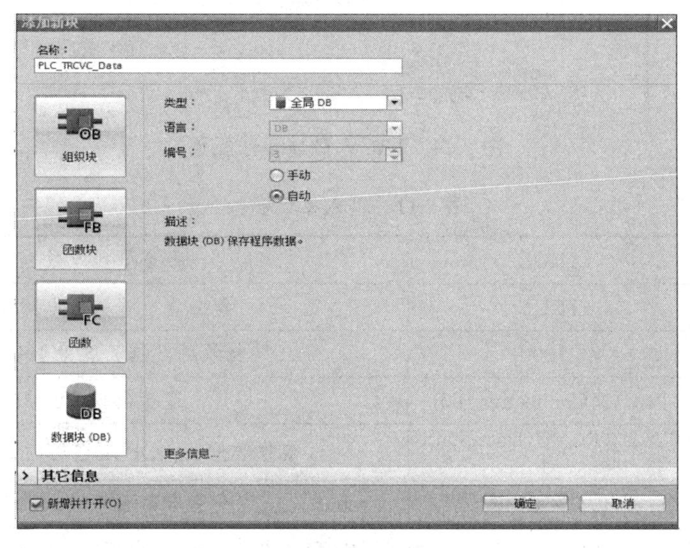

图 8.21　创建接收数据区 DB 块

PLC_TRCVC_Data

	名称	数据类型	启动值	保持性
1	▼ Static			☐
2	▸ static_1	Array[0..100] of Byte		☑
3	<新增>			☐

图 8.22　定义接收区为 100 字节的数组

PLC 变量

	名称	变量表	数据类型	地址	保持
1	T_C_COMR	默认变量表	Bool	%M10.0	☐
2	TRCVC_DONE	默认变量表	Bool	%M10.1	☐
3	TRCVC_BUSY	默认变量表	Bool	%M10.2	☐
4	TRCVC_ERROR	默认变量表	Bool	%M10.3	☐
5	TRCVC_STATUS	默认变量表	Word	%MW12	☐
6	TRCVC_RCVLEN	默认变量表	Word	%MW14	☐
7	Input_byte0	默认变量表	Byte	%IB0	☐
8	TSEND_DONE	默认变量表	Bool	%M10.4	☐
9	TSEND_BUSY	默认变量表	Bool	%M10.5	☐
10	TSEND_ERROR	默认变量表	Bool	%M10.6	☐
11	TSEND_STATUS	默认变量表	Word	%MW16	☐
12	2Hz_clock	默认变量表	Bool	%M0.3	☐
13	Tag_1	默认变量表	Bool	%M0.4	☐

图 8.23　TRCV_C 指令所使用的符号地址

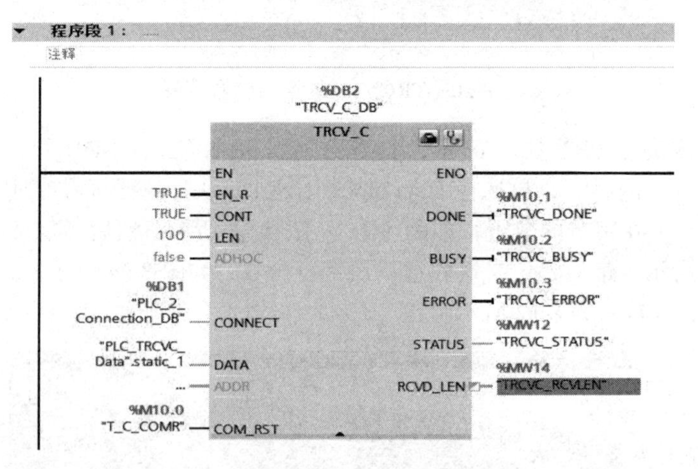

图 8.24　TRCV_C 块参数配置

表 8.11　输入接口参数

EN_R	TRUE	准备好接收数据
CONT	TRUE	建立连接并一直保持连接
LEN	100	接收的数据长度为 100 字节
CONNECT	PLC_2_Connection_DB	连接数据 DB 块
DATA	PLC2_TRCVC_Data.Static_1	接收数据区，DB 块选用的是符号寻址
COM_RST	T_C_COMR	为 1 时，完全重启动通信块，现存的连接会中断

注意：如果使用符号寻址的 DB 块作为通信数据区，DATA 参数只能使用符号地址，而不能使用指针地址。

表 8.12　输出接口参数

DONE	TRCVC_DONE	任务执行完成并且没有错误，该位置 1
BUSY	TRCVC_BUSY	该位为 1，代表任务未完成，不能激活新任务
ERROR	TRCVC_ERROR	通信过程中有错误发生，该位置 1
STATUS	TRCVC_ERROR	有错误发生时，会显示错误信息号
RCVD_LEN	TRCVC_RCVLEN	实际接收数据的字节数

（4）PLC_2 将 I/O 输入数据 IB0 发送到 PLC_1 的输出 QB0 中，则在 PLC_2 中调用发送指令并配置块参数，发送指令与接收指令使用同一个连接，所以使用不带连按的发送指令 T_SEND，如图 8.25 所示。

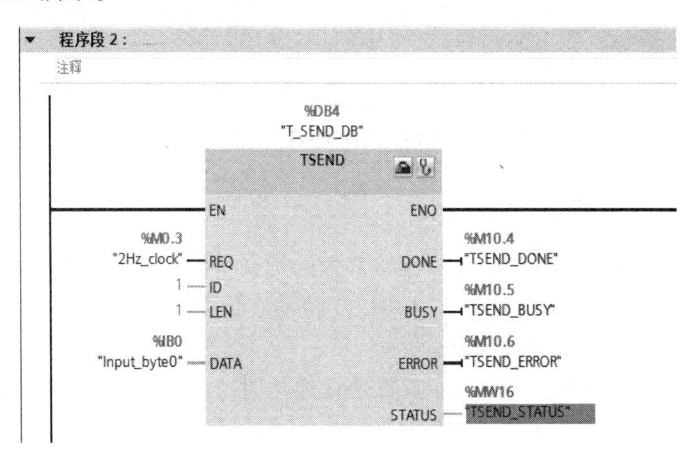

图 8.25　调用 T_SEND 指令并配置块接口参数

参数说明如表 8.13、表 8.14 所示。

表 8.13　输入接口参数

REQ	2Hz_clock	使用 2 Hz 的时钟脉冲，上升沿激活发送任务
ID	1	连接号，使用的是 TRCV C 的连接参数中 Connection ID 的参数地址
IJEN	1	发送数据长度为 1 字节
DATA	Input_byte0	接收发送数据区的符号地址

表 8.14　输出接口参数

DONE	TSEND_DONE	任务执行完成并且没有错误，该位置 1
BUSY	TSEN—BUSY	该位为 1，代表任务未完成，不能激活新任务
ERROR	TSEND_ERROR	通信过程中有错误发生，该位置 1
STATUS	TSEND_STATUS	有错误发生时，会显示错误信息号

7．下载硬件组态及程序并监控通信结果

下载两个 CPU 中的所有硬件组态及程序，从监控表中可以看到，PLC_1 的 TSENG_C 指令发送数据“10”“21”“32”，PLC_2 接收到数据“10”“21”“32”。PLC_1 及 PLC_2 的监控表如图 8.26 所示。

	i	名称	地址	显示格式	监视值	使用触发器监视	使用触发器进...	修改值
1		"PLC1_TSENDC_DAT...	%DB3.DBB0	十六进制	16#10	永久	永久	16#10
2		"PLC1_TSENDC_DATE".S...	%DB3.DBB1	十六进制	16#21	永久	永久	16#21
3		"PLC1_TSENDC_DATE".S...	%DB3.DBB2	十六进制	16#32	永久	永久	16#32

TONGXUN ▸ PLC_2 [CPU 1214C DC/DC/DC] ▸ 监控与强制表 ▸ 监控表_1

	i	名称	地址	显示格式	监视值	修改值	⚡	注释
1		"PLC2_RCV_DATA...	%DB3.DBB0	十六进制	16#10			
2		"PLC2_RCV_D...	%DB3.DBB1	十六进制	16#21			
3		"PLC2_RCV_DATA...	%DB3.DBB2	十六进制	16#32			

图 8.26　PLC_1 及 PLC_2 的监控表

8.3.3　使用 ISO on TCP 协议通信

使用 ISO on TCP 协议通信时，除了连接参数的定义不同，其他组态编程与 TCP 协议通信完全相同（详见 8.3.2 小节）。ISO on TCP 协议支持动态长度的数据传输。创建接收和发送 DB 块，可是优化寻址方式或实际地址方式。

在 S7-1200 PLC CPU 中使用 ISO on TCP 协议通信时，PLC_1 的连接参数如图 8.27 所示。通信伙伴 PLC_2 的连接参数如图 8.28 所示。

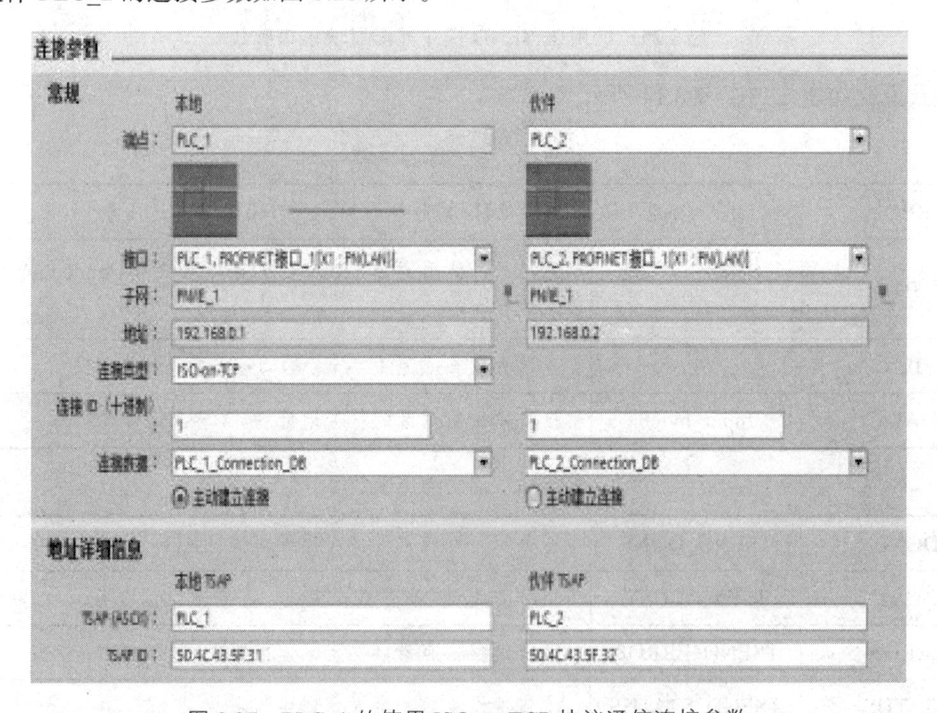

图 8.27　PLC_1 的使用 ISO on TCP 协议通信连接参数

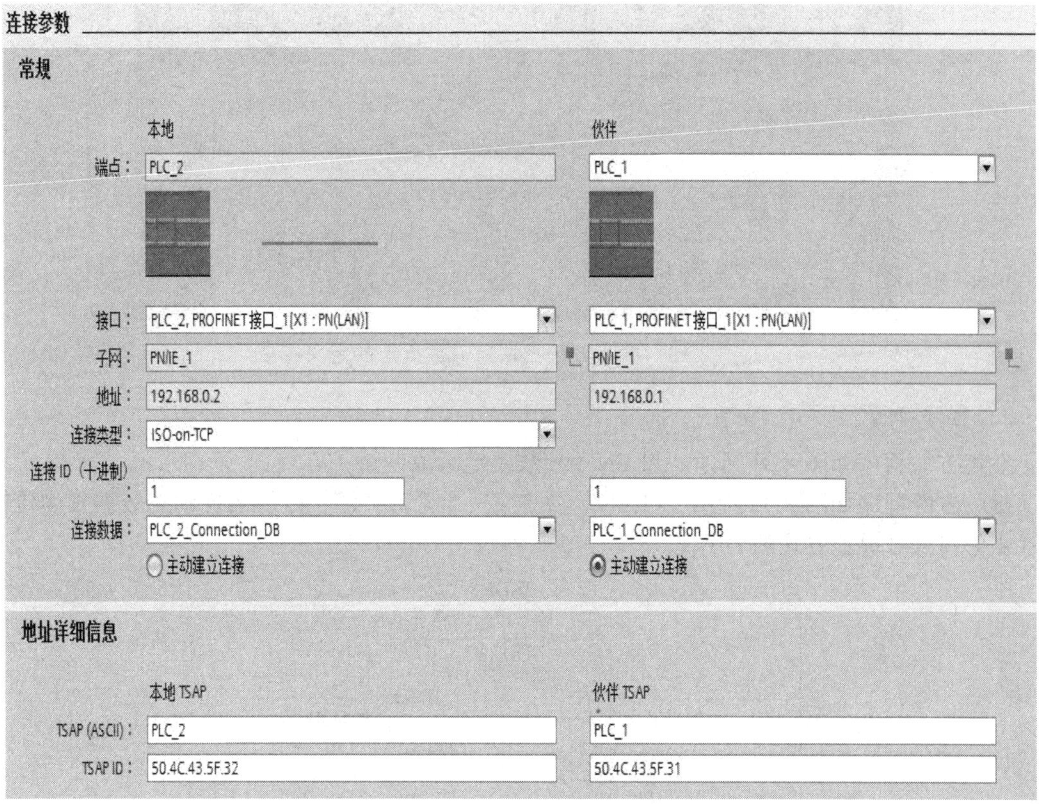

连接参数

常规

	本地	伙伴
端点：	PLC_2	PLC_1
接口：	PLC_2, PROFINET接口_1[X1 : PN(LAN)]	PLC_1, PROFINET接口_1[X1 : PN(LAN)]
子网：	PN/IE_1	PN/IE_1
地址：	192.168.0.2	192.168.0.1
连接类型：	ISO-on-TCP	
连接 ID（十进制）：	1	1
连接数据：	PLC_2_Connection_DB	PLC_1_Connection_DB
	○主动建立连接	◉主动建立连接

地址详细信息

	本地 TSAP	伙伴 TSAP
TSAP (ASCII)：	PLC_2	PLC_1
TSAP ID：	50.4C.43.5F.32	50.4C.43.5F.31

图 8.28　PLC_2 的使用 ISO on TCP 协议通信连接参数

ISO on TCP 协议支持动态长度的数据传输。创建接收和发送 DB 块可以是优化寻址方式或实际地址方式。

1．通信数据区的定义

发送方的数据块通信数据区定义为 6 个字节，如图 8.29 所示。

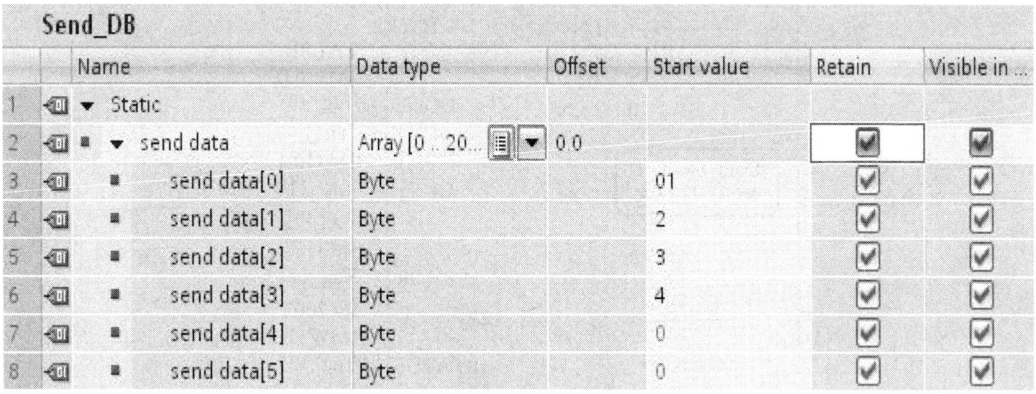

Send_DB

	Name	Data type	Offset	Start value	Retain	Visible in ...
1	▼ Static					
2	▼ send data	Array [0 .. 20...	0.0		☑	☑
3	send data[0]	Byte		01	☑	☑
4	send data[1]	Byte		2	☑	☑
5	send data[2]	Byte		3	☑	☑
6	send data[3]	Byte		4	☑	☑
7	send data[4]	Byte		0	☑	☑
8	send data[5]	Byte		0	☑	☑

图 8.29　发送方数据块通信数据区的定义

接收方的数据区也定义为 6 个字节，如图 8.30 所示。

S7_1200_300 TCP ▸ PLC2 [CPU 1214C DC/DC/DC] ▸ 程序块 ▸ Data_block_1 [DB6]

Data_block_1

	名称	数据类型	启动值	保持	在 HMI ...
1	▾ Static				
2	▾ RCV_DATA	Array [1 .. 100] of B...		☐	☑
3	RCV_DATA[1]	Byte	0	☐	☑
4	RCV_DATA[2]	Byte	0	☐	☑
5	RCV_DATA[3]	Byte	0	☐	☑
6	RCV_DATA[4]	Byte	0	☐	☑
7	RCV_DATA[5]	Byte	0	☐	☑
8	RCV_DATA[6]	Byte	0	☐	☑

图 8.30　接收方数据块通信数据区的定义

2．程序如下所示

发送方的程序如图 8.31 所示，“LEN”参数要定义成变量 100。

接收方的程序如图 8.32 所示，“LEN”参数赋一个常数“0”，以便实现动态数据长度传输。注意要创建符号寻址方式的 DB 块。

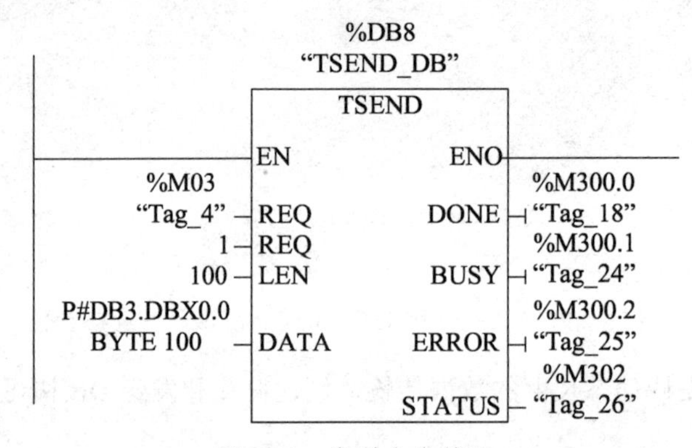

图 8.31　发送方的编程

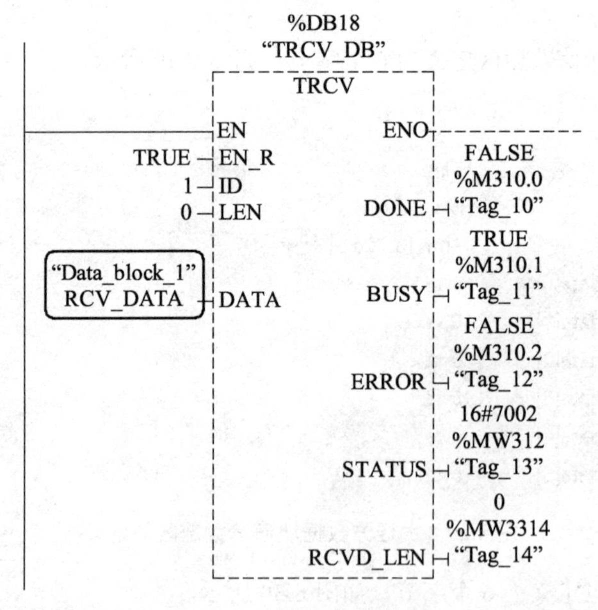

图 8.32　接收方的编程

3．动态长度数据传输

（1）要实现动态长度数据传输，需要将接收方的数据长度设为 0。

（2）如果发送方数据长度“TSENDC_LEN”设为 100，则传送 100 个字节给接收方。

监控结果如图 8.33 所示。

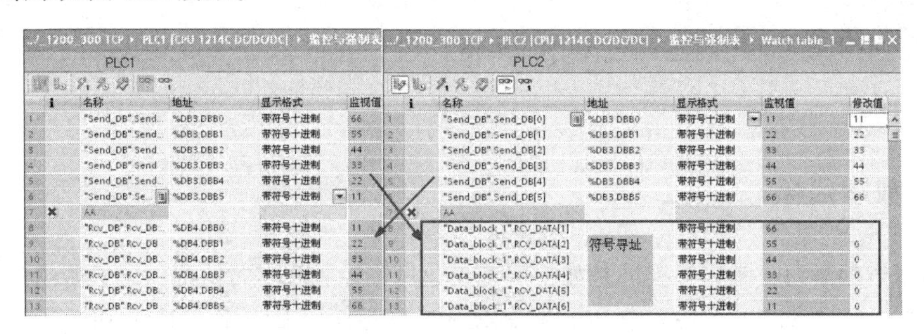

图 8.33　监控结束

本章小结

本章主要介绍了 S7-1200 PLC CPU 的 PROFINET 通信端口所支持的应用协议及其各自的特点；S7-1200 PLC 与其他 S7 系列之间的以太网通信方式；重点介绍了 S7-1200 PLC CPU 通过 ETHERNET 与 S7-1200 PLC CPU 通信。

（1）S7-1200 PLC CPU 的 PROFINET 通信端口所支持的应用协议有传输控制协议、ISO on TCP、S7 通信。

（2）在使用连接到单个 CPU 的编程设备、HMI 或另一个 CPU 时采用直接通信，即编程设备或 HMI 与 CPU 之间的直接连接不需要以太网交换机，称为直接连接；当采用网络通信，也就是说含有两个以上的 CPU 或 HMI 设备的网络需要以太网交换机，则为网络连接。

（3）S7-1200 PLC 之间的以太网通信方式为双边通信，发送指令和接收指令必须成对出现。

（4）S7-1200 PLC CPU 中所有需要编程的以太网通信都使用开放式以太网通信指令 T-block 来实现。

（5）STEP 7 Basic 提供了两套通信指令：不带连接管理的通信指令块、带连接管理的通信指令块。

习　题

1. S7-1200 PLC 支持的通信协议有哪些？

2. S7-1200 PLC 支持的通信协议在默认情况下是哪一种通讯协议？

3. S7-1200 CPU 可以使用哪种通信协议与其他编程设备、HMI 设备和非 Siemens 设备通信？使用 PROFINET 通信的方法有哪些？

4. Tblock 通信指令是同步传输还是异步传输？

5. 为什么通信数据区在输入指针形式的绝对地址时不允许输入？

6. 在使用 TCP 协议通信时，通信接收区的数据错位是什么原因造成的？在发送通信任务时不执行或只执行了一次的原因是什么？

第 9 章　通用触摸屏的应用及 WINCC 的使用

教学目标

通过本章的学习，掌握触摸屏是如何用于工业过程控制和实时监测；了解威纶通触摸屏的硬件和参数，以及 STEP7 V13.0 中 WinCC 的使用；熟悉使用 Easy Builder 8000（简称 EB8000）威纶通触摸屏人机界面的编辑软件。

9.1　触摸屏的概述

触摸屏（touch screen）又称为“触控屏”“触控面板”，是一种可接收触头等输入信号的感应式液晶显示装置，当接触了屏幕上的图形按钮时，屏幕上的触觉反馈系统可根据预先编程的程式驱动各种连接装置，可用以取代机械式的按钮面板，并借由液晶显示画面制造出生动的影音效果。触摸屏作为一种最新的计算机输入设备，是目前最简单、方便、自然的一种人机交互方式。从技术原理来讲，触摸屏是一套透明的绝对定位系统，首先，它必须保证是透明的，因此它必须通过材料科技来解决透明问题，像数字化仪、写字板、电梯开关，它们都不是触摸屏；其次它是绝对坐标，手指摸哪就是哪，不需要第二个动作，不像鼠标是一套相对定位系统。

触摸屏是最方便、简单、自然的输入手段，完全不懂计算机的人也可以很容易地操作。通过触摸屏，人们可以尽情地游畅于应用软件，查询他们感兴趣的信息。本书主要以威纶通触摸屏为主要的讲解对象。

9.1.1　威纶通触摸屏的介绍

触摸屏是用于工业过程控制和实时监测的硬件，其特点可归纳如下。

第一，图形动态显示功能。利用触摸屏提供的直观图形工具、可视化开发环境，能够较方便地创建各种直观简单的界面，用简单的状态特征（即属性）参数设置、动画连接，可做出易懂易操作的动态行驶效果。

第二，实时数据库。它可以通过采集和处理 PLC 里的大量内部变量进行控制输出（启动、停止、分合闸等）。

因此，基于触摸屏的上述功能和特点，通过组态编程，可以对控制系统进行实时图形显示监控、报警显示，此外，利用触摸屏的其他功能模块，还能完成所需的报表输出、曲线显示、安全机制等各项功能。

威纶通 MT8000 系列触摸屏在随时满足客户及坚持操作方便的原则下，不仅扮演着人机界面功能的角色，并且可以作为资料交换的中心。如图 9.1 所示为 MT8070 iH5 的外观图，MT8070

IH5 搭载 7″ TFT LCD 显示器，800 × 480 分辨率，四线电阻式触摸面板，128 MB 闪存（Flash）和 64 MB 内存（RAM），32 B RISC CPU 400 MHz 处理器，USB 1.1 Host 及 USB 2.0 client 高速传输接口各一组，且支持 SD 卡使用接口，触摸屏技术数据如表 9.1 所示。

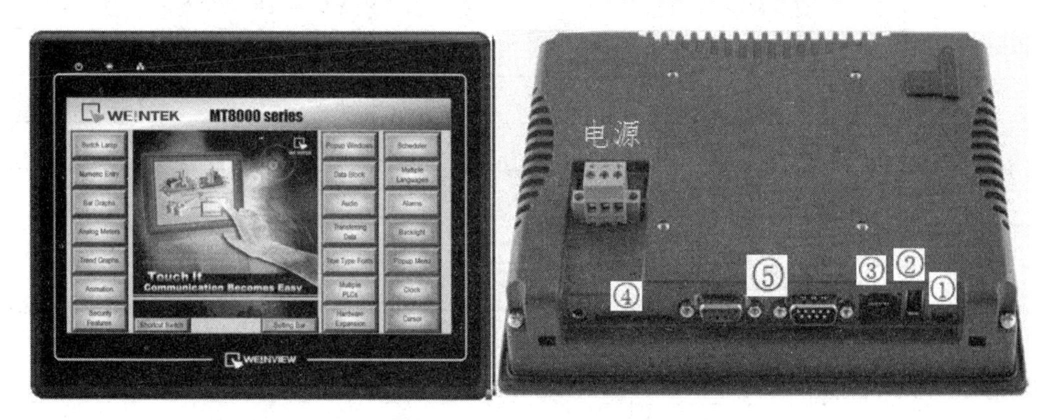

图 9.1　MT8070 iH5 外观图

通过以太网络通信，不同的 MT8000 人机界面更能够相互分享数据，使用于 PC 上的 SCADA/HMI 也可轻松地拾取数据，符合自动化控制的要求。

表 9.1　技术数据表

显示	显示器	7″ TFT
	分辨率	800×480
	亮度	350
	对比度	500:1
	背光类型	LED
	背光寿命	30 000 小时
	显示色彩	65 536 色
触控面板	类型	4 线电阻式
存储器	闪存（Flash）	128 MB
	内存（RAM）	64 MB
处理器		32 B RTSC 400 MHz
I/O 端口	USB Host	USB 1.1×1
	USB Client	USB 2.0×1
	以太网络	10/100 Base-T
	串行接口	Com1：RS-232，Com2：RS-485 2w/4w
万年历		内置
电源	输入电源	DC 24×(1±20%) V
	功耗	350 mA @ 24 V
	电源隔离	内置

续表

电源	耐电压	AC 500 V（1 min）
	绝缘阻抗	超过 50 MΩ @ DC 500 V
	耐振动	10～25 Hz（X，Y，Z 方向 2G 30 min）
规格	外壳材质	工业塑料
	外形尺寸 WxHxD	200.4 mm×146.5 mm×34 mm
	开孔尺寸	192×138（7.5″×5.4″）
	重量	约 0.52 kg
操作环境	防护等级	NEMA4/IP65
	存储环境温度	－20～60 °C（－4～140 °F）
	使用环境温度	0～50 °C（32～122 °F）
	使用环境湿度	10%～90%（非冷凝）
	PCB 涂层	有

威纶通 MT8000 系列触摸屏系统连接界面具备以下特点：

（1）USB Host。支持各种 USB 接口的设备，如鼠标、键盘、U 盘、打印机等。

（2）USB Client。连接 PC，提供项目上传及下载，包括工程文档、配方数据传送、事件记录，备份等。

（3）以太网口。连接具有网络通信功能的设备，如 PLC、笔记本电脑等，通过网络做信息交流。

（4）CF 卡/SD 卡接口。提供项目上传及下载，包括工程文档、配方数据传送、事件记录、备份等。

（5）串口。所支持的 COM 端口可连接到 PLC 或其他设备使用，界面规格具有：RS-232、RS485 2w/4w。在这里，我们把 COM 端口的 RS-422 方式等同为 RS485 4W 方式。请根据“触摸屏与 PLC 连接手册”来连接 PLC 和触摸屏，以保证正确的连接。

MT8070iH5 是用于中小型控制器系统的理想 HMI 组件。它使用 EasyBuilder8000 组态软件进行组态。MT8070iH5 可以提供 500 个变量的 HMI 基本的功能性（报警、趋势曲线、配方等），主要应用以太网进行通讯。

9.1.2 组态软件 Easy Builder 8000 介绍

Easy Builder 8000（简称 EB8000）是威纶通触摸屏人机界面的编辑软件。这个软件可以通过以太网、USB、RS-232 或 RS-485 与 ABB、西门子和三菱等品牌自动化设备组态。下面以创建一个工程来介绍这款软件。

1．创建新文件

在 Easy Builder 软件安装完成后，双击 Windows 桌面上的“EB8000 Project Manager”快捷方式打开 EB8000 Project Manager 软件，这是 Easy Builder 软件的综合管理器，可当成独立的程序来操作。点击“Easy Builder 8000”，如图 9.2 所示，从文件选单选择开新文件，并选择适合的 HMI 机型作为编辑画面。本设计采用型号为“MT6070iH5/MT8070iH5(800x480)”的 HMI，显示模式为水平并使用范本，如图 9.3 所示。

图 9.2　综合管理器界面

图 9.3　HMI 选型

2．新增设备和设置程序相关参数

选择“编辑→系统参数设置”，如图 9.4 所示。

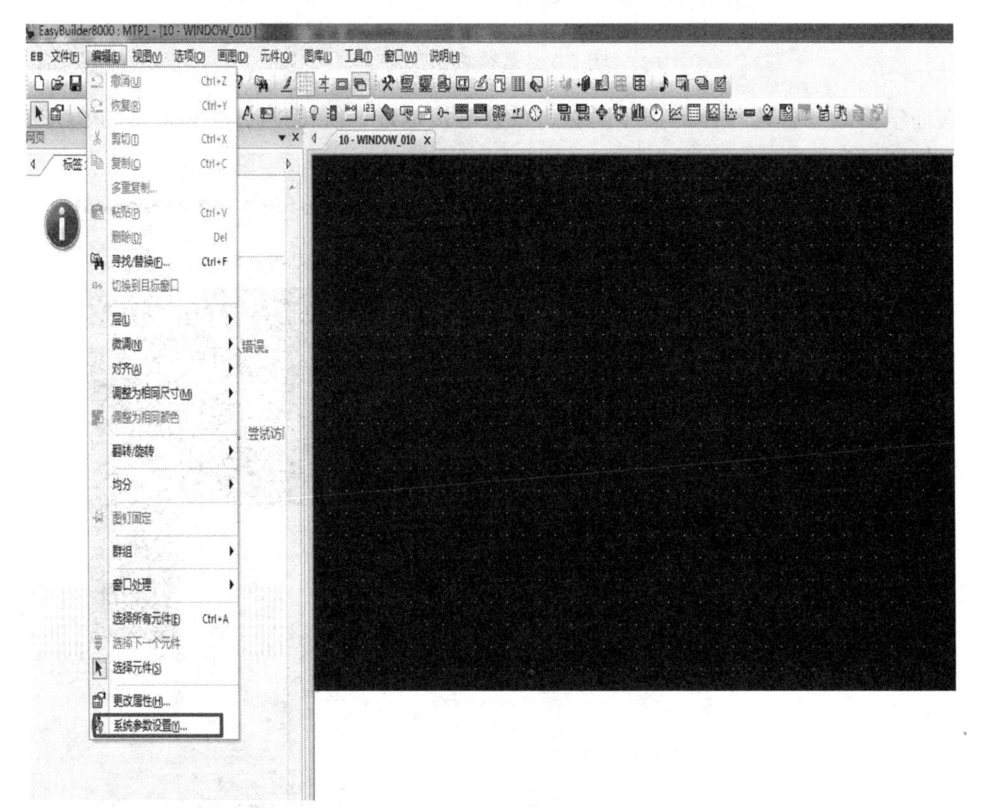

图 9.4　打开系统参数设置

在设备清单页签中选择需连接的设备，建立触摸屏与西门子 S7-1200 连接驱动，要连接的 PLC 类型为“Simens AG”里的“Simens S7-1200/S7-1500 (absolute addressing)”，如图 9.5 所示。

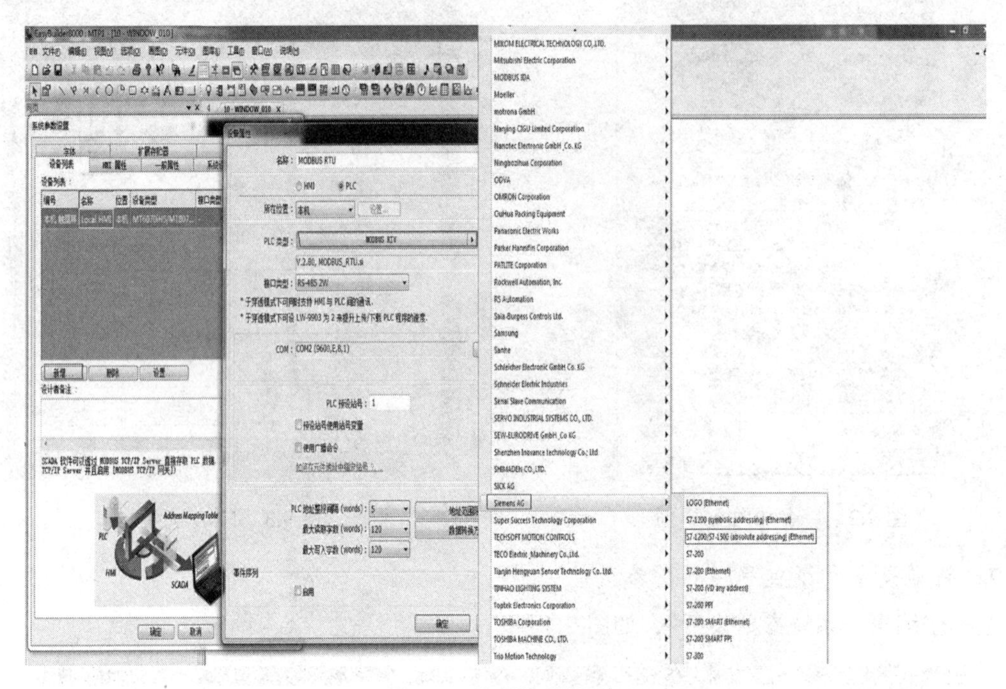

图 9.5　选择连接驱动

设置通信参数和各式各样的程序属性，设置链接地址，链接地址为 PLC 的 PROFINET 接口地址，如图 9.6 所示。

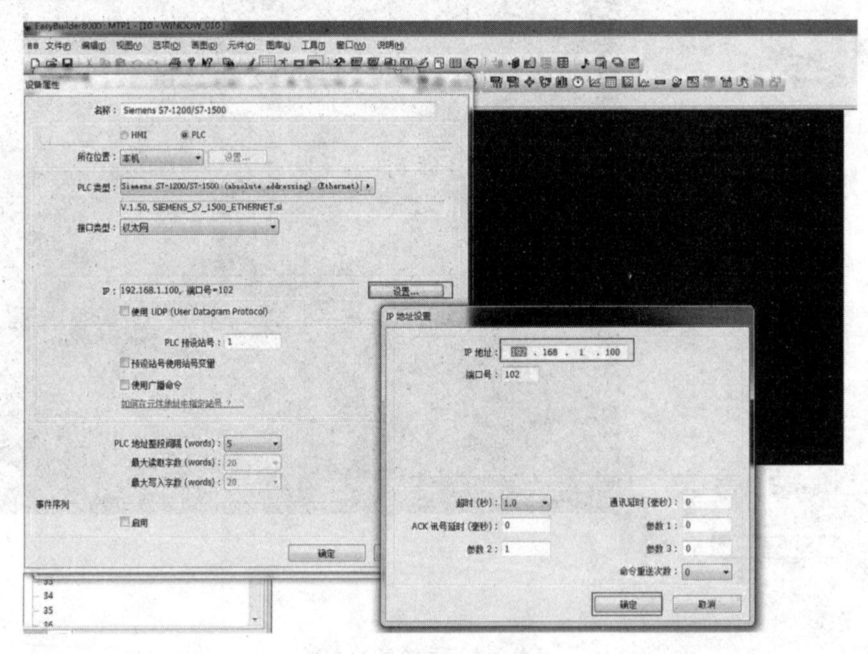

图 9.6　设置通信参数

3．定义变量

点击“图库→地址标签库”手动添加所需变量，如图 9.7 所示。

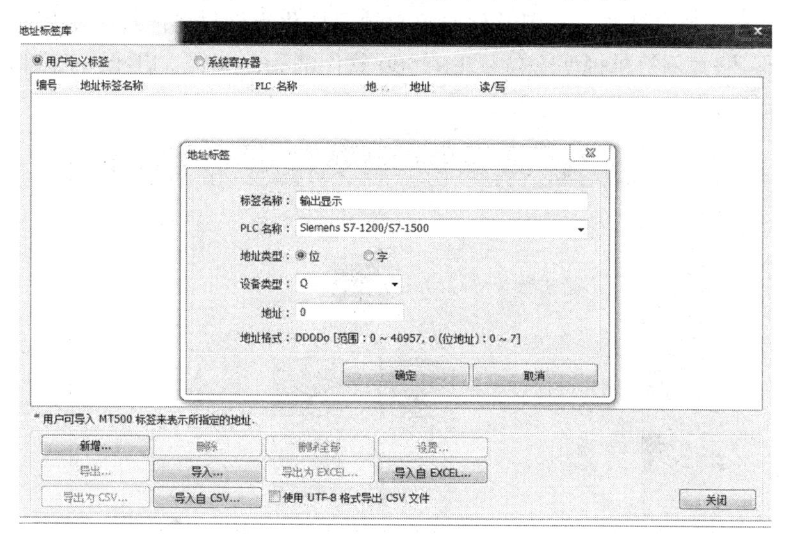

图 9.7　添加变量

此外，HMI 变量可从菜单栏的“编辑→系统参数设置→导入标签”中导入，TIA Portal V13 导出的默认变量表格式为*.xlsx，可直接导入 HMI。TIA Portal V13 导出的 DB 数据块变量表格式为*.db，所以要先把文件格式类型改为*.scl 才能导入 HMI，如图 9.8 所示。

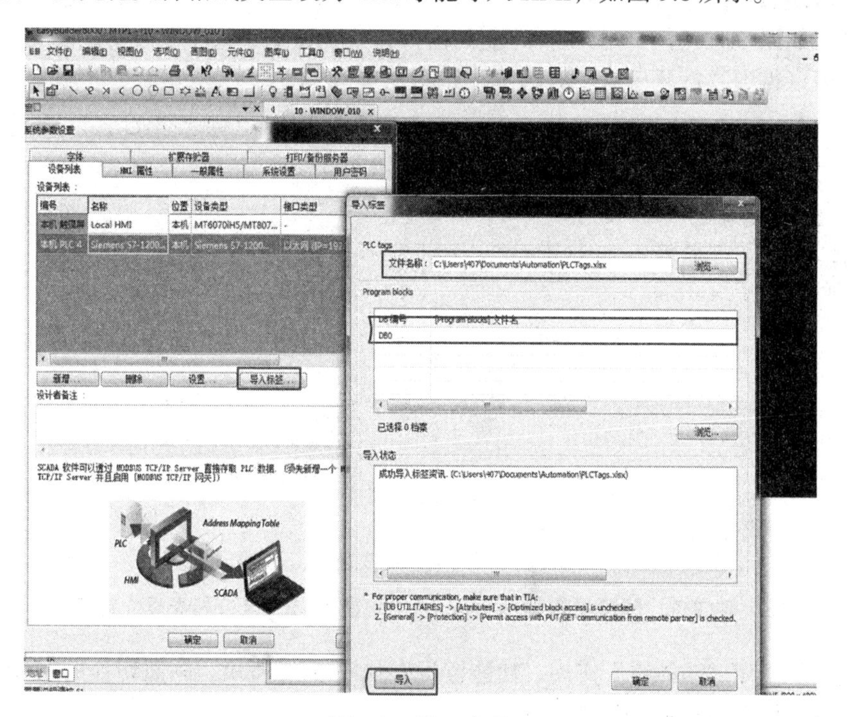

图 9.8　导入变量

注：所有变量表要同时导入，否则二次导入的变量会覆盖一次导入的变量。

4．设计程序

建立窗口并放置所需元件。用户可透过画图工具画出专属自己程序的图形，或是使用图库管理导入所需的图片和向量图，利用元件选单内的多样化元件尽可能地丰富程序。

下面以启-保-停案例简单说明上位机 EB8000 软件的画面编辑，启-保-停控制系统画面整体图如图 9.9 所示。

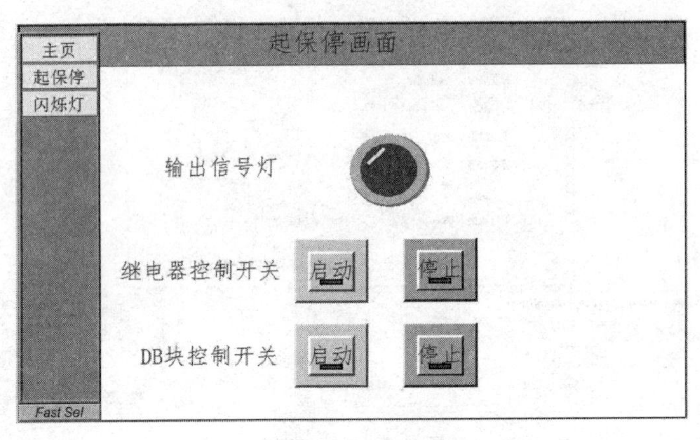

图 9.9　启-保-停控制系统画面整体图

首先建立所需要的窗口并设置窗口属性，3-9 号为系统窗口，10-1999 号为用户编辑窗口。

建立窗口有两种方式，第一种方式是在窗口树状图上选择要建立的窗口，并触摸鼠标的右键，在窗口出现后选择“新增”将出现设定对话窗，在完成各项设定并触摸确认键后，即可建立新的窗口，如图 9.10 所示。另一种建立的窗口方式是使用“菜单”上的“窗口”，选择“开启窗口”后可以得到“打开窗口”对话窗，如图 9.11 所示。

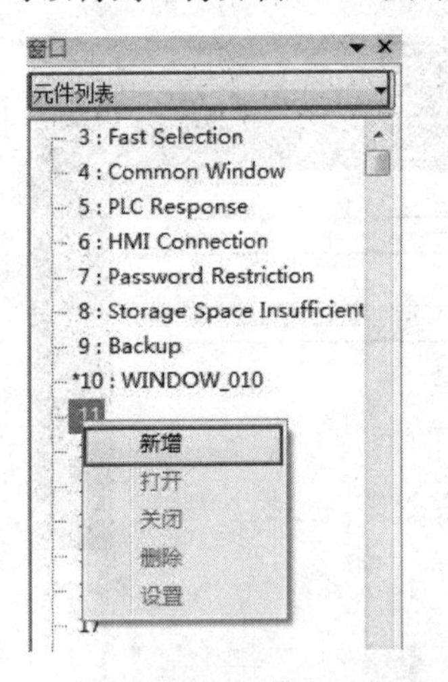

图 9.10　窗口树状图建立窗口

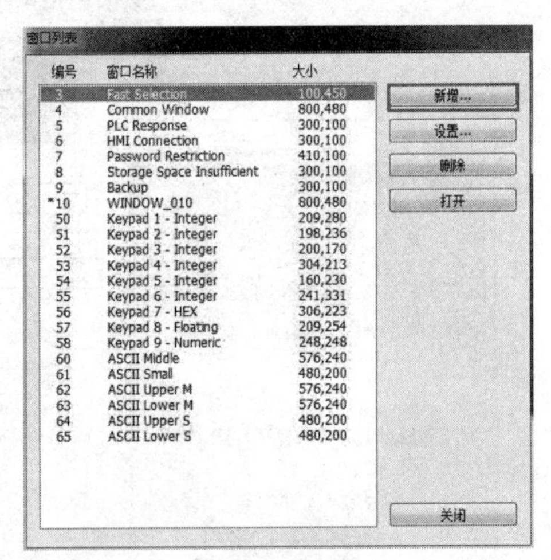

图 9.11　窗口列表建立窗口

窗口间的切换用“功能键”实现，功能键设置如图 9.12 所示，画面切换的功能键可放置在用户编辑窗口、块选窗口或公用窗口中。

3 号窗口为快选窗口，此种窗口可以与基本窗口同时存在，因此一般被用于放置常用的工作按钮，如图 9.13 所示。

4 号窗口为预设的公用窗口，此窗口中的元件也会出现在其他窗口中，因此通常会将各窗口共享的元件放置在公用窗口中。例如，产品的 logo 图片，或者某些公用的按键等。

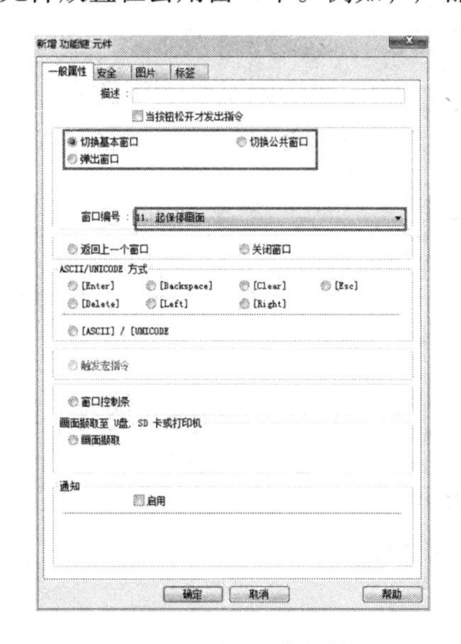

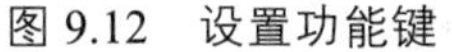

图 9.12　设置功能键　　　　图 9.13　快选窗口

画面编辑中输出信号常用“位状态指示灯”关联输出变量，如图 9.14 所示；设置关联变量时可点击“地址标签库”快速选择所需要关联的变量，如图 9.15 所示。

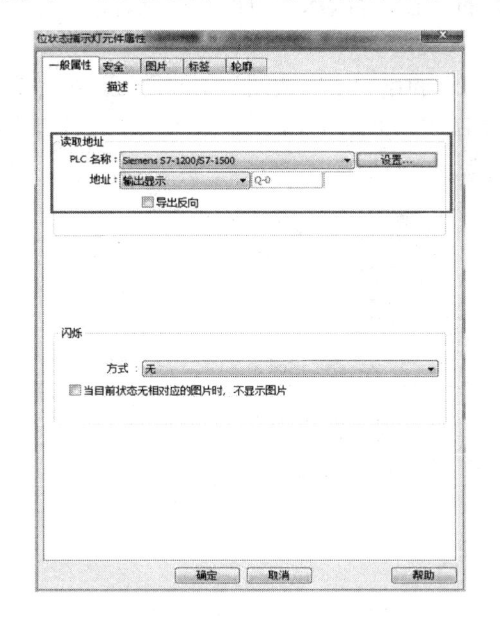

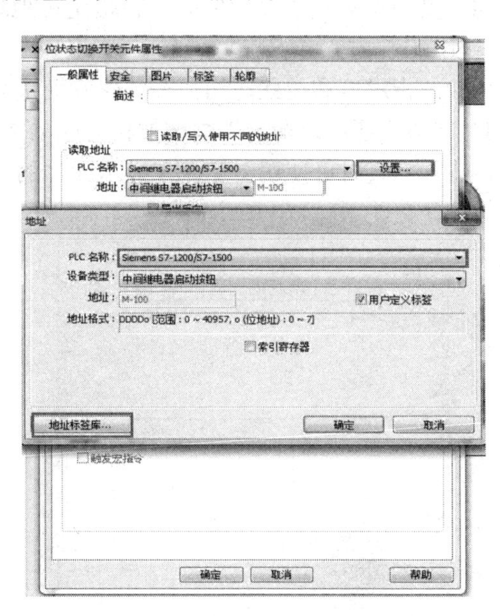

图 9.14　位状态指示灯元件属性　　　　图 9.15　地址标签库关联变量

输入信号常用“位状态切换开关”关联输入变量，如图 9.16 所示，输出按钮除了设置变量关联外还要选择开关类型。

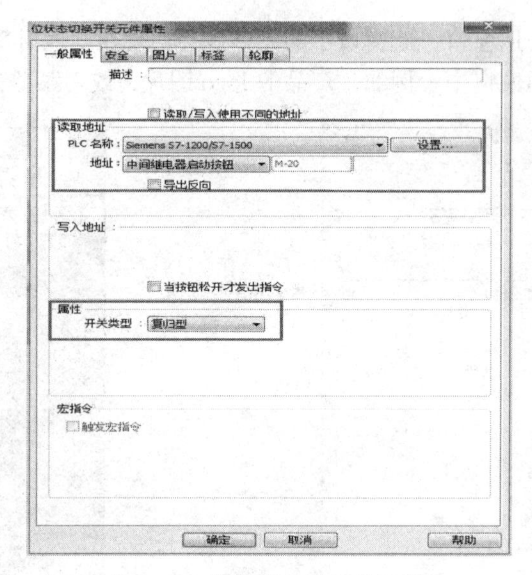

图 9.16　位切换开关元件属性

开关类型：

（1）设定 ON。按压该元件时，将指定位地址的状态设为 ON。

（2）设为 OFF。按压该元件时，将指定位地址的状态设为 OFF。

（3）切换开关。按压该元件时，将指定位地址的状态设为反向。

（4）复归型。按压该元件时，将指定位地址的状态设为 ON，但松开按钮后，状态恢复为 OFF。

位状态指示灯和位状态切换开关关联变量后，可利用向量图或图片来改变元件的外观，如图 9.17 所示；还可以在元件中添加相对应的文字说明，如图 9.18 所示。当一个元件有多种状态时，建立标签时可使用文字库来显示元件的状态。

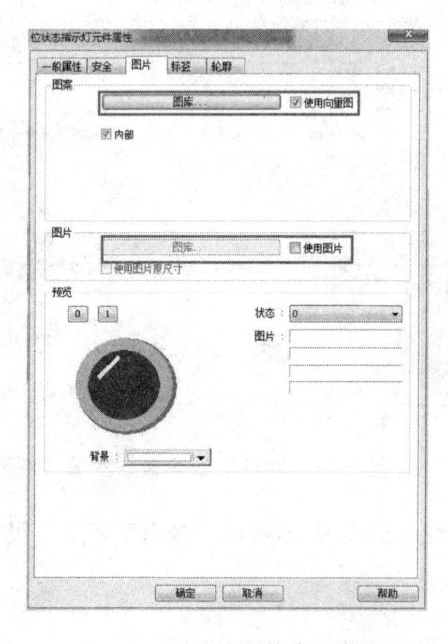

图 9.17　元件外观状态预览图

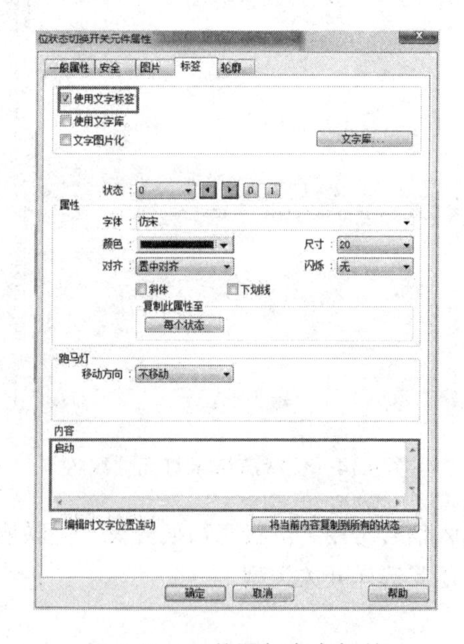

图 9.18　元件添加文字标签

启-保-停控制画面的I/O分配表如表9.2所示。

表9.2　启-保-停控制画面的I/O分配表

输入点	功能说明	开关类型	输出点	功能说明
M2.0	中继启动按钮	复归型	Q0.0	启-保-停信号灯
M2.1	中继停止按钮	复归型	Q0.1	闪烁灯
%DB1.DBX0.0	DB块启动按钮	复归型		
%DB1.DBX0.1	DB块停止按钮	复归型		
M2.2	闪烁灯开关按钮	切换开关		

变量关联完成后，可进行画面的整理，主要包括元件的对齐和叠放前后的顺序，这时会使用到菜单栏“视图”下的“编辑工具条”，最后使用“文字”工具对画面或元件标注相对应的文字说明。

5．储存和编译程序

每个工程文件在下载至HMI前，皆须编译成exob/xob/cxob 文件格式。

6．下载程序至HMI

下载程序前，必须允许从远程PLC使用通信访问，这样才能使PLC和触摸屏建立通信，参见本章图9.3。

下载是最后一个步骤，完成下载后HMI即可执行您所精心设计的程序，如图9.19所示，其中设定的IP地址是触摸屏的IP地址。

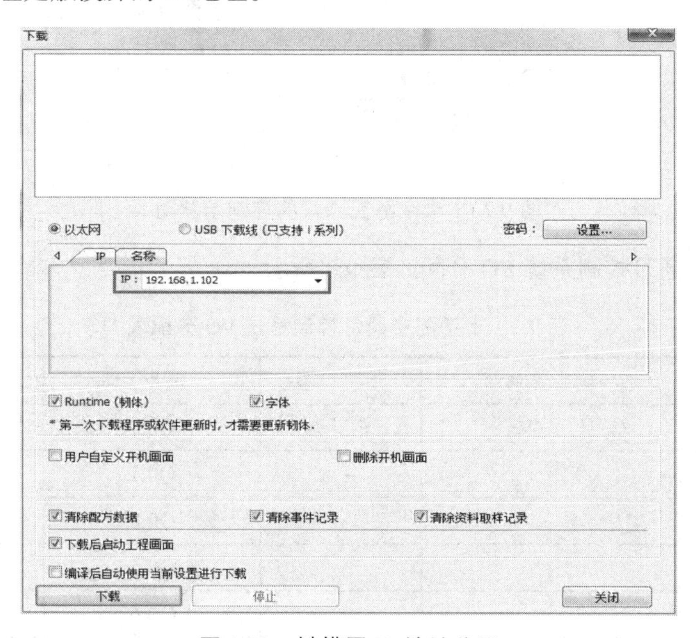

图9.19　触摸屏IP地址分配

注：PLC的IP地址与触摸屏的IP地址必须设定在同一网段，否则无法实现通信。

7．模拟程序并验证操作

为了避免程序在修改阶段需要多次下载至 HMI 以验证操作的正确性，此程序会浪费太多时间，因此 Easy Builder 提供 2 种模拟方式：在线模拟和离线模拟。

9.2 Easy Builder 8000 在工程上的应用

9.2.1 EB 8000 在十字路交通灯中的应用

9.2.1.1 任务要求

（1）十字路交通灯的控制如图 9.20 所示，当闭合开关后，南北和东西两个方向动作顺序分别为：

南北向：红灯亮 25 s→红灯灭。然后，绿灯长亮 25 s→绿灯闪烁（亮 0.5 s，灭 0.5 s）3 s→绿灯灭；黄灯亮 2 s 后灭；依此循环。

东西向：绿灯长亮 20 s→绿灯闪烁（亮 0.5 s，灭 0.5 s）3 s→绿灯灭；黄灯亮 2 s→红灯亮 30 s 后灭；依此循环。

当南北及东西绿灯同时亮时报警。十字路交通灯的控制示意如图 9.20 所示。

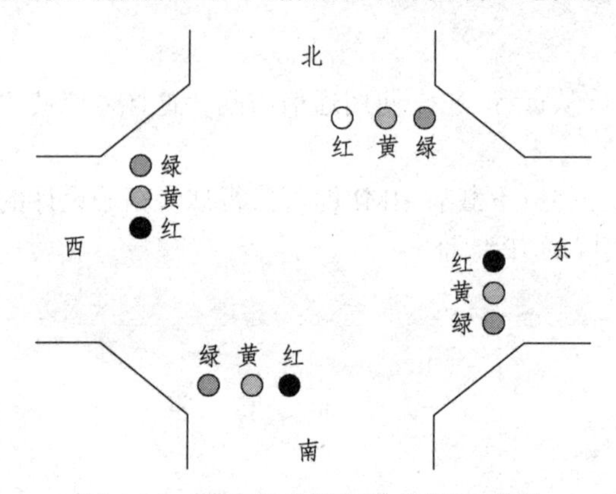

图 9.20 十字路交通灯的控制示意图

（2）十字路交通灯控制系统 I/O 分配如表 9.3 所示。

表 9.3 十字路交通灯控制系统 I/O 分配表

输入点	功能说明	开关类型	输出点	功能说明
M2.0	启动按钮	复归型	Q0.0	南北红灯
			Q0.1	南北黄灯
			Q0.2	南北绿灯
			Q0.5	东西红灯
			Q0.6	东西黄灯
			Q0.7	东西绿灯
			Q1.1	报警灯

9.2.1.2　系统设计

（1）新建十字路交通灯控制系统画面。

（2）建立十字路交通灯控制系统变量，如图 9.21 所示。

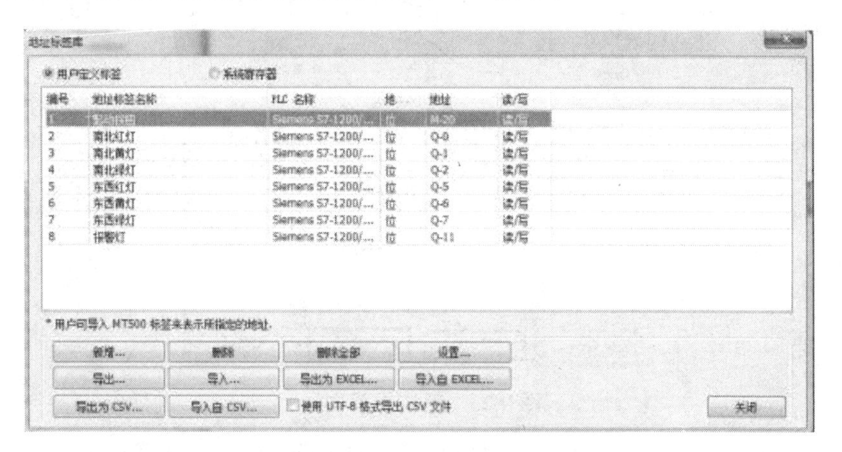

图 9.21　十字路交通灯控制系统 I/O 变量

（3）十字路交通灯控制系统画面绘制，系统画面框图如图 9.22 所示。

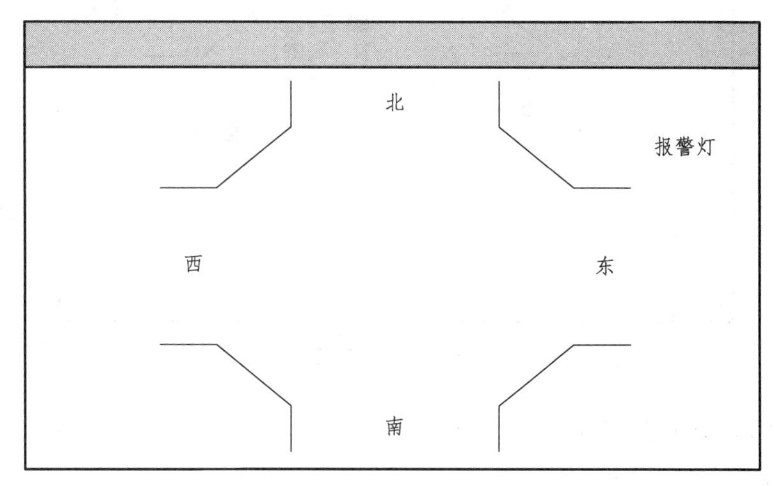

图 9.22　十字路交通灯控制系统画面框图

画面的框图可通过画图菜单工具绘制，或者加载图片的方法来完成。添加图片的操作为“菜单栏→图库→图片→调用图片库→新增图片”，选择想要添加的图片进行加载，加载后可点击“完成”即可完成单状态图的添加，若想加载多状态，可在加载后点击“下一步”继续添加图片，如图 9.23 所示。图库添加完成后，可在画图选单工具栏中调用图片选件、状态指示灯、位状态切换开关等元件，用户即可制作个性化的人机界面。

（4）画面框图完成后即可按 I/O 分配表添加相应状态指示灯、位状态切换开关等元件，并完成变量关联，如图 9.24 所示。

（5）变量关联后可对画面进行整理，然后保存项目并运行监控画面调试，直到符合任务设计要求为止。

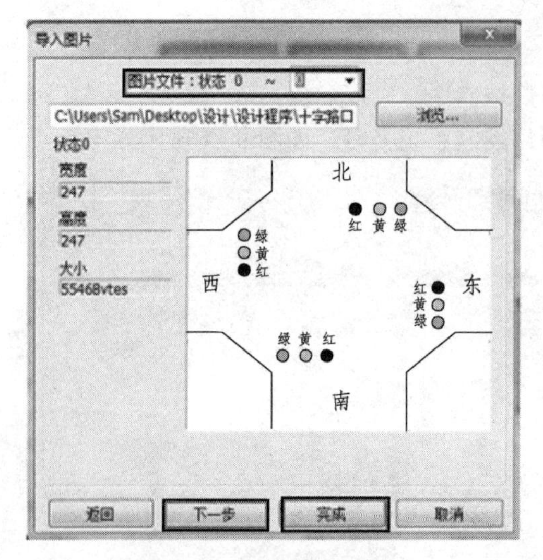

图 9.23 新增图片向导

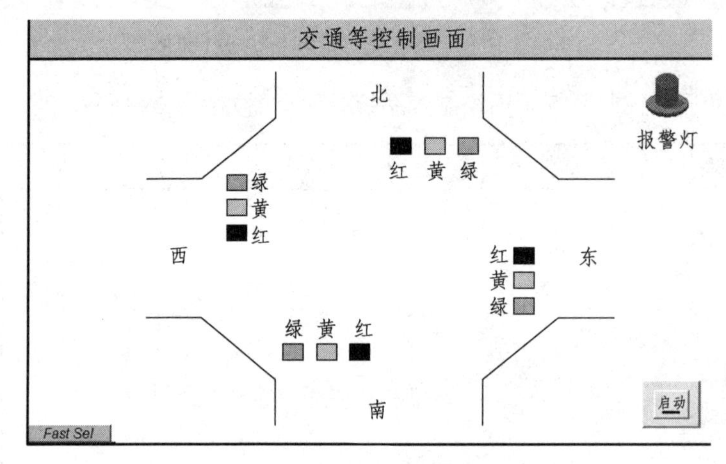

图 9.24 十字路交通灯控制系统画面整体图

9.2.2 舞台灯光控制系统

9.2.2.1 概 述

彩灯作为生活中的一种装饰，既可以提升感观新受，又可以起到广告宣传的作用，还可以用在舞台上增强晚会的灯光效果。舞台灯光控制系统是遵循舞台艺术表演的规律和特殊使用的要求进行配置的,其目的在于将各种表演艺术再现过程所需的灯光工艺设备按系统工程进行设计配置,使舞台灯光系统准确、圆满地为艺术展示服务。

9.2.2.2 控制要求

（1）舞台灯光控制如图 9.25 所示，闭合开关后，舞台灯的动作顺序如下：

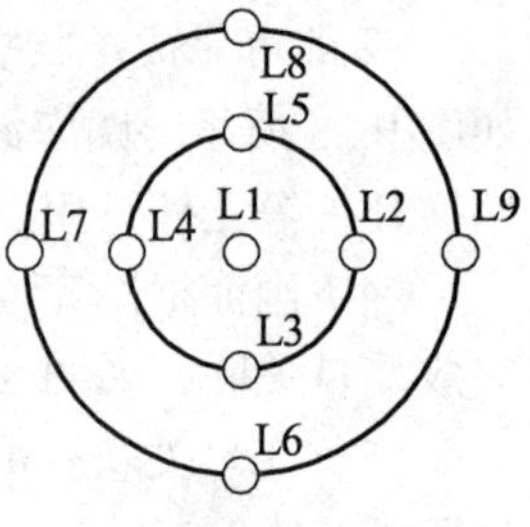

图 9.25 舞台灯光控制示意图

L1、L2、L9→L1、L5、L8→L1、L4、L7→L1、L3、L6→L1→L2、L3、L4、L5→L6、L7、L8、L9→L1、L2、L6→L1、L3、L7→L1、L4、

L8→L1、L5、L9→L1→L2、L3、L4、L5→L6、L7、L8、L9→L1、L2、L9→L1、L5、L8……依此循环。

（2）舞台灯光控制系统系统 I/O 分配表如表 9.4 所示。

表 9.4　舞台灯光控制系统 I/O 分配表

输入点	功能说明	开关类型	输出点	功能说明
M2.0	起动按钮	复归型	Q0.0	L1
M2.1	停止按钮	复归型	Q0.1	L2
			Q0.2	L3
			Q0.3	L4
			Q0.4	L5
			Q0.5	L6
			Q0.6	L7
			Q0.7	L8
			Q1.0	L9

9.2.2.3　系统设计

（1）新建舞台灯光控制系统画面。

（2）建立舞台灯光控制系统变量，如图 9.26 所示。

图 9.26　舞台灯光控制系统 I/O 变量

（3）舞台灯光控制系统画面绘制如图 9.27 所示，画面的框图可通过画图选单工具绘制，或者加载图片的方法来完成。

（4）画面框图完成后即可按 I/O 分配表添加相应状态指示灯、位状态切换开关等元件，并完成变量关联，如图 9.28 所示。为了更好地表现出舞台灯光的效果，需要对状态指示灯进行优化设置，在状态指示灯属性的安全界面下启用生效/失效，如图 9.29 所示，优化效果是当 L1 为 ON 时，显示该状态指示灯。

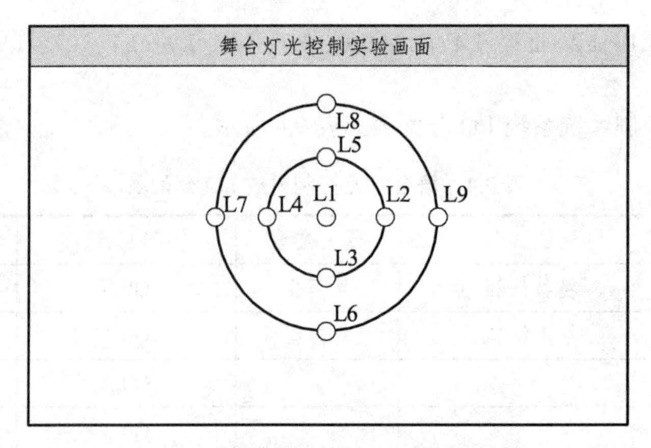

图 9.27　舞台灯光控制系统画面框图

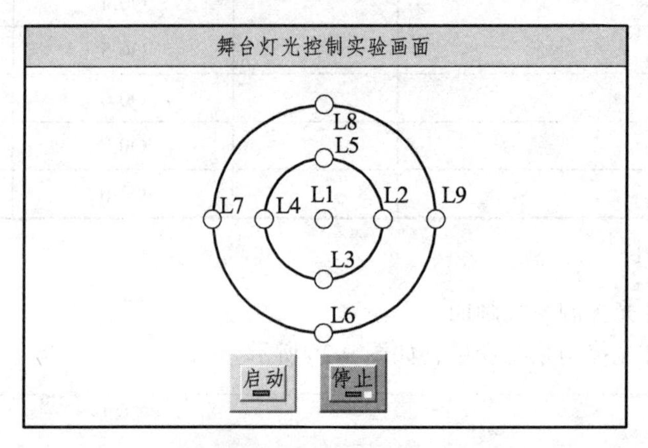

图 9.28　舞台灯光控制系统画面整体图

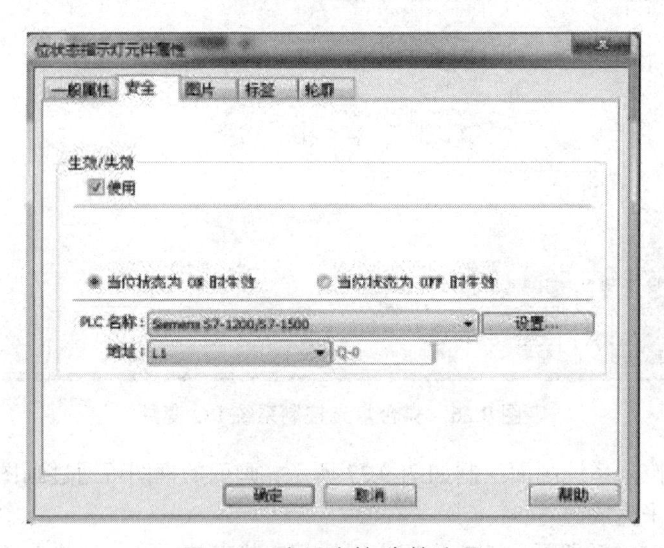

图 9.29　启用生效/失效选项

（5）变量关联后可对画面进行整理，然后保存项目并运行监控画面调试，直到符合任务设计要求为止。

9.3 STEP7 V13.0 中 WinCC 的使用

WinCC（TIA Portal）是使用 WinCC Runtime Advanced 或 SCADA 系统 WinCC Runtime Professional 可视化软件组态 SIMATIC 面板、SIMATIC 工业 PC 以及标准 PC 的工程组态软件。

9.3.1 WinCC 选件

1．WinCC 工程组态系统和运行系统的选件

SIMATIC 面板以及 WinCC Runtime Advanced 和 WinCC Runtime Professional，都包含操作员监控机器或设备的所有基本功能。在某些情况下，附加选件可用于扩展功能以扩大可用任务的范围。

2．精智面板、移动面板和多功能面板选件

以下功能扩展适用于精智面板、移动面板和多功能面板：

- WinCC SmartServer（远程操作）
- WinCC Audit（标准应用的审计跟踪和电子签名）

3．WinCC Runtime Advanced 选件

以下功能扩展适用于 WinCC Runtime Advanced：

- WinCC SmartServer（远程操作）
- WinCC Recipes（配方系统）
- WinCC Logging（记录过程值和报警）
- WinCC Audit（标准应用的审计跟踪）
- WinCC ControlDevelopment（通过特定于客户的控件进行扩展）

说明：与 WinCC flexible 2008 不同，基本功能中已包含有 WinCC flexible /Sm@rtService、WinCC flexible /Sm@rtAccess 以及 WinCC flexible /OPC Server 选件功能。

4．WinCC Runtime Professional 选件

以下功能扩展适用于 WinCC Runtime Professional：

- WinCC Client（可构建多站系统的标准客户端）
- WinCC Server（对 WinCC Runtime 的功能进行了补充，使之包括服务器功能）
- WinCC Recipes（配方系统，以前称为 WinCC /UserArchives）
- WinCC WebNavigator（基于 Web 的操作员监控）
- WinCC DataMonitor（显示和评估过程状态和历史数据）
- WinCC ControlDevelopment（通过特定于客户的控件进行扩展）

9.3.2 案例

9.3.2.1 用 WINCC 构成喷泉控制系统画面

1．控制要求

隔灯闪烁：L1 亮 0.5 s 后灭→L2 亮 0.5 s 后灭→L3 亮 0.5 s 后灭→L4 亮 0.5 s 后灭→L5、L9 亮 0.5 s 后灭→L6、L10 亮 0.5 s 后灭→L7、L11 亮 0.5 s 后灭→L8、L12 亮 0.5 s 后灭，L1 亮 0.5 s

后灭，如此循环下去。喷泉控制示意图如图 9.30 所示。

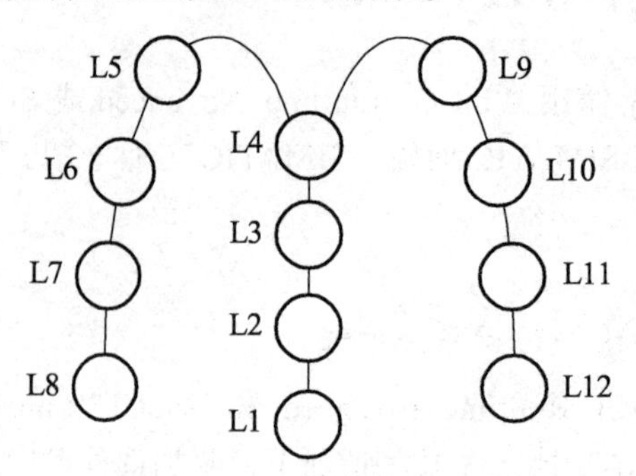

图 9.30　喷泉控制示意图

2．I/O 分配（见表 9.5）

表 9.5　I/O 分配表

输入	输出		
启动按钮：I0.0	L1：Q0.0	L4：　Q0.3	L7、L11：　Q0.6
停止按钮：I0.1	L2：Q0.1	L5、L9：　Q0.4	L8、L12：　Q0.7
	L3：Q0.2	L6、L10：　Q0.5	

3．组建画面

（1）组建画面前必须允许从远程 PLC 使用通信访问，这样才能使 PLC 和触摸屏建立通信。具体设置步骤：在 TIA Portal V13 中“设备和网络”双击 PLC 图示，选择“保护”，把“连接机制”下的选项打上√，如图 9.31 所示。

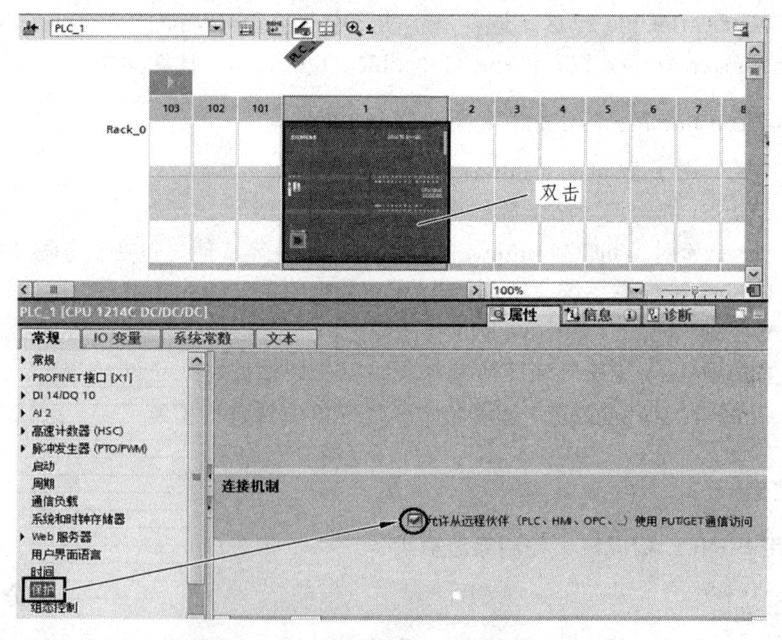

图 9.31　允许远程 PLC 使用通信访问

（2）添加组态设备，如图 9.32 所示。

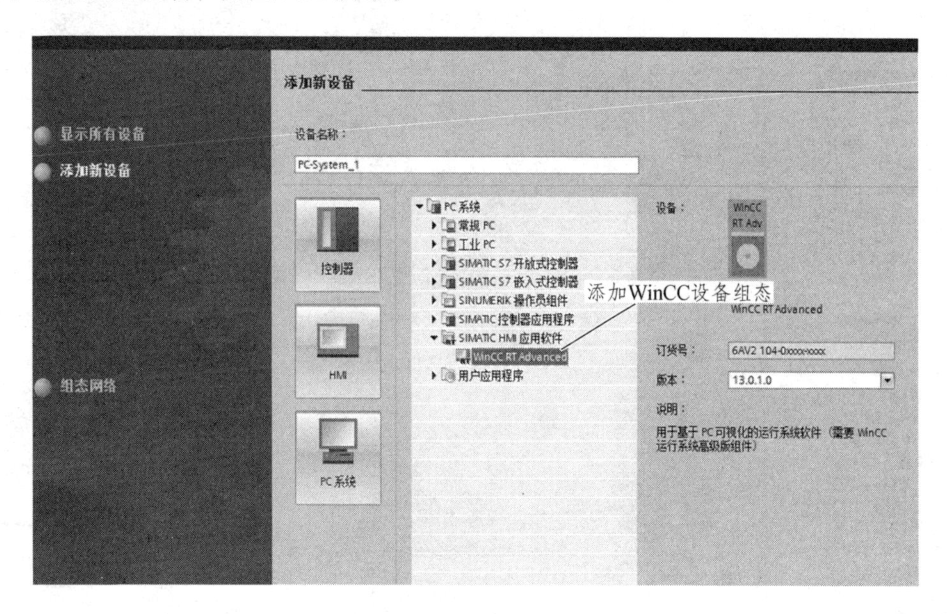

图 9.32　添加 WinCC RT Advanced 组态设备

（3）配置 WINCC IP，如图 9.33 所示。

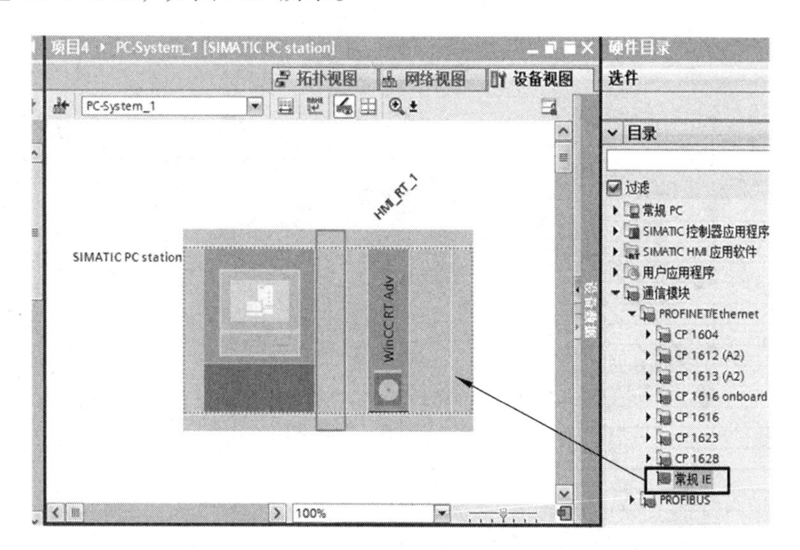

图 9.33　配置 WINCC IP

（4）编写喷泉控制程序。
（5）添加新画面。
（6）创建画面，并对动画进行变量连接，如图 9.34、图 9.35 所示。
（7）按键变量定义，如图 9.36 所示。
（8）对计算机进行 PG/PC 接口参数分配，如图 9.37 所示。
（9）画面连接，如图 9.38 所示。
（10）下载程序，运行画面。

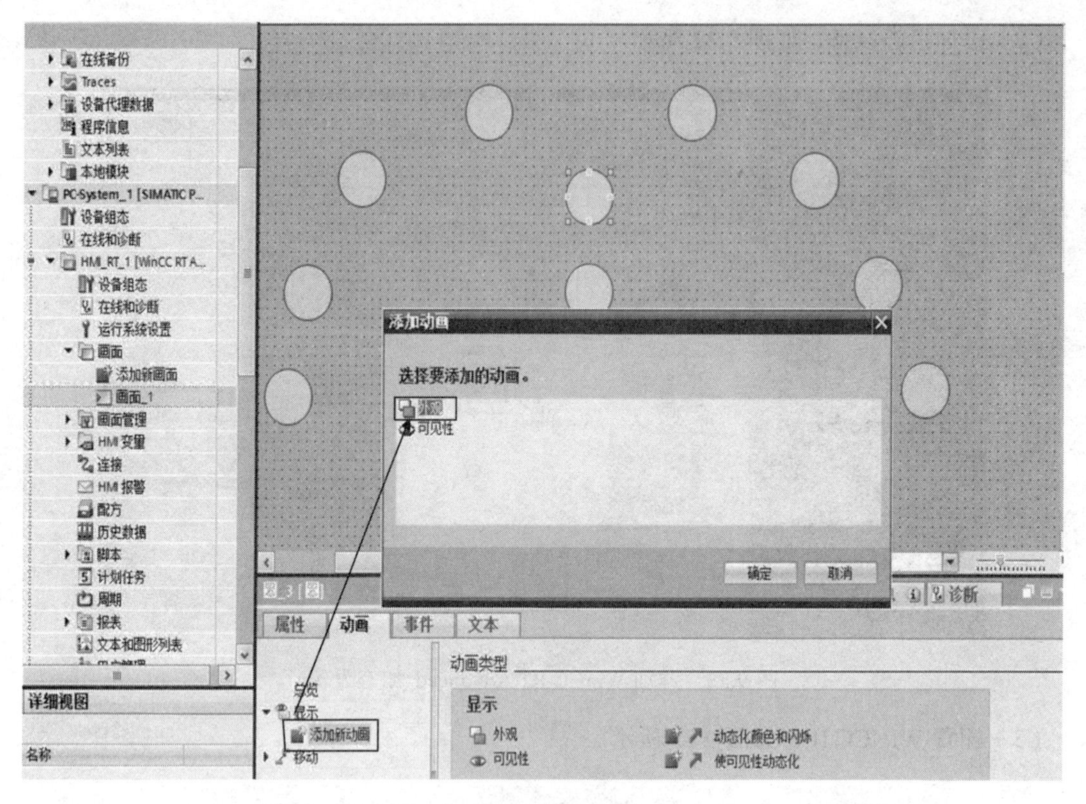

图 9.34　创建画面

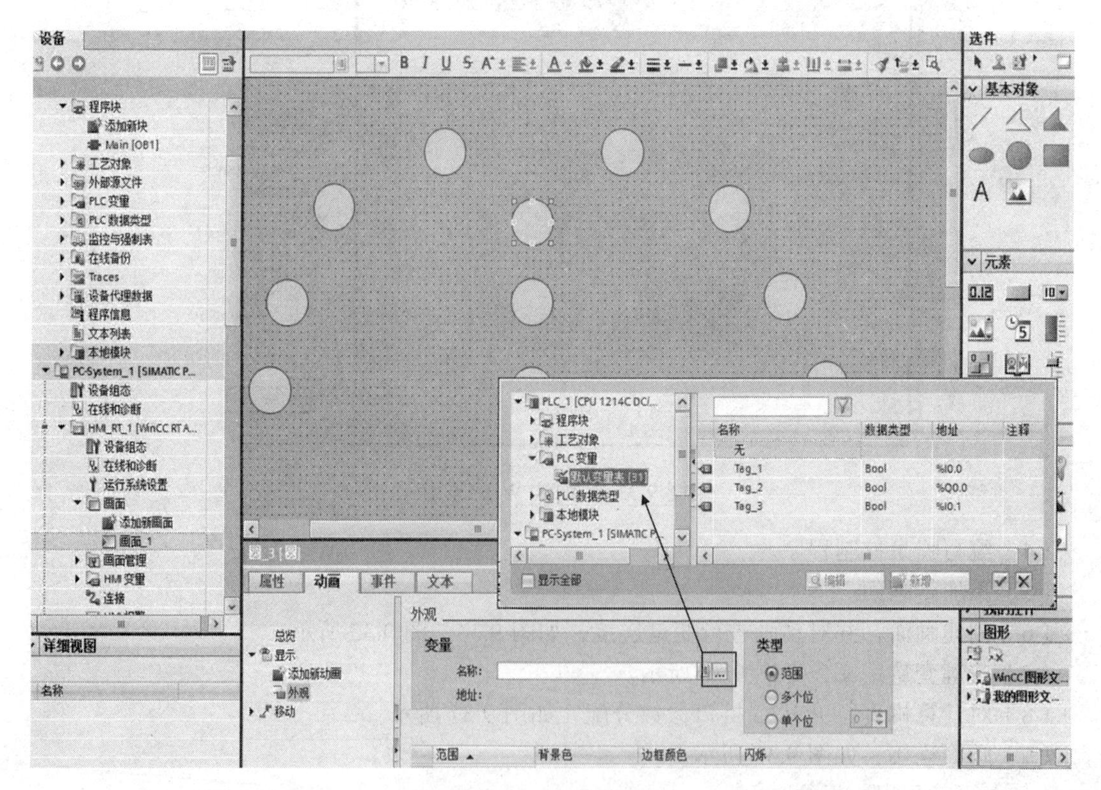

图 9.35　变量连接

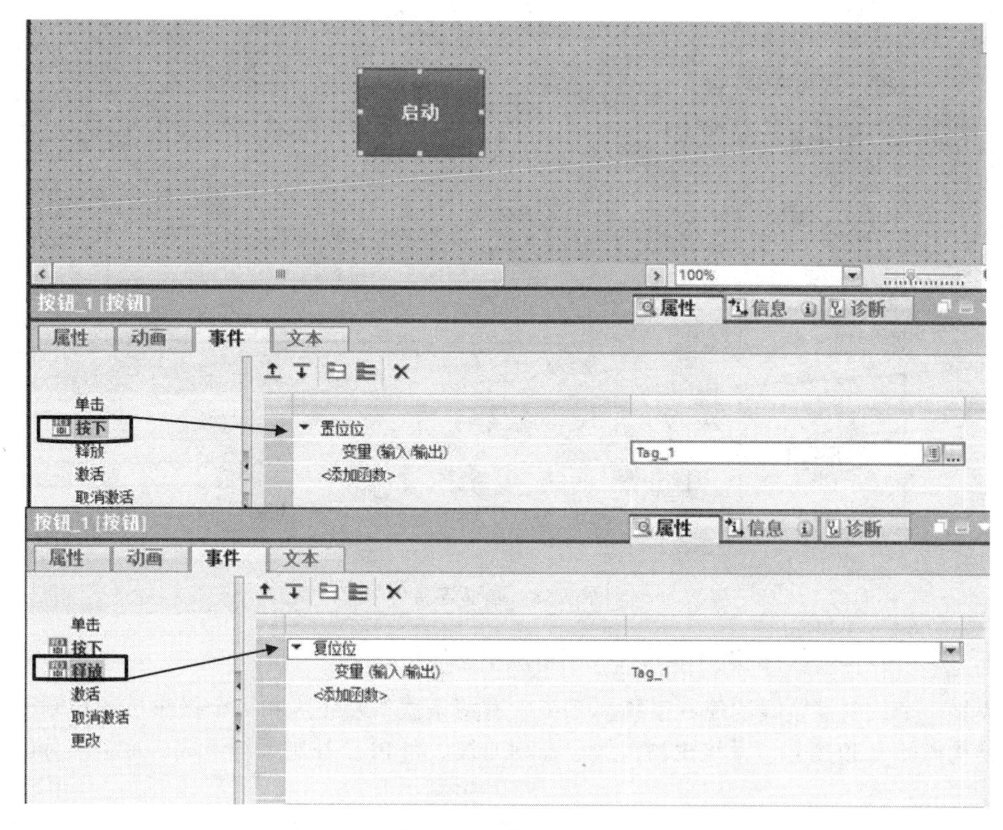

图 9.36　按键变量定义

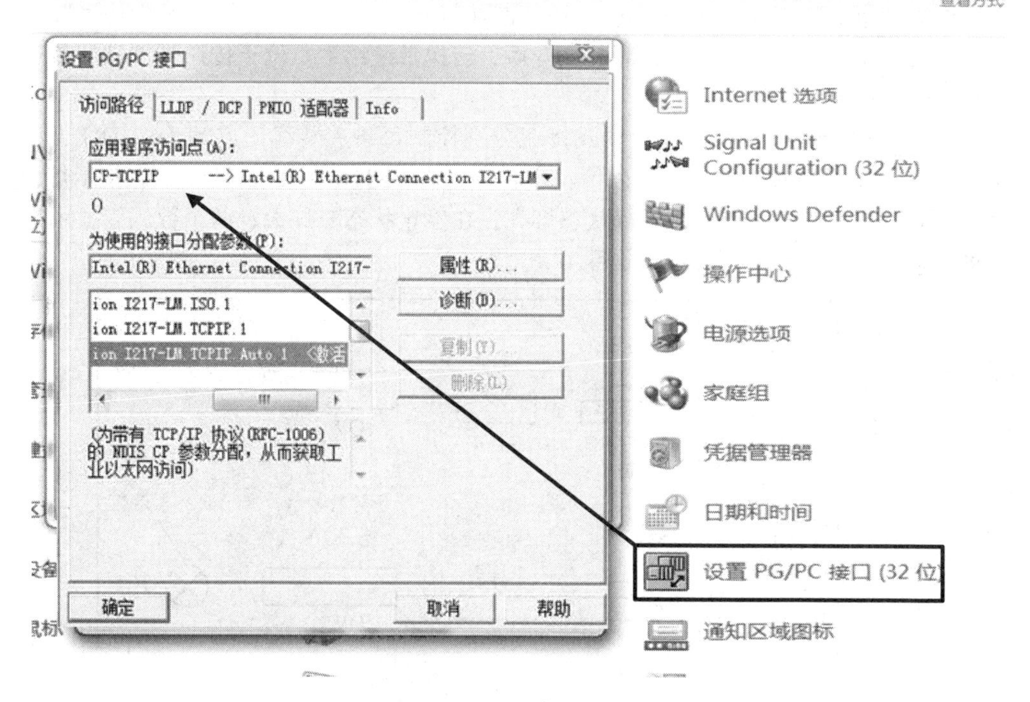

图 9.37　PG/PC 接口分配参数

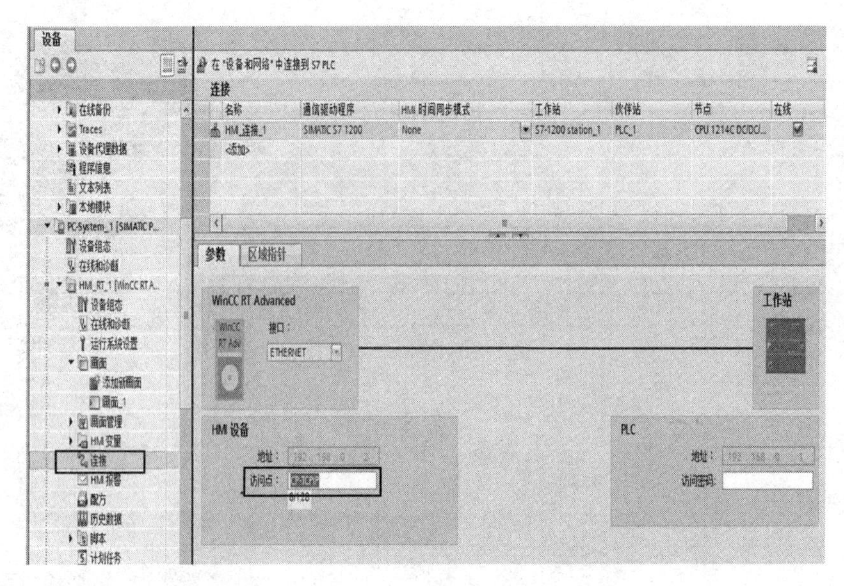

图 9.38　画面连接

9.3.2.2　WinCC 7.3 在饮料灌装线控制系统中的应用

模拟一个饮料灌装线的控制系统。系统中有两条饮料灌装线和一个操作员的控制面板，系统结构如图 9.39 所示。系统由灌装线、控制面板、和 PLC 控制系统组成，每个部分的描述如下：

（1）每一条灌装线上，有一个电机驱动传送带；两个瓶子传感器能够检测到瓶子经过，并产生电平信号；传送带中部上方有一个可控制的灌装漏斗，打开时即开始灌装。当传送带中部的传感器检测到瓶子经过时，传送带停止，灌装漏斗打开，开始灌装。1 号线灌装时间为 3 s（小瓶），2 号线灌装时间为 5 s（大瓶），灌装完毕后，传送带继续运。位于传送带末端的传感器对灌装完毕的瓶子计数。

（2）在控制面板部分，有 4 个点动式按钮分别控制每条灌装线的启动（START）和停止（STOP）；一个点动式总控制按钮，可以停止所有生产线（STOP ALL）；两个状态指示灯，分别表示生产线的运行状态，灌装线在运行状态灯亮，在停止状态时灯灭；两个数码管显示屏，分别显示每一条线上的灌装完毕的满瓶数目。

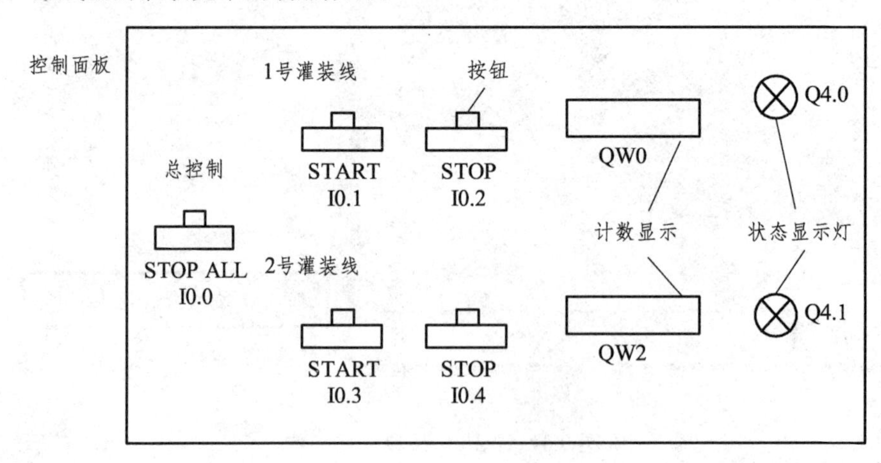

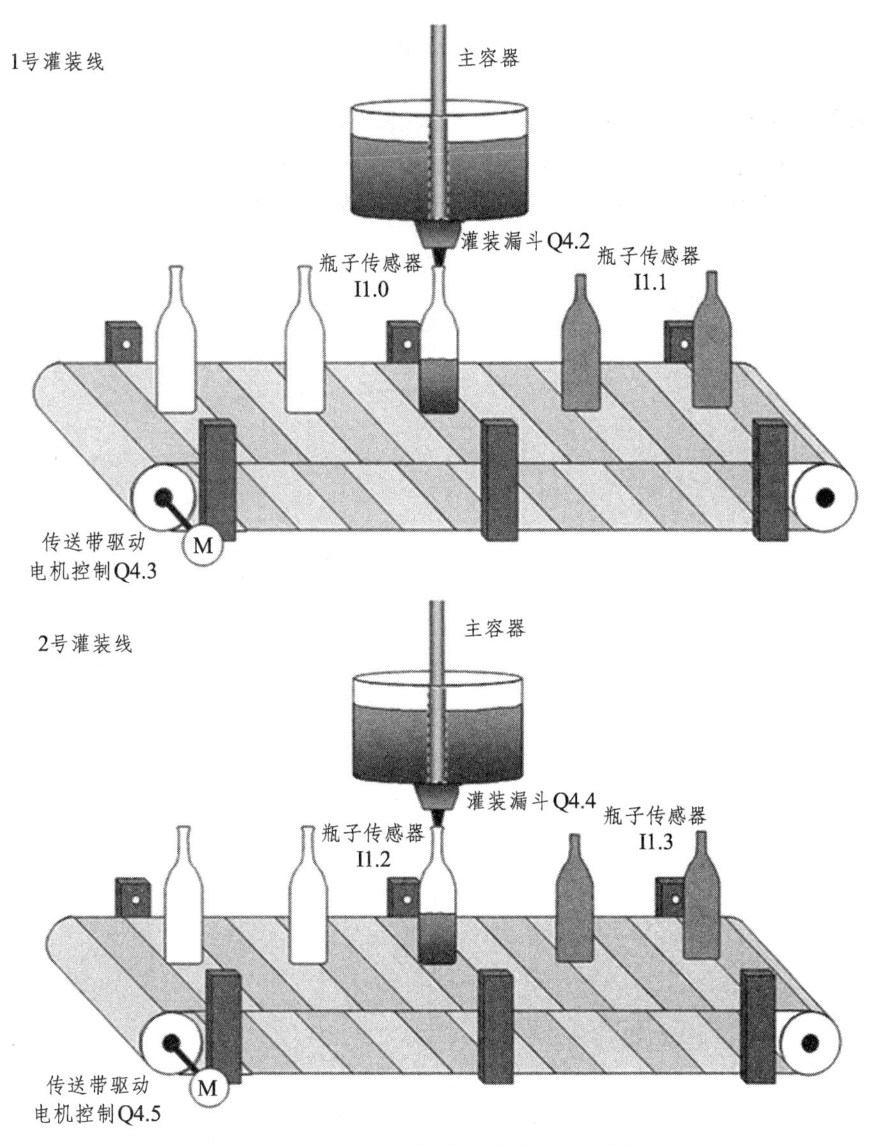

图 9.39　饮料灌装线控制系统示意图

本章小结

在工业生产中，常常利用触摸屏来实现过程控制和实时监测。在 STEP7 V13.0 中，WinCC 也可实现过程控制和实时监测。威纶通触摸屏人机界面是通过 Easy Builder 8000（简称 EB8000）软件进行编辑。

（1）在本章的学习中，主要是介绍威纶通触摸屏。触摸屏可用于工业上的图形动态显示并充当实时数据库。

（2）STEP7 V13.0 中 WinCC 也可代替触摸屏来实现其功能。

（3）Easy Builder 8000 是威纶通触摸屏人机界面的编辑软件，这个软件可以通过以太网、USB、RS-232 或 RS-485 与 ABB、西门子和三菱等品牌自动化设备组态。

习　题

1. 触摸屏的主要功能是什么？通过什么方式进行通信？
2. 利用 STEP7 V13.0 中 WinCC 设计一个液体搅拌手动控制装置。
3. 利用 Easy Builder 8000 软件设计一个智能水塔控制系统，并下载到触摸屏进行演示。

第 10 章　PLC 在实际工程上的应用

教学目标

通过本章的学习，了解西门子 MM 420 变频器原理，认识 MM 420 变频器；掌握变频器的面板操作与运行，变频器的外部运行操作，变频器的模拟信号操作控制，变频器的 PID 控制运行操作；了解运动控制的理论基础和运动控制系统的硬件组成；掌握并学会实际运用控制/伺服控制。

10.1　MM420 变频器的使用

10.1.1　认识 MM420 变频器

1．变频调速原理

变频调速是通过改变电机定子绕组供电的频率来达到调速的目的。

$$n = 60f(1-s)/p$$

对于成品电机，其磁极对数 p 已经确定，转差率 s 变化不大，则电机的转速 n 与电源频率 f 成正比。因此，改变输入电源的频率就可以改变电机的同步转速，进而达到异步电机调速的目的。

2．变频器工作原理

变频器的工作原理是把市电（380 V、50 Hz）通过整流器变成平滑直流，然后利用半导体器件（GTO、GTR 或 IGBT）组成的三相逆变器，将直流电变成可变电压和可变频率的交流电。西门子 MM420 变频器内部变频框图如图 10.1 所示。

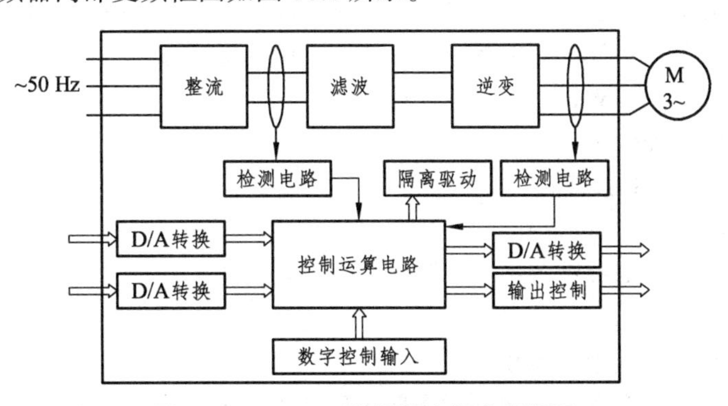

图 10.1　MM420 变频器内部变频框图

3．变频器的基本参数

西门子 MM420 是用于控制三相交流电动机速度的变频器系列。该系列有多种型号，从单相电源电压、额定功率 120 W 到三相电源电压、额定功率 11 kW 供用户选用。MM420 变频器电路方框图如图 10.2 所示。

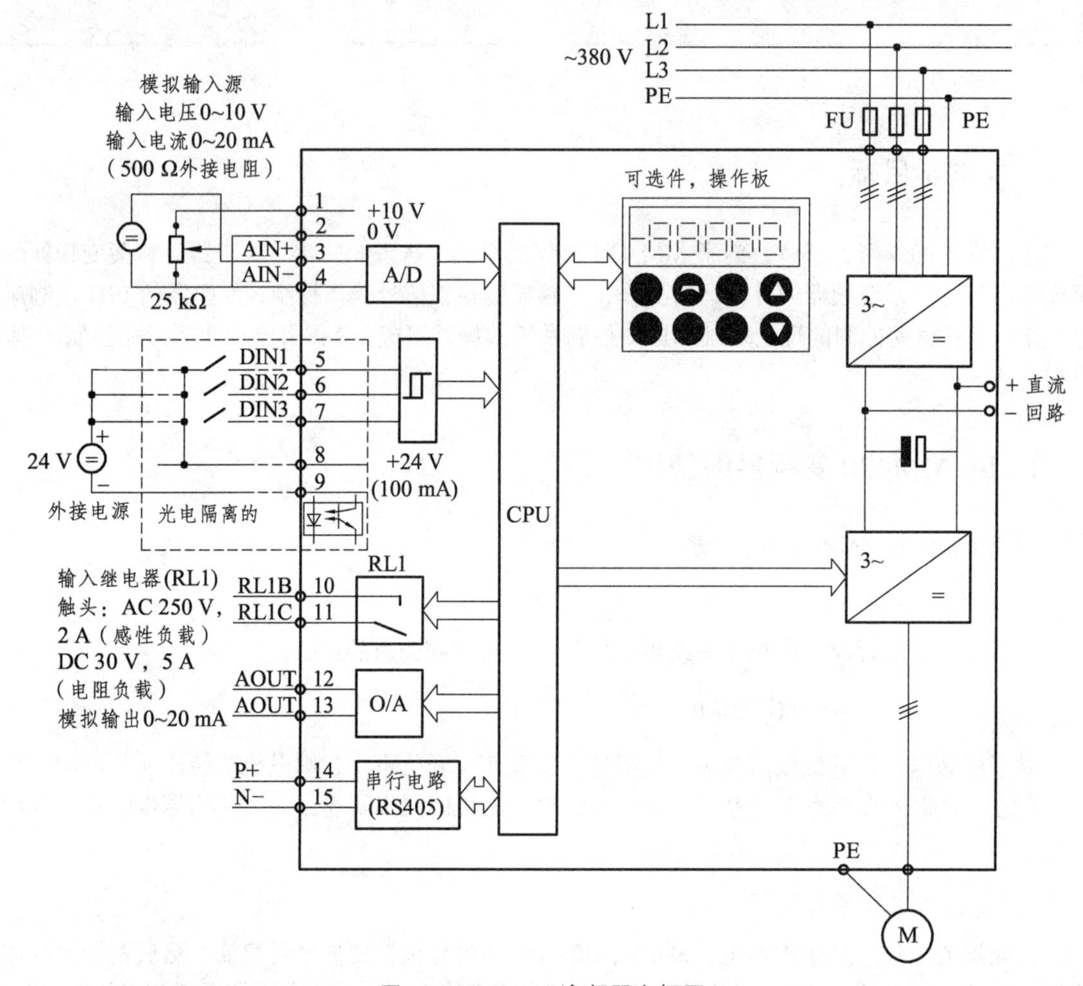

图 10.2 MM420 变频器方框图

文中所用 MM420 订货号为 6SE6420-2UC17-5AA1，额定参数为：

- 输入电源电压范围：380 ~ 480 V，± 10%，三相交流；
- 额定输出功率：1.6 kW；
- 额定输入电流：9.9 A；
- 额定输出电流：2.8 A；
- 输入频率：47 ~ 63 Hz；
- 输出频率：0 ~ 650 Hz；
- 外形尺寸：A 型；
- 操作面板：基本操作板（BOP）。

进行主电路接线时，变频器模块面板上的 L1、L2、L3 插孔接三相电源，接地插孔接保护地线；三个电动机插孔 U、V、W 连接到三相电动机（千万不能接错电源，否则会损坏变频器）。

MM420 变频器模块面板上引出了 MM420 的数字输入点：DIN1（端子⑤）；DIN2（端子⑥）；DIN3（端子⑦）；内部电源 + 24 V（端子⑧）；内部电源 0 V（端子⑨）。数字输入量端子可连接到 PLC 的输出点（端子⑧接一个输出公共端，例如 2L）。当变频器命令参数 P0700 = 2（外部端子控制）时，可由 PLC 控制变频器的启动/停止以及变速运行等。

图 10.3　操作面板

4．变频器基本操作面板（BOP）的功能及说明

基本操作面板（BOP）的外形如图 10.3 所示。

利用 BOP 可以改变变频器的各个参数。BOP 具有 7 段显示的五位数字，可以显示参数的序号和数值，报警和故障信息，以及设定值和实际值。参数的信息不能用 BOP 存储。

基本操作面板（BOP）上的按钮及其功能如表 10.1 所示。

表 10.1　BOP 上的按钮及其功能

显示/按钮	功能	功能的说明
r0000	状态显示	LCD 显示变频器当前的设定值
I	启动变频器	按此键起动变频器。缺省值运行时此键是被封锁的。为了使此键的操作有效，应设定 P0700 = 1
0	停止变频器	OFF1：按此键，变频器将按选定的斜坡下降速率减速停车，默认值运行时此键被封锁；为了允许此键操作，应设 P0700 = 1； OFF2：按此键两次（或一次，但时间较长）电动机将在惯性作用下自由停车，此功能总是“使能”的
	改变电动机的转动方向	按此键可以改变电动机的转动方向，电动机的反向时，用负号表示或用闪烁的小数点表示。默认值运行时此键是被封锁的，为了使此键的操作有效，应设定 P0700 = 1
jog	电动机点动	在变频器无输出的情况下按此键，将使电动机启动，并按预设定的点动频率运行。释放此键时，变频器停车。如果变频器/电动机正在运行，按此键将不起作用
Fn	功能	此键用于浏览辅助信息。 变频器运行过程中，在显示任何一个参数时按下此键并保持不动 2 s，将显示以下参数值（在变频器运行中从任何一个参数开始）： 1. 直流回路电压（用 d 表示，单位：V）； 2. 输出电流（A）； 3. 输出频率（Hz）； 4. 输出电压（用 o 表示，单位 V）； 5. 由 P0005 选定的数值［如果 P0005 选择显示上述参数中的任何一个（3，4 或 5），这里将不再显示］。 连续多次按下此键将轮流显示以上参数。 跳转功能： 在显示任何一个参数（rXXXX 或 PXXXX）时短时间按下此键，将立即跳转到 r0000，如果需要的话，您可以接着修改其他参数。跳转到 r0000 后，按此键将返回原来的显示点
P	访问参数	按此键即可访问参数
▲	增加数值	按此键即可增加面板上显示的参数数值
▼	减少数值	按此键即可减少面板上显示的参数数值

5．变频器的快速调试

具体操作如图 10.4 所示的快速调试流程图。

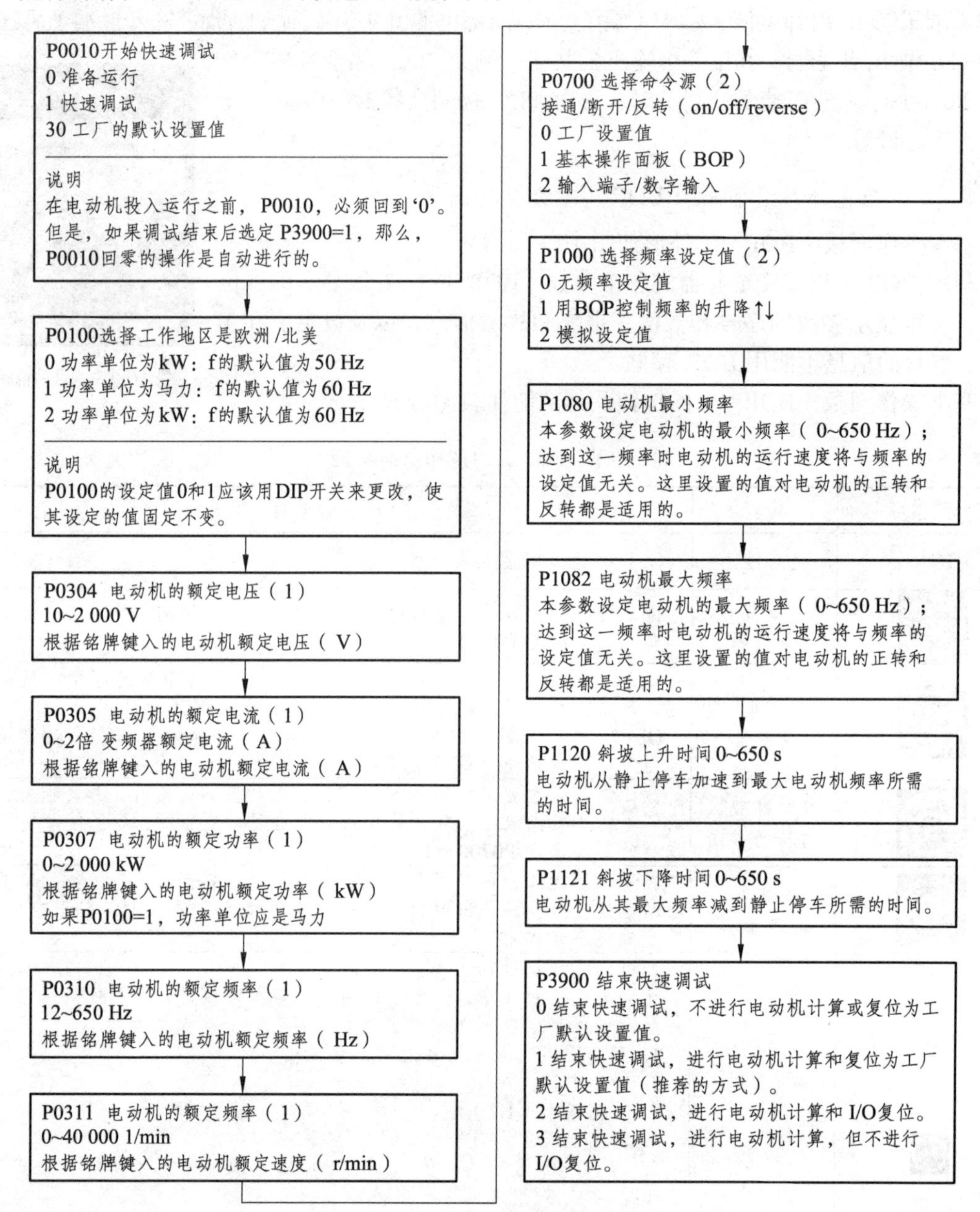

图 10.4　快速调试的流程图

10.1.2　变频器的模拟信号操作控制

MM420 变频器的"1""2"输出端为用户的给定单元提供了一个高精度的 + 10 V 的直流稳压电源。可利用转速调节电位器串联在电路中，调节电位器，改变输入端口 AIN1 + 给定的模拟输入电压，变频器的输入量将紧紧跟踪给定量的变化，从而平滑无极地调节电动机转速的大小。

MM420 变频器为用户提供了模拟输入端口，即端口"3""4"，通过设置 P0701 的参数值，使数字输入“5”端口具有正转控制功能；通过设置 P0702 的参数值，使数字输入“6”端口具有反转控制功能；模拟输入“3”“4”端口外接电位器，通过“3”端口输入大小可调的模拟电压信号，控制电动机转速的大小。即由数字输入端控制电动机转速的方向，由模拟输入端控制转速的大小。

1．MM420 变频器的数字输入端口

MM420 变频器有 3 个数字输入端口，如图 10.5 所示。

图 10.5　MM420 变频器的数字输入端口

2．模拟信号操作控制应用

1）训练内容

用自锁按钮 SB1 控制实现电动机启/停功能，由模拟输入端控制电动机转速的大小。

2）训练工具、材料和设备

西门子 MM420 变频器 1 台、220 V 电动机 1 台、电位器 1 个、断路器 1 个、熔断器 3 个、自锁按钮 2 个、通用电工工具 1 套、导线若干等。

3）操作方法和步骤

（1）按要求接线。

变频器模拟信号控制接线如图 10.6 所示。检查电路正确无误后，合上主电源开关 QS。

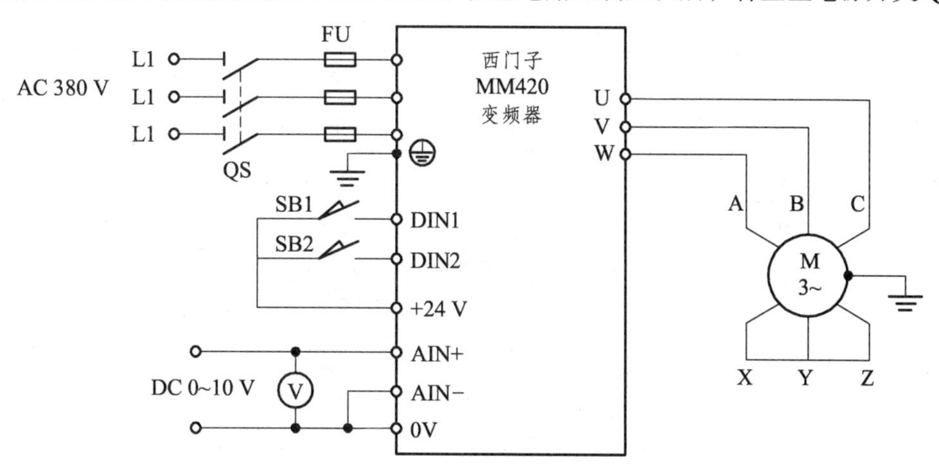

图 10.6　MM420 变频器模拟信号控制接线图

（2）参数设置。

① 恢复变频器工厂默认值，设定 P0010 = 30 和 P0970 = 1，按下 P 键，开始复位。

② 设置电动机参数，电动机参数设置如表 10.2 所示。电动机参数设置完成后，设 P0010 = 0，变频器当前处于准备状态，可正常运行。

表 10.2　电动机参数设置

参数号	出厂值	设置值	说　明
P0003	1	1	设用户访问级为标准级
P0010	0	1	快速调试
P0100	0	0	工作地区：功率以 kW 表示，频率为 50 Hz
P0304	400	220	电动机额定电压（V）
P0305	1.9	0.15	电动机额定电流（A）
P0307	0.75	0.015	电动机额定功率（kW）
P0308	0	0.8	电动机额定功率（$\cos\phi$）
P0310	50	50	电动机额定频率（Hz）
P0311	1395	1350	电动机额定转速（r/min）

（3）设置模拟信号操作控制参数，模拟信号操作控制参数设置如表 10.3 所示。

表 10.3　模拟信号操作控制参数

参数号	出厂值	设置值	说明
P0003	1	1	设用户访问级为标准级
P0004	0	7	命令和数字 I/O
P0700	2	2	命令源选择由端子排输入
P0003	1	2	设用户访问级为扩展级
P0004	0	7	命令和数字 I/O
P0701	1	1	ON 接通正转，OFF 停止
P0702	12	2	ON 接通反转，OFF 停止
P0003	1	1	设用户访问级为标准级
P0004	0	10	设定值通道和斜坡函数发生器
P1000	2	2	频率设定值选择为模拟输入
P1080	0	0	电动机运行的最低频率（Hz）
P1082	50	50	电动机运行的最高频率（Hz）
P1120	10	0.01	斜坡上升时间（s）
P1121	10	0.01	斜坡下降时间（s）

3．变频器运行操作

1）电动机正转与调速

按下电动机正转自锁按钮 SB1，数字输入端口 DINI 为”ON”，电动机正转运行，转速由外接电位器 RP1 来控制，模拟电压信号在 0 ~ 10 V 变化，对应变频器的频率在 0 ~ 50 Hz 变化，对应电动机的转速在 0 ~ 1350 r/min 变化。当松开带锁按钮 SB1 时，电动机停止运转。

2）电动机反转与调速

按下电动机反转自锁按钮 SB2，数字输入端口 DIN2 为“ON”，电动机反转运行，与电动机正转相同，反转转速的大小仍由外接电位器来调节。当松开带锁按钮 SB2 时，电动机停止运转。

10.2 变频器的多段速运行操作

10.2.1 MM420 变频器的多段速控制功能及参数设置

1．多段速功能介绍

多段速功能，也称作固定频率，就是设置参数 P1000 = 3 的条件下，用开关量端子（DIN1、DIN2、DIN3）选择固定频率的组合，实现电机多段速度运行。可通过如下三种方法实现：

（1）直接选择（P0701 ~ P0703 = 15）。

在这种操作方式下，一个数字输入选择一个固定频率，端子与参数的对应关系如表 10.4 所示。

表 10.4　端子与参数设置对应表

端子编号	对应参数	对应频率设置值	说　明
5	P0701	P1001	1. 频率给定源 P1000 必须设置为 3； 2. 当多个选择同时激活时，选定的频率是它们的总和
6	P0702	P1002	
7	P0703	P1003	

（2）直接选择 + ON 命令（P0701 ~ P0703 = 16）。

在这种操作方式下，数字量输入既选择固定频率（见表 10.4），具备启动功能。

（3）二进制编码选择 + ON 命令（P0701 ~ P0703 = 17）。

MM420 变频器的 3 个数字输入端口（DIN1 ~ DIN3），通过 P0701 ~ P0703 设置实现多频段控制。每一频段的频率分别由 P1001 ~ P1007 参数设置，最多可实现 7 频段控制，各个固定频率的数值选择如表 10.5 所示。在多频段控制中，电动机的转速方向是由 P1001 ~ P1007 参数所

表 10.5　固定频率选择对应表

频率设定	DIN3	DIN2	DIN1
P1001	0	0	1
P1002	0	1	0
P1003	0	1	1
P1004	1	0	0
P1005	1	0	1
P1006	1	1	0
P1007	1	1	1

设置的频率正负决定的。3 个数字输入端口，哪一个作为电动机运行/停止控制，哪些作为多段频率控制，是可以由用户任意确定的，一旦确定了某一数字输入端口的控制功能，其内部的参数设置值必须与端口的控制功能相对应。

2．变频器的多段速运行操作应用

1）方案内容

实现 3 段固定频率控制、连接线路、设置功能参数，操作 3 段固定速度运行。

2）方案工具、材料和设备

西门子 MM420 变频器 1 台、三相异步电动机 1 台、断路器 1 个、熔断器 3 个、自锁按钮 4 个、导线若干、通用电工工具 1 套等。

3）操作方法和步骤

（1）按要求接线。

按图 10.7 连接电路，检查线路正确后，合上变频器电源空气开关 QS。

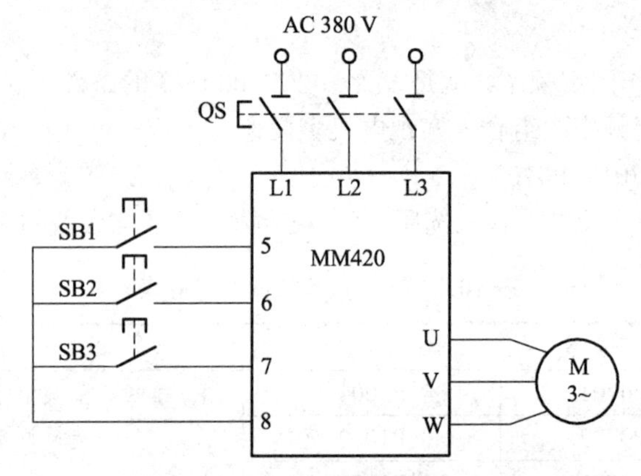

图 10.7　三段固定频率控制接线图

（2）参数设置。

恢复变频器工厂默认值，设定 P0010 = 30，P0970 = 1。按下“P”键，变频器开始复位到工厂默认值。

设置电动机参数，如表 10.6 所示。电动机参数设置完成后，设 P0010 = 0，变频器当前处于准备状态。

表 10.6　电动机参数设置

参数号	出厂值	设置值	说　明
P0003	1	1	设用户访问级为标准级
P0010	0	1	快速调试
P0100	0	0	工作地区：功率以 kW 表示，频率为 50 Hz
P0304	400	380	电动机额定电压（V）
P0305	1.9	0.4	电动机额定电流（A）
P0307	0.75	0.18	电动机额定功率（kW）
P0308	0	0.8	电动机额定功率（COSϕ）
P0310	50	50	电动机额定频率（Hz）
P0311	1395	1400	电动机额定转速（r/min）

设置变频器 3 段固定频率控制参数，如表 10.7 所示。

表 10.7　变频器 3 段固定频率控制参数设置

参数号	出厂值	设置值	说　明
P0003	1	1	设用户访问级为标准级
P0004	0	7	命令和数字 I/O
P0700	2	2	命令源选择由端子排输入
P0003	1	2	设用户访问级为拓展级
P0004	0	7	命令和数字 I/O
P0701	1	17	选择固定频率
P0702	12	17	选择固定频率
P0703	9	1	ON 接通正转，OFF 停止
P0003	1	1	设用户访问级为标准级
P0004	2	10	设定值通道和斜坡函数发生器
P1000	2	3	选择固定频率设定值
P0003	1	2	设用户访问级为拓展级
P0004	0	10	设定值通道和斜坡函数发生器
P1001	0	20	选择固定频率 1（Hz）
P1002	5	30	选择固定频率 2（Hz）
P1003	10	50	选择固定频率 3（Hz）

（3）变频器运行操作。

当按下带按锁 SB1 时，数字输入端口“7”为“ON”，允许电动机运行。

第 1 频段控制。当 SB1 按钮开关接通、SB2 按钮开关断开时，变频器数字输入端口“5”为“ON”，端口“6”为“OFF”，变频器工作在由 P1001 参数所设定的频率为 20 Hz 的第 1 频段上。

第 2 频段控制。当 SB1 按钮开关断开，SB2 按钮开关接通时，变频器数字输入端口“5”为“OFF”，“6”为“ON”，变频器工作在由 P1002 参数所设定的频率为 30 Hz 的第 2 频段上。

第 3 频段控制。当按钮 SB1、SB2 都接通时，变频器数字输入端口“5”“6”均为“ON”，变频器工作在由 P1003 参数所设定的频率为 50 Hz 的第 3 频段上。

电动机停车。当 SB1、SB2 按钮开关都断开时，变频器数字输入端口“5”“6”均为“OFF”，电动机停止运行。或在电动机正常运行的任何频段，将 SB3 断开使数字输入端口“7”为“OFF”，电动机也能停止运行。

注意：3 个频段的频率值可根据用户要求 P1001、P1002 和 P1003 参数来修改。当电动机需要反向运行时，只要将向对应频段的频率值设定为负就可以实现。

10.3　变频器的 PID 控制运行操作

PID 控制是闭环控制的一种常见形式。反馈信号取自拖动系统的输出端，当输出量偏离所要求的给定值时，反馈信号成比例变化。在输入端，给定信号与反馈信号相比较，存在一个偏差值。对该偏差值，经过 P、I、D 调节，变频器通过改变输出频率，迅速、准确地消除拖动系统的偏差，回复到给定值，振荡和误差都比较小，适用于压力、温度、流量控制等。

MM420 变频器内部有 PID 调节器。利用 MM420 变频器可以很方便地构成 PID 闭环控制，MM420 变频器 PID 控制原理简图如图 10.8 所示。PID 给定源和反馈源分别如表 10.8、表 10.9 所示。

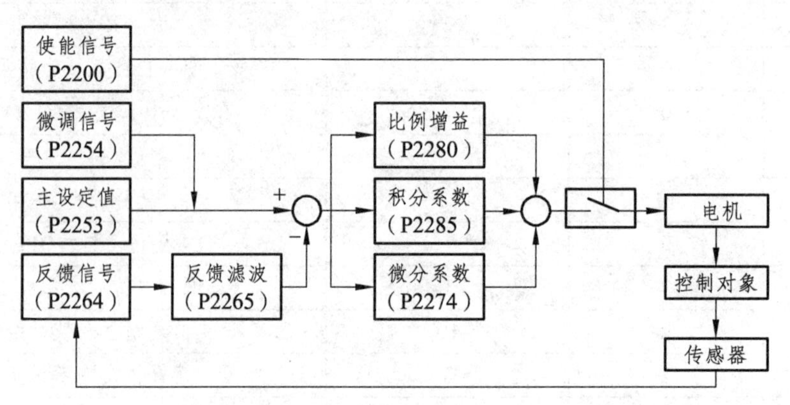

图 10.8　MM420 变频器 PID 控制原理简图

表 10.8　MM420 PID 给定源

PID 给定源	设定值	功能解释	说　明
P2253	2250	BOP 面板	通过改变 P2240 改变目标值
	755	模拟通道 1	通过模拟量大小改变目标值

表 10.9　MM420 PID 反馈源

PID 反馈源	设定值	功能解释	说　明
P2264	755	模拟通道 1	当模拟量波动较大时，可适当加大滤波时间，确保系统稳定

10.3.1　任务解决方案

1．方案内容

实现面板设定目标值的 PID 控制运行。

2．方案工具、材料和设备

西门子 MM420 变频器 1 台、220 V 电动机 1 台、电位器 1 个（10 kΩ）、断路器 1 个、熔断器 3 个、自锁按钮、导线若干、通用电工工具 1 套等。

3．操作方法和步骤

（1）按要求接线。

如图 10.9 所示为面板设定目标值时 PID 控制端子接线图，模拟输入端 AIN＋接入电压反馈信号，数字量输入端 DIN1 接入的带锁按钮 SB1 控制变频器的启/停，给定目标值由 BOP 面板（▲▼）键设定。

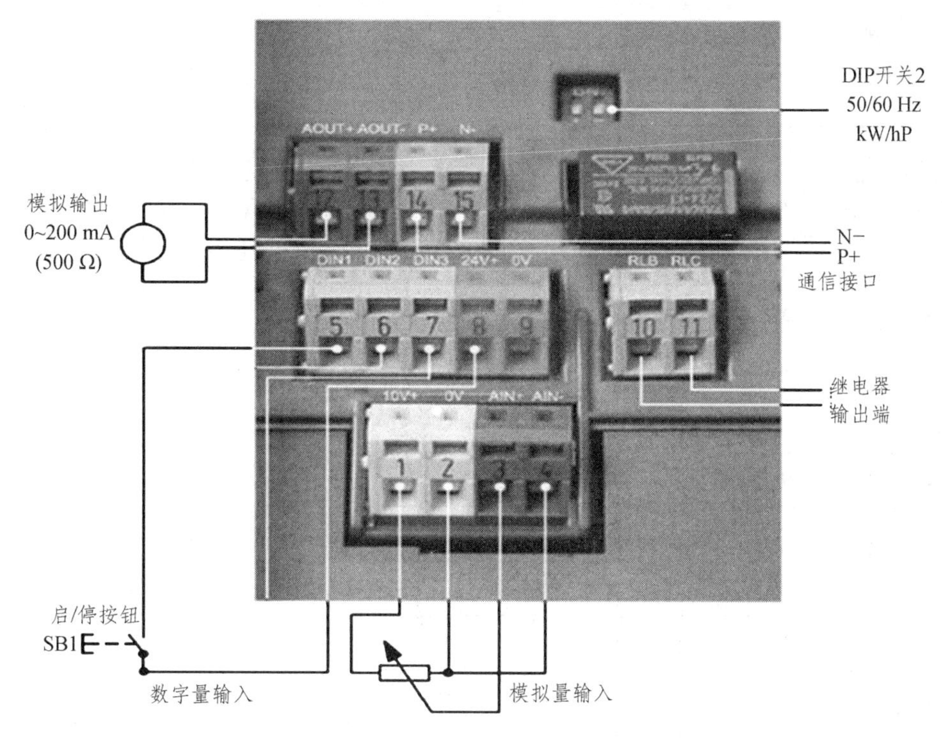

图 10.9　面板设定目标值的 PID 控制端子接线图

2）参数设置

参数复位。恢复变频器工厂默认值，设定 P0010 = 30 和 P0970 = 1，按下 P 键，开始复位，复位过程大约为 3 s，这样就保证了变频器的参数恢复到工厂默认值。

设置电动机参数，如表 10.10 所示。电动机参数设置完成后，设 P0010 = 0，变频器当前处于准备状态，可正常运行。

表 10.10　电动机参数设置

参数号	出厂值	设置值	说　明
P0003	1	1	设定用户访问级为标准级
P0010	0	1	快速调试
P0100	0	0	功率以 kW 表示，频率为 50 Hz
P0304	400	380	电动机额定电压（V）
P0305	1.9	0.14	电动机额定电流（A）
P0307	0.75	0.18	电动机额定功率（kW）
P0310	50	50	电动机额定频率（Hz）
P0311	1395	1400	电动机额定转速（r/min）

设置控制参数，如表 10.11 所示。

表 10.11　控制参数表

参数号	出厂值	设置值	说　明
P0003	1	2	用户访问级为扩展级
P0004	0	0	参数过滤显示全部参数
P0700	2	2	由端子排输入（选择命令源）
*P0701	1	1	端子 DIN1 功能为 ON 接通正转/OFF 停车
*P0702	12	0	端子 DIN2 禁用
*P0703	9	0	端子 DIN3 禁用
P0725	1	1	端子 DIN 输入为高电平有效
P1000	2	1	频率设定由 BOP（▲▼）设置
*P1080	0	20	电动机运行的最低频率（下限频率）(Hz)
*P1082	50	50	电动机运行的最高频率（上限频率）(Hz)
P2200	0	1	PID 控制功能有效

设置目标参数，如表 10.12 所示。

表 10.12　目标参数表

参数号	出厂值	设置值	说　明
P0003	1	3	用户访问级为专家级
P0004	0	0	参数过滤显示全部参数
P2253	0	2250	已激活的 PID 设定值（PID 设定值信号源）
*P2240	10	60	由面板 BOP（▲▼）设定的目标值（%）
*P2254	0	0	无 PID 微调信号源
*P2255	100	100	PID 设定值的增益系数
*P2256	100	0	PID 微调信号增益系数
*P2257	1	1	PID 设定值斜坡上升时间
*P2258	1	1	PID 设定值的斜坡下降时间
*P2261	0	0	PID 设定值无滤波

当 P2232 = 0 允许反向时，可以用面板 BOP 键盘上的（▲▼）键设定 P2240 值为负值。

设置反馈参数，如表 10.13 所示。

表 10.13　反馈参数表

参数号	出厂值	设置值	说　明
P0003	1	3	用户访问级为专家级
P0004	0	0	参数过滤显示全部参数
P2264	755	755	PID 反馈信号由 AIN＋设定
*P2265	0	0	PID 反馈信号无滤波
*P2267	100	100	PID 反馈信号的上限值（%）
*P2268	0	0	PID 反馈信号的下限值（%）
*P2269	100	100	PID 反馈信号的增益（%）
*P2270	0	0	不用 PID 反馈器的数学模型
*P2271	0	0	PID 传感器的反馈型式为正常

设置 PID 参数，如表 10.14 所示。

表 10.14　PID 参数表

参数号	出厂值	设置值	说　明
P0003	1	3	用户访问级为专家级
P0004	0	0	参数过滤显示全部参数
*P2280	3	25	PID 比例增益系数
*P2285	0	5	PID 积分时间
*P2291	100	100	PID 输出上限（%）
*P2292	0	0	PID 输出下限（%）
*P2293	1	1	PID 限幅的斜坡上升/下降时间（s）

3）变频器运行操作

按下带锁按钮 SB1 时，变频器数字输入端 DIN1 为“ON”，变频器启动电动机。当反馈的电压信号发生改变时，将会引起电动机速度发生变化。

若反馈的电压信号小于预置目标值（即 P2240 值，60% 对应 6 V 电压信号），变频器将驱动电动机升速；电动机速度上升又会引起反馈的电压信号变大。当反馈的电压信号大于目标值 6 V 时，变频器又将驱动电动机降速，从而又使反馈的电压信号变小；当反馈的电压信号小于目标值 6 V 时，变频器又将驱动电动机升速。如此反复，能使变频器达到一种动态平衡状态，变频器将驱动电动机以一个动态稳定的速度运行。

如果需要，则目标设定值（P2240 值）可直接通过按操作面板上的（▲▼）键来改变。当设置 P2231 = 1 时，由（▲▼）键改变了的目标设定值将被保存在内存中。

放开带锁按钮 SB1，数字输入端 DIN1 为“OFF”，电动机停止运行。

10.4 运动控制（伺服控制）

S7-1200 在运动控制中使用了轴的概念，通过对轴的组态（包括硬件接口、位置定义、动态特性、机械特性等），与相关的指令块（符合 PLCopen 规范）组合使用，可实现绝对位置、相对位置、点动、转速控制及自动寻找参考点的功能。

10.4.1 运动控制功能的原理

S7-1200 PLC CPU 输出脉冲和方向信号至伺服驱动器，伺服驱动器再将从 CPU 输入的给定值经过处理后输出到伺服电机，控制伺服电机加速/减速和移动到指定位置，伺服电机的编码器信号输入到伺服驱动器形成闭环控制，用于计算速度与当前位置，而 S7-1200 内部的高速计数器则测量 CPU 上的脉冲输出，计算速度与位置。但此数值并非电机编码器所反馈的实际速度与位置。

S7-1200 PLC CPU 提供了运行中修改速度和位景的功能（On The Fly），可以在运动系统不停止的情况下，实时改变目标速度与位置。

运动控制功能原理示意图如图 10.10 所示。

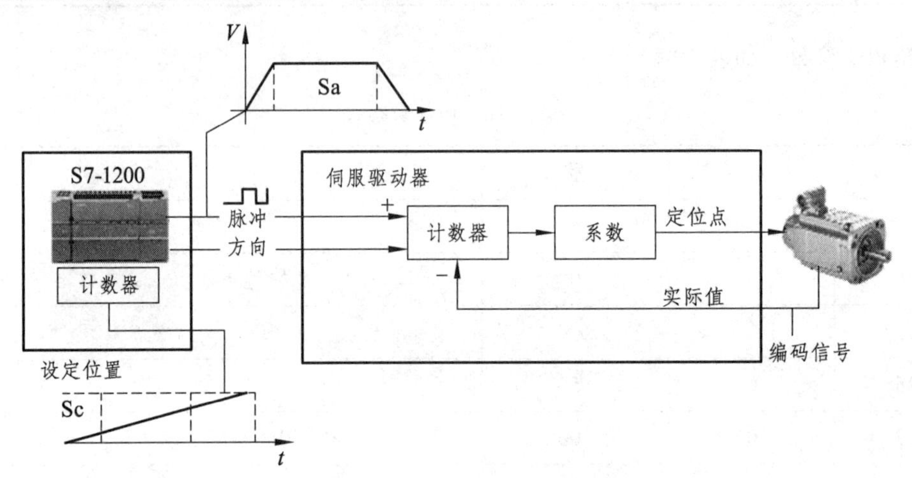

图 10.10 运动控制功能原理示意图

S7-1200 运动控制功能的实现包括以下 4 部分，如图 10.11 所示。

（1）相关执行设备。

（2）CPU 硬件输出。

（3）定义工艺对象“轴”。

（4）程序中的控制指令块。

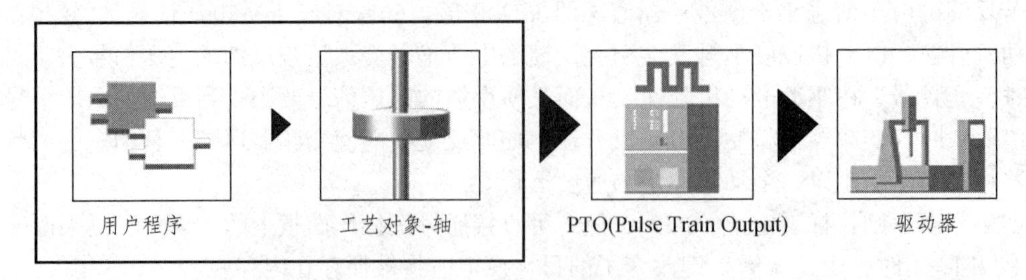

图 10.11 运动控制功能原理的实现

10.4.2　执行设备

执行设备主要包括伺服驱动器和伺服电机，CPU 通过硬件输出，给出脉冲与方向信号用于控制执行设备的运转。执行设备如图 10.12 所示。

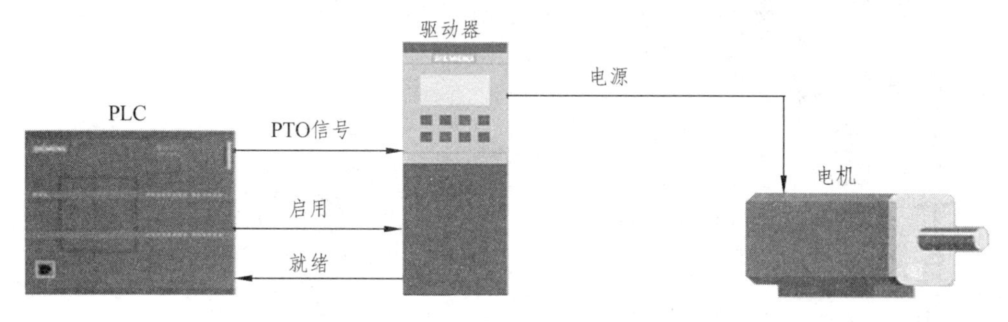

图 10.12　执行设备

10.4.3　CPU 硬件输出

CPU 通过集成或信号板上的硬件输出点，输出一串占空比为 50% 的脉冲串（PTO），如图 10.13 所示。CPU 通过改变脉冲串的频率以达到加速/减速的目的，如图 10.14 所示。

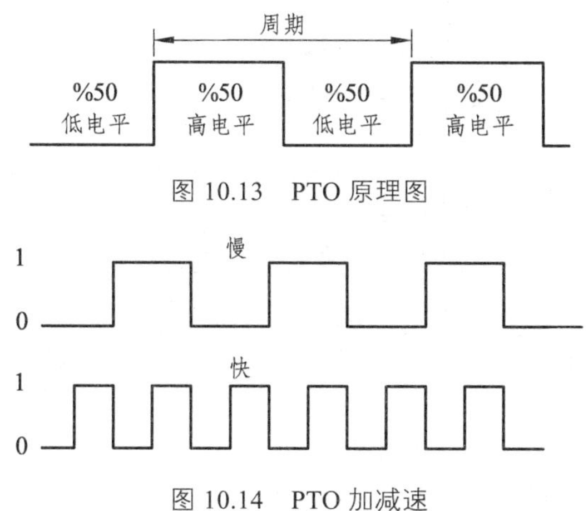

图 10.13　PTO 原理图

图 10.14　PTO 加减速

集成点输出的最高频率为 100 kHz，信号板输出的最高频率为 20 kHz，CPU 在使能 PTO 功能时将占用集成点 Qa.0. Qa.2 或信号板的 Q4.0 作为脉冲输出点，Qa.1，Qa.3 和 Q4.1 作为方向信号输出点，虽然使用了过程映像区的地址，但这些点会被 PTO 功能独立使用，不会受扫描周期的影响，其作为普通输出点的功能将被禁止。

注意：目前 PTO 的输出类型只支持 PNP 输出，电压为 DC 24 V，继电器输出的点不能应用于 PTO 功能。关于 PTO 功能的最新硬件指标，如最高频率等。请参考最新的系统手册。

1．硬件输出的组态

具体操作的步骤如下。

（1）在 Portal 软件中插入 S7-1200 PLC CPU（DC 输出类型），在“设备视图”中配置 PTO。进入 CPU“常规”属性，设置“脉冲发生器”，启用脉冲发生器。如图 10.15 所示。

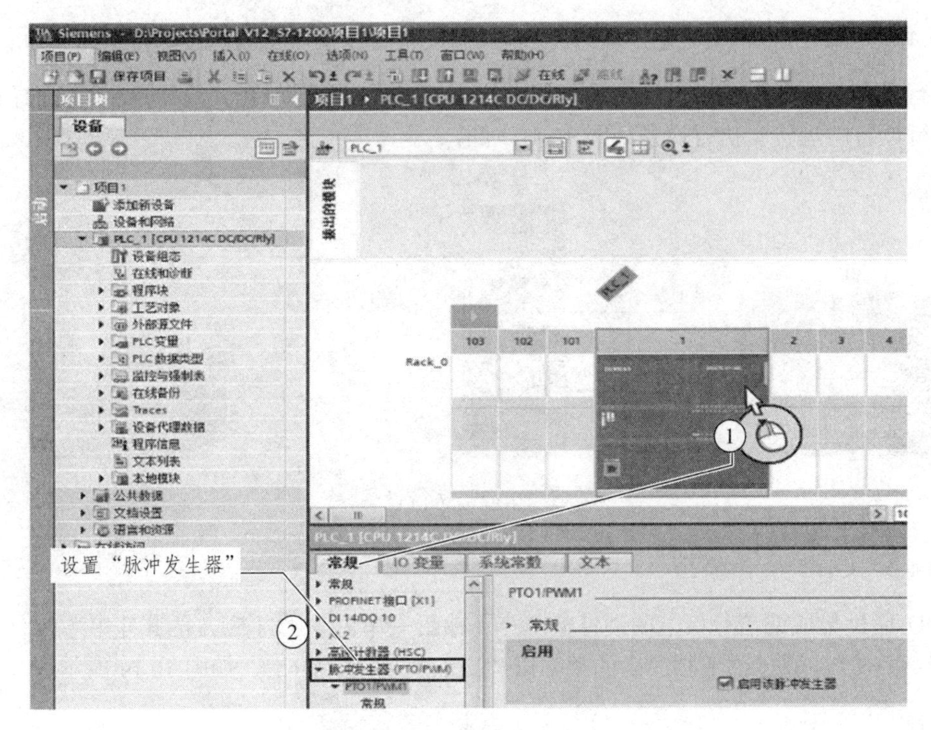

图 10.15　启动脉冲发生器

（2）参数分配。脉冲的信号类型，如图 10.16 所示。

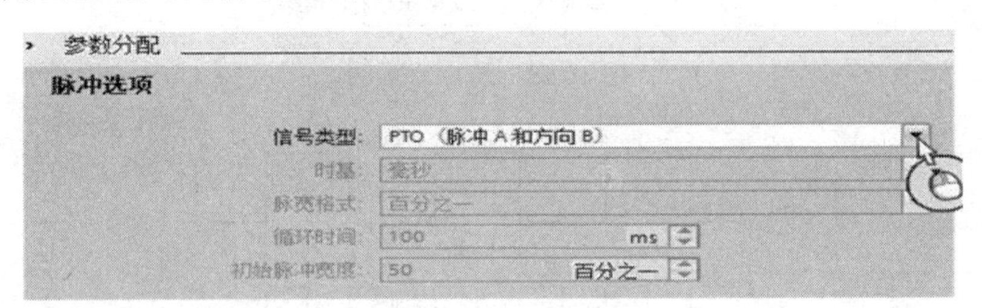

图 10.16　脉冲信号类型

（3）硬件输出。根据“脉冲选项”的类型，脉冲硬件输出也相应不同。如图 10.17 所示。

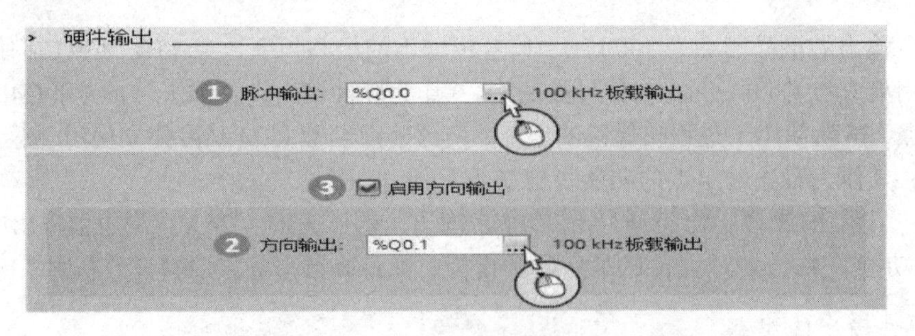

图 10.17　硬件输出

① 为“脉冲输出”点，可以根据实际硬件分配情况改成其他 Q 点。
② 为“方向输出”点，也可以根据实际需要修改成其他 Q 点。
③ 可以取消方向输出，这样修改后该控制方式变成了单脉冲（没有方向控制）。

（4）硬件标识符。该 PTO 通道的硬件标识符是软件自动生成的，不能修改。如图 10.18 所示。

图 10.18　硬件标识符

10.4.4　工艺对象“轴”

“轴”表示驱动的工艺对象。“轴”工艺对象是用户程序与驱动的接口。工艺对象从用户程序中收到运动控制命令，在运行时执行并监视执行状态。“驱动”表示步进电机加电源部分或伺服驱动加脉冲接口转换器的机电单元。驱动是由 CPU 产生脉冲对“轴”工艺对象操作进行控制的。运动控制中必须要对工艺对象进行组态才能应用控制指令块。

参数组态主要定义了轴的工程单位（如脉冲数/秒，转/分钟），软硬件限位，启动/停止速度，参考点定义等。无论是开环控制还是闭环控制方式，每一个轴都需要添加一个轴“工艺对象”，通过如图 10.19 所示的步骤来添加轴工艺对象。

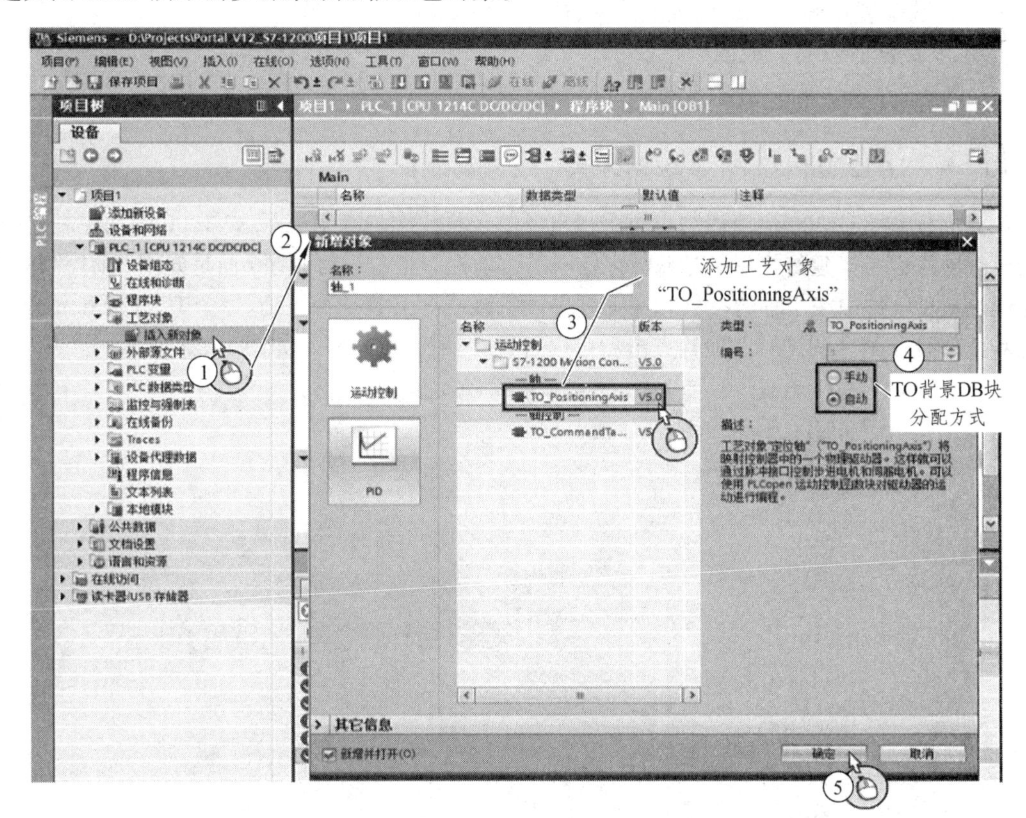

图 10.19　添加工艺对象

添加完成后，可以在项目树中看到添加好的工艺对象，有三个选项：组态、调试和诊断。其中，“组态”用来设置轴的参数，包括“基本参数”和“扩展参数”。如图 10.20 所示。

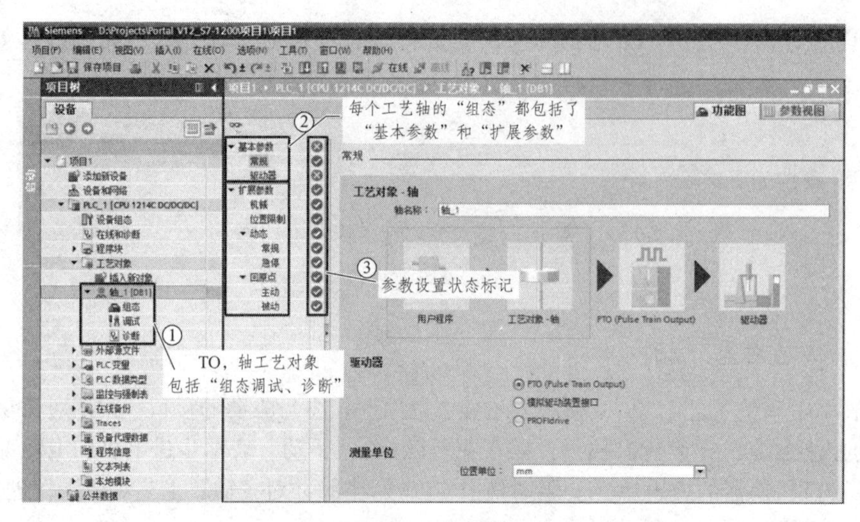

图 10.20　工艺组态

每个参数页面都有状态标记，提示用户轴参数设置状态：

参数配置正确，为系统默认配置，用户没有做修改；

参数配置正确，不是系统默认配置，用户做过修改；

参数配置没有完成或有错误；

参数组态正确，但是有报警，比如只组态了一侧的限位开关。

10.4.5　S7-1200 PLC PTO 控制方式——调试面板

调试面板是 S7-1200 运控控制中一个很重要的工具，用户在组态了 S7-1200 运动控制并把实际的机械硬件设备搭建好之后，先不要着急调用运动控制指令编写程序，而是先用“轴控制面板”来测试 Portal 软件中关于轴的参数和实际硬件设备接线等安装是否正确。每个 TO_PositioningAsix 工艺对象都有一个“调试”选项，点击后可以打开“轴控制面板”，如图 10.21 所示。

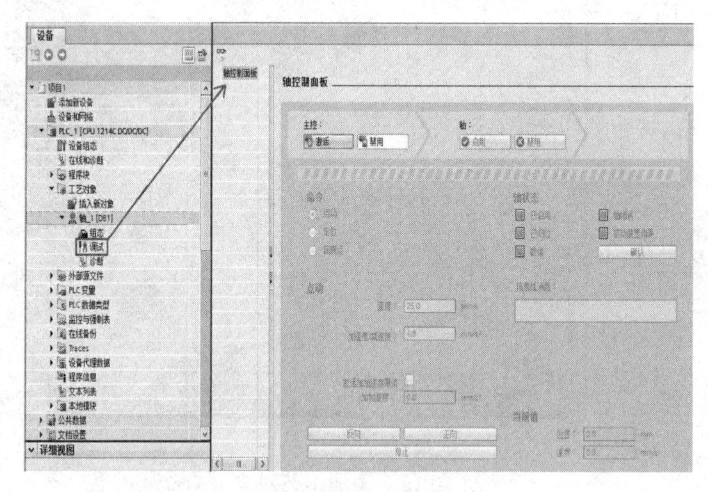

图 10.21　调试面板

当激活了“轴控制面板”，并且正确连接到 S7-1200 PLC CPU 后，用户就可以用控制面板对轴进行测试，控制面板的主要区域如图 10.22 所示。

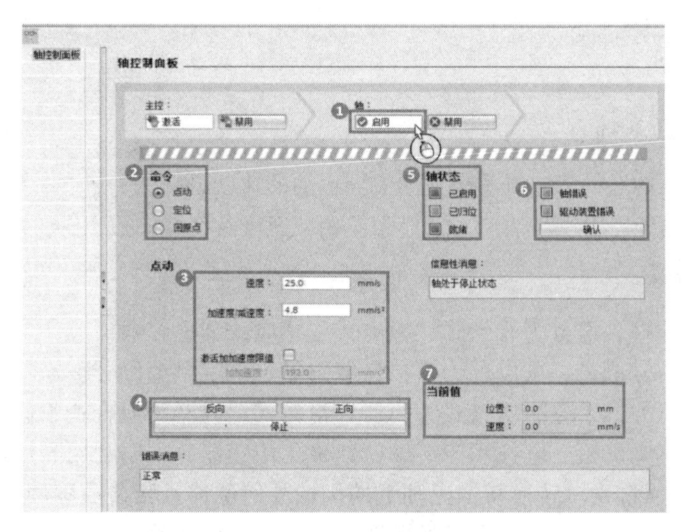

图 10.22　控制面板

①为轴的启用和禁用。

②为命令：在这里分成三大类：点动，定位和回原点，定位包括绝对定位和相对移动功能。回原点可以实现 Mode 0（绝对式回原点）和 Mode 3（主动回原点）功能。

③为根据不同运动命令，设置运行速度，加/减速度，距离等参数。

④为每种运动命令的正/反方向设置，以及停止操作等。

⑤为轴的状态位，包括了是否有回原点完成位。

⑥为错误确认按钮，相当于 MC_Reset 指令的功能。

⑦为轴的当前值，包括轴的实时位置和速度值。

10.4.6　PTO 控制方式——诊断

在“轴调试面板”进行调试时，可能会遇到轴报错的情况，用户可以参考“诊断”信息来定位报错原因，如图 10.23 所示。“轴调试面板”测试成功后，用户就可以根据工艺要求，编写运动控制程序实现自动控制。

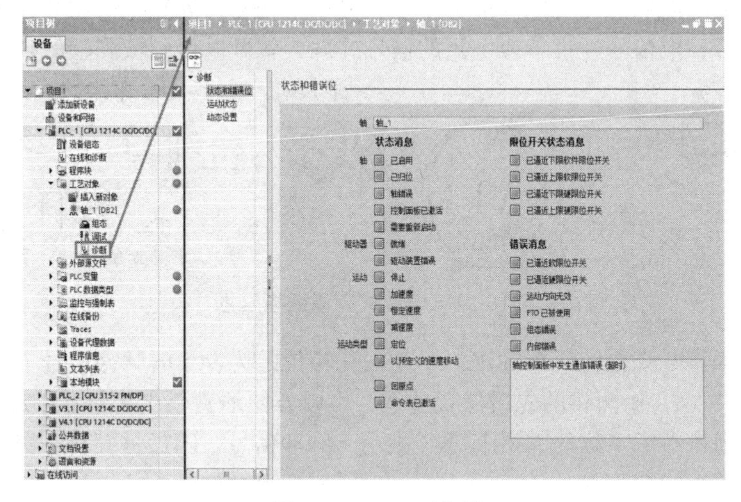

图 10.23　PTO 诊断

10.5 编码器

10.5.1 编码器基础

编码器是传感器的一种，主要用来检测机械运动的速度、位置、角度、距离和计数等，许多马达控制均需配备编码器以供马达控制器作为换相、速度及位置的检出等，应用范围相当广泛。

1．按照不同的分类方法，编码器可以分为以下几种类型

（1）根据检测原理，可分为光学式、磁电式、感应式和电容式。

（2）根据输出信号形式，可以分为模拟量编码器、数字量编码器。

（3）根据编码器方式，分为增量式编码器、绝对式编码器和混合式编码器。

光电编码器是集光、机、电技术于一体的数字化传感器，主要利用光栅衍射的原理来实现位移——数字变换，通过光电转换将输出轴上的机械几何位移量转换成脉冲或数字量的传感器。典型的光电编码器由码盘、检测光栅、光电转换电路（包括光源、光敏器件、信号转换电路）、机械部件等组成。光电编码器具有结构简单、精度高、寿命长等优点，广泛应用于精密定位、速度、长度、加速度、振动等方面。这里我们主要介绍 SIMATIC S7 系列高速计数产品普遍支持的增量式编码器和绝对式编码器。

2．增量式编码器

增量式编码器提供了一种对连续位移量离散化、增量化以及位移变化（速度）的传感方法。增量式编码器的特点是每产生一个输出脉冲信号就对应一个增量位移，它能够产生与位移增量等值的脉冲信号。增量式编码器测量的是相对于某个基准点的相对位置增量，而不能够直接检测出绝对位置信息。

如图 10.24 所示，增量式编码器主要由光源、码盘、检测光栅、光电检测器件和转换电路组成。在码盘上刻有节距相等的辐射状透光缝隙，相邻两个透光缝隙之间代表一个增量周期。检测光栅上刻有 A、B 两组与码盘相对应的透光缝隙，用以通过或阻挡光源和光电检测器件之间的光线，它们的节距和码盘上的节距相等，并且两组透光缝隙错开 1/4 节距，使得光电检测器件输出的信号在相位上相差 90°。当码盘随着被测转轴转动时，检测光栅不动，光线透过码盘和检测光栅上的缝隙照射到光电检测器件上，光电检测器件就输出两组相位相差 90° 的近似于正弦波的电信号，电信号经过转换电路的信号处理，就可以得到被测轴的转角或速度信息。

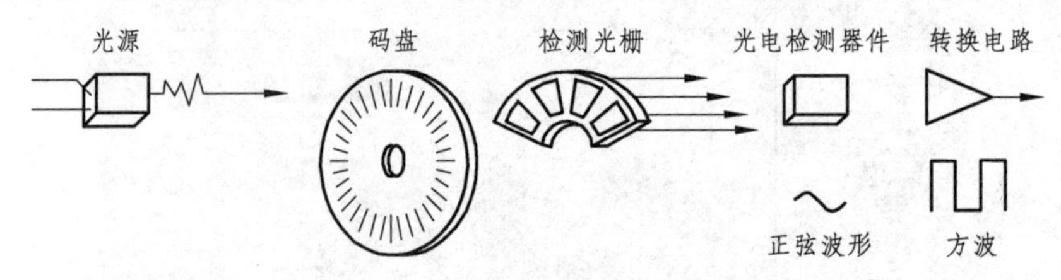

图 10.24 增量式编码器原理图

一般来说，增量式光电编码器输出 A、B 两相相位差为 90° 的脉冲信号（即所谓的两相正交输出信号），根据 A、B 两相的先后位置关系，可以方便地判断出编码器的旋转方向。另外，码盘一般还提供用作参考零位的 N 相标志（指示）脉冲信号，码盘每旋转一周，会发出一个零位标志信号，如图 10.25 所示。

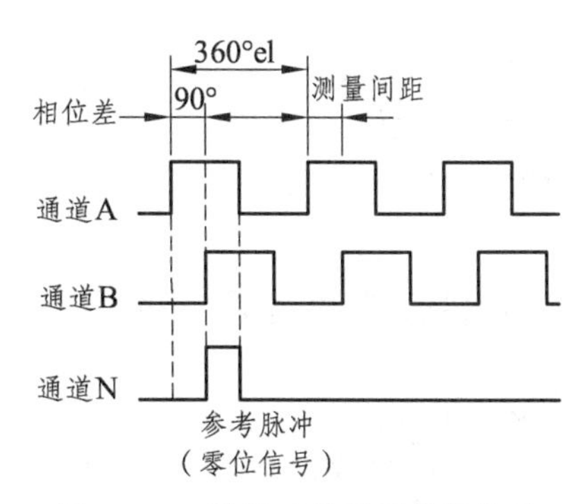

图 10.25　增量式编码器输出信号

3．绝对式编码器

绝对式编码器的原理及组成部件与增量式编码器基本相同，与增量式编码器不同的是，绝对式编码器用不同的数码来指示每个不同的增量位置，它是一种直接输出数字量的传感器。绝对式编码器的圆形码盘上沿径向有若干同心码道，每条码道上由透光和不透光的扇形区相间组成，相邻码道的扇区数目是双倍关系，码盘上的码道数就是它的二进制数码的位数。在码盘的一侧是光源，另一侧对应每一码道有一光敏元件。当码盘处于不同位置时，各光敏元件根据受光照与否转换出相应的电平信号，形成二进制数。显然，码道越多，分辨率就越高，对于一个具有 n 位二进制分辨率的编码器，其码盘必须有 n 条码道。根据编码方式的不同，绝对式编码器的两种类型码盘（二进制码盘和格雷码码盘）如图 10.26 所示。

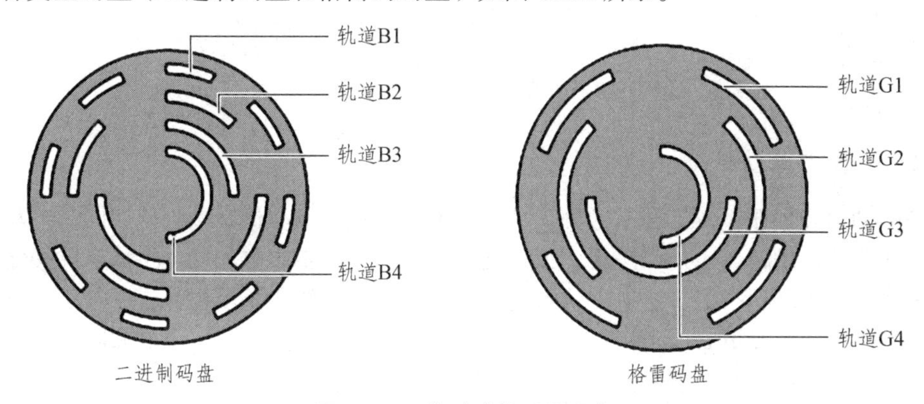

图 10.26　绝对式编码器码盘

绝对式编码器的特点是不需要计数器，在转轴的任意位置都可读出一个固定的与位置相对应的数字码，即直接读出角度坐标的绝对值。另外，相对于增量式编码器，绝对式编码器不存在累积误差，当电源切除后位置信息也不会丢失。

10.5.2　编码器输出信号类型

一般情况下，从编码器的光电检测器件获取的信号电平较低，波形也不规则，不能直接用于控制、信号处理和远距离传输，所以在编码器内还需要对信号进行放大、整形等处理。经过处理的输出信号一般近似于正弦波或矩形波，因为矩形波输出信号容易进行数字处理，所以在控制系统中应用比较广泛。

编码器输出方式常见有推拉输出（F 型 HTL 格式）、电压输出（E）、集电极开路（C，常见 C 为 NPN 型管输出，C2 为 PNP 型管输出），长线驱动器输出。其输出方式应和其控制系统的接口电路相匹配。NPN 型的集电极开路输出的编码器信号不能直接接入漏型输入模块，需在电源和集电极之间接了一个上拉电阻，这样就使得集电极和电源之间能有一个稳定的电压状态。

10.6 PLC 运动控制系统的组成及综合应用

PLC 运动控制系统的控制目标一般为位置控制、速度控制、加速度控制和力矩控制等。

位置控制是将一负载从某一确定的空间位置按一定的轨迹移动到另一确定的空间位置，例如，机械手或机器人就是典型的位置控制系统。

速度控制和加速度控制是使负载按某一确定的速度曲线进行运动，例如，电梯就是通过速度和加速度调节来实现平稳升降和平层。当然，电梯运动控制系统的控制目标也包括位置控制，因为这些控制目标一般是互相配合进行工作的。

转矩控制是通过转矩的反馈来维持转矩的恒定或遵循某一规律的变化，如轧钢机械、造纸机械和传送带的张力控制等。

典型的运动控制系统组成框图如图 10.27 所示。

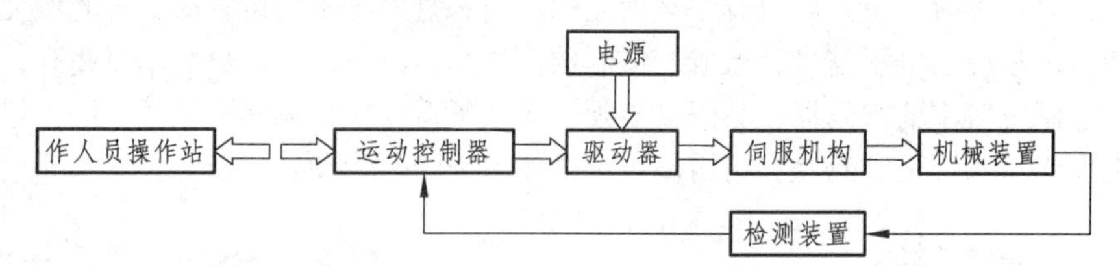

图 10.27　典型的运动控制系统组成框图

10.6.1　步进电动机

步进电动机是伺服系统的执行元件。从原理上讲，步进电动机是一种低速同步电动机，只是由于驱动器的作用，其更加步进化、数字化。开环运行的步进电动机能将数字脉冲输入转换为模拟量输出。闭环运行的步进电动机系统是交流伺服系统的一个重要分支。基于步进电动机的特点，采用直接驱动方式，可以消除存在于传统方式（带减速机构）中的间隙、摩擦等不利因素，增加伺服刚度，从而显著提高伺服系统的终端合成速度和定位的精度。

步进电动机的最早应用是开环系统，这些系统中电流的给定值是事先设定的，不是由外环控制器实时给定的。开环控制使系统存在振荡区，在使用时必须避开振荡点，否则速度波动很大，严重时可能导致失步；同时，启动受到限制，一般要通过控制外加的速度按一定的升速规律实现启动，必须有足够的长的升速过程。这导致它在速度变化率较大的场合受到了限制。另外，抗负载波动的能力较差。如果负载出现冲击转矩，电动机可能失步或堵转，所以一般不能满载运行，必须留有足够的余量，这导致电动机的容量得不到充分应用。开环控制一般无法有效实现功角控制。

步进电动机的闭环控制可以分两类：一类是以现有的驱动器作为开环控制系统为基础，加上控制器和位置传感器构成的闭环控制系统，如图 10.28 所示。另一类是完全的闭环控制。既由控制器直接控制绕组电流，可能达到更高的性能。本书采用众智达 57HZ80-22 步进电动机，参数如表 10.15 所示。

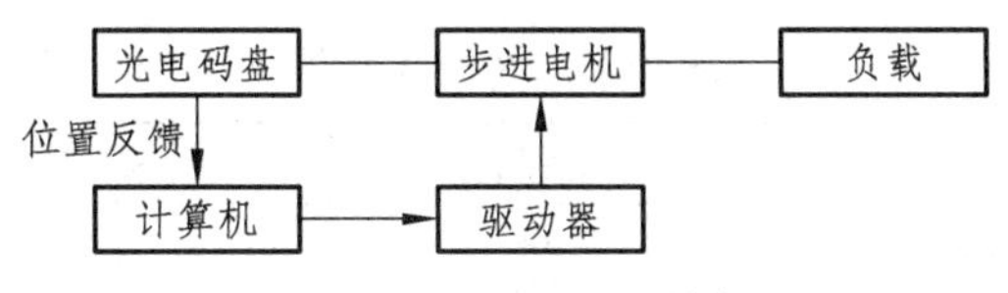

图 10.28　闭环系统结构

表 10.15　技术参数

步进精度	±5%	径向跳动	0.02 mm Max.（450 g load）
电阻精度	±10%	轴向跳动	0.08 mm Max.（450 g load）
电感精度	±20%	电　　流	3.0 A
温　　升	80 °C Max	电阻/相	1.2 Ω
环境温度	−20～+50 °C	电感/相	2.3 mH
绝缘电阻	100 MΩ Min DC 500 V	静力矩	16 g.cm
耐　　压	AC 500 V 1 min		

10.6.2　驱动器

驱动器是指将运动控制器输出的小信号放大以驱动伺服机构的部件。对于不同类别的伺服机构，驱动器有电动、液动、气动等类型。

PLC 运动控制系统采用 PLC 作为运动控制器，驱动器为变频器、伺服电动机驱动器、步进电动机环形驱动器等。本书采用 DMA556 驱动器。DMA556 是等角度恒力矩的高性能步进驱动器，内置微细分，最高 128 细分；驱动电压 AC 18～35 V，驱动电流 1.88～5.6 A，步进脉冲停止 80 ms 时，相电流将自动减半；输入控制信号电压不超过 24 V；可适配 4 线、6 线、8 线电机，驱动器温度超过 80° 时停止工作。电流设定如表 10.16 所示。细分精度设定如表 10.17 所示。DMA556 驱动器、控制器（PLC）、步进电动机三者之间的连接图如图 10.29 所示。

表 10.16　电流设定

Peak	RMS	SW1	SW2	SW3
1.88 A	1.34 A	on	on	on
2.41 A	1.72 A	off	on	on
2.95 A	2.10 A	on	off	on
3.48 A	2.48 A	off	off	on
4.02 A	2.87 A	on	on	off
4.56 A	3.25 A	off	on	off
5.10 A	3.64 A	on	off	off
5.60 A	4.05 A	off	off	off

SW4：off = Half Current; on = Full Current

表 10.17　分精度设定

Pulse/rev	SW5	SW6	SW7	SW8
NC	on	on	on	on
400	off	on	on	on
800	on	off	on	on
1600	off	off	on	on
3200	on	on	off	on
6400	off	on	off	on
12800	on	off	off	on
25600	off	off	off	on
1000	on	on	on	off
2000	off	on	on	off
4000	on	off	on	off
5000	off	off	on	off
8000	on	on	off	off
10000	off	on	off	off
20000	on	off	off	off
25000	off	off	off	off

细分精度 = [360°/步进角（1.8°）] *细分

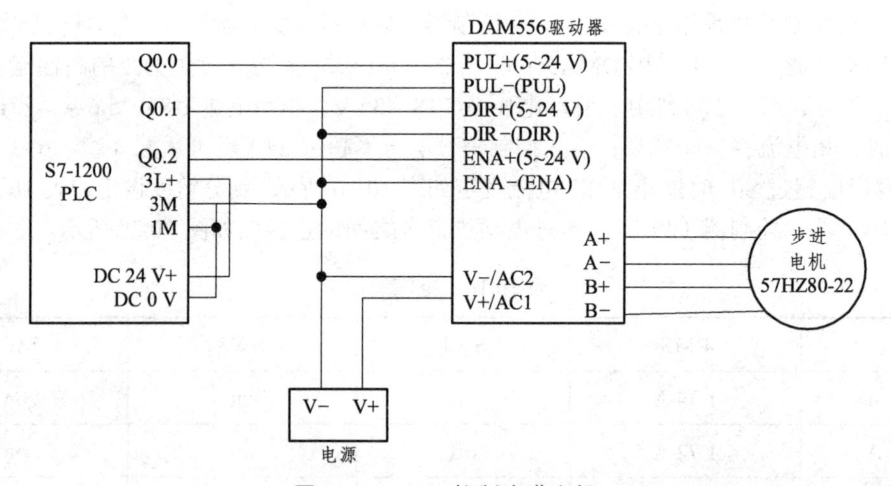

图 10.29　PLC 控制步进电机

10.7　应用举例：基于 S7-1200 PLC 滚珠丝杆运动控制

1．被控对象：滚珠丝杠（见图 10.30）

（1）丝杆规格。滚珠丝杠 1204，丝杆直径 12 mm，每转动一圈直线滑块行进距离 4 mm。

（2）有效行程。行程大约 500 mm，从零点运动到终点丝杠旋转大约 125 圈。

（3）位置、速度反馈。采用 AB 两相增量型光电旋转编码器（本例采用型号为 LPD3806-400BM-G5-24C 的 NPN 型输出需外接上拉电阻），400 脉冲，24 V 集电极开路输出。

（4）刻度尺。丝杠滑台侧面贴有刻度尺，用于指示滑块位置，精度 1 mm。

（5）限位开关。两端设有限位开关，超出行程时进行保护。

（6）电动机。采用 15 W 三相 220 V 交流调速电动机，可用 MM 420 变频器直接驱动控制。

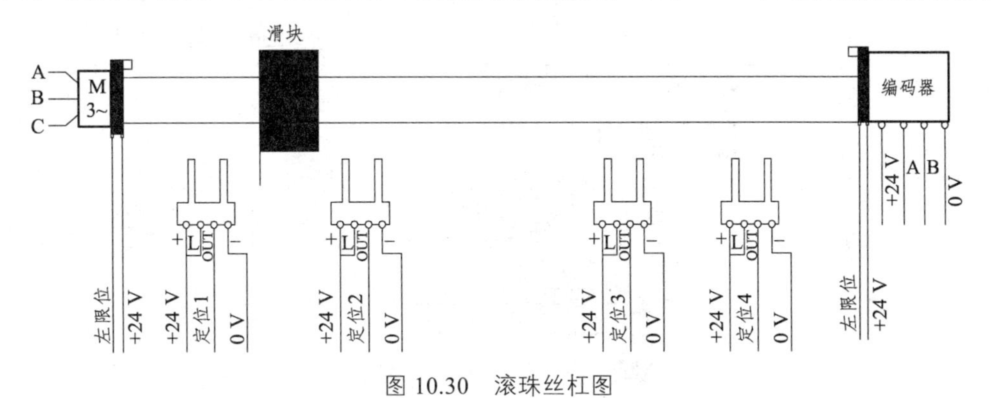

图 10.30　滚珠丝杠图

2．基本要求

（1）西门子 S7-1200 系列 PLC 通过模拟量和数字量与 MM 420 变频器通信，控制电机的启动、停止及加减速运行。

（2）利用光电开关确定丝杠滑块的特殊位置；利用编码器反馈确定当前丝杠滑块的位置；利用编码器反馈确定丝杠电动机转速。

（3）将丝杠滑块定位到刻度尺零点位置，按下启动按钮，滑块归至最左侧光电开关 1 的位置，然后以给定速度 v 匀速通过光电开关 2，到达光电开关 3 的位置停止并返回，返回速度要以 $0.8v$ 的速度匀速通过光电开关 2，并回到光电开关 1 位置停止。然后以最快的速度到达第四个光电开关 4，在第四个光电开关 4 位置停止后，丝杠滑块以最短时间返回初始位置；并在返回过程中，先后在第三个和第二个光电开关位置上停止。

（4）丝杠在任意位置启动，可自动运行至刻度尺零点位置。

（5）通过 HMI 界面给定指定任意位置 X，丝杠滑块将以最快速度达到指定位置 X，要求稳、准、快。

3．西门子 S7-1200 PLC 与 MM 420 变频器的接线（见图 10.31 所示）

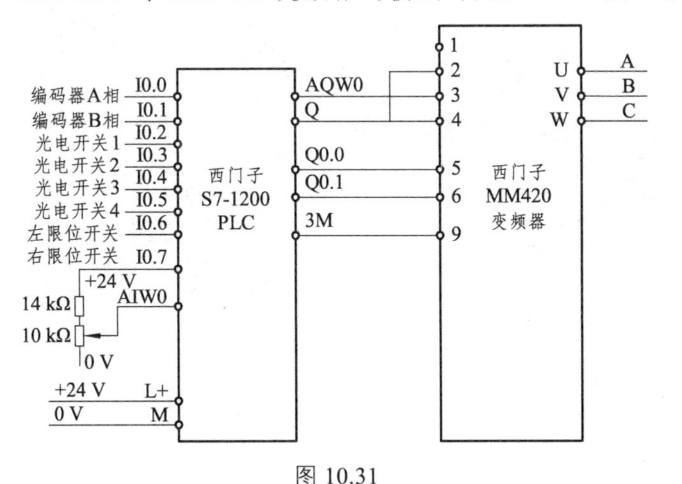

图 10.31

本次实例需要用到“高速计数器”“数字量输入”和“模拟量输入”，所以在编写程序前，要先在 Portal 软件进行相关的设置。

（1）添加信号板。“设备组态”选择“信号板”，如图 10.32 所示。

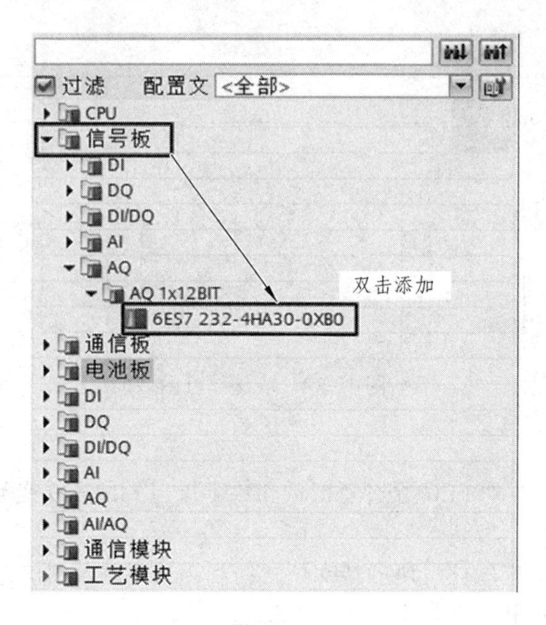

图 10.32

（2）因为 MM 420 变频器控制端是采用电压输入方式，所以模拟量输出类型选择电压，如图 10.33 所示。

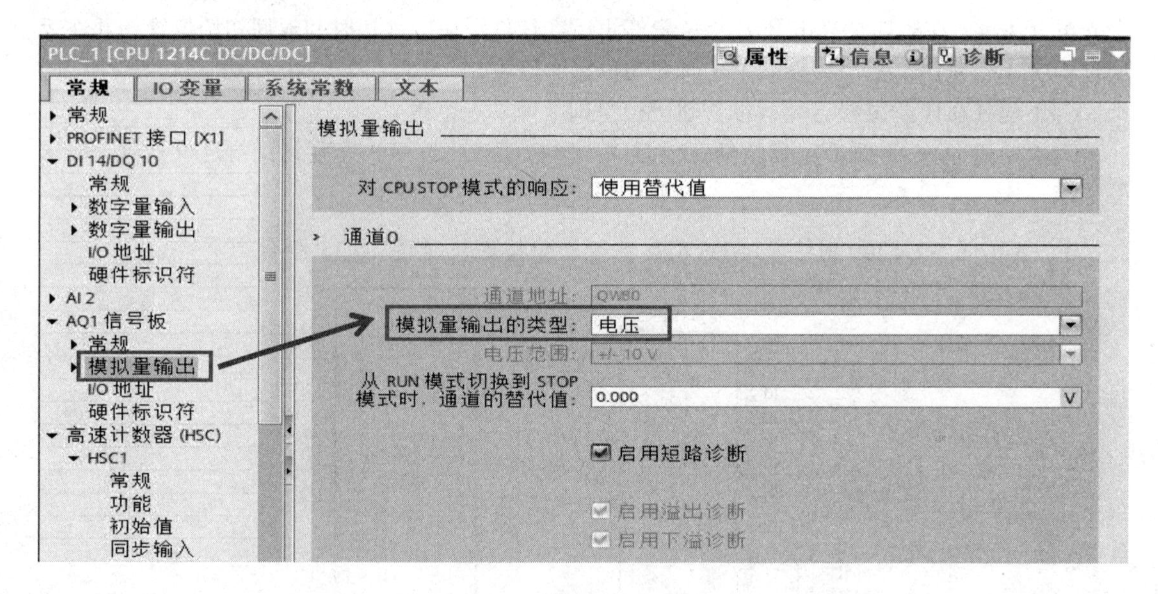

图 10.33

（3）因为编码器是 AB 正交输出，所以高速计数器的工作模式为 AB 计数器四倍频，如图 10.34 所示。

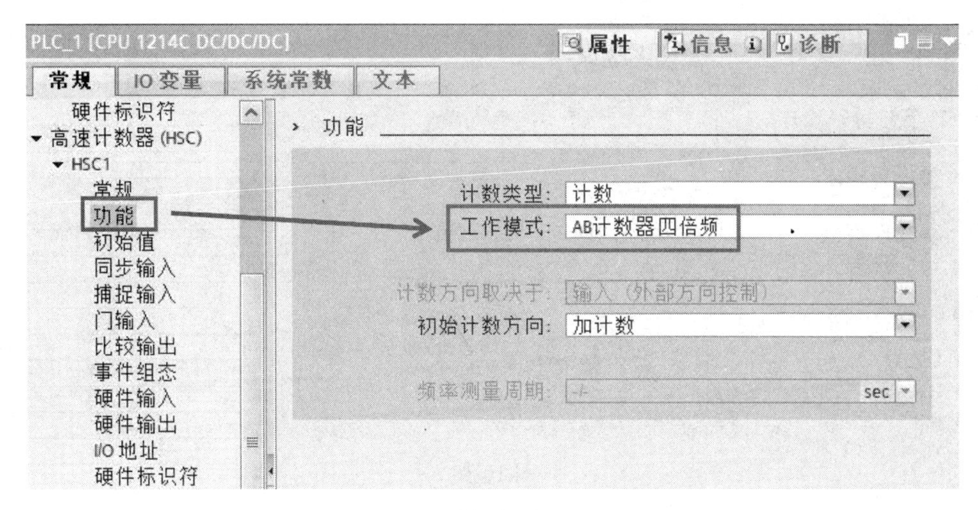

图 10.34

（4）如果输入信号有干扰、噪音，可调整输入滤波时间，滤除干扰，以免误动作。滤波时间可在 0.1 μs ~ 20 ms 的范围中选择几档。如果滤波时间设定为 6.40 ms，数字量输入信号的有效电平（高或低）持续时间小于 6.4 ms 时，CPU 会忽略它；只有持续时间长于 6.4 ms 时，才有可能识别。

另外，支持高速计数器功能的输入点在相应功能开通时不受此滤波时间约束。滤波设置对输入映像区的刷新、开关量输入中断、脉冲捕捉功能都有效。操作中应选择合适的滤波时间，如图 10.35 所示。用户需要哪些通道就选择相应的滤波时间。

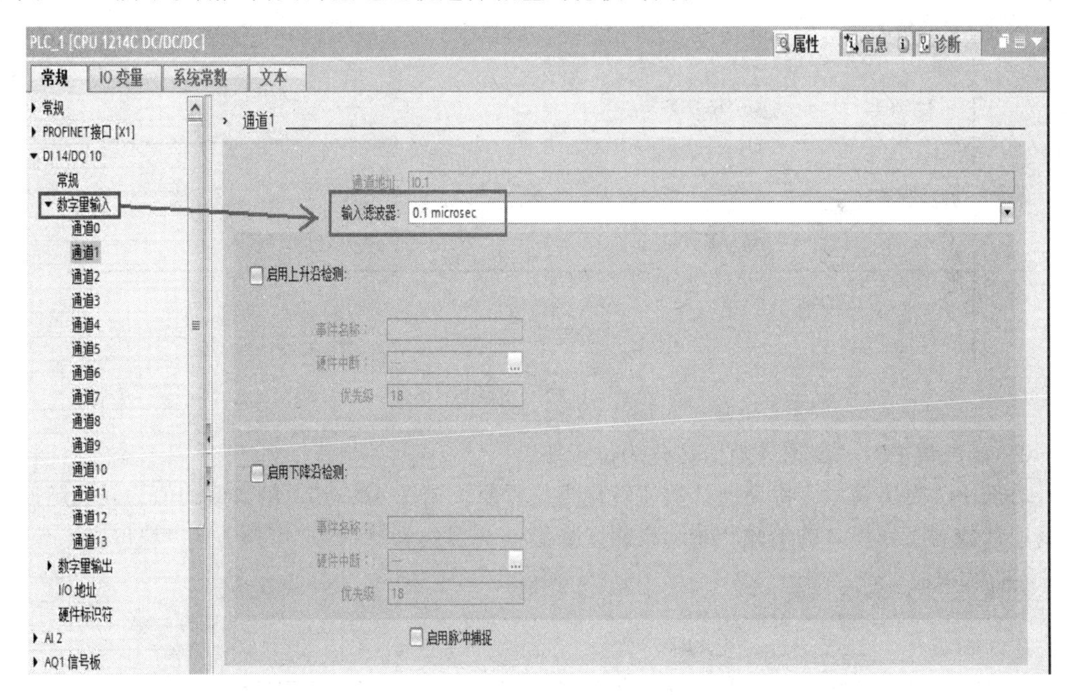

图 10.35

（5）需要在“高速计数器”设置相应的输入口，如图 10.36 所示。

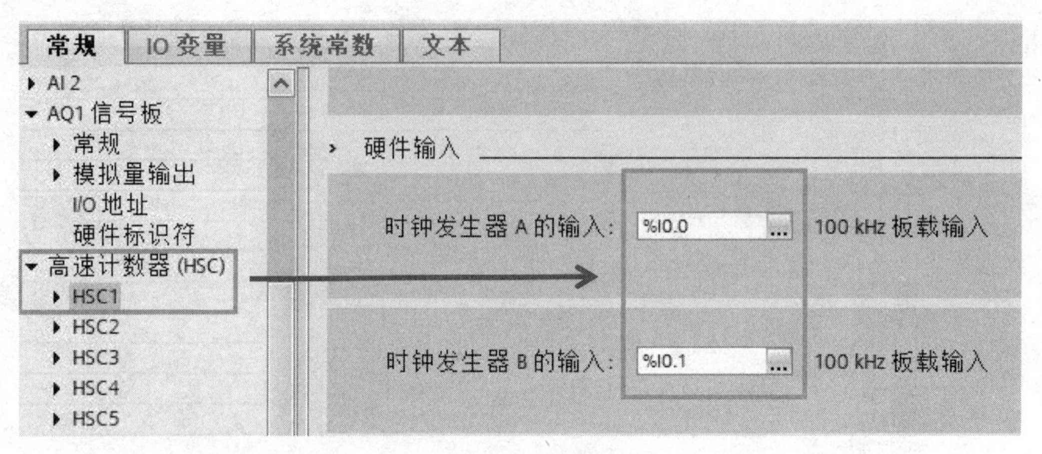

图 10.36

（6）因为该控制过程需要使用触摸屏显示运动曲线，所以必须设置连接机制允许从远程 PLC 使用通信访问。

（7）程序如下。

① 主函数（见图 10.37）。

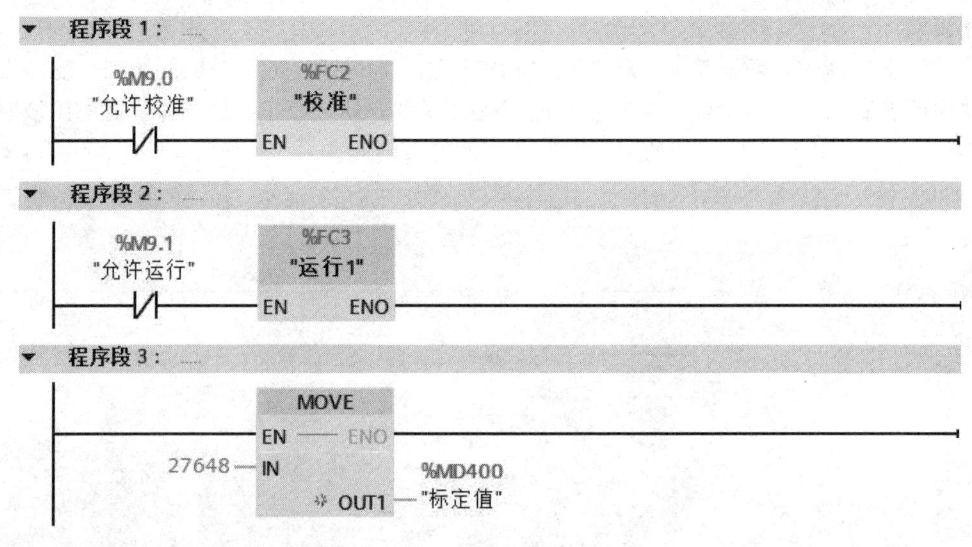

图 10.37　主函数

② 函数块 FC1“高速计数值转化为位置块”。

添加 FC 模块编写，将高速计数值转化为位置值（见图 10.38），倍数值的值为码盘脉冲值与高速计数器工作模式的倍频相乘，高速计数值/（码盘每转脉冲数*倍频）= 滑块位置（mm）。

图 10.38

“高速计数值转化为位置块”的局部变量，如图 10.39 所示。

高速计数值转化为位置				
	名称	数据类型	默认值	注释
1	▼ Input			
2	■ 高速计数值	DInt		
3	■ 倍数值	LReal		
4	▼ Output			
5	■ 位置输出值	LReal		
6	▼ InOut			
7	■ <新增>			
8	▼ Temp			
9	■ 中间变量	LReal		
10	▼ Constant			
11	■ <新增>			
12	▼ Return			
13	■ 高速计数值转化为位置	Void		

图 10.39

③ 函数块 FC2“校准块”。

添加 FC 模块。首先让滑块向左运行，直到左限位开关断电，滑块右移，滑块经过光电门 1 通过“高速计数器模块”确定位置，再反转，准确停止在光电门 1 上。

经过光电门 1 时，将进入硬件中断，改变计数值，确定滑块位置。程序如图 10.40 所示。

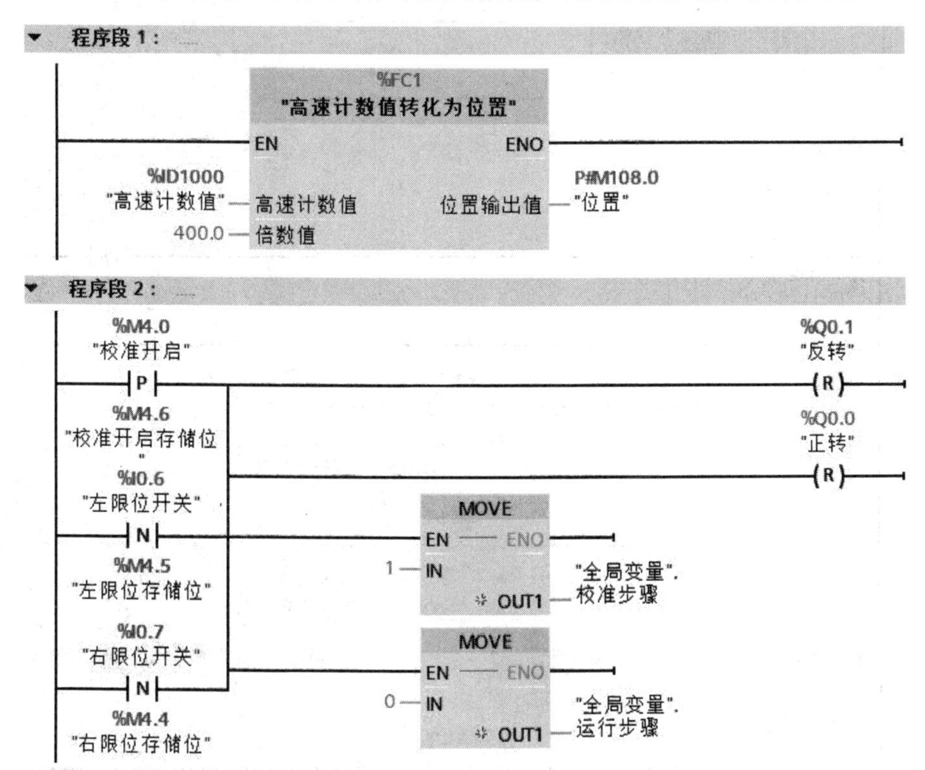

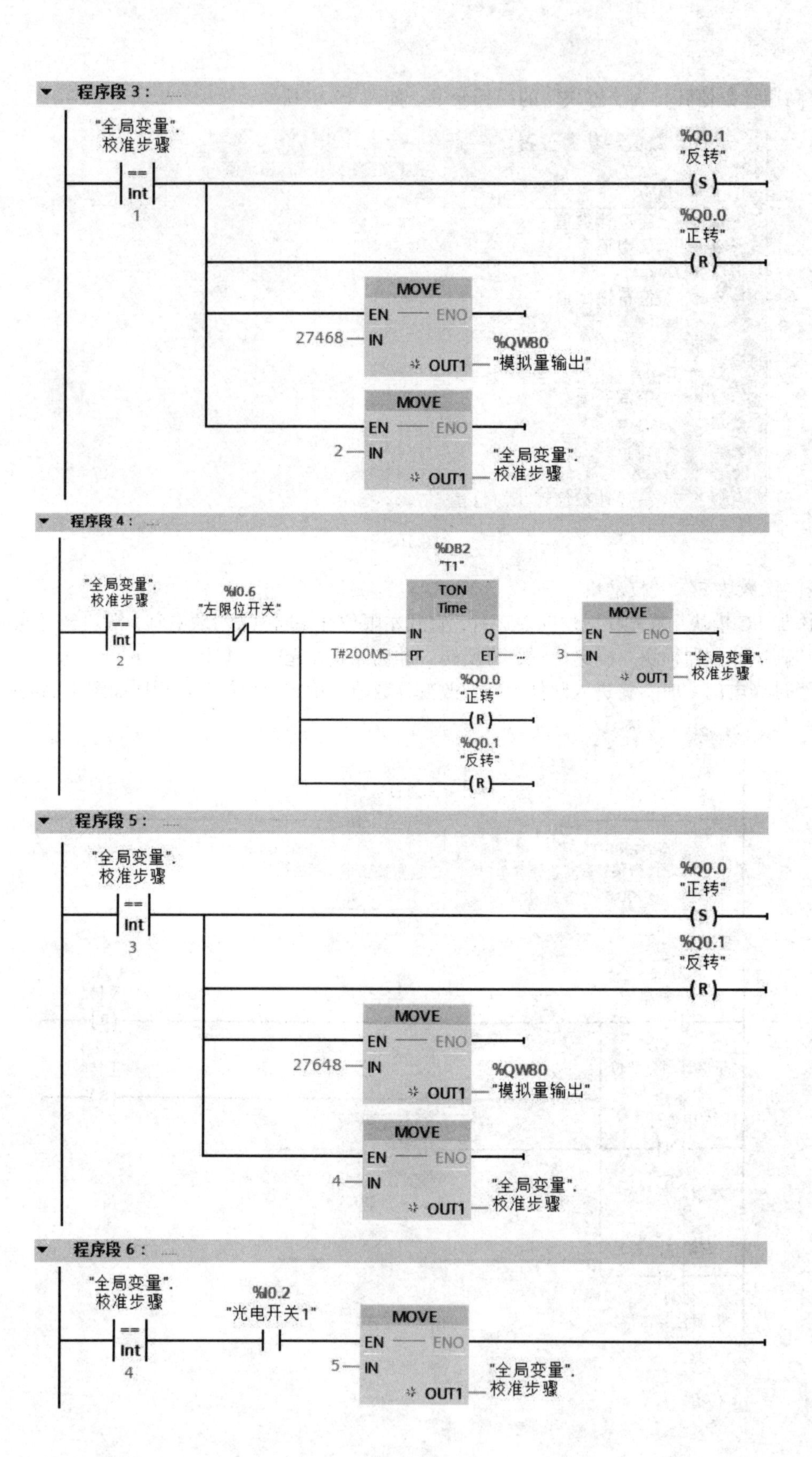

程序段 3：
"全局变量".
校准步骤
==
Int
1
%Q0.1
"反转"
S
%Q0.0
"正转"
R
MOVE
EN
ENO
27468
IN
%QW80
OUT1
"模拟量输出"
MOVE
EN
ENO
2
IN
"全局变量".
校准步骤
OUT1
程序段 4：
"全局变量".
校准步骤
==
Int
2
%I0.6
"左限位开关"
%DB2
"T1"
TON
Time
IN
Q
T#200MS
PT
ET
MOVE
EN
ENO
3
IN
OUT1
"全局变量".
校准步骤
%Q0.0
"正转"
R
%Q0.1
"反转"
R
程序段 5：
"全局变量".
校准步骤
==
Int
3
%Q0.0
"正转"
S
%Q0.1
"反转"
R
MOVE
EN
ENO
27648
IN
%QW80
OUT1
"模拟量输出"
MOVE
EN
ENO
4
IN
"全局变量".
校准步骤
OUT1
程序段 6：
"全局变量".
校准步骤
==
Int
4
%I0.2
"光电开关1"
MOVE
EN
ENO
5
IN
"全局变量".
校准步骤
OUT1

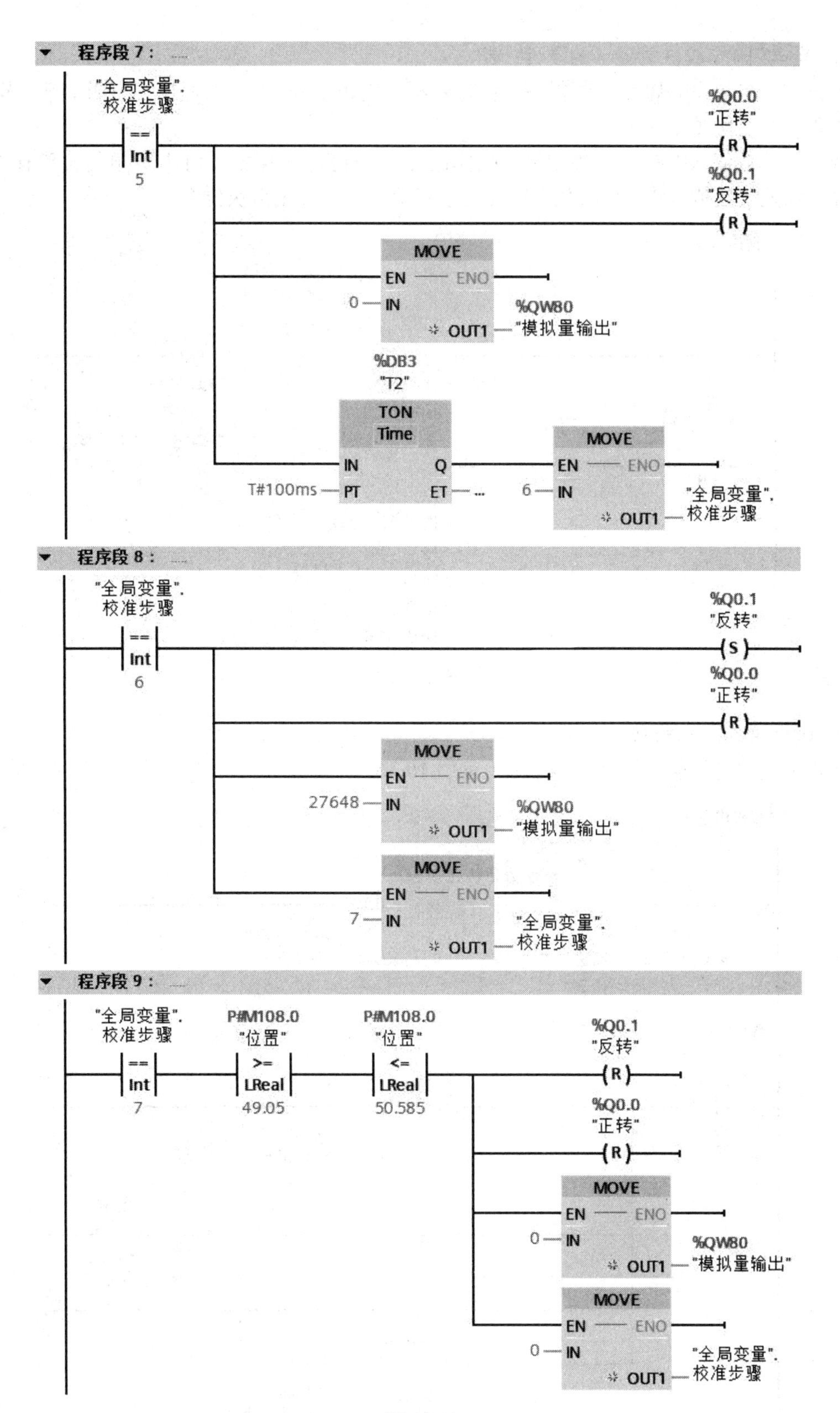

程序段 7：
"全局变量".
校准步骤
==
Int
5
%Q0.0
"正转"
R
%Q0.1
"反转"
R
MOVE
EN
ENO
0
IN
OUT1
%QW80
"模拟量输出"
%DB3
"T2"
TON
Time
IN
Q
T#100ms
PT
ET
MOVE
EN
ENO
6
IN
OUT1
"全局变量".
校准步骤
程序段 8：
"全局变量".
校准步骤
==
Int
6
%Q0.1
"反转"
S
%Q0.0
"正转"
R
MOVE
EN
ENO
27648
IN
OUT1
%QW80
"模拟量输出"
MOVE
EN
ENO
7
IN
OUT1
"全局变量".
校准步骤
程序段 9：
"全局变量".
校准步骤
==
Int
7
P#M108.0
"位置"
>=
LReal
49.05
P#M108.0
"位置"
<=
LReal
50.585
%Q0.1
"反转"
R
%Q0.0
"正转"
R
MOVE
EN
ENO
0
IN
OUT1
%QW80
"模拟量输出"
MOVE
EN
ENO
0
IN
OUT1
"全局变量".
校准步骤

图 10.40

④ 光电门 1（校准位置）的硬件中断。

通过“设备组态→属性、常规→数字量输入”，选择光电门 1 的通道，启用上升沿检测，新增硬件中断模块（见图 10.41）。

改变新计数值 NEW_CV，确定滑块具体位置。新计数值的数值大小与光电门位置有关，计数值经“高速计数值转化为位置块”转化为位置值，从而确定滑块位置。

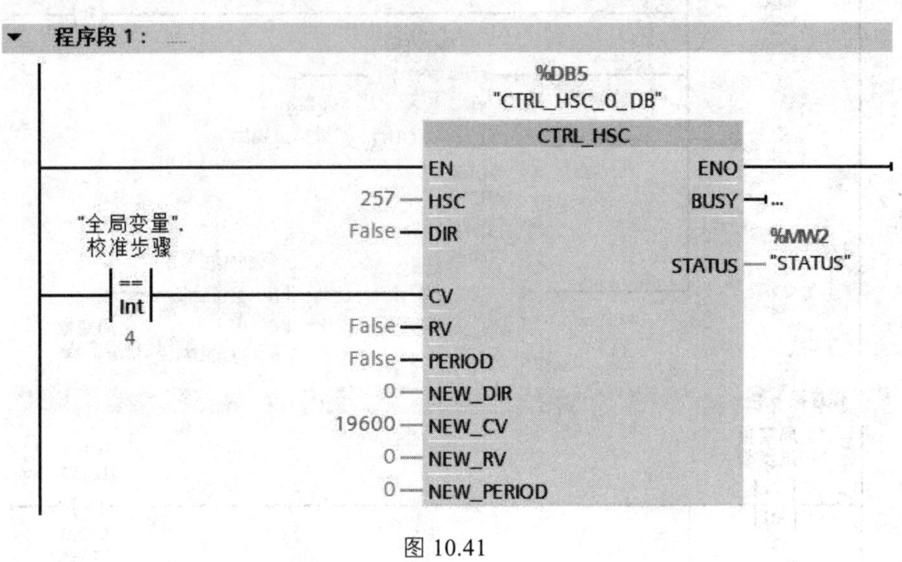

图 10.41

⑤ 函数块 FC3 运行块

实现滑块快速匀速运行与精确停止（见图 10.42）。

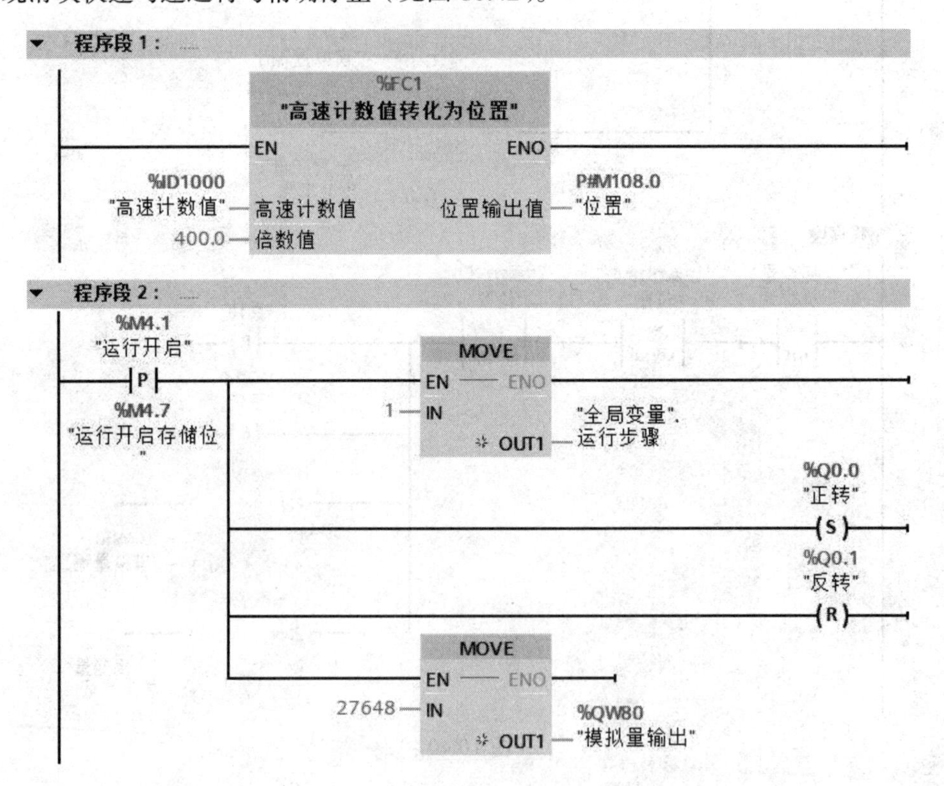

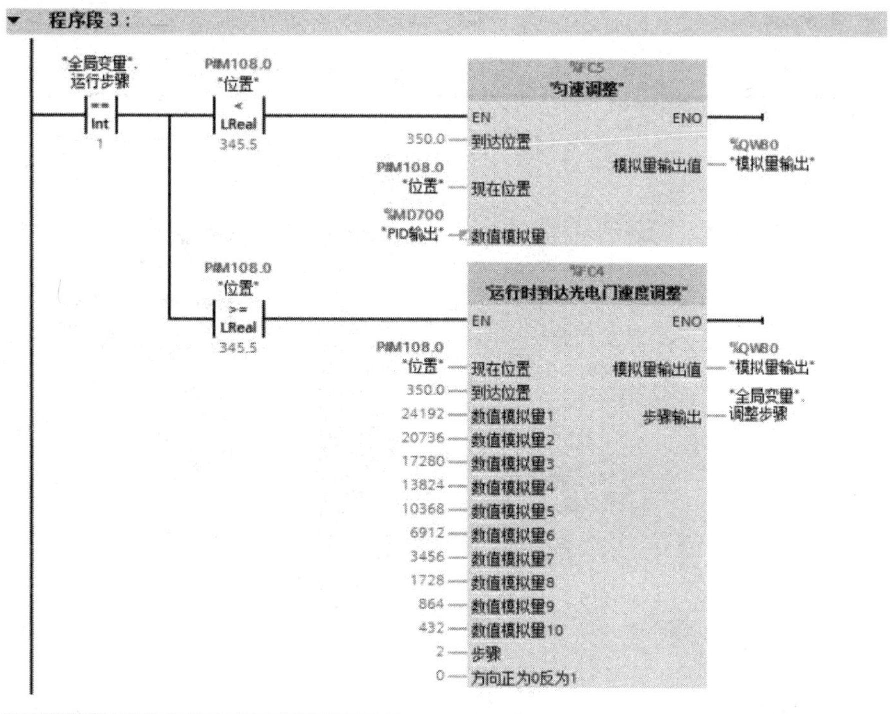
程序段 3：
"全局变量".
运行步骤
==
Int
1
P#M108.0
"位置"
<
LReal
345.5
%FC5
"匀速调整"
EN
ENO
350.0 到达位置
P#M108.0
"位置" 现在位置
%MD700
"PID输出" 数值模拟量
模拟量输出值
%QW80
"模拟量输出"
P#M108.0
"位置"
>=
LReal
345.5
%FC4
"运行时到达光电门速度调整"
EN
ENO
P#M108.0
"位置" 现在位置
350.0 到达位置
24192 数值模拟量1
20736 数值模拟量2
17280 数值模拟量3
13824 数值模拟量4
10368 数值模拟量5
6912 数值模拟量6
3456 数值模拟量7
1728 数值模拟量8
864 数值模拟量9
432 数值模拟量10
2 步骤
0 方向正为0反为1
模拟量输出值
%QW80
"模拟量输出"
步骤输出
"全局变量".
调整步骤

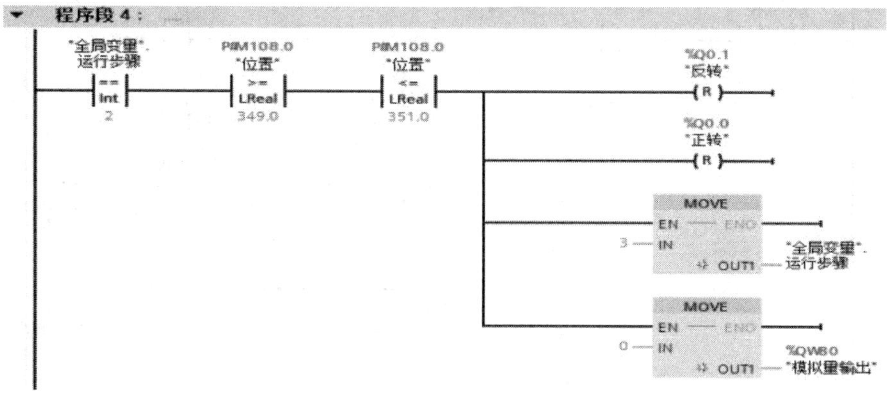
程序段 4：
"全局变量".
运行步骤
==
Int
2
P#M108.0
"位置"
>=
LReal
349.0
P#M108.0
"位置"
<=
LReal
351.0
%Q0.1
"反转"
R
%Q0.0
"正转"
R
MOVE
EN
ENO
3 IN
OUT1
"全局变量".
运行步骤
MOVE
EN
ENO
0 IN
OUT1
%QW80
"模拟量输出"

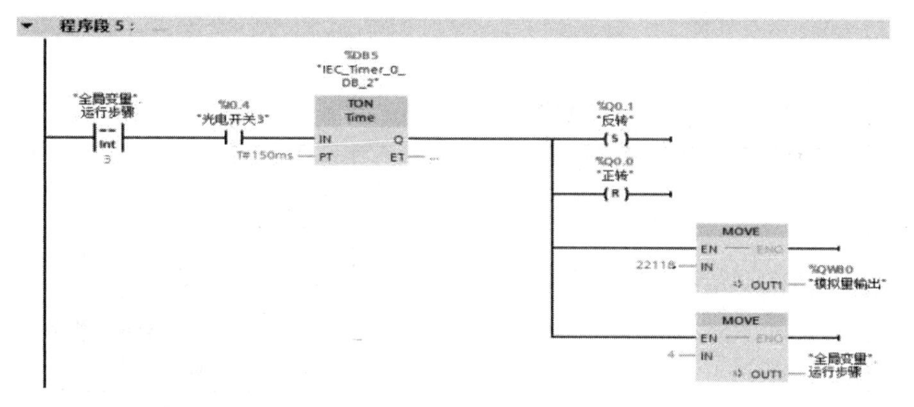
程序段 5：
%DB5
"IEC_Timer_0_
DB_2"
"全局变量".
运行步骤
==
Int
3
%I0.4
"光电开关3"
TON
Time
IN
Q
T#150ms PT
ET
%Q0.1
"反转"
S
%Q0.0
"正转"
R
MOVE
EN
ENO
22118 IN
OUT1
%QW80
"模拟量输出"
MOVE
EN
ENO
4 IN
OUT1
"全局变量".
运行步骤

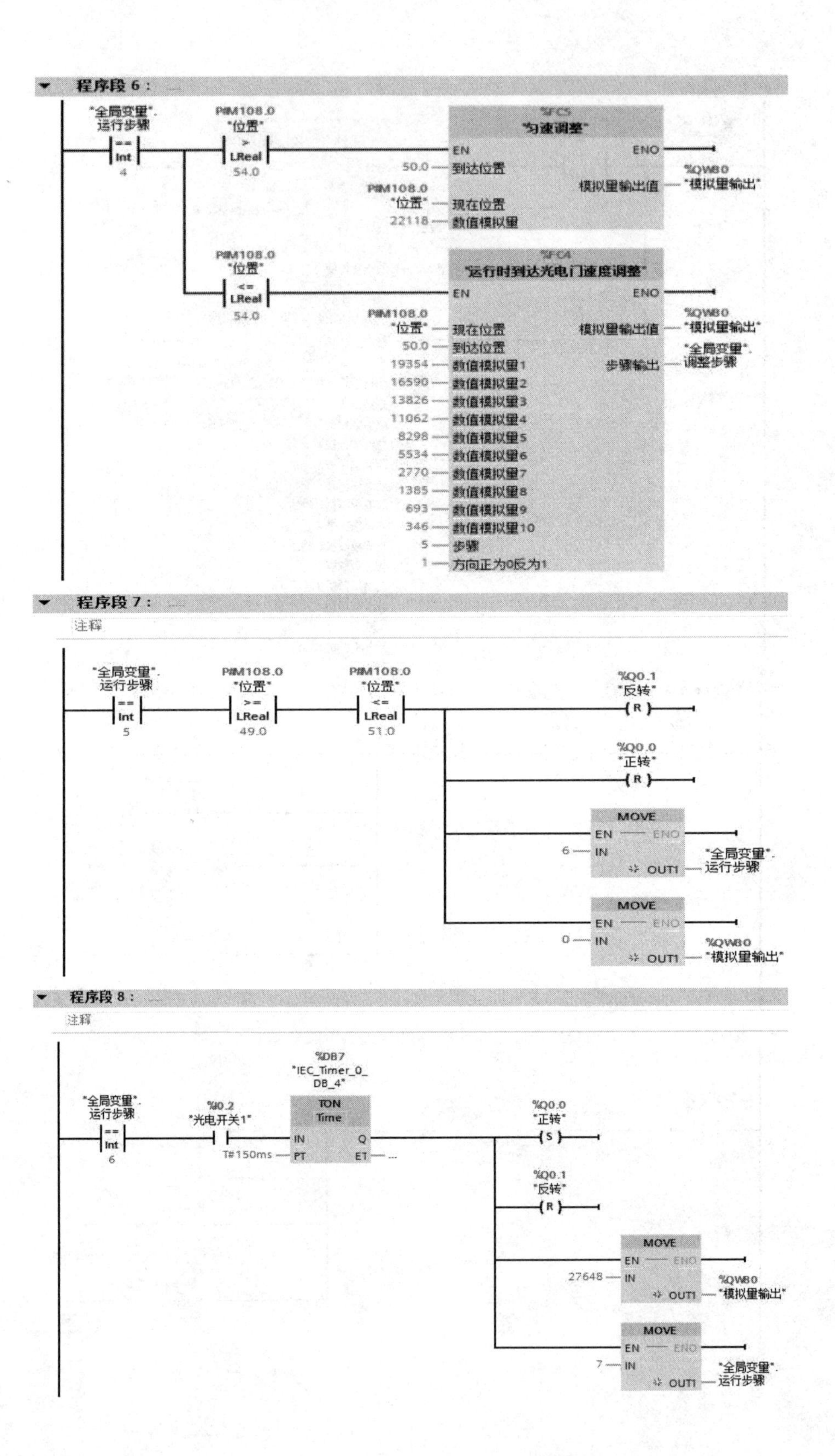
程序段 6：
"全局变量".运行步骤
==
Int
4
P#M108.0
"位置"
>
LReal
54.0
%FC5
"匀速调整"
EN
ENO
50.0
到达位置
P#M108.0
"位置"
现在位置
22118
数值模拟量
模拟量输出值
%QW80
"模拟量输出"
P#M108.0
"位置"
<=
LReal
54.0
%FC4
"运行时到达光电门速度调整"
EN
ENO
P#M108.0
"位置"
现在位置
50.0
到达位置
19354
数值模拟量1
16590
数值模拟量2
13826
数值模拟量3
11062
数值模拟量4
8298
数值模拟量5
5534
数值模拟量6
2770
数值模拟量7
1385
数值模拟量8
693
数值模拟量9
346
数值模拟量10
5
步骤
1
方向正为0反为1
模拟量输出值
%QW80
"模拟量输出"
步骤输出
"全局变量".调整步骤
程序段 7：
注释
"全局变量".运行步骤
==
Int
5
P#M108.0
"位置"
>=
LReal
49.0
P#M108.0
"位置"
<=
LReal
51.0
%Q0.1
"反转"
R
%Q0.0
"正转"
R
MOVE
EN
ENO
6
IN
OUT1
"全局变量".运行步骤
MOVE
EN
ENO
0
IN
OUT1
%QW80
"模拟量输出"
程序段 8：
注释
%DB7
"IEC_Timer_0_DB_4"
"全局变量".运行步骤
==
Int
6
%I0.2
"光电开关1"
TON
Time
IN
Q
T#150ms
PT
ET
%Q0.0
"正转"
S
%Q0.1
"反转"
R
MOVE
EN
ENO
27648
IN
OUT1
%QW80
"模拟量输出"
MOVE
EN
ENO
7
IN
OUT1
"全局变量".运行步骤

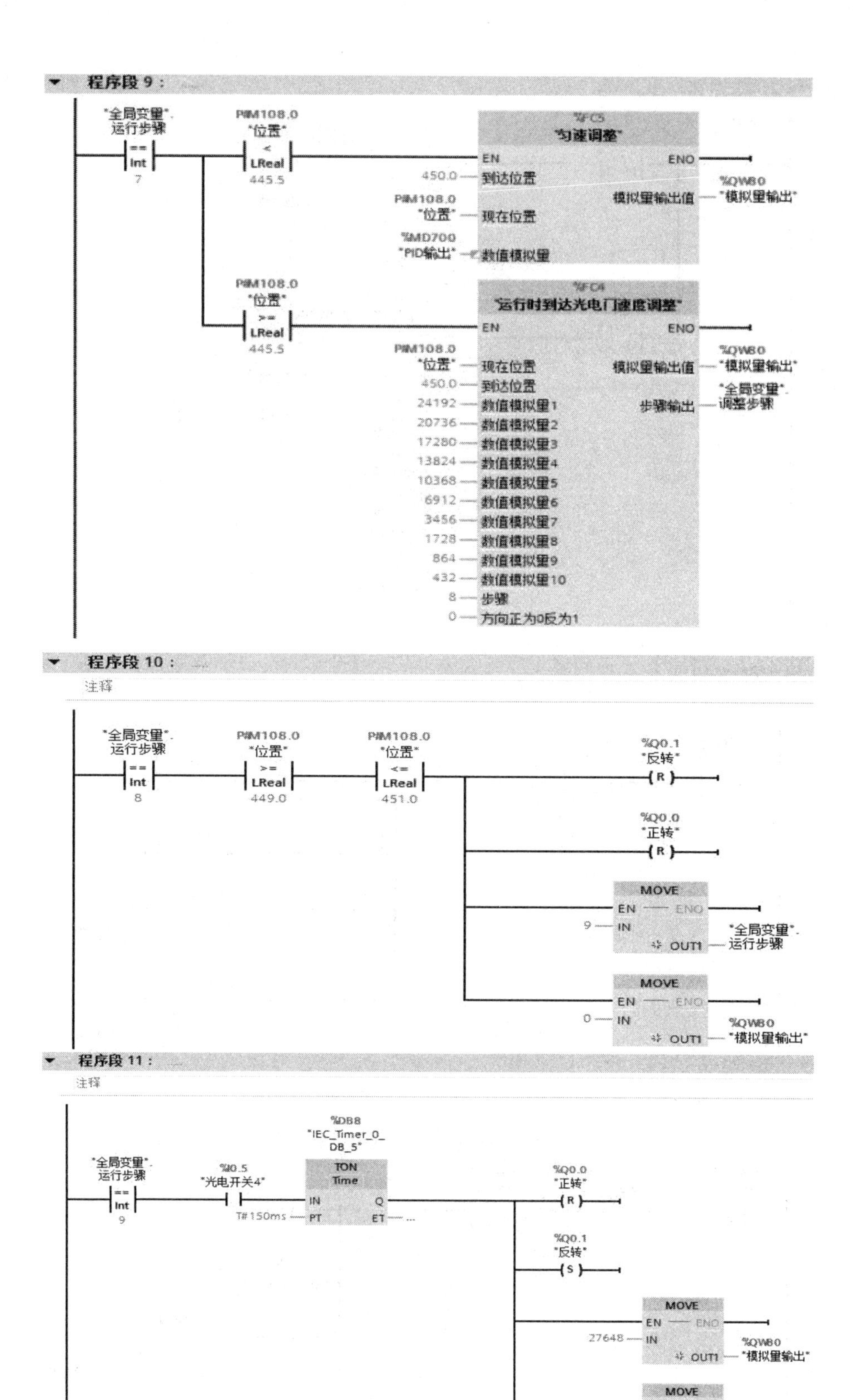

程序段 9：
"全局变量".运行步骤
==
Int
7
P#M108.0
"位置"
<
LReal
445.5
%FC5
"匀速调整"
EN
ENO
450.0
到达位置
模拟量输出值
%QW80
"模拟量输出"
现在位置
%MD700
"PID输出"
数值模拟量
>=
%FC4
"运行时到达光电门速度调整"
24192
20736
17280
13824
10368
6912
3456
1728
864
432
数值模拟量1
数值模拟量2
数值模拟量3
数值模拟量4
数值模拟量5
数值模拟量6
数值模拟量7
数值模拟量8
数值模拟量9
数值模拟量10
步骤
方向正为0反为1
步骤输出
"全局变量".调整步骤
程序段 10：
注释
449.0
<=
451.0
%Q0.1
"反转"
%Q0.0
"正转"
MOVE
IN
OUT1
程序段 11：
%DB8
"IEC_Timer_0_DB_5"
%I0.5
"光电开关4"
TON
Time
T#150ms
PT
Q
ET
27648

程序段 12：

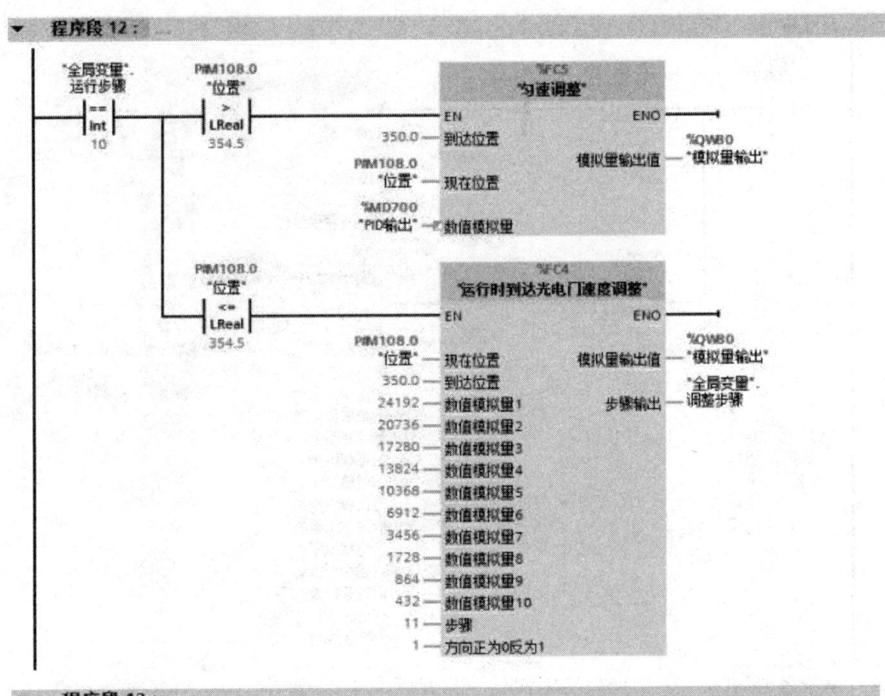

程序段 13：

注释

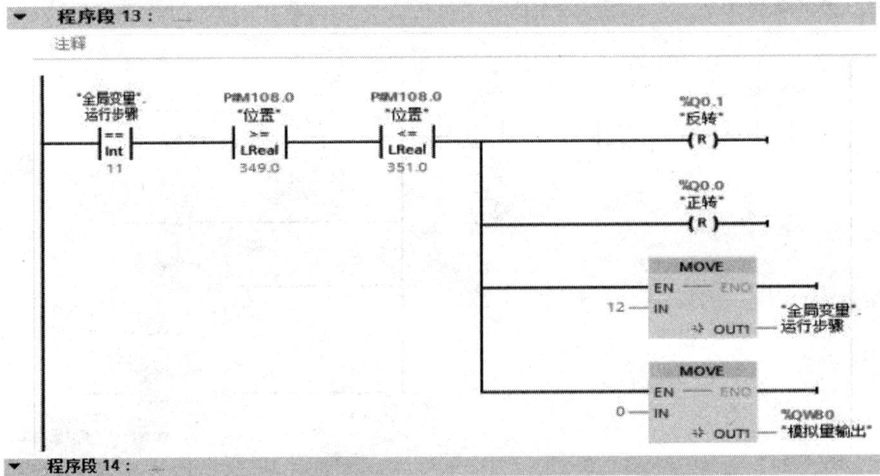

程序段 14：

注释

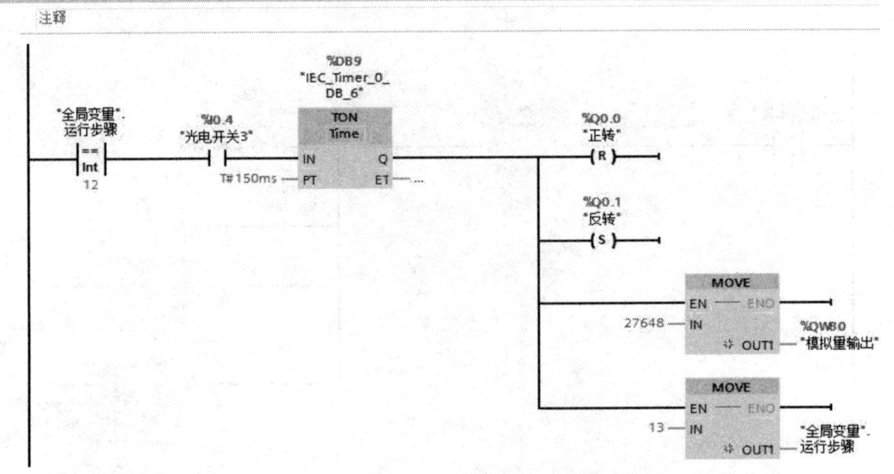

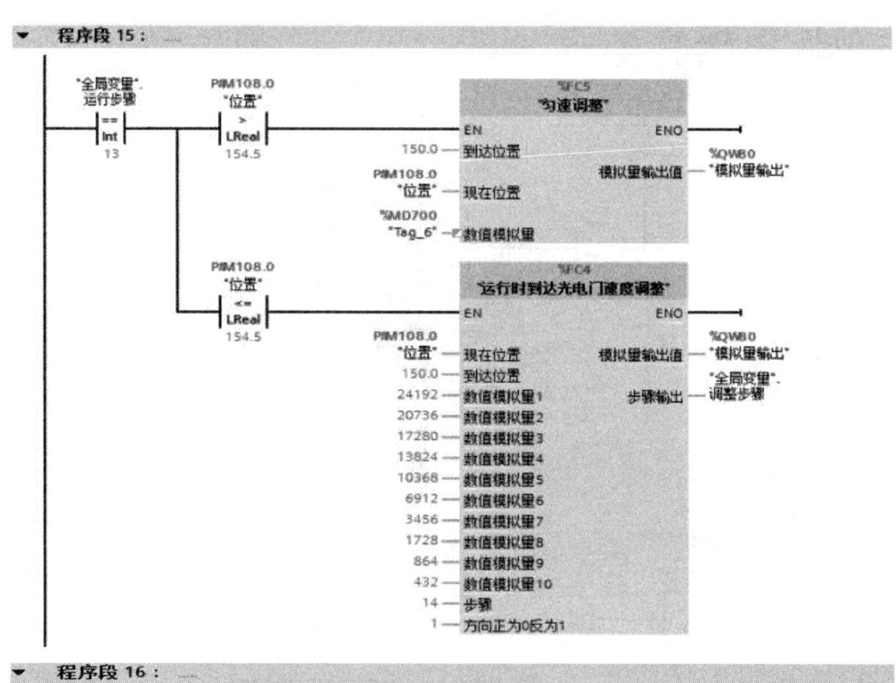
程序段 15：
"全局变量".
运行步骤
==
Int
13
P#M108.0
"位置"
>
LReal
154.5
%FC5
"匀速调整"
EN
ENO
150.0
到达位置
P#M108.0
"位置"
现在位置
%MD700
"Tag_6"
数值模拟量
模拟量输出值
%QW80
"模拟量输出"
P#M108.0
"位置"
<=
LReal
154.5
%FC4
"运行时到达光电门速度调整"
EN
ENO
P#M108.0
"位置"
现在位置
150.0
到达位置
24192
数值模拟量1
20736
数值模拟量2
17280
数值模拟量3
13824
数值模拟量4
10368
数值模拟量5
6912
数值模拟量6
3456
数值模拟量7
1728
数值模拟量8
864
数值模拟量9
432
数值模拟量10
14
步骤
1
方向正为0反为1
模拟量输出值
%QW80
"模拟量输出"
步骤输出
"全局变量".
调整步骤

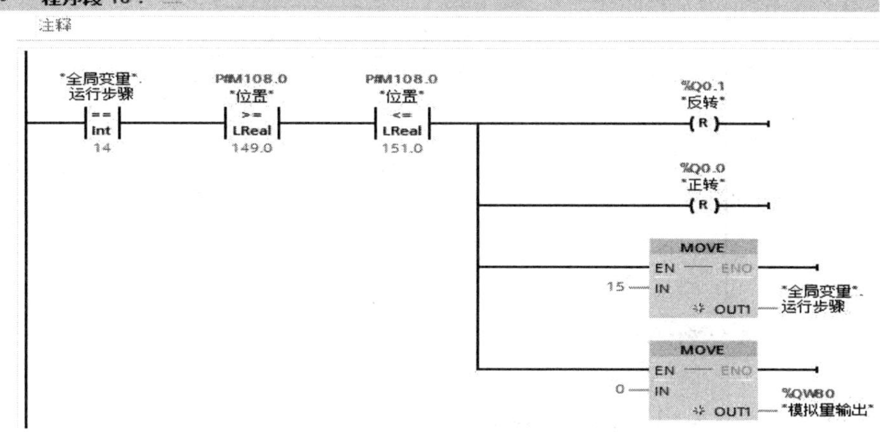
程序段 16：
注释
"全局变量".
运行步骤
==
Int
14
P#M108.0
"位置"
>=
LReal
149.0
P#M108.0
"位置"
<=
LReal
151.0
%Q0.1
"反转"
R
%Q0.0
"正转"
R
MOVE
EN
ENO
15
IN
OUT1
"全局变量".
运行步骤
MOVE
EN
ENO
0
IN
OUT1
%QW80
"模拟量输出"

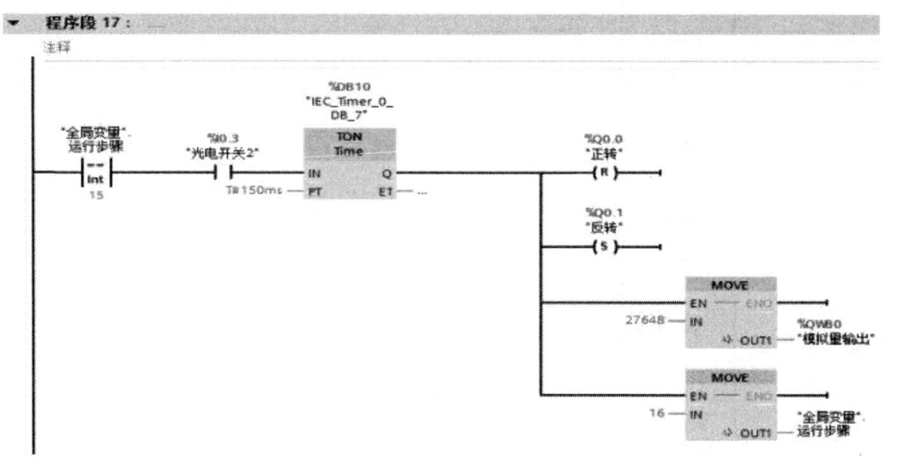
程序段 17：
注释
"全局变量".
运行步骤
==
Int
15
%I0.3
"光电开关2"
%DB10
"IEC_Timer_0_
DB_7"
TON
Time
IN
Q
T#150ms
PT
ET
%Q0.0
"正转"
R
%Q0.1
"反转"
S
MOVE
EN
ENO
27648
IN
OUT1
%QW80
"模拟量输出"
MOVE
EN
ENO
16
IN
OUT1
"全局变量".
运行步骤

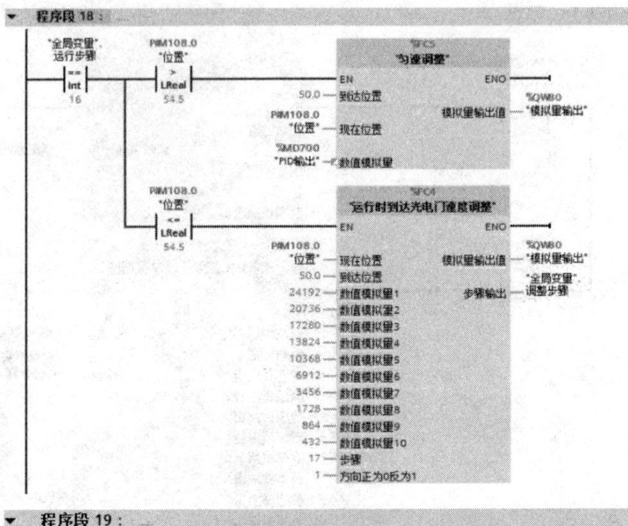
程序段 18：
"全局变量".
运行步骤
==
Int
16
P#M108.0
"位置"
>
LReal
54.5
%FC5
"匀速调整"
EN
ENO
50.0 — 到达位置
P#M108.0
"位置" — 现在位置
%MD700
"PID输出" — 数值模拟量
模拟量输出值 — %QW80
"模拟量输出"
P#M108.0
"位置"
<=
LReal
54.5
%FC4
"运行时到达光电门速度调整"
EN
ENO
P#M108.0
"位置" — 现在位置
50.0 — 到达位置
24192 — 数值模拟量1
20736 — 数值模拟量2
17280 — 数值模拟量3
13824 — 数值模拟量4
10368 — 数值模拟量5
6912 — 数值模拟量6
3456 — 数值模拟量7
1728 — 数值模拟量8
864 — 数值模拟量9
432 — 数值模拟量10
17 — 步骤
1 — 方向正为0反为1
模拟量输出值 — %QW80
"模拟量输出"
步骤输出 — "全局变量".
调整步骤

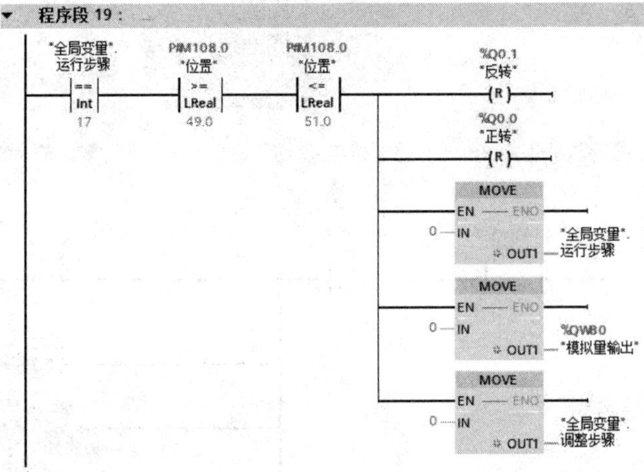
程序段 19：
"全局变量".
运行步骤
==
Int
17
P#M108.0
"位置"
>=
LReal
49.0
P#M108.0
"位置"
<=
LReal
51.0
%Q0.1
"反转"
R
%Q0.0
"正转"
R
MOVE
EN
ENO
0 — IN
OUT1 — "全局变量".
运行步骤
MOVE
EN
ENO
0 — IN
OUT1 — %QW80
"模拟量输出"
MOVE
EN
ENO
0 — IN
OUT1 — "全局变量".
调整步骤

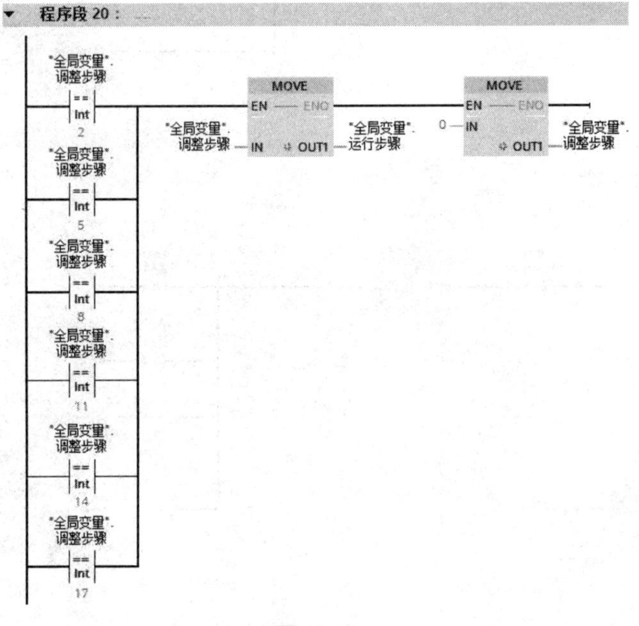
程序段 20：
"全局变量".
调整步骤
==
Int
2
"全局变量".
调整步骤
==
Int
5
"全局变量".
调整步骤
==
Int
8
"全局变量".
调整步骤
==
Int
11
"全局变量".
调整步骤
==
Int
14
"全局变量".
调整步骤
==
Int
17
MOVE
EN
ENO
"全局变量".
调整步骤 — IN
OUT1 — "全局变量".
运行步骤
MOVE
EN
ENO
0 — IN
OUT1 — "全局变量".
调整步骤

图 10.42

⑥ FC5 函数“匀速调整块”。

还未到达指定位置时，滑块匀速运行（见图 10.43）。

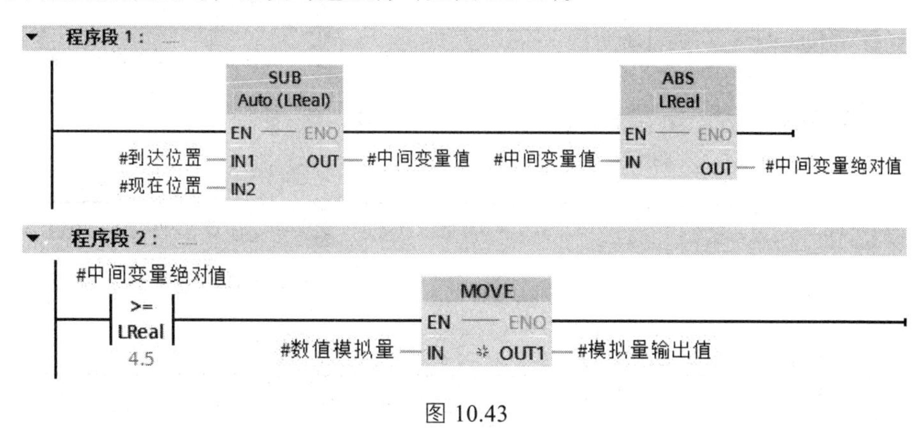

图 10.43

匀速调整块变量（见图 10.44）。

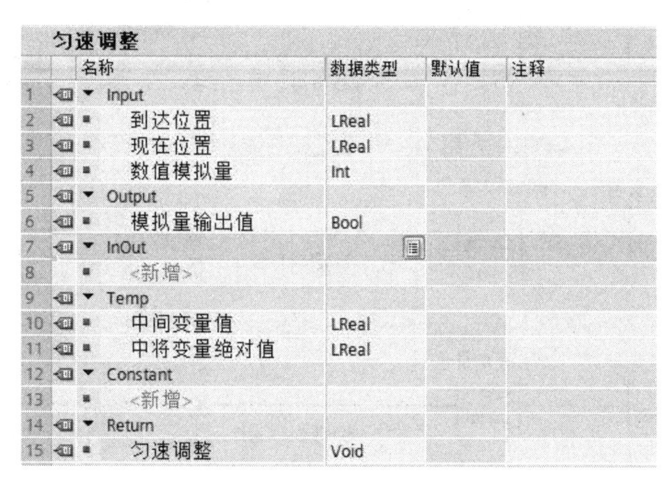

匀速调整

	名称	数据类型	默认值	注释
1	▼ Input			
2	到达位置	LReal		
3	现在位置	LReal		
4	数值模拟量	Int		
5	▼ Output			
6	模拟量输出值	Bool		
7	▼ InOut			
8	<新增>			
9	▼ Temp			
10	中间变量值	LReal		
11	中将变量绝对值	LReal		
12	▼ Constant			
13	<新增>			
14	▼ Return			
15	匀速调整	Void		

图 10.44

⑦ FC4 函数模块运行时到达光电门速度调整块。

当滑块接近指定位置时，滑块将匀减速停止且精确到达指定位置。实现滑块精准与稳定运行（见图 10.45）。

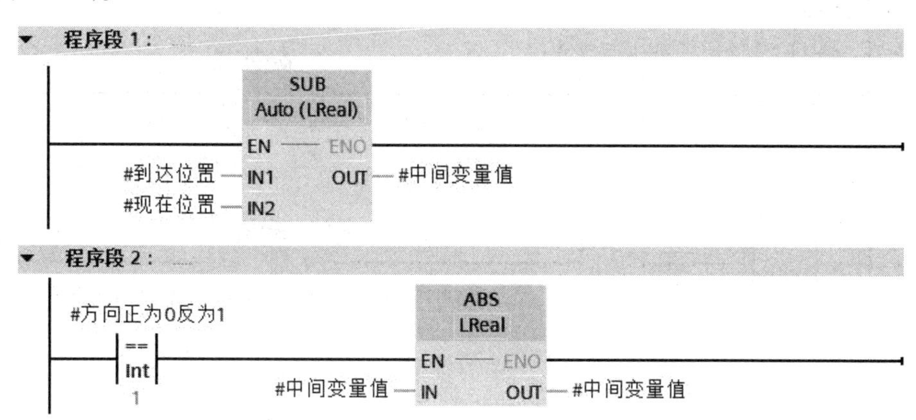

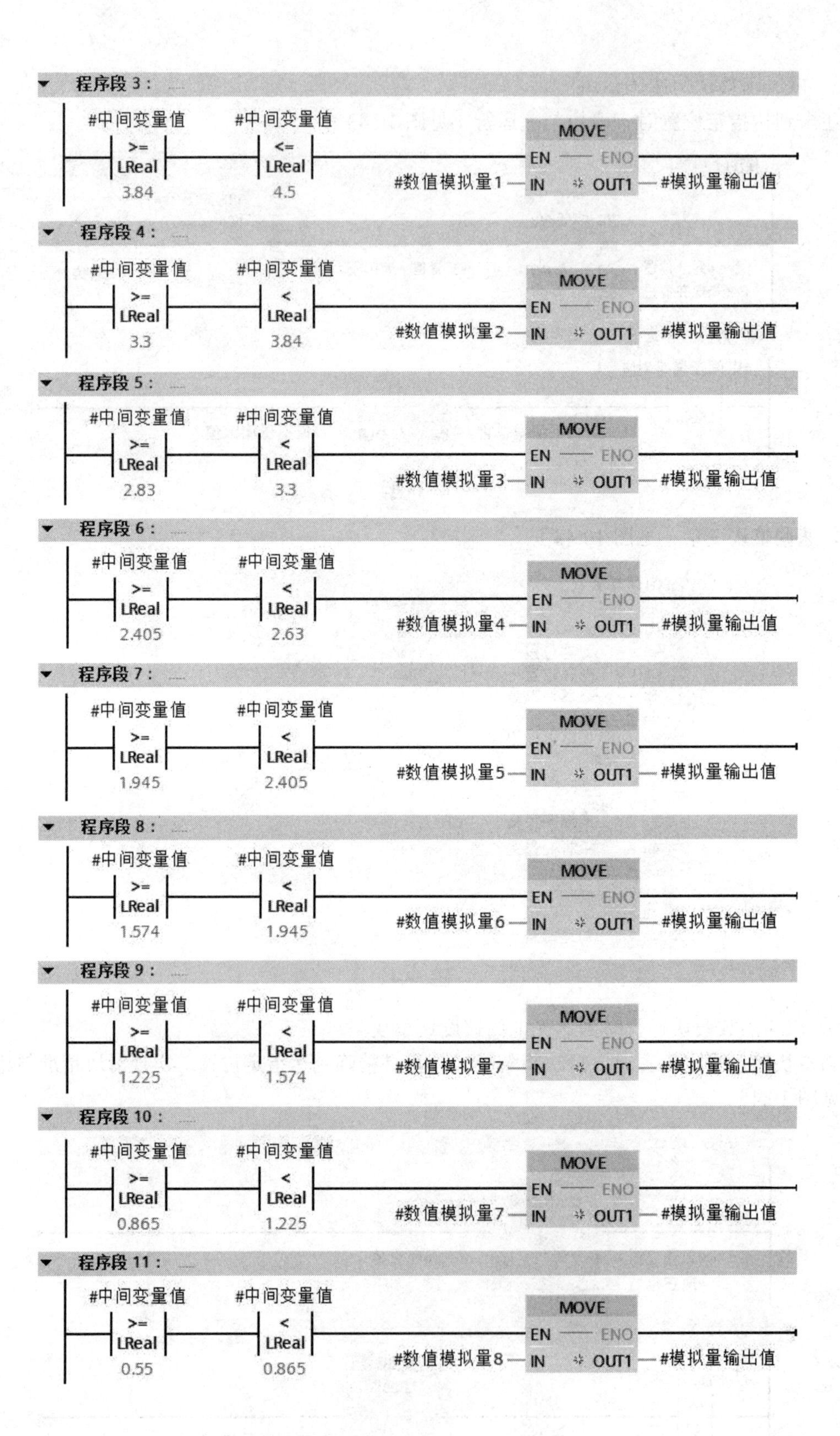
程序段 3：
#中间变量值 >= LReal 3.84
#中间变量值 <= LReal 4.5
MOVE EN ENO
#数值模拟量1 IN OUT1 #模拟量输出值
程序段 4：
#中间变量值 >= LReal 3.3
#中间变量值 < LReal 3.84
MOVE EN ENO
#数值模拟量2 IN OUT1 #模拟量输出值
程序段 5：
#中间变量值 >= LReal 2.83
#中间变量值 < LReal 3.3
MOVE EN ENO
#数值模拟量3 IN OUT1 #模拟量输出值
程序段 6：
#中间变量值 >= LReal 2.405
#中间变量值 < LReal 2.63
MOVE EN ENO
#数值模拟量4 IN OUT1 #模拟量输出值
程序段 7：
#中间变量值 >= LReal 1.945
#中间变量值 < LReal 2.405
MOVE EN ENO
#数值模拟量5 IN OUT1 #模拟量输出值
程序段 8：
#中间变量值 >= LReal 1.574
#中间变量值 < LReal 1.945
MOVE EN ENO
#数值模拟量6 IN OUT1 #模拟量输出值
程序段 9：
#中间变量值 >= LReal 1.225
#中间变量值 < LReal 1.574
MOVE EN ENO
#数值模拟量7 IN OUT1 #模拟量输出值
程序段 10：
#中间变量值 >= LReal 0.865
#中间变量值 < LReal 1.225
MOVE EN ENO
#数值模拟量7 IN OUT1 #模拟量输出值
程序段 11：
#中间变量值 >= LReal 0.55
#中间变量值 < LReal 0.865
MOVE EN ENO
#数值模拟量8 IN OUT1 #模拟量输出值

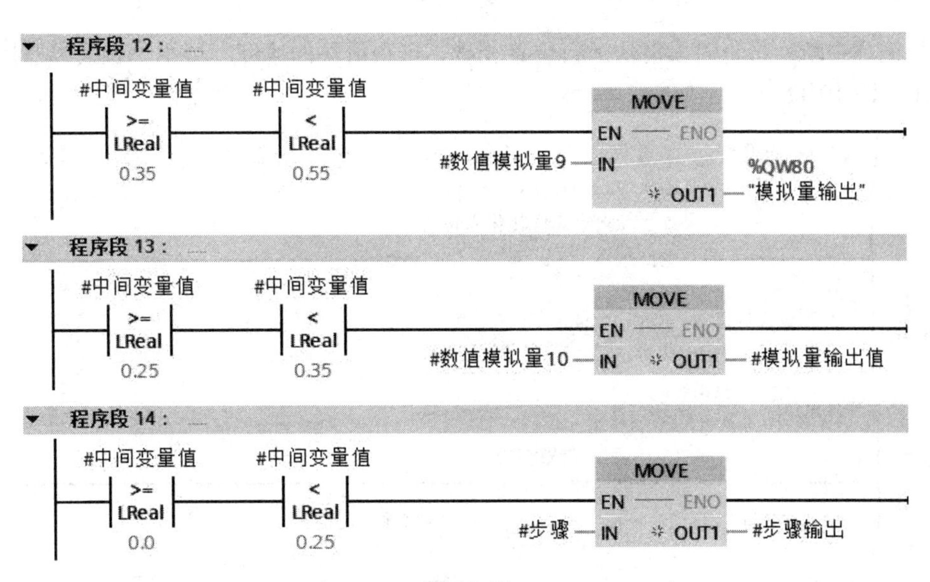

图 10.45

运行时到达光电门速度调整块变量如图 10.46 所示。

运行时到达光电门速度调整

	名称	数据类型	默认值	注释
1	▼ Input			
2	现在位置	LReal		
3	到达位置	LReal		
4	数值模拟量1	Int		
5	数值模拟量2	Int		
6	数值模拟量3	Int		
7	数值模拟量4	Int		
8	数值模拟量5	Int		
9	数值模拟量6	Int		
10	数值模拟量7	Int		
11	数值模拟量8	Int		
12	数值模拟量9	Int		
13	数值模拟量10	Int		
14	步骤	Int		
15	方向正为0反为1	Int		
16	▼ Output			
17	模拟量输出值	Int		
18	步骤输出	Int		
19	▼ InOut			
20	<新增>			
21	▼ Temp			
22	中间变量值	LReal		
23	▼ Constant			
24	<新增>			
25	▼ Return			
26	运行时到达光电门速度调整	Void		

图 10.46

⑧ 组织块时间中断“速度”。

添加循环中断，将每时段滑块运行位置相减，可得滑块的速度。可给予触摸屏监控滑块运行状态（见图 10.47）。

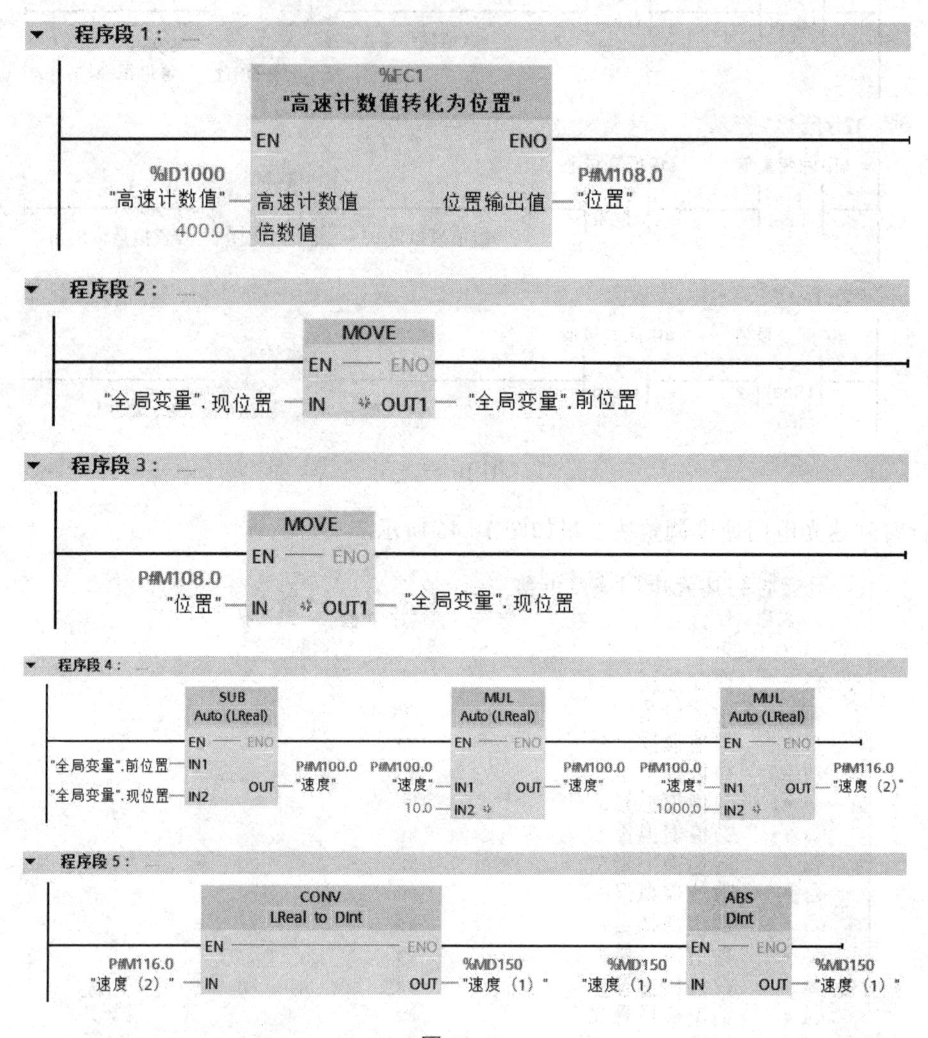

图 10.47

⑨ 组织块时间中断 PID。

使滑块稳定匀速运行，PID 闭环控制调节滑块匀速运行。全局变量表如图 10.48 所示，程序如图 10.49 所示。

全局变量

		名称	数据类型	起始值	保持	可从 HMI/...	从 H...	在 HMI ...	设定值
1		▼ Static			☐	☐	☐	☐	☐
2		▪ 现位置	LReal	0.0	☐	☑	☑	☑	☐
3		▪ 前位置	LReal	0.0	☐	☑	☑	☑	☐
4		▪ 运行步骤	Int	0	☐	☑	☑	☑	☐
5		▪ 调整步骤	Int	0	☐	☑	☑	☑	☐
6		▪ 校准步骤	Int	0	☐	☑	☑	☑	☐

图 10.48　全局变量表

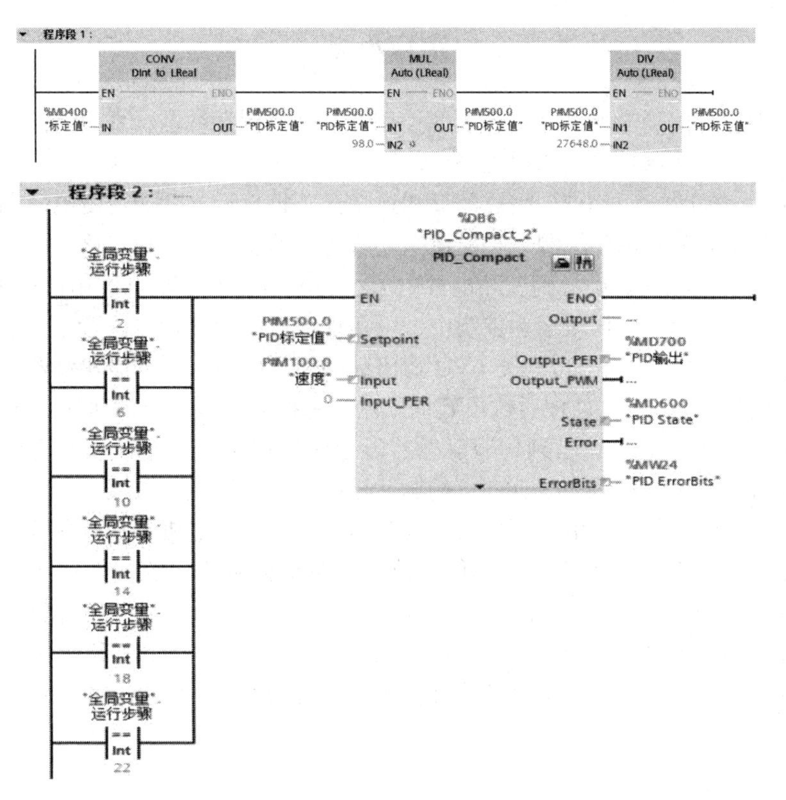

图 10.49

PLC 所有变量如图 10.50 所示。

PLC 变量

	名称	变量表	数据类型	地址	保持	可从 ...	从 H...	在 H...
1	高速计数器值	默认变量表	DInt	%ID1000	☐	☑	☑	☑
2	左限位开关	默认变量表	Bool	%I0.6	☐	☑	☑	☑
3	光电开关1	默认变量表	Bool	%I0.2	☐	☑	☑	☑
4	右限位开关	默认变量表	Bool	%I0.7	☐	☑	☑	☑
5	光电开关3	默认变量表	Bool	%I0.4	☐	☑	☑	☑
6	光电开关4	默认变量表	Bool	%I0.5	☐	☑	☑	☑
7	光电开关2	默认变量表	Bool	%I0.3	☐	☑	☑	☑
8	正传	默认变量表	Bool	%Q0.0	☐	☑	☑	☑
9	模拟量输出	默认变量表	Int	%QW80	☐	☑	☑	☑
10	反转	默认变量表	Bool	%Q0.1	☐	☑	☑	☑
11	速度	默认变量表	LReal	%M100.0	☐	☑	☑	☑
12	位置	默认变量表	LReal	%M108.0	☐	☑	☑	☑
13	STATUS	默认变量表	Word	%MW2	☐	☑	☑	☑
14	校准开启	默认变量表	Bool	%M4.0	☐	☑	☑	☑
15	运行开启	默认变量表	Bool	%M4.1	☐	☑	☑	☑
16	校准开启存储位	默认变量表	Bool	%M4.6	☐	☑	☑	☑
17	运行开启存储位	默认变量表	Bool	%M4.7	☐	☑	☑	☑
18	速度（1）	默认变量表	DInt	%MD150	☐	☑	☑	☑
19	左限位存储位	默认变量表	Bool	%M4.5	☐	☑	☑	☑
20	右限位存储位	默认变量表	Bool	%M4.4	☐	☑	☑	☑
21	PID标定值	默认变量表	LReal	%M500.0	☐	☑	☑	☑
22	标定值	默认变量表	DWord	%MD400	☐	☑	☑	☑
23	PID State	默认变量表	DWord	%MD600	☐	☑	☑	☑
24	PID ErrorBits	默认变量表	Word	%MW24	☐	☑	☑	☑
25	PID输出	默认变量表	DInt	%MD700	☐	☑	☑	☑
26	速度（2）	默认变量表	LReal	%M116.0	☐	☑	☑	☑
27	允许校准	默认变量表	Bool	%M9.0	☐	☑	☑	☑
28	允许运行	默认变量表	Bool	%M9.1	☐	☑	☑	☑

图 10.50　PLL 变量

注：速度和 PID 控制都应该在循环中断中编程，光电门 1（校准位置） 程序应该在硬件中断中编程。硬件中断在数字量输入 I0.2 里添加。

本章小结

本章主要讲述西门子 MM 420 变频器的使用和运动控制系统的构成以及应实际中的应用。

（1）变频器的工作原理是把市电（380 V、50 Hz）通过整流器变成平滑直流，然后利用半导体器件（GTO、GTR 或 IGBT）组成的三相逆变器，将直流电变成可变电压和可变频率的交流电。西门子 MM420 是用于控制三相交流电动机速度的变频器系列。该系列有多种型号，从单相电源电压、额定功率 120 W 到三相电源电压、额定功率 11 kW 可供用户选用。

（2）西门子 S7-1200 在伺服运动控制中，可实现绝对位置、相对位置、点动、转速控制及自动寻找参考点的功能。S7-1200 PLC CPU 输出脉冲和方向信号至伺服驱动器，伺服驱动器再将从 CPU 输入的给定值经过处理后输出到伺服电机，控制伺服电机加速/减速和移动到指定位置，伺服电机的编码器信号输入到伺服驱动器形成闭环控制，用于计算速度与当前位置，而 S7-1200 内部的高速计数器则测量 CPU 上的脉冲输出，计算速度与位置。

（3）伺服控制的外部硬件由电源模块、伺服驱动器、步进电机、编码器等主要器件组成。伺服驱动器是指将运动控制器输出的小信号放大以驱动伺服机构的部件；步进电动机是一种低速同步电动机，只是由于驱动器的作用，使之步进化、数字化。步进电动机是伺服系统的执行元件。编码器主要用来检测机械运动的速度、位置、角度、距离和计数等，许多马达控制均需配备编码器以供马达控制器作为换相、速度及位置的检出等，用于伺服控制各变量的记录和读取。

习　题

1. 怎样利用变频器操作面板对电动机进行预定时间的启动和停止？

2. 电动机正转运行控制，要求稳定运行频率为 40 Hz，DIN3 端口设为在正转控制。画出变频器外部接线图，并进行参数设置、操作调试。

3. 用自锁按钮控制变频器实现电动机 12 段速频率运转。10 段速设置分别为：第 1 段输出频率为 5 Hz；第 2 段输出频率为 10Hz；第 3 段输出频率为 15 Hz；第 4 段输出频率为 – 15 Hz；第 5 段输出频率为 – 5 Hz；第 6 段输出频率为 – 20 Hz；第 7 段输出频率为 25 Hz；第 8 段输出频率为 40 Hz；第 9 段输出频率为 50 Hz；第 10 段输出频率为 30 Hz；第 11 段输出频率为 – 30 Hz；第 12 段输出频率为 60 Hz。画出变频器外部接线图，写出参数设置。

4. 采用步进驱动系统实现机械手控制。设定一原点位置，如果机械手不在原点位置，按下启动按钮后应自动返回原点；如在原点位置，按下启动按钮后机械手应运行到传送带上方并将传送带的物料抓起，接着以 50 Hz 的速度把物料送到检测台上方并将物料放检测台上检测 10 s，待检测完成后机械手又将物料抓起，以 30 Hz 的速度送到指定位置存放，最后返回原点。（1）完成系统 PLC 的 I/O 分配。（2）画出系统原理接线图。（3）按控制要求编写 PLC 梯形图程序。（4）使用 WinCC 做出仿真画面。

附录　常用电气图形符号和基本文字符号

名　称	图形符号	文字符号	名　称	图形符号	文字符号
直流电	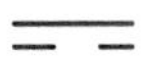	DC	三相笼式异步电动机	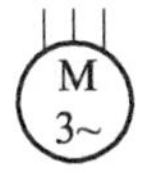	M3~
交流电		AC	三相绕线转子异步电动机		M3~
交直流电	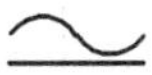		永磁式直流测速发电机		BR
正、负极性	+ −		隔离开关	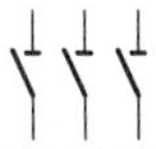	QS
导线		W	负荷开关	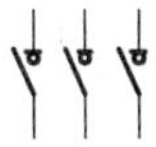	QS
三根导线		W	低压断路器	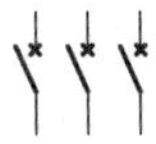	QF
T 型连接			手动开关	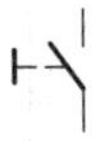	SB
导线的双重连接			旋转开关		SA
端子		X	常开按钮		SB
端子板	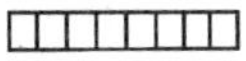	XT	常闭按钮		SB
插座	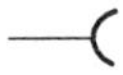	XS	复合按钮		SB
插头		XP	钥匙开关	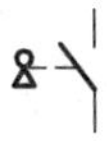	SB
电阻器		R	蘑菇头安全按钮	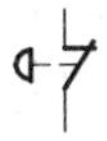	SB
可调电阻器	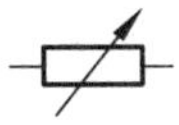	R	位置开关常开触点		SQ
带滑动触点的电位器	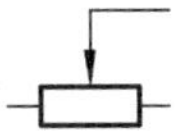	RP	位置开关常闭触点		SQ

续表

名　称	图形符号	文字符号	名　称	图形符号	文字符号
电容器		C	熔断器		FU
极性电容器	+	C	接触器常开主触点		KM
可调电容器		C	接触器常闭主触点		KM
电感器、线圈、绕组		L	接触器辅助常开触点		KM
带铁心的电感器		L	接触器辅助常闭触点		KM
中间抽头电感器		L	继电器常开触点		KA
电抗器扼流圈		L	继电器常闭触点		KA
有铁心双绕组变压器		T	热继电器常闭触点		FR
三相自耦变压器		T	延时闭合动合触点		KT
串励直流电动机	M	M MD	延时断开动断触点		KT
并励直流电动机	M	M MD	延时断开动合触点		KT
他励直流电动	M	M MD	延时闭合动断触点		KT
接近开关动合触点		SQ	通电延时时间继电器（缓吸）线圈		KT
接近开关动断触点		SQ	断电延时时间继电器（缓放）线圈		KT
气压式液压继电器动合触点	P　P	SP	热继电器热动元件		FR
气压式液压继电器动断触点	P　P	SP	电磁离合器		YC

续表

名　称	图形符号	文字符号	名　称	图形符号	文字符号
速度继电器动合触点	n	KS	电铃		HA
速度继电器动断触点	n	KS	蜂鸣器		HA
电磁线圈		KM	二极管		VD
电磁阀		YV	稳压管		VS
电磁制动器		YB	NPN 晶体管		VT
电磁铁		YA	PNP 晶体管		VT
照明灯		EL	运算放大器	+ ▷∞ + −	N
信号灯		HL			

参考文献

[1]　王永华. 现代电气控制及 PLC 应用技术[M]. 3 版. 北京：北京航空航天大学出版社，2013.

[2]　廖常初. S7-1200PLC 编程及应用[M]. 3 版. 北京：机械工业出版社，2017.

[3]　朱文杰. S7-1200PLC 编程与应用[M]. 北京：中国电力出版社，2015.